普通高等教育“十二五”电气信息类规划教材

可编程序控制器原理及应用

汤 楠 穆向阳 高炜欣 刘光星 编著

机 械 工 业 出 版 社

可编程序控制器（PLC）是一种以微处理器为基础的通用控制装置，已被广泛地应用于工业领域的各个行业的生产过程和装置的自动控制中。本书以日本欧姆龙（OMRON）公司的最新小型 PLC CP1 系列为主线，系统介绍 PLC 的基本原理、指令系统、PLC 网络系统及 PLC 应用系统的设计方法，详细介绍指令系统、CX－ONE 软件工具包开发与应用等的使用方法与技巧。

本书系统性和实用性较强，注重理论联系实际，可作为大专院校、电大、职大的电气技术专业或自动化专业及相关专业的教材，也可作为工程技术人员的参考资料。

图书在版编目（CIP）数据

可编程序控制器原理及应用/汤楠等编著．—北京：机械工业出版社，2012.2

普通高等教育"十二五"电气信息类规划教材

ISBN 978-7-111-36143-5

Ⅰ．①可…　Ⅱ．①汤…　Ⅲ．①可编程序控制器—高等学校—教材　Ⅳ．①TM571.6

中国版本图书馆 CIP 数据核字（2011）第 213001 号

机械工业出版社（北京市百万庄大街 22 号　邮政编码 100037）
策划编辑：于苏华　责任编辑：于苏华　卢若薇
版式设计：常天培　责任校对：刘怡丹
封面设计：张　静　责任印制：乔　宇
三河市国英印务有限公司印刷
2012 年 5 月第 1 版第 1 次印刷
184mm×260mm·20.75 印张·515 千字
标准书号：ISBN 978-7-111-36143-5
定价：39.00 元

凡购本书，如有缺页、倒页、脱页，由本社发行部调换

电话服务
社服务中心：（010）88361066
销售一部：（010）68326294
销售二部：（010）88379649
读者购书热线：（010）88379203

网络服务
门户网：http：//www.cmpbook.com
教材网：http：//www.cmpedu.com

机器能做的事就让机器去做
人类应从事富有创造性的活动

欧姆龙自动化（中国）有限公司

总裁　大場合志

前　言

可编程序控制器（PLC）是以微处理器为基础，综合了计算机、自动控制和通信等技术的一种新型通用工业控制装置。它具有结构简单、编程方便、可靠性高等优点，已广泛应用于工业生产过程和装置的自动控制中，成为工业控制的主要手段和重要的基础控制设备之一。近年来，随着电子技术和计算机应用的飞速发展，PLC 及其应用技术也有了许多新发展，各厂家陆续推出了新的 PLC 产品和部件。为了适应这些情况，及时满足读者需求，作者结合相关方面教学、科研的经验，在原有讲义和教材框架基础上，重新组织编写了本教材。PLC 型号类型繁多，但基本原理及应用大同小异。本着通俗易懂、联系实际的原则，使之不仅适应相关专业学习培训的课堂教学，同时也适用于现场技术人员作为自学读本和技术参考书，全书内容坚持了以下主要特点：

1. 突出以 PLC 实际应用为主要目的。本书选取 OMRON 公司典型新产品 CP1 系列小型机为主线讲述 PLC 的原理和应用。

2. 结合现场应用的发展，增强 PLC 网络的知识和内容。本书强调了编程监控设备的内容，增加了上位机计算机辅助编程、可编程终端（PT）及最新 FA 整合工具包 CX－ONE 的开发与使用方法。

3. 通过 PLC 应用示例加深读者对内容的理解和掌握。本书强调了 PLC 应用系统设计方面的内容，例如总体设计、硬件选型、应用程序设计方法等知识点。

本书第 1、2 章介绍 PLC 的基本概念和基本原理；第 3、4 章以 OMRON 公司近几年的 PLC 新产品为主，详细介绍了 CP1、CJ、CS 系列不同层次 PLC 的特点与组成、安装与接线，以及指令系统与编程方法；第 5 章详细介绍了最新 FA 整合工具包 CX－ONE 编程与开发，如 CX－Programmer、CX－Simulator 和 CX－Designer 等软件的应用与开发。第 6 章介绍 PLC 网络组网内容，如最新 EtherCAT 网络等知识；第 7 章介绍如何设计一个 PLC 控制系统，怎样选择 PLC 的类型以及如何编制用户控制程序；附录给出了 OMRON 公司小型 PLC CP1 系列指令系统的翔实资料，以便读者在学习或设计 PLC 控制系统时使用。

本书第 1、2 章和附录由穆向阳编写，第 3、6 章由刘光星编写，第 5 章由汤楠编写，第 4、7 章由高炜欣编写，余志红、张宏建参加了部分章节的编写，全书由穆向阳、汤楠统稿。

本书在编写过程中得到欧姆龙（OMRON）自动化（中国）有限公司西安事务所的大力支持，并提供了许多宝贵技术资料，在此表示衷心的感谢。

作　者

目　录

第1章　概　　述

1.1　可编程序控制器（PLC）的基本概念

1.1.1　PLC 的产生

以往的顺序控制器主要由继电器组成，由此构成的控制系统都是按预先规定好的时间或条件顺序地工作，若要改变控制的顺序就必须改变控制器的硬件接线。1968 年，美国最大的汽车制造商通用汽车公司（GM 公司）为了适应生产工艺不断更新的需要，期望找到一种新的方向，尽可能减少重新设计继电控制系统和重新接线的工作，以降低成本、缩短生产周期。他们设想把计算机的通用、灵活、功能完备等优点和继电控制系统的简单易懂、价格便宜等优点结合起来，制成一种通用控制装置，并把计算机的编程方法和程序输入方式加以简化，用面向控制过程、面向问题的“自然语言”进行编程，使得不熟悉计算机的人也能方便地使用。为此，该公司提出十项设计标准进行招标，1969 年，由中标的美国数字设备公司（DEC 公司）研制出了第一台可编程序逻辑控制器（Programmable Logic Controller，PLC），其型号为 PDP－14。这种装置在 GM 公司的自动装配线上试用即大获成功。

自 20 世纪 70 年代以来，由于大规模集成电路和微处理器在 PLC 中的应用，使 PLC 的功能不断增强，不仅能进行顺序逻辑控制，而且还能进行数值运算、数据处理，具有分支、中断、通信及故障自诊断等功能，因此，将其称为可编程序控制器（Programmable Controller，PC）。由于它与个人计算机（如 IBM－PC）、袖珍计算机（如 PC－1500）及计算机中的程序计数器（也称 PC）是完全不同的概念。因此，通常把可编程序控制器仍然称为 PLC。

1985 年 1 月，国际电工委员会（IEC）颁布了 PLC 标准草案的第二稿，对 PLC 作了如下定义：“PLC 是一种数字式运算操作的电子系统，专为在工业环境下应用而设计。它采用可编程序的存储器，用来在其内部存储执行逻辑运算、顺序控制、定时、计数和算术运算等操作的指令，并通过数字式、模拟式的输入和输出，控制各种类型的机械或生产过程。PLC 及其有关设备，都应按易于与工业控制系统形成一个整体、易于扩充其功能的原则设计。”

PLC 一经出现，就受到国内外工程技术界的极大关注，生产厂家云起，销售量与日俱增，应用范围也不断扩大，成为工业控制领域中最常用的控制设备之一。从全球控制市场的销售情况看，PLC 的销售额也在逐步增长。据美国著名商情公司 Frost & Sulliran 提出的报告，PLC 将在控制市场中获得更多的销售份额。例如，从 1993 年的 46% 上升到 2000 年的 50%，销售额已从 39 亿美元上升到 76 亿美元；2000 年，中国在能源、冶金、化工、轻纺等部门需要 10 万套工业控制系统，市场规模为 170 亿～207 亿元人民币，其中，工业 PC 及 OEM 产品为 35 亿～40 亿元，PLC 为 25 亿～30 亿元，DCS 系统为 30 亿～35 亿元，现场总线控制系统为 1 亿～2 亿元；2001 年，中国的 PLC 市场总值为 2.16 亿美元；到 2006 年底，中国国内 PLC 市场规模超过了 3.86 亿美元，2009 年达到了 4.25 亿美元。据 IMS Research

报告，2010年全球PLC市场份额已达到63亿美元，其中欧洲和亚洲的中国以及印度增长非常明显，最大的最终用户主要体现在冶金工业和汽车制造业的强大发展需求。

1.1.2 PLC中的几个基本概念

由于PLC是从继电器控制逻辑发展而来，因此它的最基本的控制功能是顺序控制或逻辑控制。同时，PLC还能模拟继电器控制中的继电器、定时器、时序器等的功能，另外，它还引入了更多的其他功能，如计数功能和加、减、乘、除运算功能，甚至PID功能。为了方便电气控制工程技术人员，PLC中许多术语、名称、编程方法等都沿用了继电器控制的概念。下面就几个重要概念加以说明。

1. 继电器

在PLC中，继电器也称编程元件，它包括线圈、常开触点和常闭触点。

常开触点：常用符号为—| |—，受PLC输入开关量或PLC内部相应线圈的控制，当PLC输入接通或相应的线圈通过电流时，此触点闭合。

常闭触点：常用符号为—|/|—，受控方式与常开触点相同，只是当PLC输入接通或相应线圈通电时，此触点断开。

线圈：也称逻辑线圈，常用符号为—○，在PLC中用作为输出元件，以控制外部设备（如电磁阀、接触器，指示灯等），也可以用来控制PLC内部的其他触点，以构成复杂的控制逻辑。

2. 定时器

定时器的作用与继电器控制中的延时继电器或时间继电器相同，常见的定时单位有0.1s、0.1s、1s等几种。定时器的符号因型号不同各异。日本OMRON公司CP系列PLC的定时器符号为

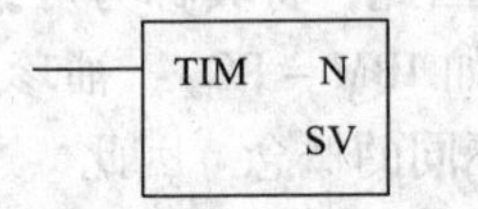

其中，方框内N表示定时器TIM的编号，下面的SV表示定时预置值，定时时间=定时单位×定时预置值。例如，若PLC内部规定的定时单位为0.1s，定时预置值为142，定时时间=142×0.1s=14.2s。

当定时器的输入接通（ON）时，开始定时；定时时间到，则定时器导通，定时器相应的触点动作，可用来控制其他元件。

3. 计数器

计数器的作用是每当其计数输入端由断开（OFF）到接通（ON）时，计一个数，即计数器记录的是其输入由断到通的次数。当计数值与预置值相等时，计数器导通。有的PLC计数端由断到通时，自动减一个数，当计数值由预置值减到零时，计数器导通，其相应的触点接通或断开，可用来控制其他元件。日本OMRON公司CP系列PLC的计数器符号为

CP CNT N
R SV

有的 PLC 还有高速定时器、可逆计数器、高速计数器等。

4. 其他元件

其他元件有时序器、加法器、编码器、减法器、译码器等。

上述元件在 PLC 内部都是由软件实现的，并不存在它们的物理实体，因此常称为“虚拟元件”或“软元件”。将它们相互连接构成复杂控制逻辑的过程称为“软连接”，放入 PLC 后则是一段程序。

5. 梯形图（Ladder Diagram）

为了了解梯形图的概念，下面举一个简单的 PLC 控制的例子。

例 1.1.1：交流电动机单向运转的起停控制。

利用继电器控制的电路如图 1.1.1 所示。

利用 PLC 控制可以实现同样的控制功能时，系统的接线图如图 1.1.2 所示。

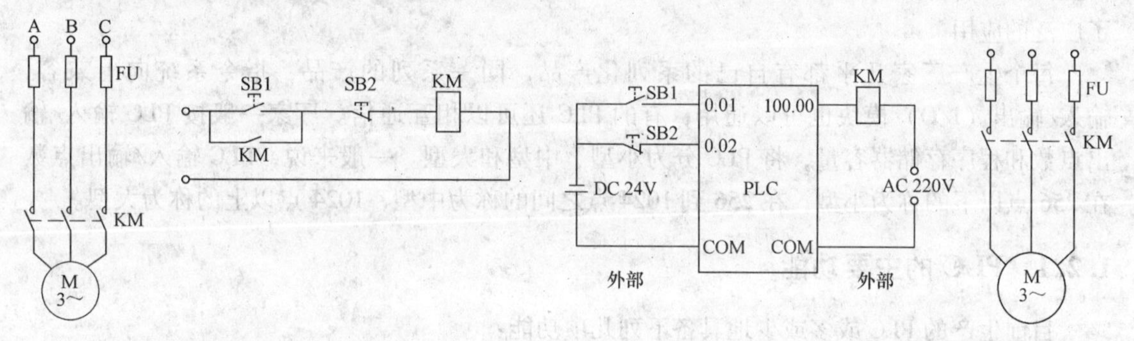

图 1.1.1 继电器控制电路　　　　图 1.1.2 PLC 控制的接线图

PLC 梯形图如图 1.1.3 所示。

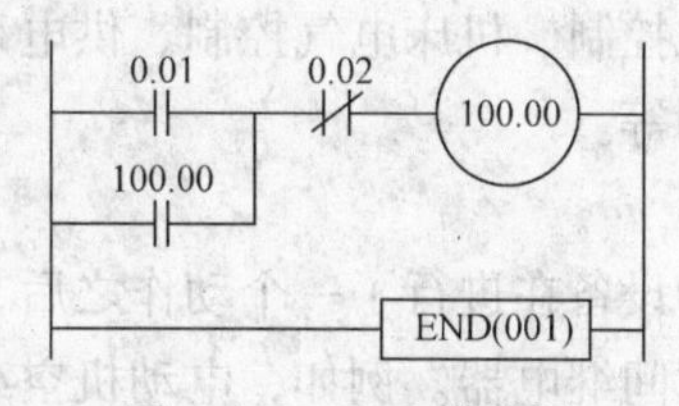

图 1.1.3 PLC 梯形图

PLC 梯形图用助记符表示见表 1.1.1（以 CP 系列为例）。

表 1.1.1 PLC 控制的助记符程序

地址	指令	数据
0000	LD	0.01
0001	OR	100.00
0002	AND NOT	0.02
0003	OUT	100.00
0004	END	

将上述程序通过 PLC 的编程器送入 PLC，让 PLC 处于运行状态，就可以控制电动机的起停。

上述例子很简单，但从中可以看出：

1）PLC 控制梯形图程序与继电器控制的梯形图十分相似。

2）有的 PLC 可直接通过图形编程器（GPC）或上位机将梯形图输入到 PLC 内部的存储器中。还有的 PLC 利用自己特定的助记符语言将梯形图转化为助记符程序，再通过编程器送入 PLC。也就是说 PLC 是用软件实现控制逻辑，若要更改控制逻辑，只需改变梯形图程序，而不必更改硬接线。

1.2 PLC 的主要功能和特点

PLC 是在继电器控制逻辑基础上，与 3C 技术（Computer，Control，Communication）相结合，不断发展和完善的。目前 PLC 已从小规模的单机顺序控制，发展到包括过程控制、位置控制等场合的所有控制领域，能适应工厂自动化（FA）的 PLC 综合控制系统已经得到了广泛的应用。

每个生产厂家几乎都有自己的系列化产品，同一系列的产品，指令系统向上兼容，输入/输出（I/O）模块也可以通用，有的 PLC 还可以相互通信。厂家一般按 PLC 输入/输出点数和程序存储器容量，将 PLC 分为小型、中型和大型。一般来说，PLC 输入/输出点数在 256 点以下的称为小型，在 256 到 1024 点之间的称为中型，1024 点以上的称为大型。

1.2.1 PLC 的主要功能

目前生产的 PLC 或多或少地具备下列几项功能：

1. 步进顺序控制

步进顺序控制具有按次序进行控制的功能，也就是能使生产过程中的设备按确定的次序进行开和关的功能。例如电动机控制、机床电气控制、供电系统保护、高炉上料控制、锅炉安全保护、货物存放与提取控制等。

2. 定时控制

定时控制能使生产过程中的设备在进行了一个动作之后，经过规定的时间再进行下一个动作，就像继电控制系统中的时间继电器。例如，电动机空载起动，运行数秒后，再加入额定负载；注塑机合模后，经数分钟再开模等。

3. 条件控制

条件控制是设备正在进行一个动作时，别的动作不能进行，也就是通常说的“连锁”功能。例如，直流电动机不加励磁时，不能加电枢电压；散热风扇不起动时，大功率器件加不上电源；电动机正转时不能反转等。

4. 计数控制

计数控制，即当某个动作达到规定的动作次数时，才允许进行另一个动作。例如，当产品个数恰好装满一箱时，才允许箱体离开，转去包装。

5. 模－数和数－模转换

有些 PLC 具有模－数转换（A－D）和数－模转换（D－A）功能，能完成对模拟量的检测、控制和调节。模－数和数－模转换的精度有 8bit、12bit、14bit 等。一般模拟电压范围为 1～5V、0～5V、0～10V、－5～5V、－10～10V；模拟电流范围为 4～20mA。

6. 数据处理

有的 PLC 具有数据处理能力。例如，并行运算；BCD 码的加、减、乘、除、开方；16 位数的并行传送；字与、字或、字异或、求反、逻辑移位、算术移位、数据检索、比较、数制转换、16—4 和 4—16 编码、7 段译码等。

7. 通信和联网

有的 PLC 具有通信功能，体现在：

1）遥控，即进行远程的 I/O 控制（Remote I/O）。采用串行数据传输的手段将主站的一台较大的 PLC（主机）与远处从站的 I/O 终端、光传送 I/O 单元或 PLC（从机）连接起来，主机端应安装一个远程 I/O 主单元，若从站用的是 PLC 从机，则应在从站安装一个远程 I/O 从单元或 I/O 链接单元，若用 I/O 链接单元与主机的远程 I/O 主单元实现通信，则从站称为 I/O Link。

2）多台同类或不同类 PLC 进行同位链接，称为 PLC Link。它是通过内存 Link 数据互相交换信息。例如，C500 中设置了 32 个 Link 通道，每个通道 16bit，允许 8 台 C500 进行 PLC Link，构成 4096 点 I/O 控制系统。

3）PLC 与上位计算机链接，称为 Host Link。一台计算机可以连接多台 PLC（例如 32 台）。PLC 可以接收上位机的命令，并将执行结果传送给上位机。这就构成了“集中监督管理，分散控制”的分布式控制系统，也称集散系统。

Host Link 对计算机之间的通信，目前还没有国际标准，正处在研究开发的阶段。在形成统一标准之前，各 PLC 生产厂家一般有自己的标准。例如，C 系列 PLC 采用 OMRON 标准，它规定了命令种类、数据格式及应答方式，而且 PLC 方面的通信软件已经做好，用户只要在计算机方面配置相应的通信软件，就能够按规定向 PLC 发出命令并识别 PLC 的应答。通信和网络作为 PLC 极有前景的一个发展方向，各大公司都推出了不同性能的产品，用户可根据自己的需要进行选择。有关内容可参阅本书的第 6 章。

8. 冗余控制

有的大型 PLC 具有双机功能，若前台处理系统发生故障，后台系统能立即接管控制权，从而减少故障时间，提高控制系统的可靠性。

9. 监控功能

监控功能可对系统异常情况进行识别、记忆，或者在发生异常情况时自动终止运行。操作人员也可以通过监控命令监视有关部分的运行状态，可以调整定时、计数等设定值。

10. 其他功能

PLC 还具有显示、打印、报警、对数据和程序进行复制到存储器卡等功能。

用 PLC 构成的实际控制装置，很少单独具有一种功能，总是将若干功能组合起来，达到控制目的。上述功能中 1、2、3、4、10 是任何一种 PLC 都具有的基本功能。

1.2.2 PLC 的特点

由 PLC 的产生和发展过程可知，PLC 的设计是站在用户立场，以用户的需要为出发点，以直接应用于各种工业环境为目标，但又不断采用先进技术求发展。因此，PLC 具有以下几个特点。

1. 与继电控制相比较

1）控制逻辑。继电控制采用硬接线逻辑，利用继电器机械触点的串联或并联及延时继电器的滞后动作等组合成控制逻辑，其连线多而复杂、体积大、功耗大，一旦系统构成后，想再改变或增加功能都很困难。另外，继电器触点数目有限，每只继电器一般只有4~8对触点，因此灵活性和扩展性很差。PLC采用存储逻辑，其控制逻辑以程序方式存储在内存中，要改变控制逻辑，只需改变程序，故称为“软接线”，其连线少、体积小，加之PLC中每只软继电器的触点数理论上无限制，因此灵活性和扩展性很好。PLC由中大规模集成电路组成，功耗小。

2）工作方式。当电流接通时，继电控制中的各个继电器都处于受约状态，即该吸合的都应吸合，不该吸合的都因受某种条件限制不能吸合。PLC的控制中的各个继电器都处于周期性循环扫描接通之中，从宏观上看，每个继电器受制约接通的时间是短暂的。

3）控制速度。继电控制依靠触点的机械动作实现控制，工作频率低，触点的开闭动作一般在几十毫秒数量级。另外，机械触点还会出现抖动问题。PLC是由程序指令控制半导体电路来实现控制，速度极快，一般一条用户指令的执行时间在微秒数量级。PLC内部还有严格的同步，不会出现抖动问题。

4）限时控制。继电控制利用时间继电器的滞后动作进行限时控制。时间继电器一般分为空气阻尼式、电磁式、半导体式等，其定时精度不高，且有定时时间易受环境湿度和温度变化的影响、调整时间困难等问题。有些特殊的时间继电器结构复杂，不便维护。PLC使用半导体集成电路作定时器，时基脉冲由晶体振荡器产生，精度相当高，定时范围可从0.1s到若干分钟甚至更长，用户可根据需要在程序中设定定时值，然后由软件和硬件计数器来控制定时时间，定时精度小于10ms，且定时时间不受环境的影响。

5）计数控制。PLC能实现计数功能，而继电控制一般不具备计数功能。

6）设计与施工。使用继电控制完成一项控制工程，其设计、施工、调试必须依次进行，周期长，而且修改困难。工程越大，这一点就越突出。用PLC完成一项控制工程，在系统设计完成以后，现场施工和控制逻辑的设计（包括梯形图和程序设计）可以同时进行，周期短，且调试和修改都很方便。

7）可靠性和可维护性。继电控制使用大量的机械触点，连线也多。触点开闭时会受到电弧的损坏，并有机械磨损，寿命短，因此可靠性和可维护性差。PLC采用微电子技术，大量的开关动作由无触点的半导体电路来完成，它体积小、寿命长、可靠性高。PLC配备有自检和监视功能，能检查出自身的故障，并随时显示给操作人员，还能动态地监视控制程序的执行情况，为现场调试和维护提供了方便。

8）价格。继电控制使用机械开关、继电器和接触器，价格比较便宜。PLC使用中大规模集成电路，价格比较昂贵。

从以上几个方面的比较可知：PLC在性能上比继电控制优异，特别是可靠性高、设计施工周期短、调试修改方便，而且体积小、功耗低、使用维护方便，但价格高于继电控制。

2. 与微机相比较

1）应用范围。微机除了用在控制领域外，还大量用于科学计算、数据处理、计算机通信等方面。PLC主要用于工业控制。

2）使用环境。微机对环境要求较高，一般要在干扰小、具有一定的温度和湿度要求的机房内使用。PLC 适应于工程现场的环境。

3）输入/输出。微机的 I/O 设备与主机之间采用微电联系，一般不需要电气隔离。PLC 一般控制强电设备，需要电气隔离，输入/输出均用“光 - 电”耦合，输出采用继电器、晶闸管或大功率晶体管进行功率放大。

4）程序设计。微机具有丰富的程序设计语言，例如汇编语言、FORTRAN 语言、COBOL 语言、PASCAL 语言、C 语言等，其语句多，语法关系复杂，要求使用者必须具有一定水平的计算机硬件和软件知识。PLC 提供给用户的编程语句数量少，逻辑简单，易于学习和掌握。

5）系统功能。微机一般配有较强的系统软件，例如操作系统，能进行设备管理、文件管理、存储器管理等。它还配有许多应用软件，以方便用户。PLC 一般只有简单的监控程序，能完成故障检查、用户程序的输入和修改、用户程序的执行与监视等功能。

6）运算速度和存储容量。微机运算速度快，一般为微秒级。因有大量的系统软件和应用软件，故存储容量大。PLC 因接口的响应速度慢而影响数据处理速度，一般接口响应速度为 2ms。PLC 巡回检测速度约为每千字 8ms。PLC 的指令少，编程也简短，故内存容量小。

7）价格。微机是通用机，功能完善，故价格较高。PLC 是专用机，功能较少，其价格是微机的 1/10 左右。

从以上几个方面的比较可知：PLC 是一种用于工业自动化控制的专用微机控制系统，结构简单，抗干扰能力强，易于学习和掌握；价格也比一般的微机系统便宜。

3. 与单板机比较

单板机具有结构简单、使用方便、价格比较便宜等优点，一般用于数字采集和工业控制。但由于单板机不是专门针对工业现场设备的自动化控制而设计的，因此与 PLC 相比有以下缺点：

1）不如 PLC 容易掌握。单板机一般要用机器指令或其助记符编程，这就要求设计人员具有一定的计算机硬件和软件知识，对于只熟悉机电控制的技术人员来说，需要相当一段时间的学习才能掌握。

PLC 本身是微机系统，提供给用户使用的是电控人员所熟悉的梯形图语言，使用的术语仍然是“继电器”一类的术语，大部分指令与继电器触点的串联、并联、串并联、并串联等相对应，这就使得熟悉机电控制的工程技术人员一目了然。对于使用者来说，不必去关心微机的一些技术问题，而只要用较短的时间去熟悉 PLC 的指令系统及操作方法，就能应用到工程现场。

2）不如 PLC 使用简单。用单板机来实现自动控制，一般要在输入/输出接口上做大量的工作，例如要考虑现场与单板机的连接、接口的扩展、输入/输出信号的处理、接口工作方式等问题，除了要设计控制程序，还要在单板机的外围做很多软件和硬件方面的工作，调试也比较麻烦。PLC 的 I/O 口已经做好，输入接口可以与输入信号直接连线，非常方便；输出接口具有一定的驱动能力，例如继电器输出，其输出触点容量可达 220V、2A；I/O 口均有光电耦合环节，抗干扰能力强。

3）不如 PLC 可靠。用单板机做工业控制，突出问题就是抗干扰性能差。PLC 是专门应用于工程现场的自动控制装置，在系统硬件和软件上都采取了抗干扰措施，例如光电耦合、自诊断、多个 CPU 并行操作、冗余控制技术等。

当然，PLC 在数据采集、数据处理等方面不如单板机。

总之，PLC 用于控制，稳定可靠、抗干扰能力强、使用方便；单板机的通用性和适应性较强。

从以上 PLC 和微机及单板机比较可以看出：

从适应范围来说：PLC 是专用机，微机是通用机。

从工业控制角度来说：PLC 是控制通用机，而微机是可以做成某一控制设备的专用机。

从长远来看，由于 PLC 的功能不断增强，将更多地采用微机技术，而为了适应用户需要，更耐用、更易维护的微机也将投放市场，两者相互渗透，PLC 和微机的界限会变得越来越模糊，并将长期共存，各用所长，共同发展。

4. 与集散控制系统比较

1）PLC 是由继电控制逻辑发展而来的，而集散控制系统（TDCS）是由回路仪表控制发展而来，但两者的发展均与计算机控制技术有关。

2）早期 PLC 在开关量控制、顺序控制方面有一定优势，而 TDCS 在回路调节、模拟量控制方面有一定优势。

今天，二者相互渗透、互为补充。PLC 与 TDCS 的差别已不明显，它们都能构成复杂的分级控制。从发展趋势来看，二者的归宿和统一将是全分布式计算机控制系统。

通过以上比较可知，PLC 系统的基本特点是：可靠性高、编程及使用方便、通用性强、性能价格比高且维护简单。

1.2.3 PLC 的主要技术指标

1. 用户存储器容量

PLC 中用户存储器一般由用户程序存储器和数据存储器组成，小型 PLC 的用户存储器容量多为几千字节，而大型 PLC 可达到几兆字节。建议用户程序存放在可擦写的存储器中。

2. 输入/输出点数

输入/输出的点数决定了 PLC 可控制的输入开关信号和输出开关信号的总体数量。

3. 扫描速度

扫描速度通常指 PLC 扫描 1K 字节用户程序所需的时间，一般以 ms/K 为单位。

4. 编程指令的种类和功能

某种程度上用户程序所完成的控制功能受限于 PLC 指令的种类和功能。PLC 指令的种类和功能越多，则用户编程越方便、简单。

5. 内部寄存器的配置和容量

用户编制 PLC 程序时，需要大量使用 PLC 的内部寄存器存放变量、中间结果、定时计数及各种标志位等数据信息，因此内部寄存器的数量直接关系到用户程序的编制。

6. PLC 的扩展能力

在进行 PLC 选型时其可扩展性是一个非常重要的因素。一般来说，可扩展性包括存储容量的扩展、输入/输出点数的扩展、模块的扩展、通信联网功能的扩展等。

另外，PLC 的电源、编程语言和编程器、通信接口类型也是不容忽视的技术指标。

1.3 PLC的应用领域及发展趋势

1.3.1 PLC的应用领域

PLC是一种很有特色和发展前途的新型工业控制装置，它不仅可代替传统的继电控制系统，使硬件软化，加上它具有运算、计数、通信和联网等功能，因此适用于输入和输出点数较多、控制要求较复杂的工业场合。可以说，PLC可满足85%~90%当今工业控制所要求的性能。据工业控制专家估计，对于离散制造业：80%的PLC都是用于小型系统（I/O少于128点）；78%的PLC其I/O都是数字量或者开关量；80%的PLC采用20来个梯形图指令就可解决问题。PLC目前几乎在各行各业中得到广泛的应用，从离散过程向着批量过程和连续过程慢慢渗入。例如在电力工业中，用于电厂输煤系统、锅炉燃烧系统、汽轮机和锅炉的起动及停车系统、废水处理系统、发电机和变压器监控系统等；在冶金工业中，用于轧钢机、高炉冶炼、配料、钢板卷取控制，包装、进出料场控制等；在机械工业中，用于数控机床、机器人、自动仓库控制，电镀生产线控制、热处理控制等；在汽车工业中，用于自动焊接控制，装配生产线、喷漆流水线控制等；在食品工业中，用于制罐机控制、饮料灌装生产线控制、产品包装控制等；在化学工业中，用于化学反应槽控制、橡胶硫化机控制、自动配料控制等；在公共事业中，用于电梯控制、大楼防灾系统控制、交通灯控制等。如果按应用类型来划分，PLC的应用可分为以下几个类型：

1）开关逻辑和顺序控制。这是PLC最基本的控制功能，也是应用最广泛的工业场合。它可代替继电器控制系统，开关量逻辑控制不但能用于单台设备，而且可应用于生产线上。

2）过程控制。PLC通过模拟量I/O模块可对温度、流量、压力等连续变化的模拟量进行控制，大中型PLC都具有PID闭环控制功能并已广泛地用于电力、化工、机械、冶金等行业。

3）运动控制。PLC可应用于对直线运动或圆周运动的控制，如数控机床、机器人、金属加工、电梯控制等。

4）多级控制网络系统。PLC之间、PLC与计算机之间及其他智能控制设备之间可以相互通信联网，实现远程数据处理和信息的共享或远程设备维护，从而构成工厂CIMS/CIPS系统或SCADA系统。

1.3.2 PLC的发展趋势

PLC是一门综合技术，其发展与微电子技术和计算机技术密切相关。随着PLC应用领域的不断扩大，它本身也在不断发展。目前PLC主要朝两个方向发展。

1. 朝小型化方向发展

目前的小型PLC大都局限在开关量输入/输出，而且CPU和I/O部件组装在一个箱体内。今后的小型PLC也将增加模拟量处理功能，而且也将有灵活的组态特性，并且能与其他机型连用。在提高系统可靠性的基础上，超小型PLC产品的体积越来越小，功能越来越强。例如，OMRON公司推出的CPM1 PLC的体积约为130mm×89mm×84mm，可以放在手掌上，可连接的输入和输出为10点，并可以扩展到20、30，乃至50点，支持91个指令编程，基本指令的执行时间为0.72μs，特殊指令的执行时间也仅16.3μs。近年来主推的CP系列、CJ系列等体积更为小巧，安装体积较前一代缩小40%～60%，而功能更为强大，如有些直接配有AD模块，使用更加方便。

小型PLC的基本特点是价格低廉、经济可靠，适用于回路或设备的单机控制，便于“机电仪”一体化，但免不了要牺牲一些用户使用的方便性。既要简单经济，又要不断增强功能和使用的方便性是小型PLC的发展方向。

2. 朝大型化方向发展

大型化方向发展主要有以下几个方面：

1）功能不断加强。不仅具有逻辑运算、计数、定时等基本功能，还具有数值运算、模拟调节、监控、记录、显示、与计算机接口、通信等功能。

网络功能是PLC发展的一个重要特征。各种个人计算机，图形工作站、小型机等都可以作为PLC的监控主机或工作站，这些装置的结合能够提供屏幕显示、数据采集、记录保持、回路面板显示等功能。大量的PLC联网及不同厂家生产的PLC兼容性增加，使得分散控制或集中管理都能轻易地实现。目前PLC的联网能力向着工业以太网、无线网络以及各类现场总线全力推进。

2）应用范围不断扩大。不仅能进行一般的逻辑控制，种类齐全的接口模块还能进行中断控制、智能控制、过程控制、远程控制等。

用于过程控制的PLC往往对存储器容量及速度要求较高，为此，开发了高速模拟量输入模块、专用独立的PID控制器、多路转换器等，使得数字技术和模拟量技术在PLC中得到统一。采用软件、硬件相结合的方法，使得编程和接线都比过去用常规仪表控制要方便得多。

3）性能不断提高。主机架硬件采用高性能处理器，提高处理速度，加快PLC的响应时间；为了扩大存储容量，有的公司已使用了磁泡存储器或硬盘；采用的手段选用32位RISC的MPU、专用的LSI和多CPU模块结构及承担不同功能的多CPU芯片各司其职，大大提高系统高速性能，如32位RISC一般基本指令的执行速度均达到数十纳秒（ns），三菱电机的Q02HCPU其输入指令的执行时间为34ns，富士电机MICREX－SX系列SPH300达20ns，横河电机的FA－M3系列的F3SP59－7S为17.5ns；采用冗余热备用或三选二表决系统，以提高系统可靠性。

为了进一步简化在专用控制领域的系统设计及编程，专用智能输入/输出模块越来越多，如专用智能PID控制器、智能模拟量I/O模块、智能位置控制模块、语言处理模块、专用模块、智能通信模块、计算模块等，这些模块的一个特点就是本身具有CPU，能独立工作，它们与PLC主机并行操作，无论在速度、精度、适应性、可靠性各方面都对PLC进行了极好的补充。它们与PLC紧密结合，有助于克服PLC扫描工作方式的局限，完成PLC本身无法完成的许多功能。目前最引人注目的当属可编程终端的出现，它代表了一种发展方向。这些模块的编程、接线都与PLC一致，使用非常方便。

4）编程软件的多样化和高级化、标准化。众所周知，IEC 61131—3是PLC的编程语言的标准，它将现代软件的概念和现代软件工程的机制与传统的PLC编程语言成功地结合。自1993年第一版到2000年第二版正式颁布实施以来，在工业控制领域的影响已越出PLC的界限，成为TDCS和PLC控制、运动控制以及SCADA的编程系统事实上的标准。采用

IEC61131—3 国际标准编程语言为用户大大降低编程开发成本，是使得 PLC 进一步实现开放性的重要举措，在欧洲有 80% 左右的工程师采用该编程标准，而日本已经将其列为工业标准，并在各大公司新一代的 PLC 编程软件平台中得到了广泛应用。例如三菱电机的 PLC 编程软件包 GX Ver. 8 开发系统，支持梯形图 LD、指令表 IL、顺序功能图 SFC 编程和结构化文本 ST，其 PX 开发系统支持功能块图 FBD，供 PLC 用于过程控制。PX 要与 GX V. 7. 20W 以上版本一起用。OMRON 的 PLC 的编程软件包 CX - ONE 除支持 LD、IL 外，还推出支持功能块 FB（功能块将包括支持 SYSMAC CS/CJ 系列 PLC 等各种控制网络的通信功能块，以实现通信的无程序化），以及 ST（结构化文本语言）。同时上述编程软件均是以 Windows、Windows NT 为平台，这些功能强大的计算机辅助编程软件近年来极大地丰富了 PLC 的编程市场，同时也为 PLC 的应用起到了良好的推动作用。各大公司都有不同特点的优秀软件推出，例如 OMRON 公司的 CX - ONE 等，SIEMENS 公司的 STEP7. 1、SIMATIC WINCC5. 0、SIMATIC S7 PCS7 等，三菱公司的 GPP、FX - PCS/WIN - C、FIX FOR MELSEC 等。PLC 也将具有数据库，并可实现整个网络的数据库共享，而且还将不断发展自适应控制和专家系统。

为高水平地实施 IEC61131—3，国际上成立了 PLCopen 的标准化国际组织，各个国家纷纷设有分支机构，并开展了卓有成效的工作。为此，基于 IEC61131—3 国际标准开发成一种通用的、商品化的编程系统平台，德国 Infoteam 软件有限公司推出 OpenPCS 5. 0 版本，目前 SIEMENS、ALSTOM、PHILIPS、Möller 等著名公司都是它的用户。它除了在界面和功能上有较大改进外，继英文和德文后第一次同步推出其全中文版。中文版包括中文版软件、中文版帮助、中文版编程手册和中文版开发手册。这为广大中国用户更好地开发和使用 OpenPCS IEC61131—3 自动化编程工具提供了更大的方便。国内致力于自主知识产权的 IEC 61131—3 编程系统开发的有亚控科技的 KingAct、浙大中自的 SunyIEC 等，已经实用。浙大中自的 SunyIEC 实现了标准 IEC 61131—3 中的五种控制语言，是目前国内自行开发并拥有自主知识产权，而且完整具备五种语言的编程系统，达到了较高的技术水平。

5）构成形式的分散化和集散化。PLC 与 I/O 口分散，分散的每个 I/O 口输入/输出点数可以少到十几个点，分散的单元可以是几十个或上百个，通信和网络功能逐步增强。作为 CIMS、CIPS 的分支不断发展，PLC 本身也可分散，分散的 PLC 与上位机结合构成集散系统，分散地进行控制，这就便于构成多层分布式控制，以实现整个工厂或企业的自动化控制和管理。不同机型的 PLC 之间、PLC 与计算机之间可方便地联网，实现资源共享，加上功能强大的网络监控软件，构成大型 PLC 网络控制系统。

习 题

1. 简述 PLC 的定义。
2. 简述 PLC 在工业控制系统中的作用以及与 TDCS、SCADA 系统间的联系。
3. 比较 PLC 控制和继电控制、微机控制的优缺点。
4. PLC 的主要技术指标有哪些？
5. PLC 的应用领域有哪些方面？
6. 简述 PLC 最近几年来的发展趋势以及方向。

第 2 章　PLC 的基本原理

2.1　PLC 的组成及各部分的功能

2.1.1　PLC 的基本组成

从广义上来说，PLC 也是一种计算机控制系统，只不过它比一般的计算机具有更强的与工业过程相连接的接口和更直接的适应于控制要求的编程语言。所以 PLC 与计算机控制系统的基本组成十分相似，也具有中央处理器（CPU）、存储器、输入/输出（I/O）接口、电源等，如图 2.1.1 所示。

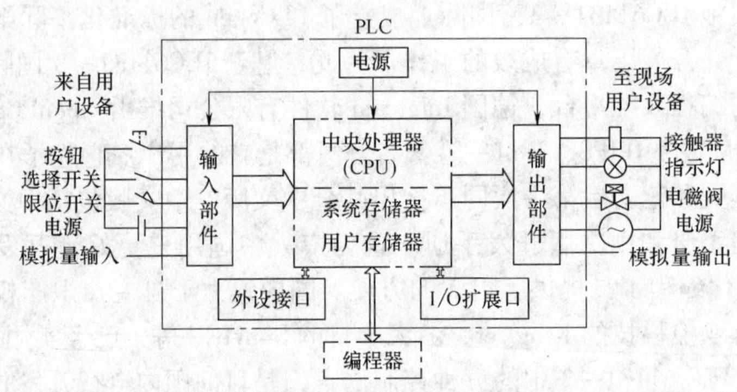

图 2.1.1　PLC 的基本组成

由于 PLC 的中央处理器都是由微处理器、单片机或位片式计算机组成，存储器和 I/O 部件的形式也多种多样，因此也可将 PLC 的组成以微型计算机控制系统所常用的单总线结构形式表示，其框图如图 2.1.2 所示。

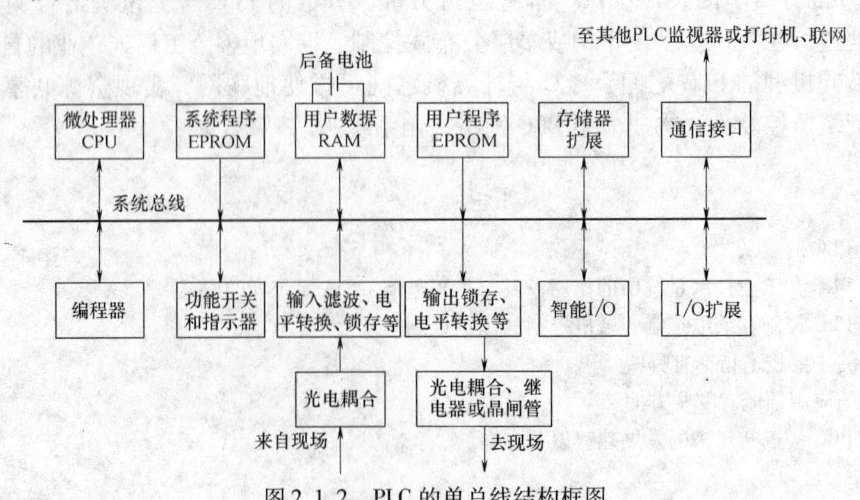

图 2.1.2　PLC 的单总线结构框图

2.1.2 PLC各组成部分的功能

下面结合图2.1.1、图2.1.2说明各组成部分的功能。

1. 输入部件

输入部件是PLC与工业生产现场被控对象之间的连接部件，是现场信号进入PLC的桥梁。该部件接收由主令元件、检测元件来的信号。

主令元件是指由用户在控制键盘（或控制台）上操作的一切功能键，如开机、关机、调试可紧急停车等按键。主令元件给出的信号称为主令信号。检测元件的功能是检测一些物理量（如行程距离、速度、位置、压力、流量、液位、温度、电压、电流等）在设备工作进程中的状态，并通过输入部件送入PLC以控制工作程序的转换等。常见的检测元件有行程开关、限位开关、光电检测开关、继电器触点及其他各类传感器等。

输入方式有两种，一种是数字量输入（也称为开关量或触点输入），另一种是模拟量输入（也称为电平输入）。后者要经过模拟-数字变换部件进入PLC。

输入部件均带有光电耦合电路，其目的是把PLC与外部电路隔离开来，以提高PLC的抗干扰能力。为了与现场信号连接，输入部件上设有输入接线端子排。为了滤除信号的噪声和便于PLC内部对信号的处理，输入部件内部还有滤波、电平转换、信号锁存电路。

各PLC生产厂家都提供了多种形式的I/O部件或模块，供用户选用。

2. 输出部件

输出部件也是PLC与现场设备之间的连接部件，其功能是控制现场设备进行工作（如电动机的起、停、正转、反转，阀的开和关，设备的转动、移动、升降等）。对于PLC，希望它能直接驱动执行元件，如电磁阀、微电动机、接触器、灯和音响等，因此，输出部件中的输出级常是一些大功率器件，如机械触点式的继电器、无触点的交流开关（如双向晶闸管）及直流开关（如晶体管）等。

与输入部件类似，输出部件上也有输出状态锁存、显示、电平转换和输出接线端子排。输出部件或模块也有多种类型供选用。

3. 中央处理器（CPU）

与一般的计算机控制系统一样，CPU是整个系统的核心，它按PLC中系统程序赋予的功能，指挥PLC有条不紊地进行工作。其主要任务有：控制从编程器键入的用户程序和数据的接收与存储；用扫描的方式通过I/O部件接收现场的状态或数据，并存入输入状态表或数据存储器中；诊断电源、PLC内部电路的工作故障和编程中的语法错误等；PLC进入运行状态后，从存储器逐条读取用户指令，经过命令解释后按指令规定的任务进行数据传送、逻辑或算术运算等；根据运算结果，更新有关标志位的状态和输出寄存器表的内容，再经由输出部件实现输出控制、制表打印或数据通信等功能。

与通用微型计算机不同的是，PLC具有面向电气技术人员的开发语言。通常以虚拟的输入继电器、输出继电器、中间辅助继电器、定时器、计数器等交给用户使用，这些虚拟的继电器也称“软继电器”或“软元件”，理论上具有无限的常开、常闭触点，可在且只能在PLC上编程时使用。

目前，小型PLC多为单CPU系统，而中型及大型PLC则为双CPU甚至多CPU系统。PLC所采用的微处理器有三种：

1）通用微处理器：小型 PLC 一般使用 8 位微处理器，如 8080/8085、6800 和 Z80 等，大中型 PLC 除使用位片式微处理器外，大都使用 16 位或 32 位微处理器。当前不少 PLC 的 CPU 已升级到 Intel 公司的微处理器产品，有些已采用奔腾（Pentium）处理器，如 SIEMENS 公司的 S7－400。采用通用微处理器的优点是：价格便宜、通用性强，还可借用微机成熟的实时操作系统和丰富的软硬件资源。

2）单片微处理器即单片机，它具有集成度高、体积小、价格低及可扩展性好等优点。如 Intel 公司的 8 位 MCS－51 系列，运行速度快、可靠性高、体积小，适合于小型 PLC，字长为 16 位的 96 系列速度更快、功能更强，适合于大中型 PLC 使用。

3）位片式微处理器：它是独立于微型机的一个分支，多为双极型电路，4 位为一片，几个位片级联可组成任意字长的微处理器，代表产品有 AMD2900 系列。PLC 中，位处理器的主要作用有两个：一是直接处理一些位指令，从而提高了位指令的处理速度，减少了位指令对字处理器的压力；二是将 PLC 面向工程技术人员的语言（梯形图、控制系统流程图等）转换成机器语言。

模块式 PLC 把 CPU 作为一种模块，备有不同型号供用户选择。

4. 存储器及存储器扩展

与普通微机系统中的存储器功能相似，PLC 的存储器用来存储系统程序和用户的程序与数据。目前，系统程序存储器是指用来存放系统管理、用户指令解释及标准程序模块、系统调用等程序的存储器，常由 EPROM/EEPROM（或称重写只读存储器）构成。用户存储器用来存储用户编制的梯形图程序或用户数据。存储用户程序的叫用户程序存储器，常由 EPROM/EEPROM 构成。存储用户数据的叫用户数据存储器，常由 RAM 构成，为防止掉电时信息的丢失，有后备电池作保护。存储器区分类具体情况见表 2.1.1。本书以 CP1 系列为例，对各区的功能及用法在第 3 章详细介绍。

表 2.1.1 存储器区分类

项目名称	主要功能	访问方式	备 注
CIO 区	I/O 区的各个位直接映象外部输入/输出设备状态，达到控制目的	通道访问或字位访问	
定时器区（IR）	只能在程序中使用的继电器	通道访问或字位访问	
专用继电器区（SR）	用于访问定时完成标志和当前值	通道访问或字位访问	
保持继电器区（HR）	可用于各种数据的存储和操作	通道访问或字位访问	掉电数据保持不变
暂存存诸继电器区（TR）	用于 IL/ILC 指令不可用的程序分支点的存储数据，只包含 8 位	只能位访问	
特殊辅助继电器区（AR）	用于内部数据存储和操作，有些也被系统占用	通道访问或字位访问	具有掉电保护功能
计数器区	用于访问计数完成标志和当前值	通道访问或字位访问	掉电时保持 SV 或 PV 值
数据存储区（DM）	用作数据处理和存储时间接访问，对用户分可写入区和只读区	通道访问	
变址寄存器	用于间接寻址一个字的专用寄存器	字位访问	
数据寄存器	用作寄存器间接寻址中的偏移寻址的专用寄存器	字位访问	

由于 PLC 系统程序关系到 PLC 的性能，不能由用户直接存取，因而 PLC 产品样本或使用手册中所列存储器形式及其容量系指用户存储器而言。

PLC 中已提供一定容量的存储器供用户使用，但对有些用户，可能还不够用，因此大部分 PLC 都提供了存储器扩展（EM）功能，用户可以将新增的存储器扩展模板直接插入 CPU 模板中（也有的是插入中央基板中）。

5. 通信接口

在 PLC 中，为了实现“人—机”或“机—机”之间的对话，PLC 配有多种通信接口，PLC 通过这些通信接口可以与监视器、打印机、其他的 PLC 或计算机相连。

当 PLC 与打印机相连时，可将过程信息、系统参数等输出打印。当与监视器（CRT）相连时，可将过程图像显示出来。当与其他 PLC 相连时，可以组成多机系统或连成网络，实现更大规模的控制。当与计算机相连时，可以组成多级控制系统，实现控制与管理相结合的综合系统。

6. 智能 I/O 接口

为了满足更加复杂控制功能的需要，PLC 配有多种智能 I/O 接口，如满足位置调节需要的位置闭环控制模板、对高速脉冲进行计数和处理的高速计数模板等。这类智能模板都有其自身的处理器系统。

7. I/O 扩展接口

当一个 PLC 中心单元的 I/O 点数不够用时，就要对系统进行扩展，扩展接口就是用于连接中心基本单元与扩展单元的。

8. 功能开关与指示灯

功能开关是用来控制 PLC 工作状态的，如编程、监视、运行开关等。指示灯有 PLC 工作状况指示、电源指示、电压过低指示等。

9. 编程器

编程器的作用是供用户进行程序的编制、编辑、调试和监视。有的编程器还可与打印机或磁带机相连，以将用户程序和有关信息打印出来或存放在磁带上，磁带上的信息也可以重新装入 PLC。

编程器有简易型和智能型两类。简易编程器只能联机编程，且往往需要将梯形图转化为机器语言助记符后，才能送入。简易编程器一般由简易键盘和发光二极管矩阵或其他显示器组成。智能编程器又称图形编程器，它可以联机，也可以脱机编程，具有 LCD（液晶显示器）或 CRT 图形显示功能，可直接输入梯形图和通过屏幕对话。

也可以利用微机（如 IBM - PC）作为编程器，这时微机应配有相应的软件包，若要直接与 PLC 通信，微机还要配有相应的通信接口。

10. 其他部件

PLC 还可配有盒式磁带机、EPROM/EEPROM 写入器等其他外部设备。

2.2 PLC 的结构形式

由于 PLC 是专为工业环境下应用而设计的，为了便于装入工业现场、便于扩展、便于接线，其结构与计算机有很大的区别。通常可将 PLC 结构分为单元式（或称箱体式、整体式）和模块式两类。还有一种是将以上两种形式结合起来的叠装式结构。

下面分别介绍这三种结构形式。

2.2.1 单元式结构

单元式结构在一个箱体内包括有 CPU、RAM、ROM、I/O 接口及编程器或 EPROM 写入器相连的接口、与 I/O 扩展单元相连的扩展口，有输入/输出端子、电源、各种指示灯等。它的特点是结构非常紧凑，它将所有的电路都装入一个箱体内，构成一个整体，因而体积小、成本低、安装方便。为了达到输入/输出点数灵活配置及易于扩展的目的，某一系列的产品通常都有不同点数的基本单元和扩展单元，单元的品种越丰富，其配置就越灵活。日本 OMRON 公司的 C 系列 PLC 中就有这种形式。C 系列 PLC 中有 60 点（输入 32 点，输出 28 点）、40 点（输入 24 点、输出 16 点）、28 点（输入 16 点，输出 12 点）、20 点（输入 12 点，输出 8 点）的主单元和扩展单元。扩展单元不带 CPU。OMRON 公司的 CP1H 即采用这种结构，如图 2.2.1 所示。

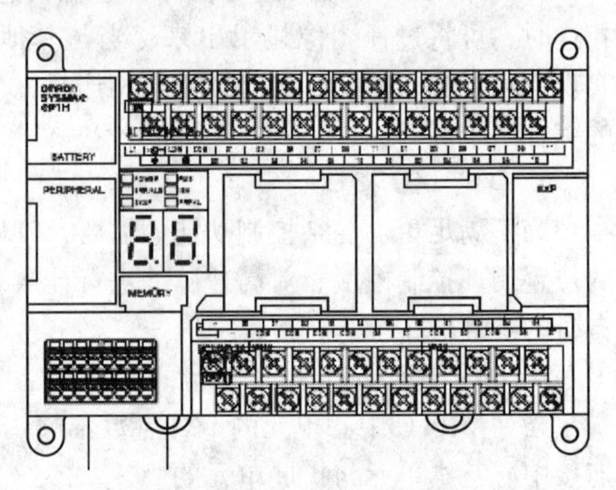

图 2.2.1 单元式结构的 PLC

小型 PLC 结构的最新发展也开始吸收模块式结构的特点，各种点数不同的 PLC 主机和扩展单元都做成同宽同高不同长度的模块，这样，几个模块拼装起来后就成了一个整齐的长方体结构。三菱的 FX2 系列就是采用这种结构，OMRON 公司的 C 系列的小型机也采用这种结构。目前 PLC 还有许多专用的特殊功能单元，这些单元有模拟量 I/O 单元、高速计数单元、位置控制单元、I/O 链接单元等。大多数单元都是通过主单元的扩展口与 PLC 主机相连，有部分特殊功能单元是通过 PLC 的编程器接口连接，还有的是通过 PLC 主机上并接的适配器接入，从而不影响原系统的扩展。

目前点数较少的系统都采用单元式结构。

2.2.2 模块式结构

模块式结构的 PLC 采用搭积木的方式组成系统。这种结构形式的特点是 CPU 为独立的模块，输入、输出、电源等也是独立的模块，要组成一个系统，只需在一块基板上插上 CPU、电源、输入、输出模块及其他诸如通信、数 - 模转换、模 - 数转换等特殊功能模块，就能构成一个总 I/O 点数很多的大规模综合控制系统。

可以根据不同的系统规模选用不同档次的 CPU 及各种输入模块、输出模块及其他功能模块。模块式结构使得系统配置非常灵活；各种模块尺寸统一、便于安装；对于 I/O 点数很多的系统无论是选型、安装、调试，还是扩展、维修都十分方便。目前大型系统多采用这种结构形式，例如 OMRON 公司的 CQM1H 及 CJ 系列等，如图 2.2.1 所示。这种结构形式的 PLC 系统中，除了各种模块之外，还需要用主基板或 I/O 扩展基板将各种模块连成整体；当有多块基板时，还需要用电缆将各基板连接起来。

图 2.2.2　模块式结构 PLC 的结构

2.2.3　叠装式结构

以上两种结构形式各有特色。前者结构紧凑、安装方便、体积小巧，易于与被控设备组合成一个整体，但由于每个单元的 I/O 点数有一定的搭配关系，有时配置的系统输入点或输出点不能充分利用，加之各单元尺寸大小不一致，因此不易安装整齐。而后者无论是输入还是输出点数均可灵活配置，又易于构成较多点数的大规模控制系统，尺寸统一，安装整齐，但是尺寸较大，难于与小型设备连成一体。为此，有些 PLC 生产厂家开发出叠装式结构，将二者的优点结合起来。叠装式结构的 CPU、电源、I/O 等单元也是各自独立的模块，但它们相互的连接安装不需要用基板，仅用电缆连接即可，并且各模块可以一层层地叠装。这样，不但系统可以灵活配置，还可以做得体积小巧。

2.3　PLC 的工作过程

概括地讲，大多数 PLC 的工作方式是一个不断循环的顺序扫描（串行）过程（也有采用并行工作的方式）。每一次扫描所用的时间称为扫描时间，也可称为扫描周期或工作周期。

顺序扫描工作方式简单直观，便于程序设计和 PLC 自身的检查。具体体现在：

1）PLC 扫描到的功能经解算后，其结果马上就可被后面将要扫描到的功能所利用；可以在 PLC 内设定一个监视定时器，用来监视每次扫描的时间是否超过规定值，避免由于 PLC 内部 CPU 故障使程序执行进入死循环。

2）扫描顺序可以是固定的，也可以是可变的，一般小型 PLC 采用固定的扫描顺序，大中型 PLC 采用可变的扫描顺序。这是因为大中型 PLC 处理 I/O 点数多，其中有些点可能不必要每次都扫描，一次扫描时对某一些 I/O 点进行，下次扫描时又对另一些 I/O 点进行，即分时分批地进行顺序扫描。这样做可以缩短扫描周期，提高实时控制中响应的速度。

大中型 PLC 与小型 PLC 在每个扫描周期所完成的工作不尽相同，下面分别加以说明。

2.3.1　大中型 PLC 的工作过程

大中型 PLC 的扫描工作过程如图 2.3.1 所示。由图可知，典型的扫描周期分为六个扫描阶段，用户程序扫描阶段只是扫描周期的一个组成部分。

1）自监视扫描阶段。为了保证工作的可靠性，PLC 内部具有自监视或自诊继功能。自监视功能是由监视定时器 WDT（Watching Timer）完成的，WDT 是一个硬件时钟。自监视过程主要是检查及复位 WDT。如果在复位前，扫描时间已超过 WDT 的设定值，CPU 将停止运行、输入/输出复位，并给出报警信号。这种故障称为 WDT 故障，WDT 故障可能由 CPU 硬件引起，也可能由于用户程序执行时间太长，使扫描周期超过 WDT 的规定时间而引起。用编程器可以清除 WDT 故障。

例如 WDT 设定时间一般为 150 ~ 200ms，一般系统的扫描时间小于 50 ~ 60ms。有些 PLC 中，用户可以对 WDT 时间进行修改，修改方法在使用手册中给出。

2）与编程器交换信息的扫描阶段。用户程序通过编程器写入 PLC，以及用编程器进行在线监视和修改时，CPU 将总线的控制权交给编程器，CPU 处于被动状态。当编程完成处理工作或达到信息交换的规定时间时，CPU 重新得到总线权，并恢复主动状态。

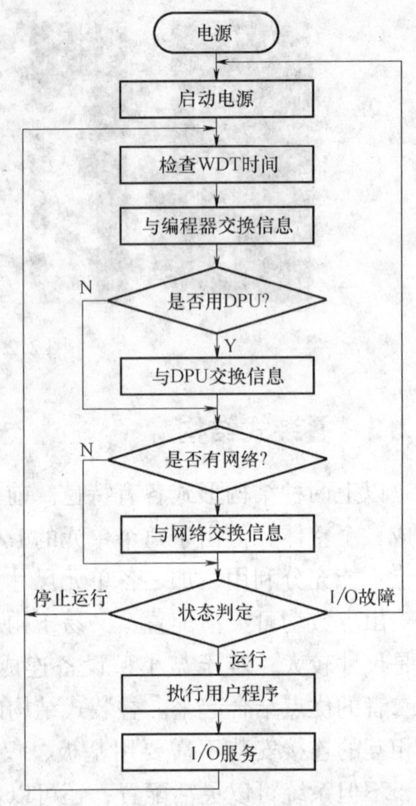

图 2.3.1 大中型 PLC 的扫描工作过程

在这一扫描阶段，用户可以通过编程器修改内存程序，启动或停止 CPU，读 CPU 状态，封锁或开放输入/输出，对逻辑变量和数字变量进行读写等。

3）与数字处理器（DPU）交换信息的扫描阶段。当系统配有数字处理器时，一个扫描周期中才包含这一阶段。

4）网络进行通信的扫描阶段。在配有网络的 PLC 系统中才有通信扫描阶段。在这一阶段，PLC 与 PLC 之间，PLC 与磁带机或 PLC 与上位计算机之间进行信息交换。

5）用户程序扫描阶段。PLC 处于运行状态时，一个扫描周期中包含了用户程序扫描阶段。在用户程序扫描阶段，对应于用户程序存储器所存的指令，PLC 从输入状态暂存区和其他软元件的状态暂存区中将有关元件的通/断状态读出，从第一条指令开始顺序执行，每一步的执行结果均存入输出状态暂存区。

6）输入/输出（I/O）服务扫描阶段。CPU 在执行用户程序时，使用的输入值不是直接从实际输入端得到的，运算的结果也不直接送到实际输出端，而是在内存中设置了两个暂存区，一个是输入暂存区或称输入映象寄存器，一个是输出暂存区或称输出映象寄存器。用户程序中所用到的输入值是输入状态暂存区的值，运算结果放在输出状态暂存区中。图 2.3.2 给出了用户程序执行阶段与 I/O 服务阶段的信息流程。在输入服务（输入采样及输入刷新）扫描过程中，CPU 将实际输入端的状态读入输入状态暂存区。在输出服务（输出刷新与锁存）扫描过程中，CPU 将输出状态暂存区的值同时传送到输出状态锁存器。

由于输入/输出暂存区的设置，使 PLC 对输入/输出的处理具有以下特点：

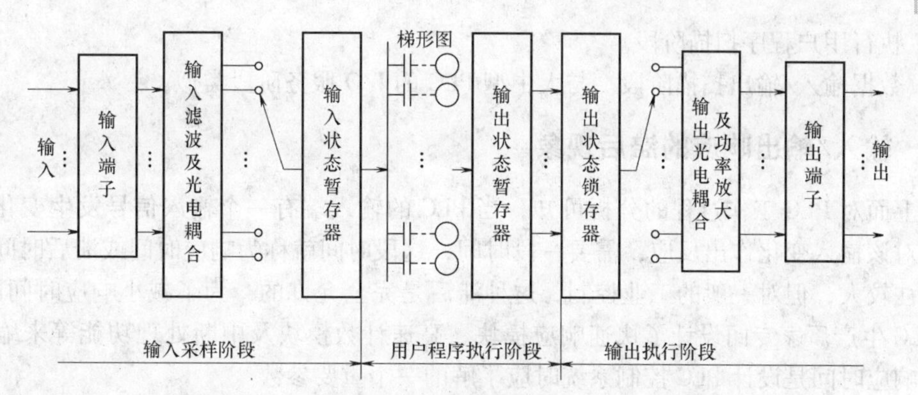

图 2.3.2 I/O 服务与用户程序执行阶段的信息流程

输入状态暂存区的数据，取决于输入服务阶段各实际输入点的通/断状态。在用户程序执行阶段，输入状态暂存区的数据不再随输入的变化而变化。

在用户程序执行阶段，输出状态暂存区的内容随程序执行结果不同而随时改变，但输出状态锁存器的内容不变。

在输出服务阶段，将用户程序执行阶段的最终结果由输出状态暂存区一起传递到输出状态锁存器。输出端子的状态由输出状态锁存器决定。

2.3.2 小型 PLC 的工作过程

小型 PLC 的工作过程如图 2.3.3 所示。由图可以看出，它与大中型 PLC 的工作过程不尽相同。

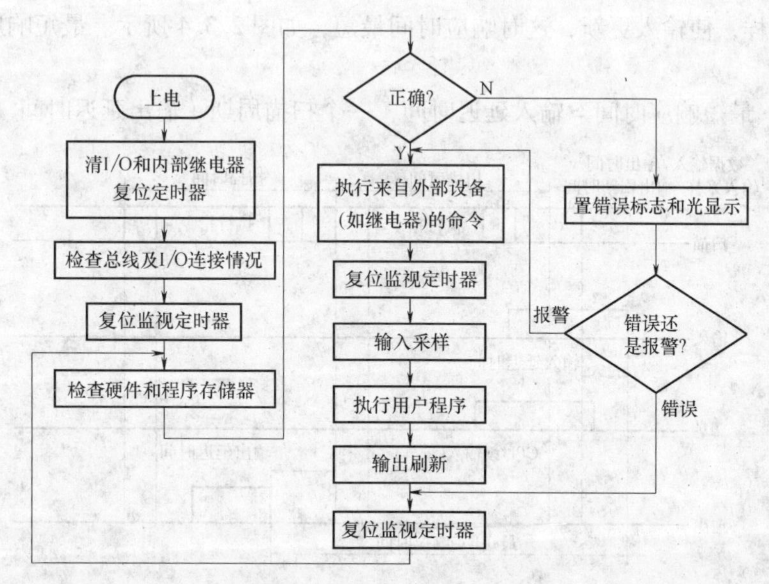

图 2.3.3 小型 PLC 的工作过程

小型 PLC 的工作过程可以分为四个扫描阶段：

1）一般处理扫描阶段。在此扫描阶段 PLC 复位 WDT，检查 I/O 总线和程序存储器。

2）执行外设命令扫描阶段。在此阶段 PLC 执行编程器、图形编程器等外设输入的命令。

3）执行用户程序扫描阶段。

4）数据输入/输出扫描阶段。与大中型 PLC 的 I/O 服务阶段类似。

2.3.3 输入/输出响应的滞后现象

从上面对 PLC 工作过程的分析可知，当 PLC 的输入端有一个输入信号发生变化到 PLC 输出端对该输入变化作出反应，需要一段时间，这段时间就称为响应时间或滞后时间。这段时间往往较大，但对一般的工业控制，这种滞后是完全允许的，为了减小响应时间的影响，很多 PLC 生产厂家专门设计了快速响应模块、高速计数模块及中断处理功能等来缩短响应时间。响应时间是设计 PLC 控制系统时应了解的一个重要参数。

响应时间的大小与以下因素有关：

1）输入滤波的时间常数（输入延时）。

2）输出继电器的机械滞后（输出延时）。

3）PLC 是循环扫描工作方式。

4）PLC 是输入采样、输出刷新的特殊处理方式。

5）用户程序中语句的安排，程序的优化。

其中，3）、4）是由 PLC 的工作原理决定的，无法改变，而 1）、2）、5）并非 PLC 固有的，可以改变，例如有的 PLC 用晶闸管或晶体管作输出功率放大，则滞后较小。

由于 PLC 是循环扫描工作方式，因此响应时间与收到输入信号的时刻有关，在此仅仅给出最短和最长响应时间。

最短响应时间：在一个扫描周期刚刚结束时收到一个输入信号，下一扫描周期一开始这个信号就被采样，使输入更新，这时响应时间最短，如图 2.3.4 所示。最短响应时间可以用下式表示：

最短响应时间 = 输入延迟时间 + 一个扫描周期 + 输出延迟时间

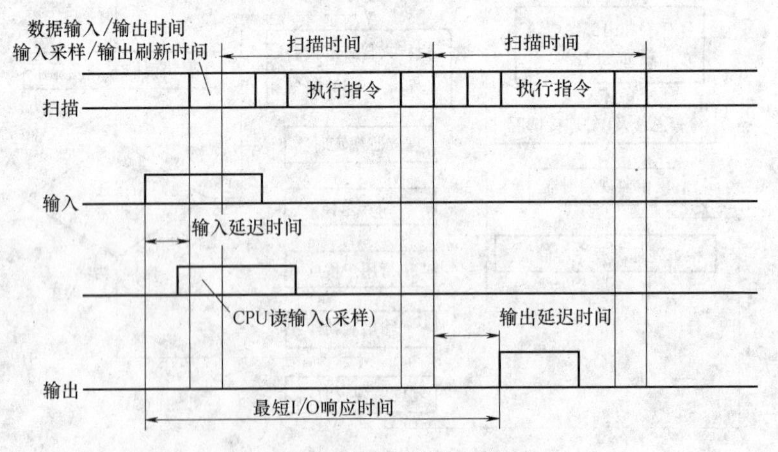

图 2.3.4 PLC 的最短响应时间

最长响应时间：如果在一个扫描周期开始时收到一个输入信号，在该扫描周期内这个输入信号不会起作用，要到下一个扫描周期快结束时的输出刷新阶段输出才会作出反应，这时响应时间最长，如图 2.3.5 所示。最长响应时间可用下式表示：

最长响应时间 = 输入延迟时间 + 两个扫描周期 + 输出延迟时间

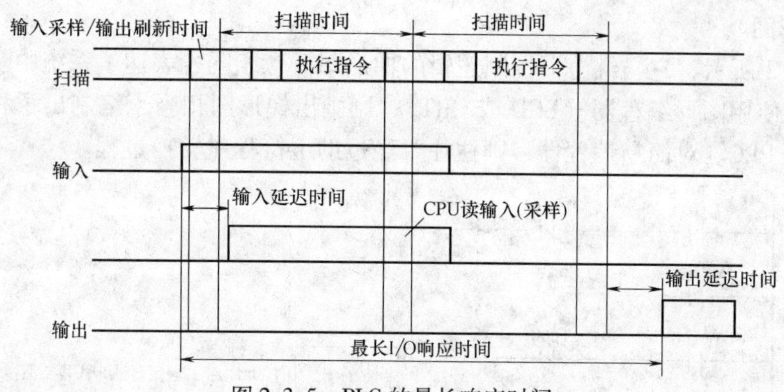

图 2.3.5　PLC 的最长响应时间

2.4　PLC 的使用步骤

使用 PLC 与被控对象（机器、设备或生产过程）构成一个自动控制系统时，通常以七个步骤进行。下面以 PLC 用作开关量控制，并结合一个简单的例子来说明。

1. 系统设计

系统设计即确定被控制对象的动作及动作顺序。例如用 CP1H 来控制一个报警器或加热器周期性通（ON）和断（OFF），TIM000 导通时间为 5s，TIM001 断开时间为 3s。

2. I/O 分配

I/O 分配即确定哪些信号是送到 PLC 的，并分配给相应的输入端子号，哪些信号是由 PLC 送到被控对象的，并分配给相应的输出端子号。此外，对用到的 PLC 内部的计数器、定时器等也要进行分配。PLC 是通过编号来识别信号的。

在 I/O 编号及内部计数器或定时器编号分配好后，将分配结果列表。I/O 分配见表 2.4.1。

具体的连线可在编程之前，也可在编程之后进行。系统接线图如图 2.4.1 所示。

表 2.4.1　I/O 分配

输入	0.02	启动输入
	0.03	复位输入
输出	100.00	
辅助继电器	W0.00	
定时器	000	5s 导通
	001	3s 关断

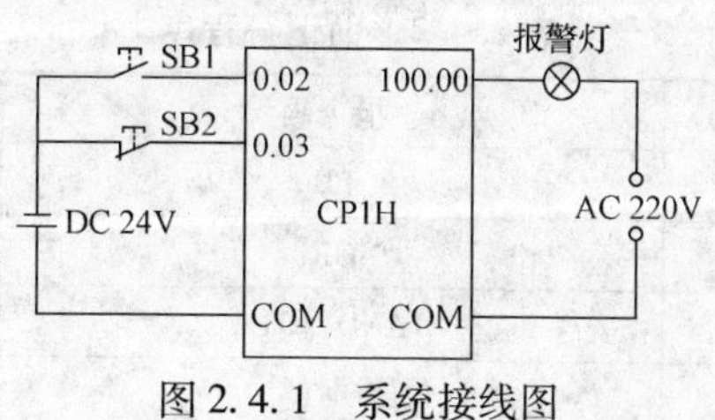

图 2.4.1　系统接线图

3. 画梯形图

如图2.4.2所示，它与继电器控制逻辑的梯形图概念相同，表达了系统中全部动作的相互关系。如果使用图形编程器（LCD或CRT），则画出梯形图相当于编制出了程序，可将梯形图直接送入PLC。对简易编程器，则往往要经过助记符程序转换过程。

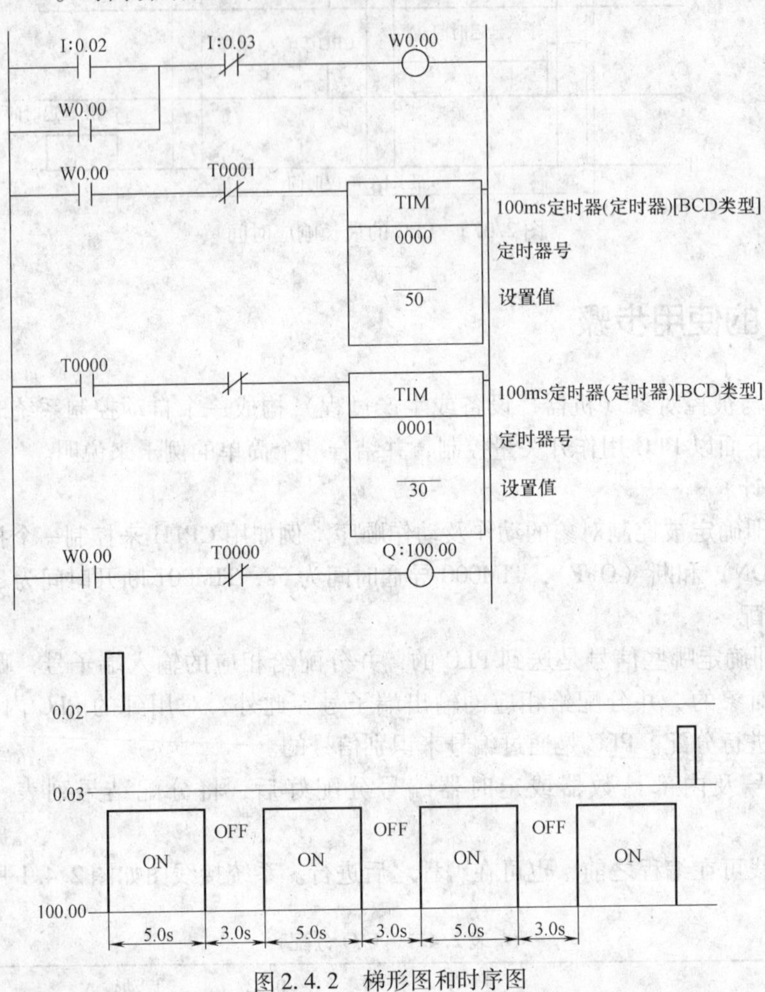

图2.4.2 梯形图和时序图

4. 助记符机器程序

相当于微机的助记符程序，是面向机器的（即不同厂家的PLC，助记符指令形式不同），用简易编程器时，应将梯形图转化成助记符程序，才能将其输入到PLC中。助记符程序见表2.4.2。

表2.4.2 助记符程序

地址	指令码	数据
0000	LD	0.02
0001	OR	W0.00
0002	AND NOT	0.03
0003	OUT	W0.00

（续）

地址	指令码	数据
0004	LD	W0. 00
0005	AND NOT	TIM001
0006	TIM	000
		#0500
0007	LD	TIM000
0008	TIM	001
		#0030
0009	LD	W0. 00
0010	AND NOT	TIM000
0011	OUT	100. 00
0012	END	

5. 编辑程序

编辑程序即检查程序中每条语句是否有语法错误，若有则修改。这项工作在编程器上进行。

6. 调试程序

调试程序即检查程序是否能正确完成逻辑要求，不合要求，可以在编程器上修改。

程序设计（包括画梯形图、助记符程序、编辑、甚至调试）也可在别的工具上进行，如 IBM－PC，只要这个计算机配有相应编程的软件。

7. 保存程序

保存调试通过的程序。

8. 固化程序

调试通过了的程序可利用写入器固化在 EPROM 中或 EEPROM 中备用。

习　题

1. 画出 PLC 的基本组成框图，并说明各部分的功能。
2. 简述 PLC 有几种主要结构形式。
3. PLC 的输入方式有几类？试举例说明。
4. PLC 的 I/O 电路中采用光电隔离的作用是什么？
5. PLC 输出部件的输出级有哪几种常见的形式？
6. 试说明 PLC 在输入和输出处理上的特点。
7. 简述 PLC 的主要使用步骤。
8. 说明顺序扫描、固定顺序扫描和可变顺序扫描的概念。
9. 扫描周期与响应时间有什么不同？有什么关系？

第3章　OMRON公司的PLC系统

3.1　OMRON公司PLC的发展历程

日本欧姆龙公司（OMRON）是世界著名PLC生产厂商之一，OMRON的小、中、大型PLC各有特长。对于PLC一般应从基本性能、特殊功能及通信联网功能三方面考察其性能。基本性能包括指令系统、工作速度、控制规模、程序容量、PLC内部器件、数据存储器容量等。特殊功能指中断系统、A-D、D-A、温度控制系统等，模块式PLC的特殊功能是智能单元完成的。通信联网功能指PLC与各种外部设备通信及PLC组成各种网络，这一功能通常由专用通信板或通信单元完成。OMRON公司从20世纪80年代至今，产品多次更新换代，下面对其发展情况作一简单介绍。

20世纪80年代初期，OMRON的大、中、小型PLC分别为C系列的C200、C1000、C500、C120、C20等。这些型号的PLC指令少，而且指令执行时间长，内存也小，内部器件有限，PLC体积大。例如，C20仅20条指令，基本指令执行时间为40~80μs。上述产品目前已基本淘汰了。随后小型机换代出现P型机，代替了C20。P型机I/O点数最大可达148点，指令增加到37条，指令执行时间的速度也加快了，基本指令执行时间为4μs，体积也明显缩小。P型机有较高的性能价格比，且易掌握和使用，因而具有较强的竞争力，在当时的小型机市场上可以说是独占鳌头。

20世纪80年代后期，OMRON开发出H型机，大、中、小型PLC对应有C2000H/C1000H、C200H、C60H/C40H/C28H/C20H。H型机的大、中型机为模块式结构，小型机为整体式结构。H型机的指令增加较多，有100多种，特别出现了指令的微分执行，一条指令可顶多条指令使用，为编程提供了方便。H型机指令的执行速度又加快了，大型H型机基本执行时间才0.4μs，而C200H机也只有0.7μs。H型机的通信功能模块很丰富，机构合理，功能齐全，其中C200H为当时中型机中较优秀的机型，获得非常广泛的运用。C200H曾用于太空实验站，开创业界先例。另外，OMRON还开发出微型机SP20/SP16/SP10。这类机型点数少，最少10点，但可自身联网（PLC Link），最多可达80点。它的体积很小，功能单一，价格较低，特别适合于安装空间小、点数要求不多的继电器控制场合。

20世纪90年代初期，OMRON推出了无底板模块式结构的小型机CQM1。CQM1的I/O点数最多可达256点。CQM1的指令已超过100种，它的速度较快，基本指令执行时间为0.5μs，比中型机C200H还要快。CQM1的DM区（数据存储区）增加很多，虽为小型机，但DM区可达6K，比中型C200H的2K大很多。CQM1共有7种CPU单元，每种CPU单元都带有16个输入点（称内置输入点），有输入中断功能，都可接增量式旋转编码器进行高速计数，计数频率单相为5kHz、两相为2.5kHz。CQM1还有高速脉冲输出功能，标准脉冲输出可达1kHz。此外，CQM1的CPU42有模拟量设定功能，CPU43有高数脉冲I/O端口，

CPU44有绝对值旋转编码器端口，CPU45有A-D、D-A、温度控制等特殊功能和通信功能。CQM1的CPU单元除CPU11外都自带RS-232C通信口。在CQM1推出之前，OMRON推出大型机CV系列PLC，其性能比C系列大型H型机有显著的提高，它极大地提高了OMRON在大型机方面的竞争实力。1998年底，OMRON推出了CVM1D双极热备系统PLC，它具有双CPU单元和双电源单元，不仅CPU可热备，而且电源也可热备。CVM1D继承了CV系列的各种功能，可以使用CV的I/O单元、特殊功能和通信功能单元。CVM1D的I/O单元可在线插拔。

值得注意的是进入20世纪90年代后，OMRON更新换代的速度明显加快，特别是后5年，OMRON在中型机和小型机上又有不少技术更新。中型机从C200H发展到C200HS。C200HS于1996年进入中国市场。到了1997年，全新的中型机C200Hα又来了，它的性能比C200HS有明显的提高。除基本性能比C200HS提高外，C200Hα突出特点是它的通信组网能力强。例如，CPU单元除自带RS-232C口外，还可插上通信板，板上配有RS-232C、RS-422/RS-485口，C200Hα使用协议宏功能指令，通过上述各种串行通信口与外围设备进行数据通信。C200Hα可入OMRON的高层信息网Ethernet；还可以加入中层控制网Controller Link网，而C200H、C200HS不可以。1999年OMRON在中国市场上又推出比C200Hα功能更加完美的CS1系列机型，虽然CS1兼容了C200Hα的功能，但不能简单地看作是C200Hα的改进，而是一次质的飞跃，它的性能突飞猛进。因此，CS1代表了当今PLC发展的最新动向。

OMRON在小型机方面也取得了长足的进步。1997年，OMRON在推出C200Hα的同时，就推出P型机的升级产品，即小型机CPM1A。与P型机相比，CPM1A体积小，只及同样I/O点数的1/2，但是它的性能改进很大。例如它的指令有93种、153条，基本指令执行时间为0.72μs，程序容量达2048字，单相高数计数达5kHz（P型机为2kHz）、两相为2.5kHz（P型机无此功能），有脉冲输出、中断、模拟量设定、子程序调用、宏指令功能等。通信功能也增强了，可实现PLC与PLC连接、PLC与上位机通信等。

1999年，OMRON在推出CS1系列PLC的同时，在小型机方面相继推出了CPM2A/CPM2C/CPM2AE、CQM1H等系列PLC。CPM2A是CPM1A之后的另一系列机型，CPM2A的功能比CPM1A有新的提升。例如，CPM2A指令的条数增加、功能增强、执行速度加快，可扩展的I/O点数、PLC内部器件的数目、程序容量、数据存储容量等也都增加了；所有CPM2A的CPU单元都自带RS-232C口，在通信方面比CPM1A改进不少。CPM2C具有独特的超薄模块化设计，它有CPU单元和I/O扩展单元，也有模拟量I/O、温度传感和CompoBus/S I/O连接等特殊功能单元。CPM2C的I/O采用I/O端子台或I/O连接器形式。CPM2C的每种功能单元的体积都很小，仅有90mm×65mm×33mm。CPM2C的CPU单元使用DC电源，共有10型号，输出是继电器或晶体管形式，有的CPU单元带时钟功能。CPM2C最多可扩展到140点，单元之间通过侧面的连接器相连。CPM2C的CPU单元有RS-232C端口。CPM2C使用专用的通信接口单元CPM2C-CIF01/CIF02，可把外设端口转换为RS-232C口或RS-422/RS-485口。CPM2C CPU单元的基本性能、特殊功能和通信联网的功能与CPM2A相一致。CPM2AE是OMRON公司专为中国市场开发的，该机型仅有60点继电器输出的CPU单元，是CPM2A-60CDR-A的简化机型。CPM2AE删除了CPM2A的一些功能以减少成本，降低售价。被删除的功能主要有：后备电池（可选）、RS-232端口、CTBL指令（寄存器比较指令）等，其他功能则与 CPM2A 完全相同。CQM1H 是小型机 CQM1 的升级换代产品，CQM1H 在延续原先 CQM1 所有优点的基础上，提升充实了 CQM1 的多种功能。CQM1H 对 CQM1 有很好的兼容性，对原先使用 CQM1 的老用户来说，升级换代十分方便。CQM1H 的推出更加巩固了 OMRON 在中小型 PLC 领域的优势。CQM1H 在三大性能方面作了重大的提升和充实：I/O 控制点数、程序容量和数据容量均比 CQM1 的性能高出一倍；提供多种先进的内装板，能胜任更加复杂和柔性的控制任务；CQM1H 可以加入 Controller Link 网络，还支持协议宏通信功能。

随着自动化技术的不断发展，现场控制要求的不断提高，OMRON 公司目前主推的 PLC 可以更好地应对生产控制要求，拥有更高的性能价格比，它们分别是 CP1 系列 PLC，CJ 系列 PLC 和 CS 系列 PLC，其控制 I/O 点数从几十点到 2000 多点，不仅有丰富的基本控制功能，还具有更高级的控制功能和编程功能。本章将分别介绍这几种 OMRON 公司目前主推的、具有代表性的 PLC 机型。

3.2 CP1 系列 PLC 系统

CP1 系列 PLC 根据不同需求分为三类，分别是经济型 CP1E、标准型 CP1L 和高功能型 CP1H，本节将分别介绍这几种类型的 PLC 系统。

3.2.1 CP1H PLC 系统

CP1H 系列 PLC 是 OMRON 公司于 2005 年推出的 PLC。它是一款集众多功能于一身的整体式 PLC。它除了具有基本控制功能外，还分别搭载了普通控制、模拟量控制、定位控制等专业控制功能，拓宽了应用的范围。

3.2.1.1 CP1H PLC 的基本结构与系统特点

CP1H PLC 系统为整体式结构，其构成如图 3.2.1 所示。

CP1H PLC 系统以 CPU 单元为核心，内置了 USB 端口和编程计算机相连，现场的输入/输出设备与 CPU 的输入/输出端子连接，还可连接 CPM1A 系列扩展单元或 CJ 系列高功能单元进行系统扩展。CPU 单元上还提供了 RS－232C 端口和 RS－422A/485 端口共 2 个。CP1H PLC 的性能特点如下：

1）处理速度快。CP1H PLC 的 CPU 处理基本指令的速度为 0.1μs，处理应用指令的速度为 0.15μs，处理速度相比 CPM2A PLC 提高了近 5 倍。

2）程序容量大。CP1H PLC 的程序容量为 20K 步。

3）指令的种类更丰富。和 OMRON 原有的小型机相比，CP1H PLC 指令的种类多了将近 4 倍，可高速处理约 400 多种指令，具有和高端 CJ1/CS1 系列 PLC 兼容的指令体系。任务编程和功能块（FB）编程为用户提供了更加灵活的编程方法，使程序的编制更加简单，可读性强。

4）系统扩展性好。CP1H PLC 最多可连接 7 个 CPM1A 系列扩展 I/O 单元，可以处理最大 320 点的输入/输出。CP1H PLC 可扩展 CJ 系列高功能单元，通过 CJ 单元适配器，最多可连接 2 个 CJ 系列的高功能单元。

5）内置模拟量输入/输出功能（仅限 XA 型）。CP1H PLC 内置模拟电压/电流输入 4

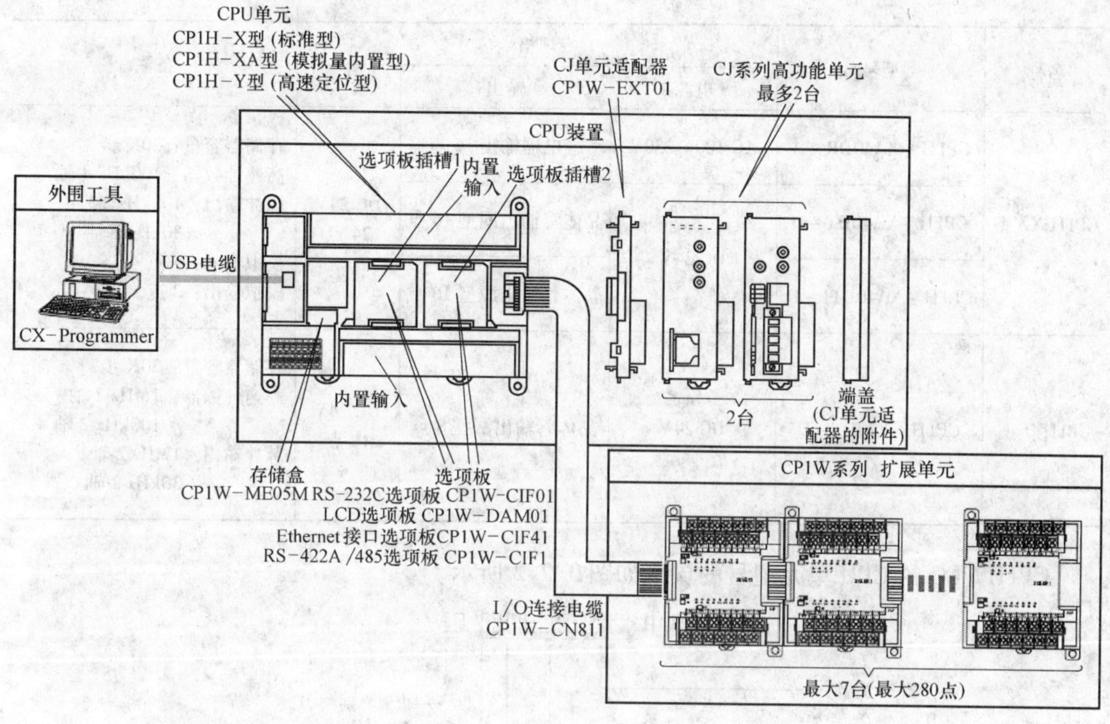

图3.2.1　CP1H PLC系统的构成

点、模拟电压/电流输出2点的模拟量输入/输出功能。6000分辨率或12000分辨率，可使应用范围广泛。CP1H PLC无需连接扩展单元就可处理传感器输入或变频器控制等模拟量信号。

6）提升了通信的兼容性能。CP1H PLC通过内置的USB外设端口和上位机建立通信，而无需占用其他串口。CP1H PLC采用CX－Programmer软件与计算机进行编程、设定和监控，通信简捷。CP1H PLC可扩展2个串行端口，最多可安装2个串行通信选件板（RS－232C或RS－422A/485选件板），可以方便地实现与可编程终端（PT）、变频器、温度调节、智能传感器及PLC之间的各种连接。

总之，CP1H PLC具有功能强、速度快、容量大、适用范围广等特点。

3.2.1.2　CP1H PLC的CPU单元

1. CP1H PLC的CPU单元类型及其特点

CP1H CPU单元包括X型（基本型）、XA型（带内置模拟量输入/输出端子）、Y型（带脉冲输入/输出专用端子）三种类型，各种CPU单元的基本指标见表3.2.1。

表3.2.1　CP1H PLC的CPU单元的基本指标

名称	型号	规格			备注
		电源	输出	输入	
CP1H X型	CP1H－X40DR－A	AC 100～250V	继电器输出16点	DC24V 24点	存储器容量：20K步 高速计数器：100kHz 4轴 脉冲输出：100kHz 2轴 30kHz 2轴
	CP1H－X40DT－D	DC 24V	晶体管输出漏型16点		
	CP1H－X40DT1－D		晶体管输出源型16点		

（续）

名称	型号	规格			备注
		电源	输出	输入	
CP1H XA 型	CP1H - XA40DR - A	AC 100 ~ 250V	继电器输出 16 点	DC 24V 24 点	存储器容量：20K 步 高速计数器：100kHz 4 轴 脉冲输出：100kHz 2 轴 30kHz 2 轴 模拟输入：4 点 模拟输出：2 点
	CP1H - XA40DT - D	DC 24V	晶体管输出漏型 16 点		
	CP1H - XA40DT1 - D		晶体管输出源型 16 点		
CP1H Y 型	CP1H - Y20DT - D	DC 24V	晶体管输出漏型 8 点	DC 24V 12 点	存储器容量：20K 步 高速计数器：1MHz 2 轴 100kHz 2 轴 脉冲输出：1MHz 2 轴 30kHz 2 轴

CP1H PLC 的 CPU 单元型号的含义如图 3. 2. 2 所示。

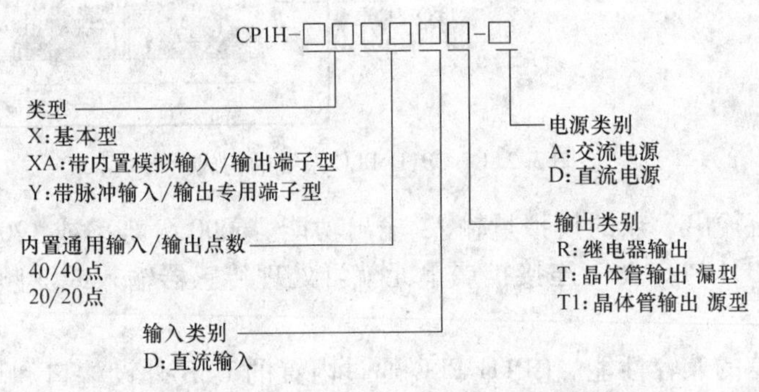

图 3. 2. 2　CP1H PLC 的 CPU 单元型号的含义

(1) X 型 CP1H 的 CPU 单元

X 型为 CP1H 系列 PLC 的标准型。其主要特点如下：

1）CPU 单元内置输入 24 点，输出 16 点，可实现 4 轴高速计数器，4 轴脉冲输出。

2）通过扩展 CPM1A 系列的扩展 I/O 单元，CP1H 整体可以达到最多 320 个 I/O 点。

3）通过扩展 CPM1A 系列的扩展单元，可以实现功能扩展（例如温度传感器输入等）。

4）通过安装选件板，可以实现 RS - 232C 通信或 RS - 422A/485 通信（用于连接可编程终端、条形码阅读器、变频器等设备）。

5）通过扩展 CJ 系列高功能单元，可以向上位或下位扩展通信功能等。

此外，X 型 CP1H 的每个输入点，可通过 PLC 系统的设定来确定其使用状态，这些状态包括通用输入、输入中断、脉冲接收、高速计数等。对每个输出点，也可以通过指令来选择其使用状态，包括通用输出、脉冲输出、PWM 输出等，如图 3. 2. 3 所示。

(2) XA 型 CP1H 的 CPU 单元

XA 型 CP1H 在 X 型的基础上增加了模拟输入/输出功能。其主要特点如下：

1）CPU 单元主体、I/O 单元扩展和其他扩展单元和 X 型 CP1H 相同，具体功能可参见

X型。

2）XA型CP1H内置了模拟电压/电流输入4点和模拟电压/电流输出2点。

此外，XA型CP1H的每个I/O点设定也与X型CP1H相同，如图3.2.4所示。

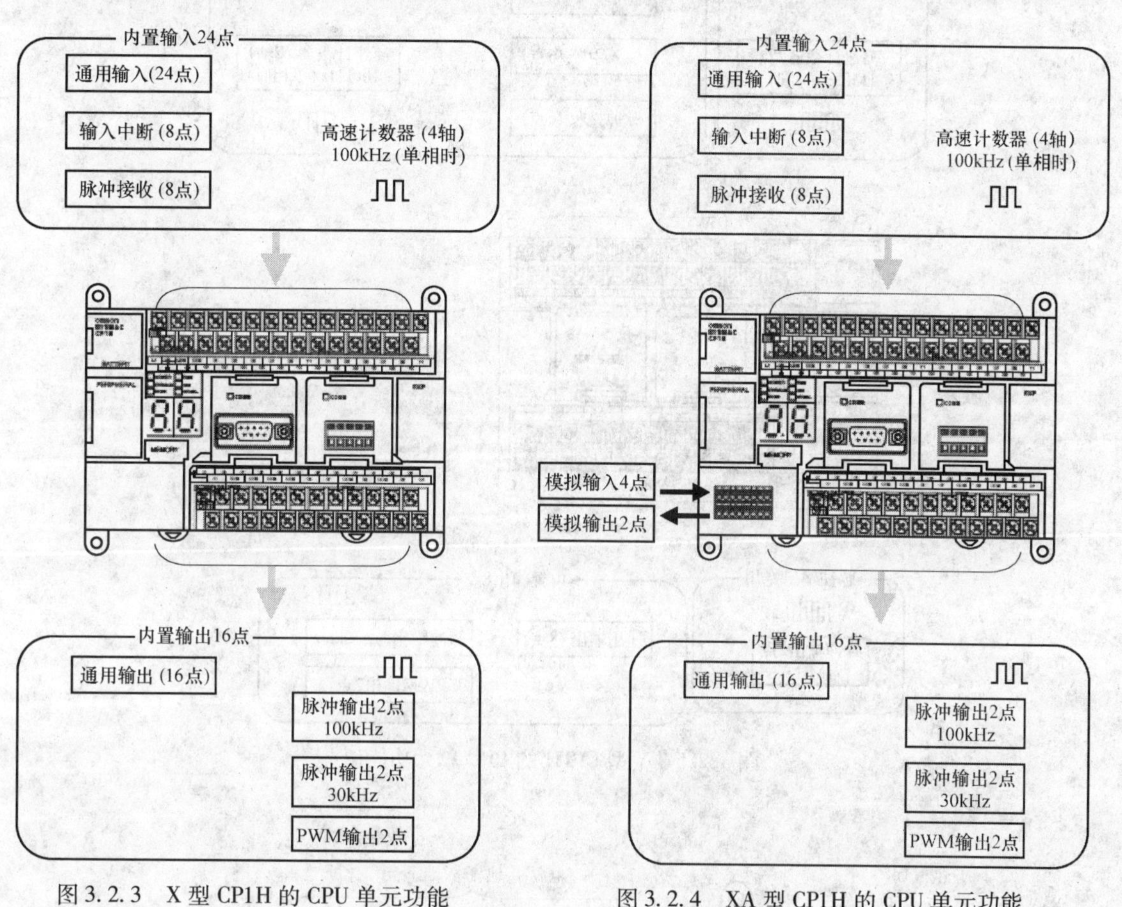

图3.2.3　X型CP1H的CPU单元功能　　图3.2.4　XA型CP1H的CPU单元功能

（3）Y型CP1H的CPU单元

Y型CP1H与X型不同，它限制了内置I/O点数，取而代之为脉冲输入/输出（1MHz）专用端子。其主要特点如下：

1）CPU单元主体内置了输入12点，输出8点，可实现4轴高速计数器和4轴脉冲输出。根据机种，可配备最大1MHz的高速脉冲输出，线性伺服也可以适用。

2）通过扩展CPM1A系列的扩展I/O单元，CP1H整体最大可扩展至300个I/O点。

3）其他功能和X型、XA型CP1H相同，具体功能可参见X型。

此外，Y型CP1H的每个I/O点设定也与X型、XA型CP1H相同，如图3.2.5所示。

2. CPU单元的结构

CP1H CPU的单元外观如图3.2.6所示。

（1）工作指示灯

采用LED指示灯显示CP1H的工作状态，指示灯显示的信息见表3.2.2。

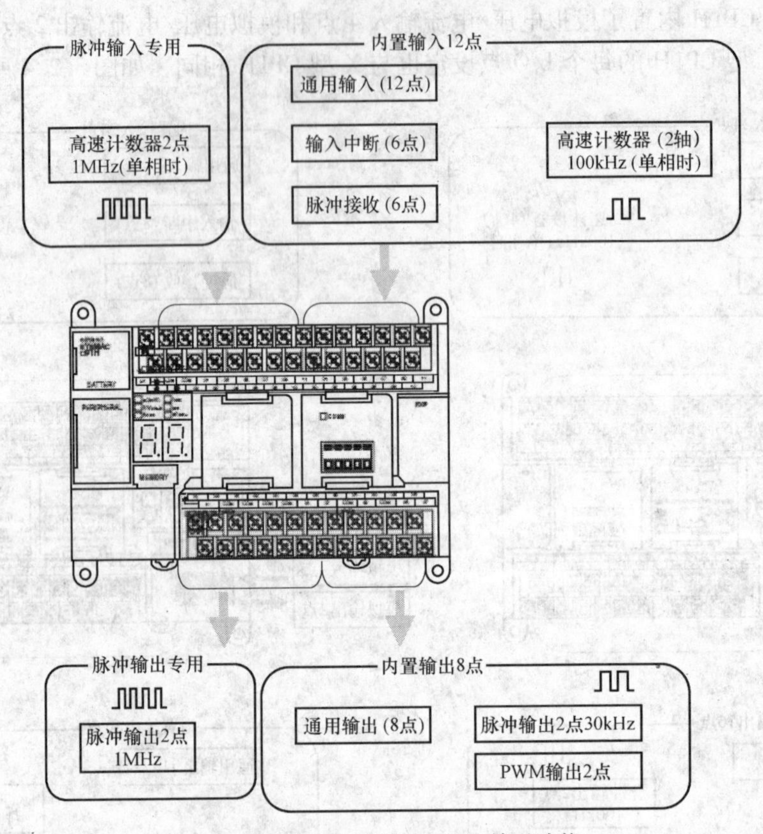

图 3.2.5 Y 型 CP1H 的 CPU 单元功能

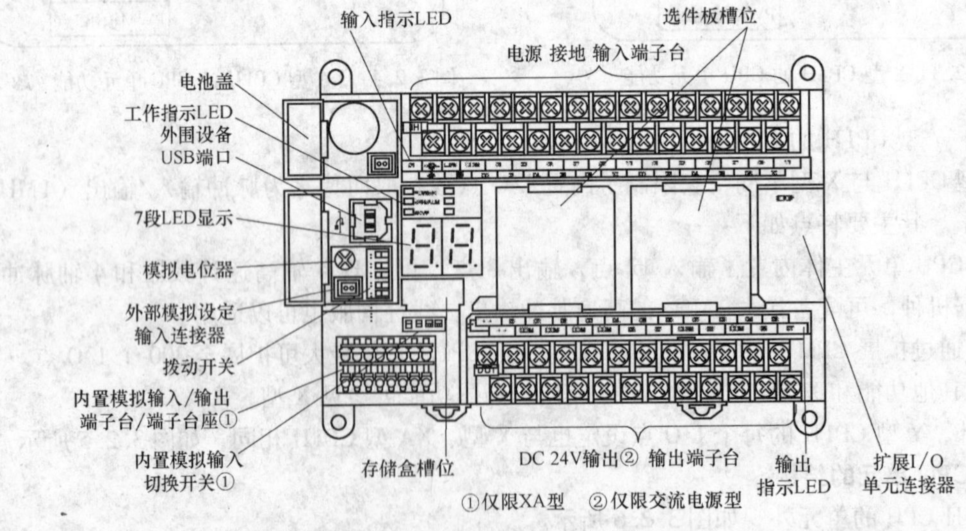

图 3.2.6 CP1H CPU 单元外观

表3.2.2　CP1H CPU指示灯显示的信息

指示灯	状态	内　容
POWER（绿色）	灯亮	通电时
	灯灭	断电时
RUN（绿色）	灯亮	CP1H正在［运行］或［监视］模式下执行程序
	灯灭	［程序］模式下运行停止，或因发生运行停止异常而处于运行停止中
ERR/ALM（红色）	灯亮	发生运行停止异常，或发生硬件异常，此时CP1H停止运行，所有的输出都切断
	闪烁	发生异常继续运行，此时CP1H继续运行
	灯灭	正常
INH（黄色）	灯亮	输出禁止位（A500.15）为ON时灯亮，所有的输出都切断
	灯灭	正常
BKUP（黄色）	灯亮	当向PLC写入程序、参数或数据时，或PLC上电复位时灯亮，此时不要关闭PLC电源
	灯灭	上述情况以外
PRPHL（黄色）	闪烁	CPU通过USB端口通信时灯闪烁
	灯灭	上述情况以外

（2）外围设备USB端口

PLC通过外围设备USB端口与计算机连接，由CX－Programmer软件进行编程及监视。

（3）7段LED显示

通过2位的7段LED，将PLC的状态更简易地告知用户，从而提高设备运行时的检测和维护的效率。7段LED中可显示的内容有：单元版本（仅在电源ON时）、CPU单元发生异常时的故障代码、CPU单元与存储盒间传送的进度状态、模拟电位器值的变更状态、用户定义代码等信息。

（4）模拟电位器

通过旋转电位器，可使特殊辅助继电器区A642通道的当前值在0～255范围内任意改变。更新当前值时，与CP1H的动作模式无关，在7段LED上，将当前值用00～FFH的形式显示约4s。

注意：模拟电位器有时会随着环境温度及电源电压的变化，其设定值也会发生变化，因此不适用于要求设定值精密的场合。

（5）外部模拟设定输入连接器

在外部模拟设定输入端子上施加0～10V的电压，可将输入的模拟量进行A/D转换，并存储在特殊辅助继电器区A643通道中，其值可在0～255的范围内任意变更。

（6）拨动开关

拨动开关用于设定PLC的基本参数，CP1H PLC的CPU单元有一个6位的拨动开关，初始状态都是OFF。每个位的设定值含义见表3.2.3。

（7）内置模拟输入/输出端子台/端子台座（仅限XA型）

XA型CP1H PLC的CPU单元内置了4个模拟量输入4点，2个模拟量输出点。

（8）内置模拟输入切换开关（仅限XA型）

表 3.2.3 拨动开关设定值的含义

开关号	设定	设定内容	用 途
SW1	ON	不可写入用户存储器	防止改写用户程序
	OFF	可写入用户存储器	
SW2	ON	电源为 ON 时，执行从存储盒的自动传送	在电源为 ON 时，可将保存在存储盒内的程序、数据内存、参数调入 CPU 单元
	OFF	不执行	
SW3	—	未使用	—
SW4	ON	在用工具总线的情况下使用	需要通过工具总线来使用选件板槽位 1 上安装的串行通信选件板时置于 ON
	OFF	根据 PLC 系统设定	
SW5	ON	在用工具总线的情况下使用	需要通过工具总线来使用选件板槽位 2 上安装的串行通信选件板时置于 ON
	OFF	根据 PLC 系统设定	
SW6	ON	A395.12 为 ON	在不使用输入点而用户需要使某种条件成立时，可在程序中引入 A395.12，将该 SW6 置于 ON 或 OFF
	OFF	A395.12 为 OFF	

内置模拟输入切换开关（SW1、SW2、SW3、SW4）用于设置 4 点模拟输入信号是电压型还是电流型。切换开关设置为 ON 时表示电流输入，设置为 OFF 时表示电压输入。开关的初始状态均设置为 OFF。

（9）存储器盒

存储盒的型号为 CP1W-ME05M，它可以存储 CP1H CPU 单元的梯形图程序、参数、数据内存（DM）等。当多台同型号 PLC 编制类似的程序时，可以用存储盒将程序和初始数据复制到其他的 CPU 单元内。

（10）电源和接地端子

电源端子连接供给电源 AC 100～240V 或 DC 24V。

接地端子可分为功能接地和保护接地。功能接地是为了强化抗干扰性、防止电击，必须接地（仅限交流电源型）。保护接地是为了防止触电，必须进行第 3 种接地。

（11）选件板槽位

CP1H CPU 单元最多可以安装 2 个串行通信选件板，可分别将选件板安装到槽位 1 和槽位 2 上。选件板有 RS-232C 选件板，型号为 CP1W-CIF01；RS-422A/485 选件板，型号为 CP1W-CIF11。选件板的装卸一定要在 PLC 的电源为 OFF 的状态下进行。

（12）输入/输出指示 LED

当输入/输出端子的触点为 ON 时，对应的 LED 指示灯亮。

（13）扩展 I/O 单元连接器

可连接 CPM1A 系列的扩展 I/O 单元（包括输入/输出 40 点、输入/输出 20 点、输入 8 点、输出 8 点）及扩展单元（包括模拟输入/输出单元、温度传感器单元、CompoBus/S 单元、DeviceNet 单元），最多 7 台。

（14）CJ 单元适配器

CP1H CPU 单元的侧面可以连接 CJ 单元适配器 CP1W-EXT01，它可以连接 CJ 系列特殊I/O单元或CPU总线单元，最多2个单元，但是不能连接CJ系列的基本I/O单元，如图3.2.7所示。

3.2.1.3　CP1H PLC的输入/输出单元

1. CP1H PLC输入单元

（1）X/XA型CP1H PLC输入单元

X/XA型CP1H PLC拥有24个输入点，如图3.2.8所示。以交流电源型为例，0通道0.00位~0.11位共12点，1通道1.00位~1.11位共12点，2个通道合计24点。

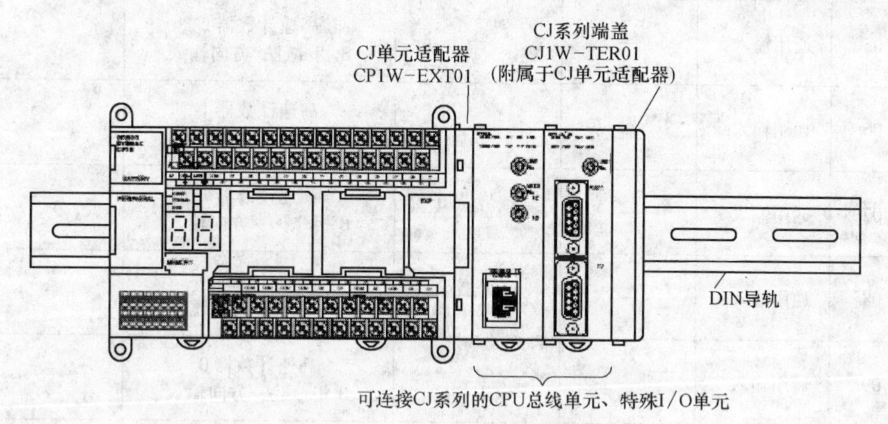

图3.2.7　CJ单元适配器的连接

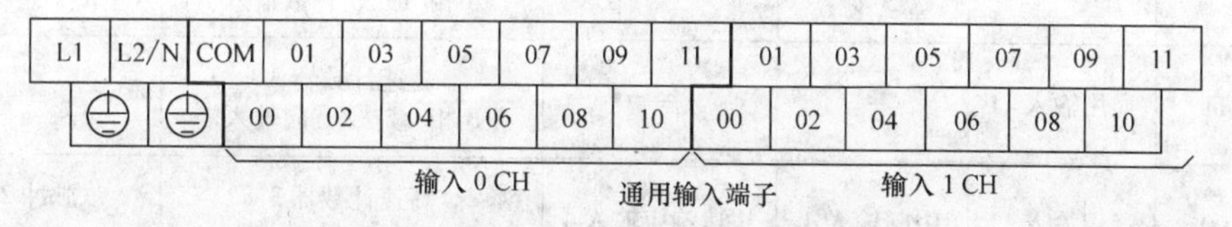

图3.2.8　X/XA型CP1H PLC输入端子台

X/XA型CP1H PLC的通用输入端子可以根据PLC设置中的参数设定，为各输入端子分配功能。具体设置见表3.2.4。

表3.2.4　X/XA型CP1H PLC输入点功能

输入端子台		PLC设置中的设定				
		输入动作设定			高速计数器动作设定	原点搜索功能
通道	位号	通用输入	输入中断	脉冲接收输入	高速计数器0~3	脉冲输出0~3的原点搜索功能
0	00	通用输入0	中断输入0	快速响应输入0	—	脉冲0原点输入信号
	01	通用输入1	中断输入1	快速响应输入1	高速计数器2 Z相/复位	脉冲0原点接近输入信号
	02	通用输入2	中断输入2	快速响应输入2	高速计数器1 Z相/复位	脉冲1原点输入信号
	03	通用输入3	中断输入3	快速响应输入3	高速计数器0 Z相/复位	脉冲1原点接近输入信号

（续）

输入端子台		PLC 设置中的设定				
		输入动作设定			高速计数器动作设定	原点搜索功能
通道	位号	通用输入	输入中断	脉冲接收输入	高速计数器 0 ~ 3	脉冲输出 0 ~ 3 的原点搜索功能
0	04	通用输入 4	—	—	高速计数器 2 A 相/加法/计数输入	—
	05	通用输入 5	—	—	高速计数器 2 B 相/减法/方向输入	—
	06	通用输入 6	—	—	高速计数器 1 A 相/加法/计数输入	—
	07	通用输入 7	—	—	高速计数器 1 B 相/减法/方向输入	—
	08	通用输入 8	—	—	高速计数器 0 A 相/加法/计数输入	—
	09	通用输入 9	—	—	高速计数器 0 B 相/减法/方向输入	—
	10	通用输入 10	—	—	高速计数器 3 A 相/加法/计数输入	—
	11	通用输入 11	—	—	高速计数器 3 B 相/减法/方向输入	—
1	00	通用输入 12	中断输入 4	快速响应输入 4	高速计数器 3 Z 相/复位	脉冲 2 原点 输入信号
	01	通用输入 13	中断输入 5	快速响应输入 5	—	脉冲 2 原点 接近输入信号
	02	通用输入 14	中断输入 6	快速响应输入 6	—	脉冲 3 原点 输入信号
	03	通用输入 15	中断输入 7	快速响应输入 7	—	脉冲 3 原点 接近输入信号
	04	通用输入 16	—	—	—	—
	05	通用输入 17	—	—	—	—
	06	通用输入 18	—	—	—	—
	07	通用输入 19	—	—	—	—
	08	通用输入 20	—	—	—	—
	09	通用输入 21	—	—	—	—
	10	通用输入 22	—	—	—	—
	11	通用输入 23	—	—	—	—

（2）Y 型 CP1H PLC 输入单元用法

Y 型 CP1H PLC 拥有 12 个输入点，如图 3.2.9 所示。0 通道 0.00 位、0.01 位、0.04 位、0.05 位、0.10 位、0.11 位共 6 点，1 通道 1.00 位～1.05 位共 6 点，2 个通道合计 12 点。

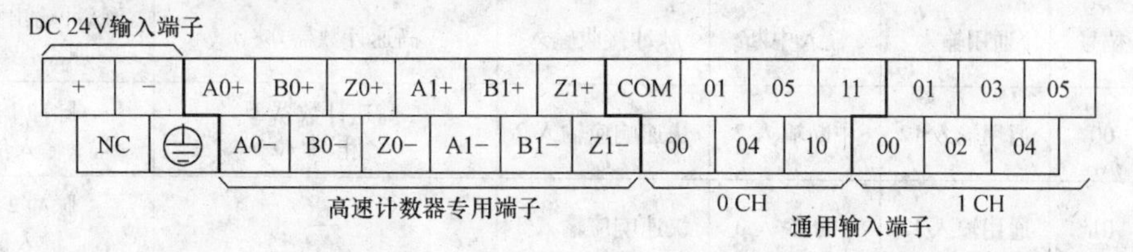

图 3.2.9　Y 型 CP1H PLC 输入端子台

Y 型 CP1H PLC 的通用输入端子可以根据 PLC 设置中的参数设定，为各输入端子分配功能。具体设置见表 3.2.5。需要注意的是，高速计数器专用端子为线路驱动器输入，不可作为通用输入端子使用。

表 3.2.5　Y 型 CP1H PLC 输入点功能

输入端子台		PLC 设置中的设定				
		输入动作设定			高速计数器动作设定	原点搜索功能
通道	位号	通用输入	输入中断	脉冲接收输入	高速计数器 0～3	脉冲输出 0～3 的原点搜索功能
—	A0 +	—	—	—	高速计数器 0 固定 A 相/加法/计数输入	—
—	B0 +	—	—	—	高速计数器 0 固定 B 相/减法/方向输入	—
—	Z0 +	—	—	—	高速计数器 0 固定 Z 相/复位	—
—	A1 +	—	—	—	高速计数器 1 固定 A 相/加法/计数输入	—
—	B1 +	—	—	—	高速计数器 1 固定 B 相/减法/方向输入	—
—	Z1 +	—	—	—	高速计数器 1 固定 Z 相/复位	—
0	00	通用输入 0	中断输入 0	快速响应输入 0	—	脉冲 0 原点输入信号
	01	通用输入 1	中断输入 1	快速响应输入 1	高速计数器 2 Z 相/复位	脉冲 0 原点接近输入信号
	04	通用输入 4	—	—	高速计数器 2 A 相/加法/计数输入	—
	05	通用输入 5	—	—	高速计数器 2 B 相/减法/方向输入	—
	10	通用输入 10	—	—	高速计数器 3 A 相/加法/计数输入	—
	11	通用输入 11	—	—	高速计数器 3 B 相/减法/方向输入	—

（续）

输入端子台		PLC设置中的设定				
		输入动作设定			高速计数器动作设定	原点搜索功能
通道	位号	通用输入	输入中断	脉冲接收输入	高速计数器0~3	脉冲输出0~3的原点搜索功能
1	00	通用输入12	中断输入2	快速响应输入2	高速计数器3 Z相/复位	脉冲1原点输入信号
	01	通用输入13	中断输入3	快速响应输入3	—	脉冲2原点输入信号
	02	通用输入14	中断输入4	快速响应输入4	—	脉冲3原点输入信号
	03	通用输入15	中断输入5	快速响应输入5	—	脉冲1原点接近输入信号
	04	通用输入16	—	—	—	脉冲2原点接近输入信号
	05	通用输入17	—	—	—	脉冲3原点接近输入信号

2. CP1H PLC输出单元

（1）X/XA型CP1H PLC输出单元

X/XA型CP1H PLC拥有16个输入点，如图3.2.10所示。以晶体管输出为例，100通道100.00位~100.07位共8点，101通道101.00位~101.07位共8点，2个通道合计16点。

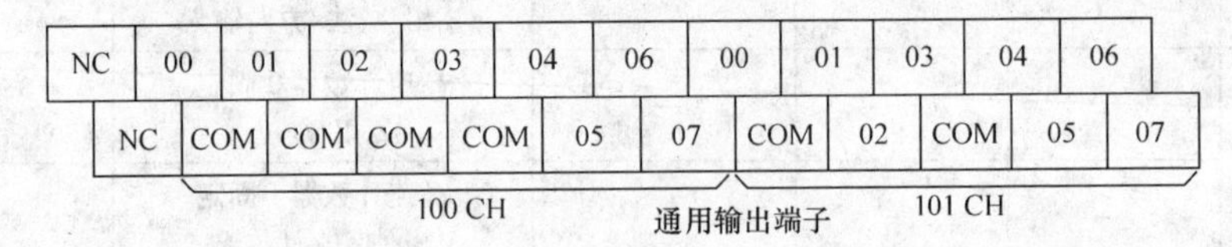

图3.2.10 X/XA型CP1H PLC输出端子台

X/XA型CP1H PLC的通用输出端子可以根据PLC设置中的参数设定，进行脉冲输出。具体设置见表3.2.6。

表3.2.6 X/XA型CP1H PLC输出点功能

输出端子台		除执行右侧所述指令以外	执行脉冲输出指令（SPED、ACC、PLS2、ORG中的某一个）		通过PLC系统设定，用［应用］+ORG指令执行原点搜索功能	执行PWM指令
通道	位号	通用输出	固定占空比脉冲输出			可变占空比脉冲输出
			CW/CCW	脉冲+方向	+应用原点搜索	PWM输出
CIO 100	00	通用输出0	脉冲输出0（CW）	脉冲输出0（脉冲）	—	—
	01	通用输出1	脉冲输出0（CCW）	脉冲输出0（方向）	—	—

（续）

输出端子台		除执行右侧所述指令以外	执行脉冲输出指令（SPED、ACC、PLS2、ORG 中的某一个）		通过 PLC 系统设定，用［应用］+ ORG 指令执行原点搜索功能	执行 PWM 指令
通道	位号	通用输出	固定占空比脉冲输出			可变占空比脉冲输出
			CW/CCW	脉冲 + 方向	+ 应用原点搜索	PWM 输出
CIO 100	02	通用输出 2	脉冲输出 1（CW）	脉冲输出 1（脉冲）	—	—
	03	通用输出 3	脉冲输出 1（CCW）	脉冲输出 1（方向）	—	—
	04	通用输出 4	脉冲输出 2（CW）	脉冲输出 2（脉冲）	—	—
	05	通用输出 5	脉冲输出 2（CCW）	脉冲输出 2（方向）	—	—
	06	通用输出 6	脉冲输出 3（CW）	脉冲输出 3（脉冲）	—	—
	07	通用输出 7	脉冲输出 3（CCW）	脉冲输出 3（方向）	—	—
101	00	通用输出 8	—	—	—	PWM 输出 0
	01	通用输出 9	—	—	—	PWM 输出 1
	02	通用输出 10	—	—	原点搜索 0（偏差计数器复位输出）	—
	03	通用输出 11	—	—	原点搜索 1（偏差计数器复位输出）	—
	04	通用输出 12	—	—	原点搜索 2（偏差计数器复位输出）	—
	05	通用输出 13	—	—	原点搜索 3（偏差计数器复位输出）	—
	06	通用输出 14	—	—	—	—
	07	通用输出 15	—	—	—	—

（2）Y 型 CP1H PLC 输出单元

Y 型 CP1H PLC 拥有 8 个输入点，如图 3. 2. 11 所示。100 通道 100. 04 位 ~ 100. 07 位共 4 点，101 通道 101. 00 位 ~ 101. 03 位共 4 点，2 个通道合计 8 点。

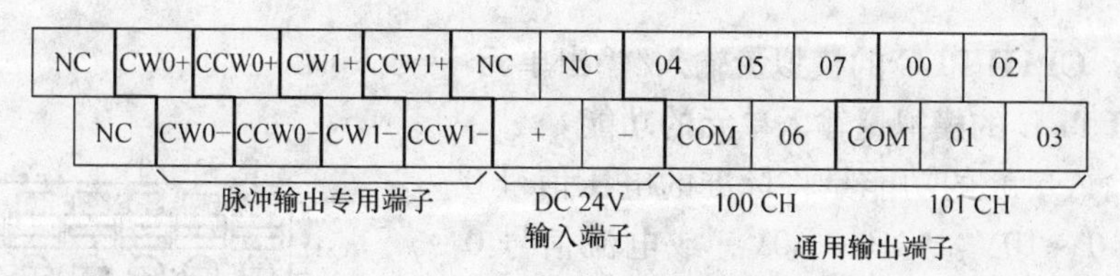

图 3. 2. 11　Y 型 CP1H PLC 输出端子台

Y 型 CP1H PLC 通用输出端子可根据 PLC 的系统设定进行脉冲输出。具体设置见表 3. 2. 7。

表 3.2.7 Y 型 CP1H PLC 输出点功能

输出端子台			除执行右侧所述指令以外	执行脉冲输出指令（SPED、ACC、PLS2、ORG 中的某一个）		通过 PLC 系统设定，用［应用］+ORG 指令执行原点搜索功能	执行 PWM 指令
端子编号	通道	位号	通用输出	固定占空比脉冲输出			可变占空比脉冲输出
				CW/CCW	脉冲+方向	+应用原点搜索	PWM 输出
CW0+		00	不可	脉冲输出 0（CW）	脉冲输出 0（脉冲）	—	—
CCW0+		01	不可	脉冲输出 0（CCW）	脉冲输出 0（方向）	—	—
CW1+		02	不可	脉冲输出 1（CW）	脉冲输出 1（脉冲）	—	—
CCW1+		03	不可	脉冲输出 1（CCW）	脉冲输出 1（方向）	—	—
	100 CH	04	100.04	脉冲输出 2（CW）	脉冲输出 2（脉冲）	—	—
		05	100.05	脉冲输出 2（CCW）	脉冲输出 2（方向）	—	—
		06	100.06	脉冲输出 3（CW）	脉冲输出 3（脉冲）	—	—
		07	100.07	脉冲输出 3（CCW）	脉冲输出 3（方向）	—	—
	101 CH	00	101.00	—	—	原点搜索 2（偏差计数器复位输出）	PWM 输出 0
		01	101.01	—	—	原点搜索 3（偏差计数器复位输出）	PWM 输出 1
		02	101.02	—	—	原点搜索 0（偏差计数器复位输出）	—
		03	101.03	—	—	原点搜索 1（偏差计数器复位输出）	—

3.2.1.4 CP1H PLC 的模拟量输入/输出单元

1. CP1H PLC 的模拟量输入单元的功能

模拟量输入单元的功能是将标准的电压信号 0 ~ 5V、1 ~ 5V、0 ~ 10V、-10 ~ 10V，或电流信号 0 ~ 20mA、4 ~ 20mA，转换成数字量后送入 PLC 中对应的存储通道中。端子台外形如图 3.2.12 所示。

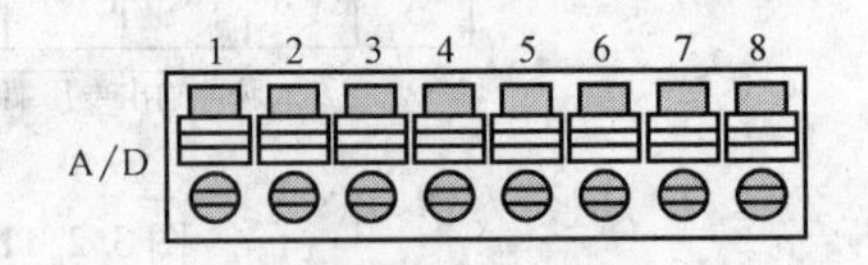

图 3.2.12 模拟量输入单元端子台外形

CP1H PLC 的模拟量输入单元各引脚定义见表3.2.8，其技术指标见表3.2.9。

表3.2.8 模拟量输入单元引脚定义

引脚号	功 能	含 义
1	IN1 +	第1路模拟量电压/电流输入（接正极）
2	IN1 -	第1路模拟量输入公共端（接负极）
3	IN2 +	第2路模拟量电压/电流输入（接正极）
4	IN2 -	第2路模拟量输入公共端（接负极）
5	IN3 +	第3路模拟量电压/电流输入（接正极）
6	IN3 -	第3路模拟量输入公共端（接负极）
7	IN4 +	第4路模拟量电压/电流输入（接正极）
8	IN4 -	第4路模拟量输入公共端（接负极）

表3.2.9 模拟量输入单元技术指标

项 目		电压输入	电流输入
模拟输入点数		4点（占用4个通道，固定分配为200 CH ~203 CH）	
输入信号量程		0~5V、1~5V、0~10V、-10~10V	0~20mA、4~20mA
最大额定输入		±15V	±30mA
外部输入阻抗		1MΩ以上	约250Ω
分辨率		1/6000或1/12000（通过PLC系统设定切换）	
综合精度		25℃，±0.3%FS/0~55℃，±0.6%FS	25℃，±0.4%FS/0~55℃，±0.8%FS
A/D转换数据	-10~10V	1/6000分辨率：满量程值F448~0BB8（Hex） 1/12000分辨率：满量程值E890~1770（Hex）	
	上述以外	1/6000分辨率：满量程值0000~1770（Hex） 1/12000分辨率：满量程值0000~2EE0（Hex）	
平均化处理		有（通过PLC系统设定可设定到各输入）	
断线检测功能		有（断线时的值为8000（Hex））	
转换时间		1ms/点	
隔离方式		模拟输入与内部电路间：光耦合器隔离（但各模拟输入间信号为非隔离）	

CP1H PLC 的模拟量输入单元工作时，首先拨动CPU的模拟量输入切换开关，设置电压输入或电流输入，利用CX-Programmer软件设置分辨率、模拟输入占用的通道、量程及是否设置8个值的动态均值处理；然后将PLC上电时，在线下载设置到CP1H PLC，接着将CP1H断电并重新上电，此时模拟量设置生效。模拟量经A-D转换为对应的数字量并存储在CP1H的CIO区200 CH~203 CH中。若输入量程为1~5V且输入信号不足0.8V，或输入量程为4~20mA且输入信号不足3.2mA时，系统判断为输入断线，此时转换数据置为8000Hex，4路模拟输入对应的断线检测标志位为A434通道的00位~03位。

XA型CP1H的4路模拟输入中每一路输入端子都有电压和电流两种输入方式，其电压输入信号范围有4种，即0~5V、1~5V、0~10V和-10~10V；其电流输入信号范围有2

种，即0～20mA和4～20mA。当输入信号为负电压时，转换值为二进制的补码形式。

2. CP1H PLC的模拟量输出单元的功能

模拟量输出单元的功能是将指定的数字量转换成标准的电压信号0～5V、1～5V、0～10V、－10～10V，或电流信号0～20mA、4～20mA。端子台外形如图3.2.13所示。

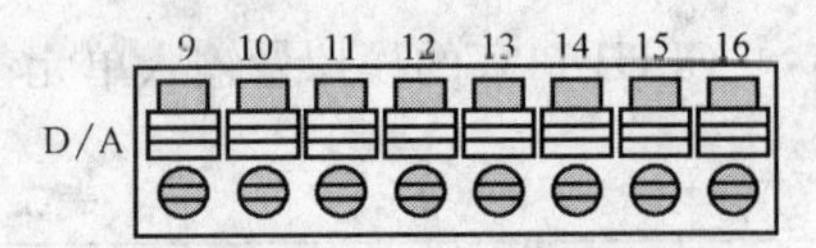

图3.2.13 模拟量输出单元端子台外形

CP1H PLC的模拟量输出单元各引脚定义见表3.2.10，其技术指标见表3.2.11。

表3.2.10 模拟量输出单元引脚定义

引脚号	功 能	含 义
9	OUT V1＋	第1路模拟量电压输出（接正极）
10	OUT I1＋	第1路模拟量电流输出（接正极）
11	OUT1－	第1路模拟量输出公共端（接负极）
12	OUT V2＋	第2路模拟量电压输出（接正极）
13	OUT I2＋	第2路模拟量电流输出（接正极）
14	OUT2－	第2路模拟量输出公共端（接负极）
15	IN AG	模拟0V
16	IN AG	模拟0V

表3.2.11 模拟量输出单元技术指标

项目		电压输出	电流输出
模拟输出点数		2点（占用2个通道，固定分配为210 CH～211 CH）	
输出信号量程		0～5V、1～5V、0～10V、－10～10V	0～20mA、4～20mA
外部输出允许负载电阻		1kΩ以上	600Ω以下
外部输出阻抗		0.5Ω以下	—
分辨率		1/6000或1/12000（通过PLC系统设定切换）	
综合精度		25℃，±0.4%FS/0～55℃，±0.8%FS	
D－A转换数据	－10～10V	1/6000分辨率：满量程值F448～0BB8（Hex） 1/12000分辨率：满量程值E890～1770（Hex）	
	上述以外	1/6000分辨率：满量程值0000～1770（Hex） 1/12000分辨率：满量程值0000～2EE0（Hex）	
转换时间		1ms/点	
隔离方式		模拟输出与内部电路间：光耦合器隔离（但各模拟输出间信号为非隔离）	

CP1H PLC的模拟量输出单元工作时，首先利用CX－Programmer软件设置分辨率、模拟输出占用的通道、量程；然后将PLC上电时，在线下载设置到CP1H PLC，接着将CP1H断电并重新上电，此时模拟量设置生效。根据用户编写的梯形图程序将数字量传送至CP1H的CIO区210或211通道中，经D/A转换为对应的模拟量输出。

XA型CP1H PLC的2路模拟输出中每一路输出端子都有电压和电流两种输出方式，其电压输出信号范围有4种，即0~5V、1~5V、0~10V和-10~10V；其电流输出信号范围有2种，即0~20mA和4~20mA。二进制的补码进行D-A转换应输出负电压。

3.2.1.5　CP1H PLC的存储器分配

CP1H PLC的存储器是由五个部分组成的，其结构如图3.2.14所示。这五个部分分别为：用户程序区、I/O存储区、参数区、内置闪存和存储盒。

用户程序区是由多个任务构成的，程序包括作为中断使用的任务最多可编写288个。通过CX-Programmer软件将这些程序在按1:1被分配到执行任务中后，传送到CPU单元。任务中含有循环扫描方式下执行的“循环执行任务”（最多32个）以及只在中断条件成立时执行的“中断任务”（最多256个）。“循环执行任务”按照其编号顺序执行。

I/O存储区是用户程序读写的存储（RAM）区域，是指通过指令的操作数可以进入的区域。I/O存储区与各单元的数据交换有“每个扫描周期执行1次”和“立即刷新执行”两种方式。I/O存储区由通道I/O（CIO）、内部辅助继电器（WR）、保持继电器（HR）、特殊辅助继电器（AR）、暂时存储继电器（TR）、数据存储器（DM）、定时器（TIM）、计数器（CNT）、状态标志、时钟脉冲、任务标志（TK）、变址寄存器（IR）和数据寄存器（DR）等组成。I/O存储区的分配见表3.2.12。

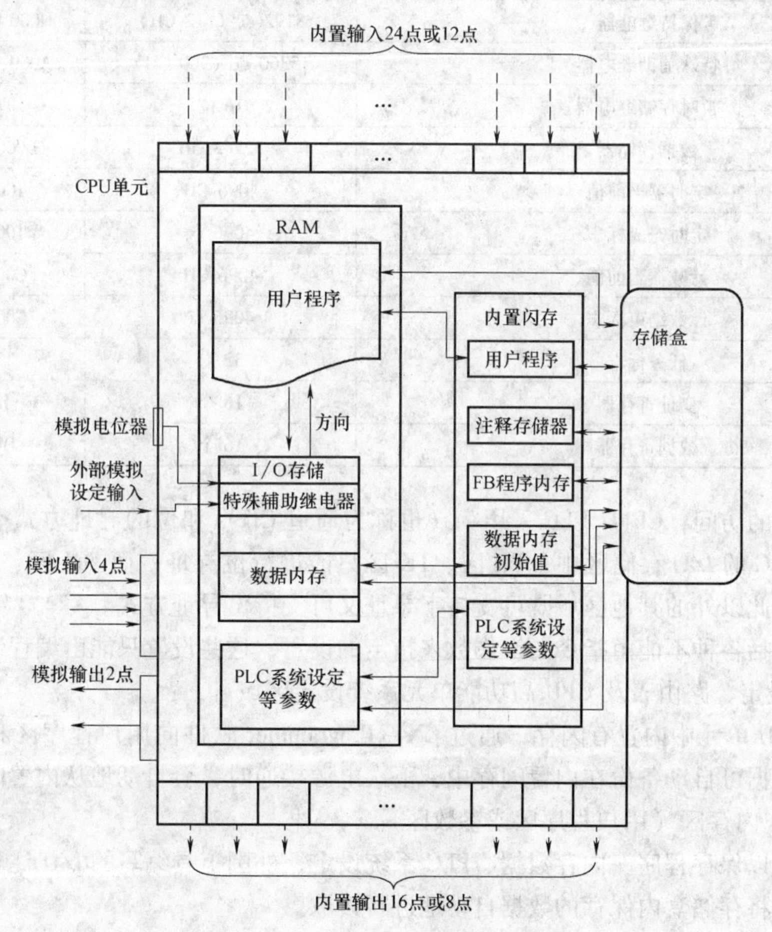

图3.2.14　CP1H PLC存储器结构

表 3.2.12 CP1H PLC 存储区的分配

名称			点数	通道编号
CIO区域	输入/输出继电器	输入继电器	272 点（17 CH）	0 CH ~ 16 CH
		输出继电器	272 点（17 CH）	100 CH ~ 116 CH
	内置模拟输入/输出继电器（仅限 XA 型）	内置模拟输入量	4 CH	200 CH ~ 203 CH
		内置模拟输出量	2 CH	210 CH ~ 211 CH
	数据链接继电器		3200 点（200 CH）	1000 CH ~ 1199 CH
	CPU 总线单元继电器		6400 点（400 CH）	1500 CH ~ 1899 CH
	总线 I/O 单元继电器		15360 点（960 CH）	2000 CH ~ 2959 CH
	串行 PLC 链接继电器		1440 点（90 CH）	3100 CH ~ 3189 CH
	DeviceNet 继电器		9600 点（600 CH）	3200 CH ~ 3799 CH
	内部辅助继电器		4800 点（300 CH） 37504 点（2344 CH）	1200 CH ~ 1499 CH 3800 CH ~ 6143 CH
内部辅助继电器			8192 点（512 CH）	W000 CH ~ W511 CH
保持继电器			8192 点（512 CH）	H000 CH ~ H511 CH
特殊辅助继电器			15360 点（960 CH）	A000 CH ~ A959 CH
暂时存储继电器			16 位	TR0 ~ TR15
数据存储器			32768 CH	D00000 ~ D32767
定时器当前值			4096 CH	T0000 ~ T4095
定时完成标志			4096 点	T0000 ~ T4095
计数器当前值			4096 CH	C0000 ~ C4095
计数结束标志			4096 点	C0000 ~ C4095
任务标志			32 点	TK0 ~ TK31
变址寄存器			16 个	IR0 ~ IR15
数据寄存器			16 个	DR0 ~ DR15

对于各区的访问，CP1H PLC 采用字（也称为通道 CH）和位的寻址方式。需要注意的是在 CP1H PLC 的 I/O 存储区中，TR 区、TK 区只能进行位寻址；而 DM 区、DR 区只能进行字寻址，除此以外的其他区域既可支持字寻址又可支持位寻址方式。

参数区包括各种不能由指令的操作数来指定的设置，这些设置只能由编程装置设定，包括 PLC 系统设定、路由表及 CPU 高功能单元系统设定区域。

CP1H CPU 单元中内置有闪存，通过 CX－Programmer 软件向用户程序区和参数区写入数据时，该数据可自动备份在内置闪存中，下次电源接通时，会自动地从内置闪存中传送到 RAM 内的用户内存区（用户程序区或参数区）。

存储盒可以保存程序、内存数据、PLC 系统设定、外围工具编写的 I/O 注释等数据。电源接通时，可将存储盒内保存的数据自动地进行读取。

1. I/O 存储器区地址的表示方法

对于 I/O 存储区的访问，CP1H PLC 采用字（也称为通道 CH）和位的寻址方式。字的寻址方式是指各个区可以划分为若干个连续的字，每个字包括16个二进制位，用标志符和数字组成的字号来标志各区的字，如图3.2.15所示。

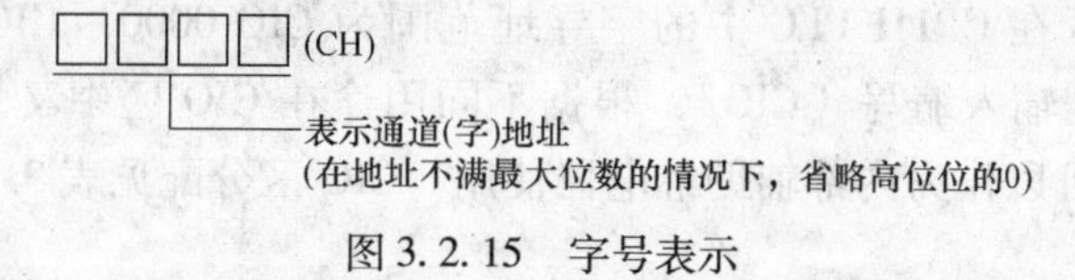

图3.2.15　字号表示

例如，输入/输出继电器（CIO）0010 CH的表示方法为10；内部辅助继电器（WR）005 CH的表示方法为W5；数据存储器（DM）00200 CH的表示方法为D200。

位的寻址方式是指按位进行寻址，需要在字号后面再加上00～15两位数字组成位号来标志某个字中的某个位，如图3.2.16所示。

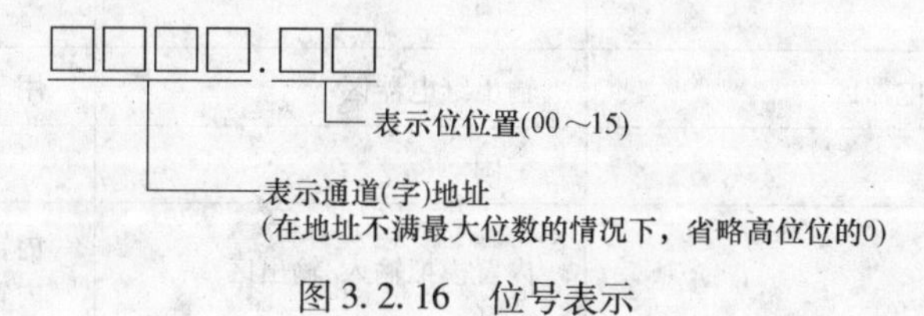

图3.2.16　位号表示

例如输入/输出继电器0001 CH的位03的表示方法为1.03。其中，1表示通道（字）的地址0001，03表示位的位置，所对应的位置如图3.2.17所示。

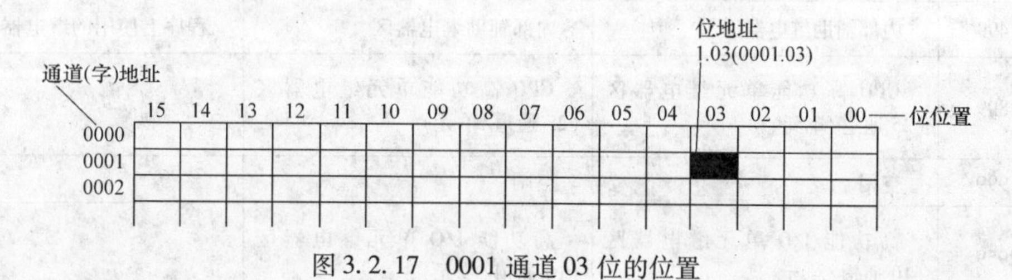

图3.2.17　0001通道03位的位置

保持继电器（HR）010 CH的位08的表示方法为H10.08。其中，10表示通道（字）的地址010，08表示位的位置。

通过以上字地址和位地址的表示方法，整个数据存储区的任意一个字、任意一个位都可用字号或位号来唯一表示。

DM区和DR区只能读取字，不能定义其中的某一位，而在CIO、H、A和W区中可以存取数据的字或位，这取决于操作数据的指令。数据区字/位的指定见表3.2.13。

表3.2.13　数据区字/位指定

区　域	字指定	位指定
CIO	0000	000015（字0000的15位）或0.15
W	W298	W29800（字298的00位）或W298.00
DM	D13600	不能用
T	T2150（指PV）	T2150（指完成标志）
A	A162	A16206（字162的06位）或A162.06

注：相同的T字号（或C字号）可以用来指定定时器（或计数器）的当前值或完成标志位。

2. CIO 区

CIO 区既可用作控制 I/O 点的数据，也可用作内部处理和存储数据的工作位，它可以按位或按字寻址。CIO 区在 CP1H PLC 中的字寻址范围为 CIO 0000 ~ CIO 6143，在指定某一 CIO 区中的地址时无需输入缩写“CIO”，根据不同用途在 CIO 区中又划分了若干区域，未分配给各单元的区域可以作为内部辅助继电器使用。CIO 区分配见表 3.2.14。

表 3.2.14 CIO 区分配

通道范围	型号		注释
	X/Y 型	XA 型	
0 ~ 16	输入继电器区	输入继电器区	用于内置输入继电器区
17 ~ 99	空闲	空闲	
100 ~ 116	输出继电器区	输出继电器区	用于内置输出继电器区
117 ~ 199	空闲	空闲	
200 ~ 211	空闲	内置模拟输入/输出区	内置模拟输入：200 ~ 203 内置模拟输出：210 ~ 211
212 ~ 999	空闲	空闲	
1000 ~ 1199	数据链接继电器区	数据链接继电器区	分配给 Controller Link 网络
1200 ~ 1499	内部辅助继电器区	内部辅助继电器区	程序上使用的继电器区
1500 ~ 1899	CPU 高功能单元继电器区（25 通道/单元）	CPU 高功能单元继电器区（25 通道/单元）	
1900 ~ 1999	空闲	空闲	
2000 ~ 2959	高功能 I/O 单元继电器区（10 通道/单元）	高功能 I/O 单元继电器区（10 通道/单元）	
2960 ~ 3099	空闲	空闲	
3100 ~ 3189	串行 PLC 链接继电器区	串行 PLC 链接继电器区	用于与其他 PLC 进行数据链接
3190 ~ 3199	空闲	空闲	
3200 ~ 3799	DeviceNet 继电器区	DeviceNet 继电器区	适用 CJ 系列 DeviceNet 单元
3800 ~ 6143	内部辅助继电器区	内部辅助继电器区	程序上使用的继电器区

（1）输入/输出继电器区

输入/输出继电器区是 PLC 的输入/输出单元映象区，它既可以按位寻址，也可以按字寻址。I/O 区中直接映象外部输入信号的位称为输入位，编程时可以根据需要按任意顺序、无限次地使用这些输入位，但这些位不能用于输出指令。在 CP1H 中的输入继电器区为 0 ~ 16 通道（0.00 ~ 16.15）。

I/O 区中直接控制外部输出设备的位称为输出位，编程时每个输出位只能被输出一次，但可以无限次地被调用作为其他输出的输入条件。在 CP1H 中的输出继电器区为 100 ~ 116

通道（100.00~116.15）。

CP1H中输入继电器和输出继电器的起始通道号是固定的。CP1H CPU单元的内置输入/输出中，外部输入设备接到0通道和1通道；外部输出设备接到100通道和101通道。输入/输出继电器可通过CX-Programmer软件实现对某一位的强制置位或复位。

一台CP1H CPU单元最多可以连接7个扩展单元，总计34个I/O通道数，一旦超出会产生“I/O点数超出”错误，CP1H不能运行。

在连接扩展单元时，输入继电器从2通道开始分配，输出继电器从102通道开始，按照单元连接顺序自动分配。需要注意的是，连接不同的扩展I/O单元或扩展单元，其占用的输入输出通道数各不相同。

（2）内置模拟输入/输出继电器区（仅限XA型）

XA型CP1H CPU单元内置了模拟输入和模拟输出，模拟输入/输出的通道被固定地分配到200 CH~211 CH。其中内置模拟输入继电器区通道范围为200 CH~203 CH，共4个通道；内置模拟输出继电器区通道范围为210 CH、211 CH，共两个通道。

（3）数据链接继电器区

数据链接继电器区的寻址范围为1000.00~1199.15（1000 CH~1199 CH），共3200个点（200 CH）。数据链接继电器区用于Controller链接网中的数据链接或PLC链接，不使用时可作为内部辅助继电器使用。Controller链接网结构如图3.2.18所示。

数据链接是指通过各PLC上的Controller Link单元所构成的网络，自动地访问网络中其他的PLC，实现链接区的数据共享。数据链接区的分配可以自动设定（每1个节点的发送通道数都一样），也可以任意设定（自由设定每个节点的分配区域、每1个节点的发送通道数为任意，也可仅为发送或接收）。

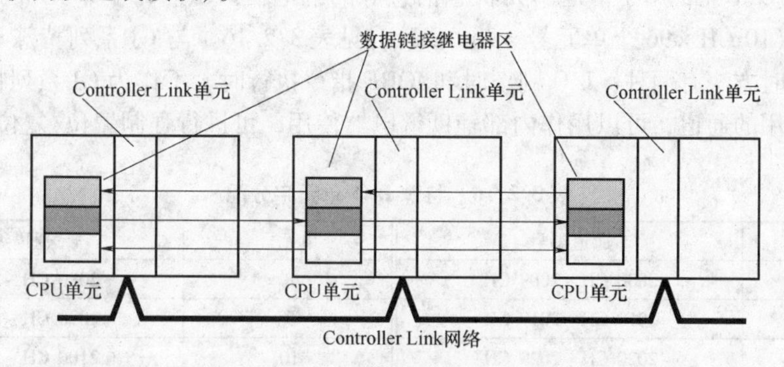

图3.2.18 Controller链接网结构

（4）CPU总线单元继电器区

CPU总线单元继电器区的寻址范围为1500 CH~1899 CH，共400个通道。CPU总线单元继电器区是使用CJ系列CPU总线单元时，可分配状态信息的继电器区域。每个单元根据单元编号可以分配25个通道（25 CH×16个单元编号=400 CH），见表3.2.15。所有用户程序执行后的I/O刷新期间，每个周期同CJ系列CPU总线单元进行一次数据交换（每次刷新时及在IORF指令下，不能进行指定）。不作为CJ系列CPU总线单元分配区域所使用的通道，可以用作内部辅助继电器使用，可进行强制置位/复位。

表 3.2.15 CPU 总线单元区字分配

单元编号	通道编号
0	1500 CH ~ 1524 CH
1	1525 CH ~ 1549 CH
2	1550 CH ~ 1574 CH
3	1575 CH ~ 1599 CH
4	1600 CH ~ 1624 CH
5	1625 CH ~ 1649 CH
6	1650 CH ~ 1674 CH
7	1675 CH ~ 1699 CH
8	1700 CH ~ 1724 CH
9	1725 CH ~ 1749 CH
A	1750 CH ~ 1774 CH
B	1775 CH ~ 1799 CH
C	1800 CH ~ 1824 CH
D	1825 CH ~ 1849 CH
E	1850 CH ~ 1874 CH
F	1875 CH ~ 1899 CH

（5）特殊 I/O 单元继电器区

特殊 I/O 单元继电器区的寻址范围为 2000 CH ~ 2959 CH，共 960 个通道，它是分配给 CJ 系列特殊 I/O 单元，用于传送单元状态信息等的继电器区域。每个单元根据单元号可分配 10 个通道（10 CH ×96 个单元号 =960 CH），见表 3.2.16。与 CJ 系列特殊 I/O 单元进行数据交换的计时方法有两种：I/O 刷新时和 IORF 指令执行时。不作为 CJ 系列特殊 I/O 单元分配区域所使用的通道，可以用作内部辅助继电器使用，可进行强制置位/复位。

表 3.2.16 特殊 I/O 单元字分配

单元号	通道编号	单元号	通道编号
0	2000 CH ~ 2009 CH	8	2080 CH ~ 2089 CH
1	2010 CH ~ 2019 CH	9	2090 CH ~ 2099 CH
2	2020 CH ~ 2029 CH	10	2100 CH ~ 2109 CH
3	2030 CH ~ 2039 CH	11	2110 CH ~ 2119 CH
4	2040 CH ~ 2049 CH	12	2120 CH ~ 2129 CH
5	2050 CH ~ 2059 CH	13	2130 CH ~ 2139 CH
6	2060 CH ~ 2069 CH	⋮	⋮
7	2070 CH ~ 2079 CH	95	2950 CH ~ 2959 CH

（6）串行 PLC 链接继电器区

串行 PLC 链接继电器区的寻址范围为 3100 CH ~ 3189 CH，共 90 个通道（1440 个点），它是串行 PLC 链接中使用的继电器区域，用于与其他 PLC 之间的数据链接。串行 PLC 链接通过内置的 RS - 232C 端口，进行 CPU 单元间的数据交换（无程序的数据交换）。串行 PLC

链接区域的通道分配需根据主站中的PLC系统设定而自动设定。在串行PLC链接继电器区不使用的继电器编号，可以用作内部辅助继电器使用，可进行强制置位/复位。串行PLC链接结构如图3.2.19所示。

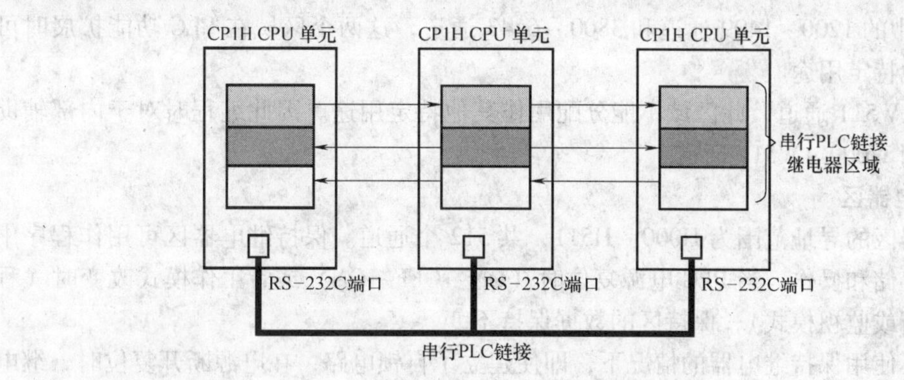

图3.2.19　串行PLC链接结构

（7）DeviceNet继电器区

DeviceNet继电器区的寻址范围为3200 CH～3799 CH，共600个通道，它是使用CJ系列DeviceNet单元的远程I/O主站功能时，各从站被分配的继电器区域（固定分配时）。通过分配继电器区域的软件开关可以选择以下固定分配区域1～3中的任何一个，见表3.2.17。不使用CJ系列DeviceNet单元的情况下，该区域可以用作内部辅助继电器使用，可进行强制置位/复位。DeviceNet链接结构如图3.2.20所示。

表3.2.17　DeviceNet继电器分配区域

区　域	主站→从站输出（OUT）区域	从站→主站输入（IN）区域
固定分配区域1	3200 CH～3263 CH	3300 CH～3363 CH
固定分配区域2	3400 CH～3463 CH	3500 CH～3563 CH
固定分配区域3	3600 CH～3663 CH	3700 CH～3763 CH

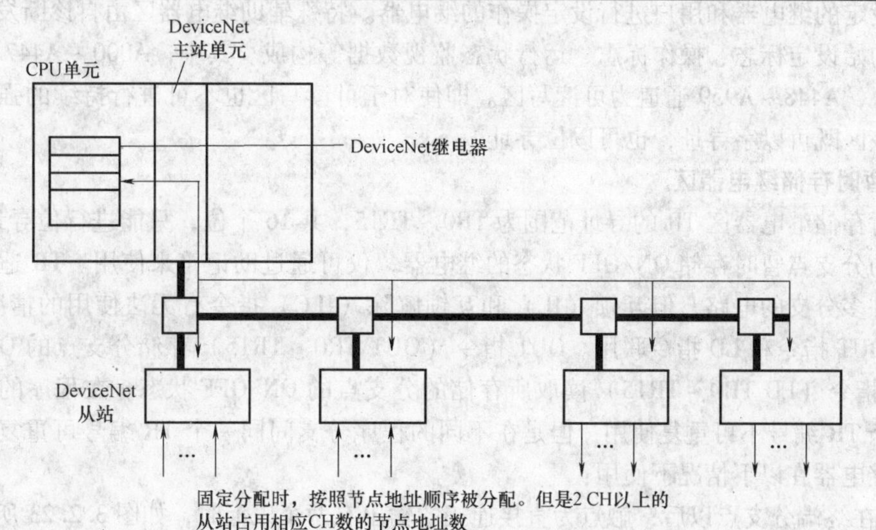

图3.2.20　DeviceNet链接结构

3. 内部辅助继电器区

内部辅助继电器是指只能在程序中使用的继电器。内部辅助继电器区由两部分构成，寻址范围如下：

1）CIO 区中的 1200～1499 通道和 3800～6143 通道，这两个区域在 PLC 功能扩展时可以分配用作其他特定用途。

2）W000～W511 通道，此区域不能分配用作其他特定用途。因此编程时对于内部辅助继电器优先使用 W000～W511 通道。

4. 保持继电器区

保持继电器区的寻址范围为 H000～H511，共 512 个通道。保持继电器区可用作程序中的各种数据的存储和操作。当 PLC 电源复位时（ON→OFF→ON）或者工作模式改变时（程序模式⟷运行或监视模式），保持区的数据保持不变。

编程时在不使用保持继电器的情况下，即使建立了自锁电路，在电源断开复位时，继电器也会转为 OFF，自保持被解除。只有采用了保持继电器建立自锁电路，当电源复位时自保持才不会被清零，如图 3.2.21 所示。

若采用图 3.2.22 所示的梯形图编程，当 A 为 OFF 或 B 为 ON 或电源复位时，H0.00 将复位。

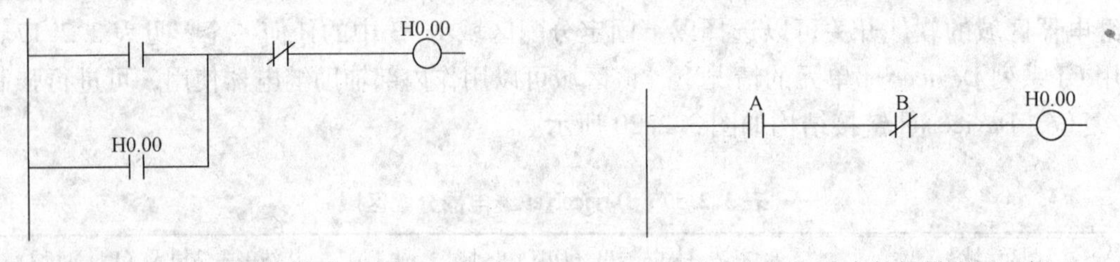

图 3.2.21 自保持梯形图示例　　图 3.2.22 非自保持梯形图示例

5. 特殊辅助继电器区

特殊辅助继电器区的寻址范围为 A000～A959，共 960 个通道（15360 个点），它包括系统自动设定的继电器和用户进行设定操作的继电器。特殊辅助继电器区由自诊断发现的异常标志、初始设定标志、操作标志、运行状态监视数据等构成。其中，A000～A447 通道为系统只读区，A448～A959 通道为可读写区。即使对于可读写区也不可进行持续的强制置位或复位。该区既可以字寻址，也可以位寻址。

6. 暂时存储继电器区

暂时存储继电器区 TR 的寻址范围为 TR0～TR15，共 16 个位，只能进行位寻址。TR 是在电路的分支点暂时存储 ON/OFF 状态的继电器，仅可通过助记符来使用。TR 适用于那些输出有许多分支的电路，但互锁（IL）和互锁解除（ILC）指令有无法使用的情况。TR 位只可与 OUT 指令和 LD 指令联用。OUT 指令（OUT TR0～TR15）存储分支点的 ON/OFF 状态；LD 指令（LD TR0～TR15）读取所存储的分支点的 ON/OFF 状态。在程序的一个分支内同一个 TR 编号不可重复使用，但是在不同的程序分支间同一个 TR 编号可重复使用。暂时存储继电器在以下情况下使用：

1）在终端分支点以后，触点为直接连接的输出有两个以上时，如图 3.2.23 所示。

2）触点被直接连接的输出的后段中，存在无触点输出的情况下，如图 3.2.24 所示。

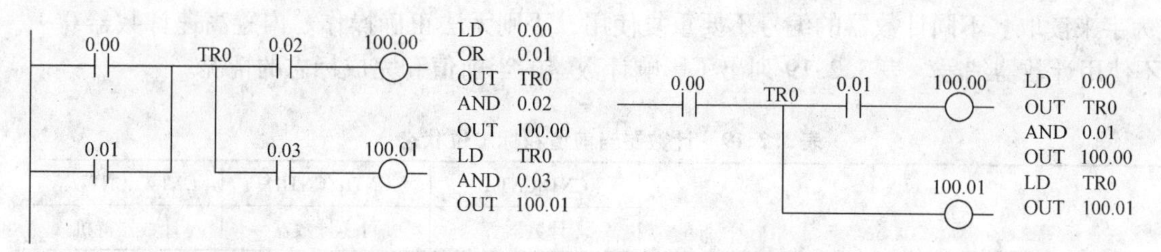

图3.2.23　TR位应用示例1　　　图3.2.24　TR位应用示例2

7. 定时器区

定时器区为定时器指令（TIM/TIMX）、高速定时器指令（TIMH/TIMHX）、超高速定时器指令（TMHH/TMHHX）、累计定时器指令（TTIM/TTIMX）、块程序的定时器待机指令（TIMW/TIMWX）、高速定时器待机指令（TMHW/TMHWX）等提供了4096个定时器，寻址范围为T0000～T4095，用于访问这些指令的定时完成标志和当前值（PV）。

当定时器编号用于位操作时，该编号为定时完成标志，此标志可以作为常开或常闭条件在程序中被调用。当定时器编号用于字操作时，该编号为定时器的PV值通道号，此值可以作为字来读取。不同定时器的编号不要重复使用，否则无法正确操作。表3.2.18列出了影响定时器的当前值和完成标志的情况。

表3.2.18　定时器当前值和标志位状态

指令	TIM/TIMX	TIMH/TIMHX	TMHH/TMHHX	TTIM/TTIMX	TIMW/TIMWX	TMHW/TMHWX
	定时器	高速定时器	超高速定时器	累计定时器	定时器待机	高速定时器待机
工作模式变更时（程序↔运行/监视模式）	当前值=0 到时标志=OFF					
电源复位时（ON→OFF→ON）	当前值=0 到时标志=OFF					
CNR/CNRX指令（定时器/计数器复位）	当前值=9999/FFFFH 到时标志=OFF					
按照JMP－JME指令转移时，或任务为待机中时	起动中的定时器更新当前值			保持	起动中的定时器更新当前值	
IL－ILC指令中的IL条件OFF时	复位（当前值=设定值且到时标志=OFF）			保持	—	—

8. 计数器区

计数器区为计数器指令（CNT/CNTX）、可逆计数器指令（CNTR/CNTRX）、块程序的计数器待机指令（CNTW/CNTWX）提供了4096个计数器，其寻址范围为C0000～C4095，通过计数器编号访问这些指令的计数完成标志和当前值（PV）。

当计数器编号用于位操作时，该编号为计数完成标志，此标志可以作为常开或常闭条件在程序中被调用。当计数器编号用于字操作时，该编号为计数器的PV值通道号，此值可以作为字来读取。不同计数器的编号不要重复使用，否则无法正确操作。内置高速计数器 0 ~ 3 不使用计数器编号。表 3.2.19 列出了影响计数器的当前值和完成标志的情况。

表 3.2.19 计数器当前值和标志位状态

指　令	CNT/CNTX	CNTR/CNTRX	CNTW/CNTWX
	计数器	可逆计数器	计数器待机
复位时的当前值/计数结束标志	当前值 = 0　计数结束标志 = OFF		
工作模式变更时（程序↔运行/监视模式）	保持		
电源再接通时	保持		
复位输入时	复位		
CNR/CNRX（定时器/计数器复位）指令	复位		
IL - ILC 指令内的 IL 条件 OFF 时	保持		

通过 CX - Programmer 软件，可将定时器/计数器的设定值及当前值的更新设定方式，由 BCD（0000 ~ 9999）方式变更为 BIN 方式（0000 ~ FFFF H）。该设定对于所有的任务，以及所有定时器及计数器都可以共同设定。

9. 数据存储器区

数据存储器区（DM）的寻址范围为 D00000 ~ D32767，它是一个只能以字（16 位）为单位来读写的通用数据区域，不能按位进行读写操作，但可以用 TST（位测试）指令和 TSTN（位测试否定）指令来判断位的 ON/OFF。PLC 电源复位（ON→OFF→ON）或工作模式变更（程序模式↔运行或监视模式）时，DM 区中的数据保持不变。其寻址范围及用途见表 3.2.20。

表 3.2.20 DM 区字分配

字范围	用　途
D00000 ~ D19999	读写区
D20000 ~ D29599	特殊 I/O 单元区域，每个单元按其单元号设定分配 100 个字（100 字 ×96 个单元号）
D29600 ~ D29999	读写区
D30000 ~ D31599	CPU 总线单元区域，每个单元按其单元号设定分配 100 个字（100 字 ×16 个单元号）
D31600 ~ D32199	读写区
D32200 ~ D32299	串行端口 1 用
D32300 ~ D32399	串行端口 2 用
D32400 ~ D32767	读写区

DM 区用作数据处理和存储时，DM 字可以采用 BIN 模式和 BCD 模式进行间接访问。

1）BIN 模式（带@的 D）。若 DM 区地址 D 之前添加一个“@”字符，则 DM 字中的内容将按二进制处理，指令将在此二进制地址所指的 DM 字上进行操作，全部 DM 区（D00000 ~ D32767）均可通过十六进制数 0000 ~ 7FFF H 进行间接寻址。

2）BCD 模式（带 * 的 D）。若 DM 区地址 D 之前添加一个“ * ”字符，则 DM 字中的内容将按 BCD 码处理，指令将在此 BCD 码地址所指的 DM 字上进行操作，只有部分 DM 区

(D00000～D09999)可以通过BCD码0000～9999进行间接寻址。

10. 变址寄存器

16个变址寄存器(IR0～IR15)用于间接寻址一个字，是保存I/O存储器物理地址的专用寄存器。寄存器间接寻址方式是以寄存器IR0～IR15的内容作为I/O存储器有效地址的间接指定I/O存储器地址的方法，作为对I/O存储器的指针，各指令都通用。

按照变址寄存器设定(MOVR)指令，在寄存器IR0～IR15上设定初始值，以后作为指针，每次指令执行时，以操作该指针的方式进行寻址。

在指针的操作中，应用可直接寻址变址寄存器的特定指令(例如变址寄存器设定指令、增量减量指令、四则运算指令等)，或者应用间接寻址的偏移寻址、自动增量/减量寻址，如图3.2.25所示。

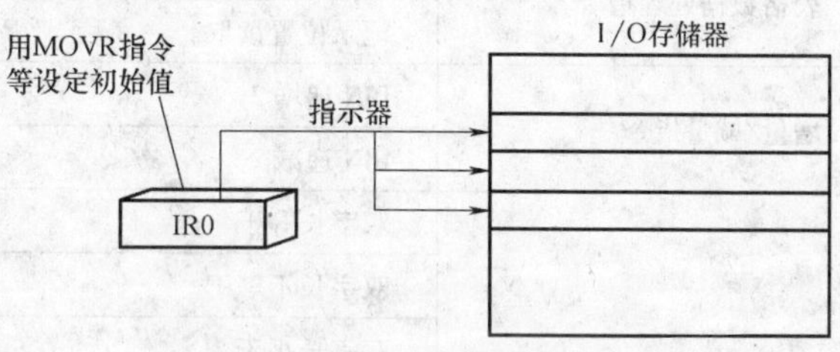

图3.2.25　变址寄存器工作原理

(1)间接寻址

若IR带前缀“,”作为操作数，则指令将以IR中的字作为I/O存储器的地址进行操作，而不是变址寄存器，IR即为I/O存储区的指针。I/O存储区(除变址寄存器、数据寄存器和状态标志位以外)中所有地址都能用PLC存储地址唯一指定，无需指定数据区。除了基本的间接寻址外，还可以用常数、数据寄存器及自动增加或减少偏移IR中的PLC存储地址等方式，实现每次执行指令是增大或减小地址来循环读写数据。IR间接寻址变量见表3.2.21。

表3.2.21　IR间接寻址变量

种　类	内　容	句　法	示　例	含　义
间接寻址	将IR□的内容作为I/O存储器物理地址	,IR□	LD，IR0	输入IR0的内容作为I/O存储器物理地址
常数偏移寻址	以IR□的内容加上指定常数的值作为I/O存储器物理地址，常数为-2048～2047的整数	常数，IR□ (正负常数均可)	LD +5，IR0	输入IR0的内容加5作为I/O存储器物理地址
DR偏移寻址	以IR□的内容加上DR□的内容的值作为I/O存储器物理地址	DR□，IR□	LD DR0，IR0	输入IR0的内容加DR0的内容作为I/O存储器物理地址
自动增量	将IR□的内容作为I/O存储器物理地址的基准，IR□的内容自动加1或2	加1时：IR□+ 加2时：IR□++	LD，IR0++	输入IR0的内容作为I/O存储器物理地址后，将IR0的内容加2
自动减量	将IR□的内容自动减1或2，并将结果作为I/O存储器物理地址基准	减1时：-IR□ 减2时：--IR□	LD，--IR0	将IR0的内容减2，并输入该值作为I/O存储器物理地址

注：IR□表示IR0～IR15，DR□表示DR0～DR15。

(2)直接寻址

若IR不带前缀“,”作为操作数时，指令将对变址寄存器本身的内容(双字)进行操作，表3.2.22列出了可对变址寄存器直接寻址的指令，当这些指令对变址寄存器操作时，后者作为指针。

表 3.2.22 适用直接寻址指令

指令种类	指令语句	助记符
数据传送	变址寄存器设定	MOVR
	变址寄存器设定（定时器/计数器当前值用）	MOVRW
	双字长传送	MOVL
	双字长数据交换	XCGL
表格数据处理指令	记录位置设定	SETR
	记录位置读取	GETR
增量/减量指令	BIN 递增 2	+ +L
	BIN 递减 2	- -L
数据比较指令	双字长等于	=L
	双字长不等于	< >L
	双字长小于	<L
	双字长小于或等于	< =L
	双字长大于	>L
	双字长大于或等于	> =L
	双字长比较	CMPL
四则运算指令	双字长带符号无进位二进制加法	+L
	双字长带符号无进位二进制减法	-L

使用 IR（变址寄存器）的情况下，一定要设定值后使用。若在一个中断任务中使用变址寄存器，则在该任务使用变址寄存器前，要用 MOVR（定时器/计数器当前值以外的所有）或 MOVRW（定时器/计数器当前值设定用）指令来设定值。

11. 数据寄存器

数据寄存器共有 16 个（DR0～DR15），它是作为在寄存器间接寻址中的“DR（数据寄存器）偏移寻址”时使用的专用寄存器。DR（数据寄存器）偏移寻址是指以 IR 的内容加上 DR 的内容的结果作为 I/O 存储器的物理地址。数据寄存器中的数据是带符号的二进制数，取值范围为 -32768～+32767。向 DR（数据寄存器）中保存值的方法，可通过通常的指令来完成，如图 3.2.26 所示。

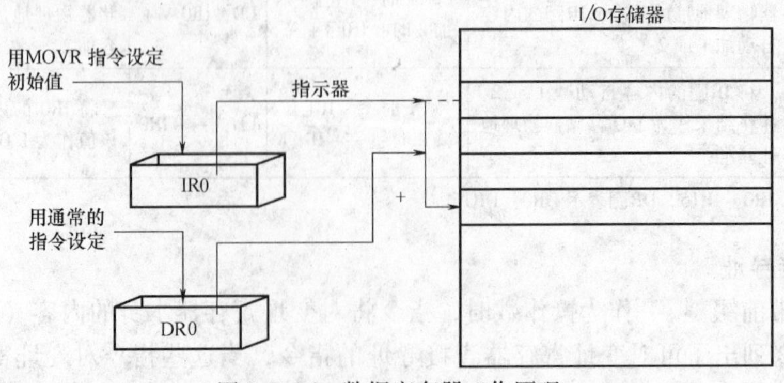

图 3.2.26 数据寄存器工作原理

在使用DR（数据寄存器）的情况下，一定要设定值后再使用。若在一个中断任务中使用数据寄存器，则必须在该任务使用数据寄存器前设置一个值。DR（数据寄存器）与IR（变址寄存器）相同，可选择在任务间独立使用或共享使用。DR（数据寄存器）的值不可用CX－Programmer软件进行读取或写入操作。

12. 任务标志

任务标志TK00～TK31对应着循环任务00～31。当对应的循环任务为执行状态（RUN）时，任务标志为1（ON）；当对应的循环任务为不可执行状态（INI）或待机状态（WAIT）时，任务标志为0（OFF）。这些标志仅适用循环任务，不适用于中断任务。

13. 状态标志

状态标志是反映各指令的执行结果的专用标志，它包括出错（ER）标志、进位（CY）标志等，具体功能见表3.2.23。这些标志不能用指令直接写入ON或OFF，只可读取，即使用CX－Programmer软件也不能直接写入内容，只可读取。标志是用P_ER、P_CY等名称来指定，而不是由地址指定。任务切换时所有的状态标志被清零，因此状态标志的状态不能传递到下一个循环任务中，而ER标志及AER标志只有在错误发生的任务（程序）中其状态才可被保持。

表3.2.23 状态标志功能

名 称	符号	含 义
出错标志	P_ER	各指令中的操作数据为非法时（发生指令处理出错时）为ON，指示指令因错误而停止 注：如通过PLC系统设定将［发生指令出错时的动作设定］设置为［停止］，则出错标志（ER）为ON时停止运行，同时指令处理出错标志（A295.08）也为ON
访问出错标志	P_AER	［无效区域访问出错］发生时为ON，无效区域访问出错是指对不应用原来指令访问的区域进行了访问 注：在PLC系统设定中将［指令错误发生时动作设定］设置为［停止］时，出错标志（AER）为ON时运行停止，同时无效区域访问出错标志（A4295.10）也为ON
进位标志	P_CY	运算结果存在进位、退位或位被移位等情况下，该标志为ON 注：在数据移位指令、四则运算（带CY加减法）指令中，进位标志是指令执行结果的一部分
>标志	P_GT	在2个数据的比较结果为“>”的情况、或某数据超过指定范围上限等情况下，该标志为ON
=标志	P_EQ	在2个数据的比较结果为“=”的情况、运算结果为0的情况下，该标志为ON
<标志	P_LT	在2个数据的比较结果为“<”的情况、或某数据超过指定范围下限等情况下，该标志为ON
负标志	P_N	在运算结果的最高位为1的情况下，该标志为ON
上溢标志	P_OF	在运算结果为上溢的情况下，该标志为ON
下溢标志	P_UF	在运算结果为下溢的情况下，该标志为ON
≥标志	P_GE	在2个数据的比较结果为“≥”的情况下，该标志为ON
≠标志	P_NE	在2个数据的比较结果为“≠”的情况下，该标志为ON
≤标志	P_LE	在2个数据的比较结果为“≤”的情况下，该标志为ON
平时ON标志	P_On	该标志总是为ON（Always 1（ON）的含义）
平时OFF标志	P_Off	该标志总是为OFF（Always 0（OFF）的含义）

所有指令共享状态标志，它们的状态通常在一个扫描周期内会改变，因此当各指令执行完毕后需立即读取状态标志，最好在该指令随后应用相同输入条件的输出分支来读取。

14. 时钟脉冲

时钟脉冲是由系统按照恒定的时间间隔产生的 ON 和 OFF 的脉冲标志，它们是用符号来指定而不是用地址来指定的，见表 3.2.24。时钟脉冲是只读标志，不能由指令将 ON 和 OFF 内容直接写入，即使用 CX－Programmer 软件也不能将 ON 和 OFF 内容写入。

表 3.2.24　时钟脉冲位功能

名称	符号	内容	
0.02s 时钟脉冲	P_0_02s	0.01s / 0.01s	ON：0.01s OFF：0.01s
0.1s 时钟脉冲	P_0_1s	0.05s / 0.05s	ON：0.05s OFF：0.05s
0.2s 时钟脉冲	P_0_2s	0.1s / 0.1s	ON：0.1s OFF：0.1s
1s 时钟脉冲	P_1s	0.5s / 0.5s	ON：0.5s OFF：0.5s
1min 时钟脉冲	P_1min	30s / 30s	ON：30s OFF：30s

以上是对 CP1H PLC 的 I/O 存储区的简要介绍，它们简化了 PLC 对各种数据的管理，用户可以分门别类地存取、调用不同的数据。有关各数据区的详细内容请参见相关手册。

3.2.1.6　CP1H PLC 的 I/O 扩展单元

1. CPM1A 系列扩展单元

CP1H PLC 能够连接 CPM1A 系列的扩展 I/O 单元或扩展单元，最多可以连接 7 个 CPM1A 系列扩展单元。通过系统扩展，可以增加 CP1H PLC 的 I/O 点数（最多扩展 I/O 点数为280个)，也可以增加新的控制功能（如温度调节单元、DeviceNet I/O 链接单元等）。

CP1H CPU单元将按照连接顺序给扩展单元分配输入/输出通道号。输入通道号从2通道开始，输出通道号从102通道开始。所连接的扩展单元、扩展I/O单元所占用的输入和输出通道数必须分别在15个通道以内。由于温度传感器单元CPM1A－TS002/TS102输入通道占用4个通道，因此在使用此类单元时，要减少可连接的单元数。具体技术参数见表3.2.25、表3.2.26。

表3.2.25　CPM1A系列扩展I/O单元技术指标

单元名称	型　号	规　格		占用通道数	
		输入	输出	输入	输出
输入/输出40点单元	CPM1A－40EDR	DC 24V 24点	继电器输出16点	2 CH	2 CH
	CPM1A－40EDT		晶体管输出（漏型）16点		
	CPM1A－40EDT1		晶体管输出（源型）16点		
输入/输出20点单元	CPM1A－20EDR1	DC 24V 12点	继电器输出8点	1 CH	1 CH
	CPM1A－20EDT		晶体管输出（漏型）8点		
	CPM1A－20EDT1		晶体管输出（源型）8点		
输入8点单元	CPM1A－8ED	DC 24V 8点	无	1 CH	—
输出8点单元	CPM1A－8ER	无	继电器输出8点	无	1 CH
	CPM1A－8ET		晶体管输出（漏型）8点		
	CPM1A－8ET1		晶体管输出（源型）8点		

注：1. 扩展单元、扩展I/O单元所占用的I/O通道数必须分别在15个通道以内。
　　2. 扩展单元、扩展I/O单元的合计消耗电流不要超出21mA。

表3.2.26　CPM1A系列扩展单元技术指标

单元名称	型　号	规　格		占用通道数	
				输入	输出
模拟输入输出单元	CPM1A－MAD01 分辨率：256	模拟输入2点	1～5V/0～10V/4～20mA	2 CH	1 CH
		模拟输出1点	0～10V/－10～10V/4～20mA		
模拟输入输出单元	CPM1A－MAD11 分辨率：6000	模拟输入2点	0～5V/1～5V/0～10V/－10～＋10V/0～20mA/4～20mA		
		模拟输出1点	1～5V/0～10V/－10～10V/0～20mA/4～20mA		
温度传感器单元	CPM1A－TS001	热电偶输入K，J 2点		2 CH	—
	CPM1A－TS101	测温电阻输入PT100，JPT100 2点			
	CPM1A－TS002	热电偶输入K，J 4点		4 CH	—
	CPM1A－TS102	测温电阻输入PT100，JPT100 4点			
DeviceNet I/O链接单元	CPM1A－DRT21	作为DeviceNet从单元，可进行输入32点/输出32点的数据通信		2 CH	2 CH
CompoBus/S I/O链接单元	CPM1A－SRT21	作为CompoBus/S从单元，可进行输入8点/输出8点的通信		1 CH	1 CH

2. CJ 系列扩展单元

CJ 系列的高功能单元（包括特殊 I/O 单元、CPU 总线单元）最多可连接 2 台，但是不能连接 CJ 系列的基本 I/O 单元。为了连接，必须配备 CJ 单元适配器 CP1W－EXT01 及端板 CJ1W－TER01。这样，可扩展网络通信或协议宏等串行通信设备。

可连接的 CJ 系列高功能 I/O 单元或 CPU 高功能扩展单元见表 3.2.27。

表 3.2.27　CJ 系列扩展单元

单元种类	名　称	型　号	电流消耗（DC 5V）/A
CPU 高功能单元	Ethernet 单元	CJ1W－ETN11/21	0.38
	Controller Link 单元	CJ1W－CLK21－V1	0.35
	串行通信单元	CJ1W－SCU21－V1	0.28
		CJ1W－SCU41－V1	0.38
	DeviceNet 单元	CJ1W－DRM21	0.29
高功能 I/O 单元	CompoBus/S 主站单元	CJ1W－SRM21	0.15
	模拟输入单元	CJ1W－AD081/081－V1/041－V1	0.42
	模拟输出单元	CJ1W－DA041/021	0.12
		CJ1W－DA08V/08C	0.14
	模拟输入/输出单元	CJ1W－MAD42	0.58
	处理输入单元	CJ1W－PTS51/52	0.25
		CJ1W－PTS15/16	0.18
		CJ1W－PDC15	0.18
	温度调节单元	CJ1W－TC	0.25
	高速计数器单元	CJ1W－CT021	0.28
	ID 传感器单元	CJ1W－V600C11	0.26
		CJ1W－V600C12	0.32

扩展 I/O 单元、扩展单元及 CJ 系列高功能单元同时连接时，不可以横向并列连接到 CP1H CPU 单元上。应该用 DIN 导轨安装 CP1H CPU 单元和 CJ 单元，扩展 I/O 单元等则应该用 I/O 连接电缆 CP1W－CN811 来连接，每个系统只能用 1 根 I/O 连接电缆。

CP1H CPU 单元及扩展的扩展单元、扩展 I/O 单元、CJ 系列单元，消耗电流的合计不可以超过 2A/5V 或 1A/24V，合计消耗功率不可以超过 30W。此外，在交流电源类型中，还需要加上外部 DC 24V 电源输出的消耗电流。

3.2.1.7　CP1H PLC 的地址分配

CP1H PLC 系统中的单元，根据前后位置或单元的特殊性，分别占用 CIO 区不同的地址。了解地址分配的规律，知道输入、输出数据的具体存放位置，在编程时就能对数据进行正确的处理。在 I/O 存储器中，CPU 单元和 CPM1A 系列扩展单元输入继电器的地址占用 0 CH～16 CH 共 17 个通道，输出继电器的地址占用 100 CH～116 CH 共 17 个通道。

CP1H PLC 中，输入继电器和输出继电器的起始通道编号是固定的。CP1H CPU 单元的内置输入/输出中，输入继电器被分配为 0 CH 和 1 CH，输出继电器被分配为 100 CH 和 101

CH。CPM1A系列扩展I/O单元中，输入继电器为2 CH以后，输出继电器为102 CH以后，按照连接顺序自动地分配。

1. CPU单元输入/输出的地址分配

CP1H PLC的CPU都内置输入/输出点数，输入点数和输出点数之比均为3:2。根据CPU单元的类型不同，地址分配的位也会不同。

（1）CP1H CPU单元X/XA型的地址分配

X/XA型CP1H CPU单元内置40点输入/输出，其中输入24点，输出16点。在CIO区输入继电器占用0~1通道，输出继电器占用100~101通道。输入点地址的分配如图3.2.27所示。

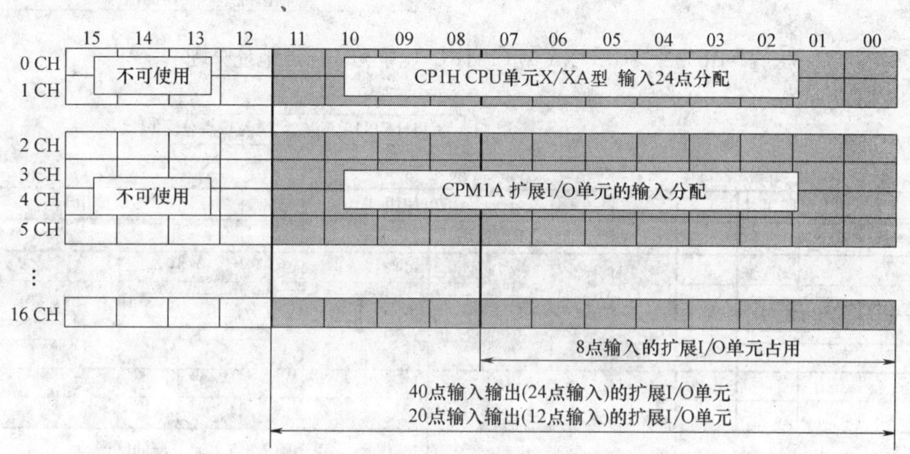

图3.2.27　X/XA型CP1H CPU单元输入点地址分配

X/XA型CPU单元的内置输入继电器占用0 CH的位00~位11共12个点，1 CH的位00~位11共12个点，两通道合计24点。因为0 CH和1 CH的高位位12~15通常被系统清除，故不可作为内部辅助继电器使用。输出点地址的分配情况如图3.2.28所示。

X/XA型CPU单元的内置输出继电器占用100 CH的位00~位07共8个点，101 CH的位00~位07共8个点，两通道合计16点。100 CH和101 CH的高位位08~15可作为内部辅助继电器使用。

（2）CP1H CPU单元Y型的地址分配

Y型CP1H CPU单元内置20点输入/输出，其中输入12点，输出8点。在CIO区输入继电器占用0~1通道，输出继电器占用100~101通道。由于脉冲输入/输出专用端子的占用，所以分配的地址是不连续的。输入点地址的分配如图3.2.29所示。

Y型CPU单元的内置输入继电器，占用0通道的0.00位、0.01位、0.04位、0.05位、0.10位、0.11位共6点，1通道的1.00位~1.05位共6点，两个通道合计12点。0 CH和1 CH的空闲位通常被系统清除，故不可作为内部辅助继电器使用。输出点地址的分配如图3.2.30所示。

Y型CP1H CPU单元的内置输出继电器，占用100 CH的位04~位07共4个点，101 CH的位00~位03共4个点，两通道合计8点。100 CH和101 CH的空闲位可作为内部辅助继电器使用。

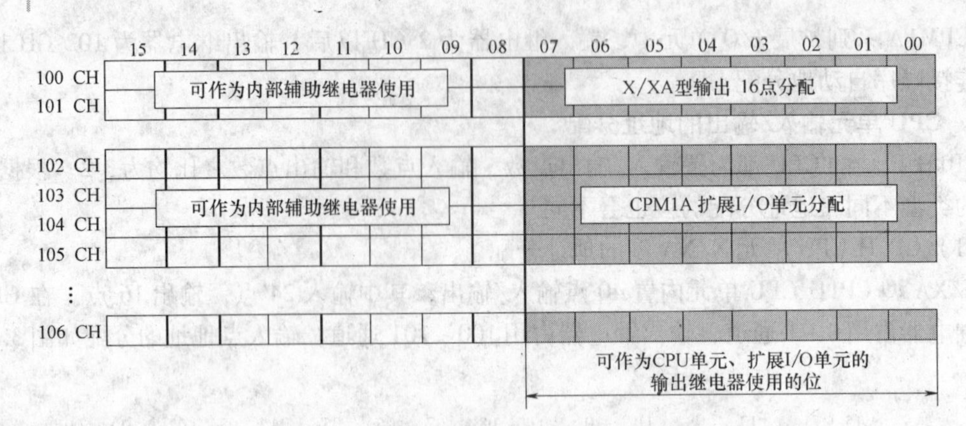

图 3.2.28 X/XA 型 CP1H CPU 单元输出点地址分配

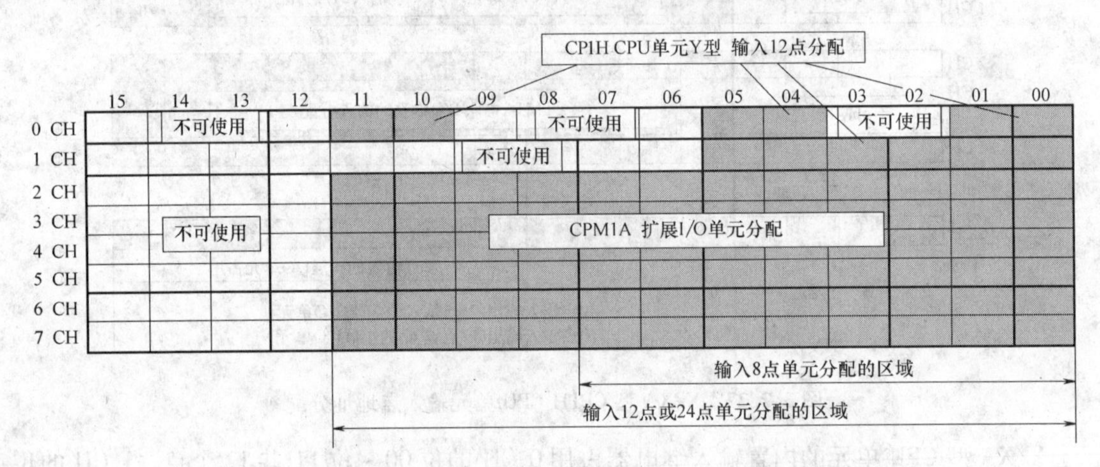

图 3.2.29 Y 型 CP1H CPU 单元输入点地址分配

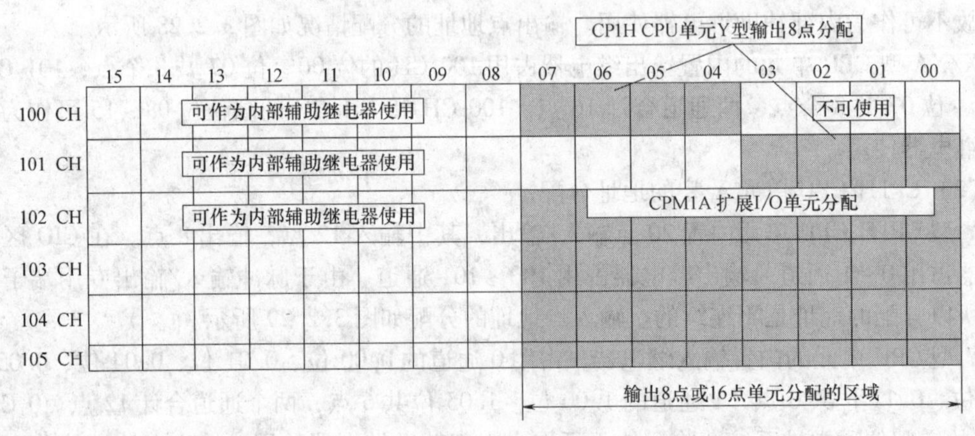

图 3.2.30 Y 型 CP1H CPU 单元输出点地址分配

2. 扩展单元的地址分配

CP1H CPU 单元在连接了 CPM1A 系列扩展 I/O 单元和扩展单元的情况下，输入继电器从 2 CH 开始，输出继电器从 102 CH 开始，按照各自的通道单位，根据单元连接顺序被自动地分配。根据扩展 I/O 单元和扩展单元不同，输入/输出通道的占用数也不相同。通道编号的分配在CP1H CPU单元的电源接通时自动进行。

40点输入/输出型扩展I/O单元的型号有CPM1A－40EDR、CPM1A－40EDT和CPM1A－40EDT1三种。输入继电器共24点，占用两个通道，即$m+1$通道的位00～位11、$m+2$通道的位00～位11，合计24个点。m表示位于本单元左侧的CPU单元或扩展I/O单元所占用的输入通道编号。

输出继电器共16点，占用两个通道，即$n+1$通道的位00～位07、$n+2$通道的位00～位07，合计16个点。n表示位于本单元左侧的CPU单元或扩展I/O单元所占用的输出通道编号。其地址的分配如图3.2.31所示。

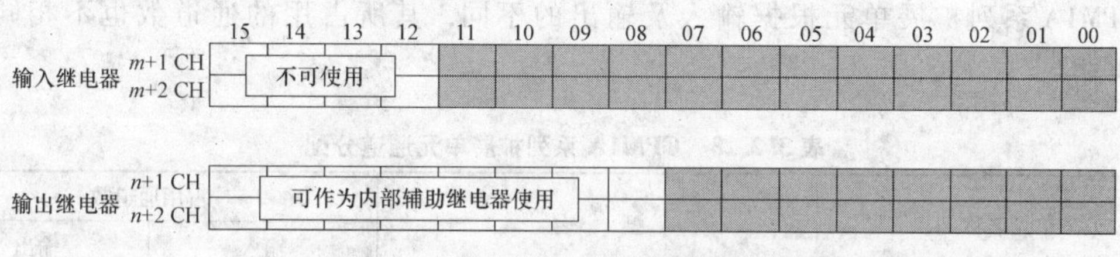

图3.2.31　40点输入/输出型扩展I/O单元地址分配

40点输入/输出型扩展I/O单元，输入继电器的高位位12～位15经常被系统清除，故不能作为内部辅助继电器使用，但输出继电器的高位位08～位15可作为内部辅助继电器使用。

20点输入/输出型扩展I/O单元的型号有CPM1A－20EDR1、CPM1A－20EDT和CPM1A－20EDT1三种。输入继电器共12点，占用一个通道，即$m+1$通道的位00～位11。输出继电器共8点，占用一个通道，即$n+1$通道的位00～位07，其地址的分配如图3.2.32所示。

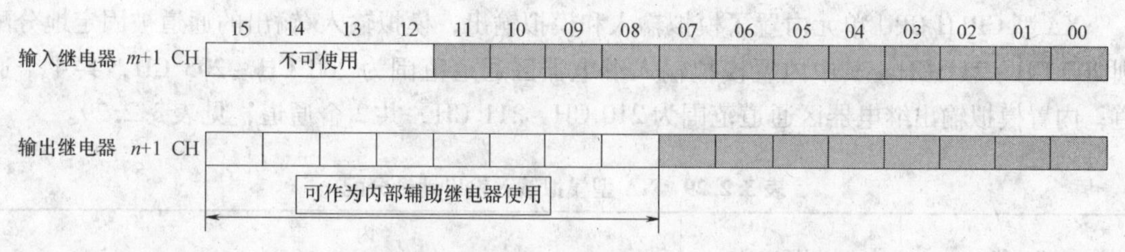

图3.2.32　20点输入/输出型扩展I/O单元地址分配

20点输入/输出型扩展I/O单元，输入继电器的高位位12～位15经常被系统清除，故不能作为内部辅助继电器使用，但输出继电器的高位位08～15可作为内部辅助继电器使用。

8点输入型扩展I/O单元的型号有CPM1A－8ED。输入继电器共8点，占用一个通道，即$m+1$通道的位00～位07，其地址的分配如图3.2.33所示。

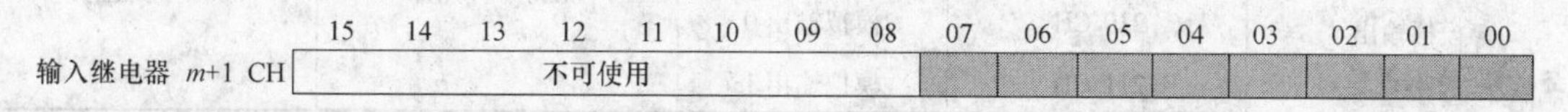

图3.2.33　8点输入型扩展I/O单元地址分配

8点输入型扩展I/O单元仅占用输入继电器1个通道（8点），不占用输出继电器通道。输入继电器通道的高位位08～位15经常被系统清除，故不能作为内部辅助继电器使用。

8点输出型扩展I/O单元的型号有CPM1A－8ER、CPM1A－8ET和CPM1A－8ET1三种。输出继电器共8点，占用一个通道，即$n+1$通道的位00～位07，其地址的分配如图3.2.34

所示。

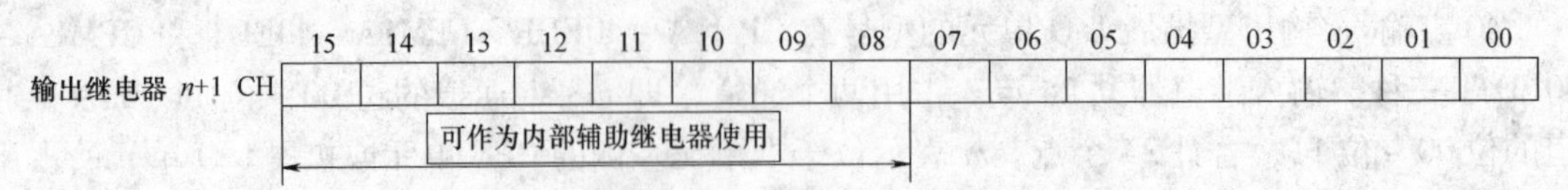

图 3.2.34 8 点输出型扩展 I/O 单元地址分配

8 点输出型扩展 I/O 单元仅占用输出继电器 1 个通道（8 点），不占用输入继电器通道。输出继电器的高位位 08～位 15 可作为内部辅助继电器使用。

CPM1A 系列扩展单元根据输入及输出的不同，其所占用的通道数也不相同，见表 3.2.28。

表 3.2.28 CPM1A 系列扩展单元通道分配

单元名称	型号	占用通道数	
		输入	输出
模拟输入/输出单元	CPM1A－MAD01/MAD11	2 CH	1 CH
温度传感器单元	CPM1A－TS001/TS101	2 CH	—
	CPM1A－TS002/TS102	4 CH	—
CompoBus/S I/O 链接单元	CPM1A－SRT21	1 CH	1 CH
DeviceNet I/O 链接单元	CPM1A－DRT21	2 CH	2 CH

3. XA 型模拟输入/输出继电器的地址分配

XA 型 CP1H CPU 单元内置了模拟输入和模拟输出，模拟输入/输出的通道被固定地分配到 200 CH～211 CH。其中内置模拟输入继电器区通道范围为 200 CH～203 CH，共 4 个通道；内置模拟输出继电器区通道范围为 210 CH～211 CH，共 2 个通道，见表 3.2.29。

表 3.2.29 XA 型模拟输入输出地址分配

种类	占用通道号	内容		
		数据	分辨率：6000	分辨率：12000
模拟输入 A－D 转换数据	200 CH	模拟输入 0	－10～10V 量程： F448～0BB8H 其他量程： 0000～1770H	－10～10V 量程： E890～1770H 其他量程： 0000～2EE0H
	201 CH	模拟输入 1		
	202 CH	模拟输入 2		
	203 CH	模拟输入 3		
模拟输出 D－A 转换数据	210 CH	模拟输出 0		
	211 CH	模拟输出 1		

4. 输入/输出继电器地址分配示例

主机采用 X/XA 型 CP1H CPU，连接 1 台 40 点输入/输出型扩展 I/O 单元，2 台模拟输入/输出单元，1 台温度传感器单元，1 台 20 点输入/输出型扩展 I/O 单元，1 台 DeviceNet I/O 链接单元，1 台 CompoBus/S I/O 链接单元，共 7 个扩展单元，其地址分配如图 3.2.35 所示。

需要注意的是，最多可以连接 7 个扩展 I/O 单元或扩展单元，所连接的扩展单元、扩展

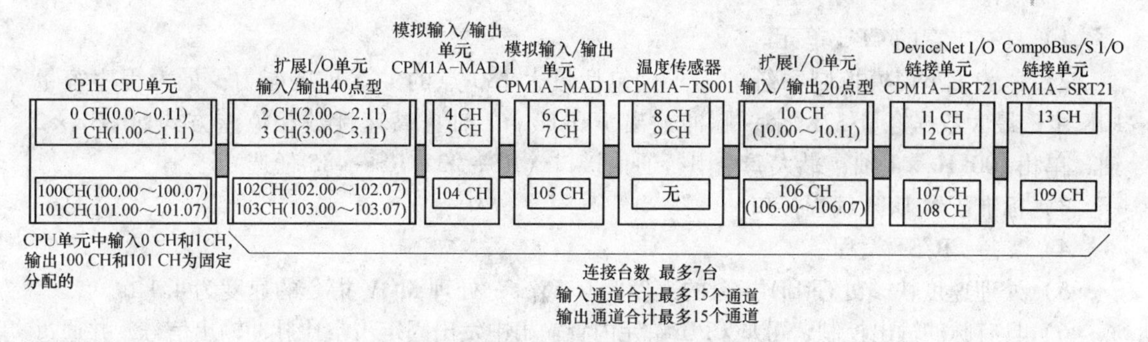

图 3.2.35　CP1H 的扩展地址分配示例

I/O 单元所占用的输入和输出通道数必须分别在 15 个通道以内。

3.2.2　CP1L PLC 系统

CP1L PLC 是标准版一体型的小型机。CP1L 提供了 10～60 点型的 CPU，并内置了 USB 端口，从简单的顺序控制、内置功能到通信功能一应俱全，为用户提供了方便。CP1L PLC 继承了 CP1H PLC 的设计理念，是为了应对中国客户对设备性能不断提高而需要的高精度、高效率、易操作等性能指标，针对小规模控制系统进行优化设计的 PLC。CP1L PLC 的基本系统配置如图 3.2.36 所示。

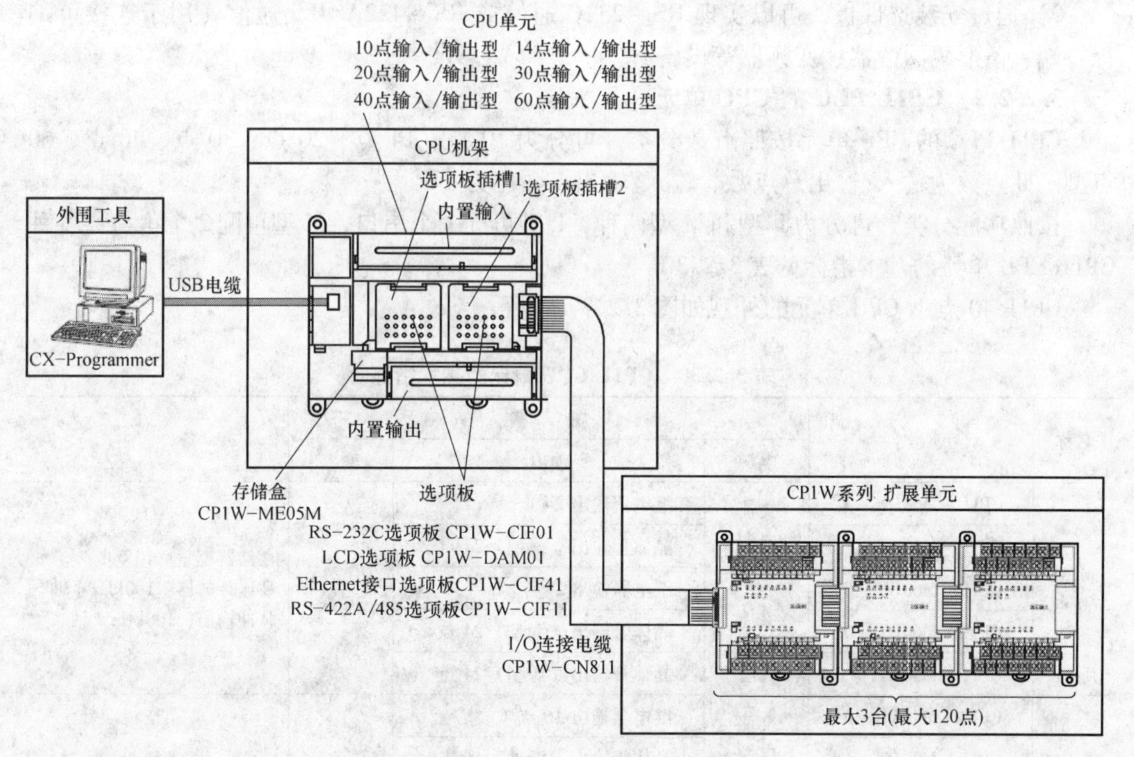

图 3.2.36　CP1L PLC 的基本系统配置

3.2.2.1　CP1L PLC 系统的特点

CP1L PLC 系统的性能特点如下：

1）具有丰富的 CPU 单元。

2）覆盖了小规模控制系统的需求，包括最大 180 点的 I/O 扩展能力；最大程序容量 10K 步，最大数据容量 32K 字；脉冲输出 100kHz ×2 轴；高速计数相位差方式 50kHz ×2 轴，单相 100kHz ×4 轴；最大 2 个串行通信接口（RS－232/RS－485 任选）。

3）标准配置 USB 编程接口。

4）支持 FB/ST 编程。

5）处理速度快，处理 LD 指令的速度为 0.55μs，处理 MOV 指令的速度为 4.1μs。

6）具有脉冲输出控制，可从 CPU 单元内置输出中发出固定占空比脉冲输出信号，并通过脉冲输入的伺服电动机驱动器进行定位或速度控制。CP1L 所有机型都标准配备有 100kHz ×2 轴的脉冲输出。

7）具有高速计数器功能，CP1L 所有机型都标准配备有单相 100kHz ×4 轴或相位差 50kHz ×2 轴的高速计数器。

8）CP1L PLC 可对变频器进行定位控制。CP1L 内置偏差计数器功能，在 CP1L 的梯形图程序上通过执行脉冲输出指令进行加减速虚拟脉冲输出。根据来自旋转编码器的反馈脉冲输入，与虚拟脉冲输出通过偏差计数器进行偏差定位计算，以此计算值为基础对变频器下达速度指令，进行定位控制。与使用伺服控制器相比，这个功能可使得大容量电动机定位与小容量电动机定位一样低成本。

9）通过安装选件板，可以实现 RS－232C 通信或 RS－422A/485 通信（用于连接可编程终端、条形码阅读器、变频器等设备）。

3.2.2.2 CP1L PLC 的 CPU 单元

CP1L PLC 的 CPU 单元按照点数分类，可分为 10 点、14 点、20 点、30 点、40 点、60 点型。此点数为输入/输出总点数，输入/输出点数比为 4:3。

按照功能分类，可分为 L 型和 M 型两种，L 型可配 1 个串口，M 型可配 2 个串口。各种 CP1L CPU 单元的基本指标见表 3.2.30。

CP1L 40 点型 CPU 单元的外观如图 3.2.37 所示。

表 3.2.30 CP1L CPU 单元的基本指标

名称	型号	规格			备注
		电源	输出	输入	
M 型 60 点	CP1L－M60DR－A	交流电源	继电器输出 24 点	DC 24V 36 点	存储器容量：10K 步 高速计数器：100kHz 4 轴 脉冲输出：100kHz 2 轴
	CP1L－M60DT－A		晶体管输出（漏型）24 点		
	CP1L－M60DR－D	直流电源	继电器输出 24 点		
	CP1L－M60DT－D		晶体管输出（漏型）24 点		
	CP1L－M60DT1－D		晶体管输出（源型）24 点		
M 型 40 点	CP1L－M40DR－A	交流电源	继电器输出 16 点	DC 24V 24 点	存储器容量：10K 步 高速计数器：100kHz 4 轴 脉冲输出：100kHz 2 轴
	CP1L－M40DT－A		晶体管输出（漏型）16 点		
	CP1L－M40DR－D	直流电源	继电器输出 16 点		
	CP1L－M40DT－D		晶体管输出（漏型）16 点		
	CP1L－M40DT1－D		晶体管输出（源型）16 点		

（续）

名称	型　号	规　格			备　注
		电源	输出	输入	
M型30点	CP1L－M30DR－A	交流电源	继电器输出12点	DC 24V 18点	存储器容量：10K步 高速计数器：100kHz 4轴 脉冲输出：100kHz 2轴
	CP1L－M30DT－A		晶体管输出（漏型）12点		
	CP1L－M30DR－D	直流电源	继电器输出12点		
	CP1L－M30DT－D		晶体管输出（漏型）12点		
	CP1L－M30DT1－D		晶体管输出（源型）12点		
L型20点	CP1L－L20DR－A	交流电源	继电器输出8点	DC 24V 12点	存储器容量：5K步 高速计数器：100kHz 4轴 脉冲输出：100kHz 2轴
	CP1L－L20DT－A		晶体管输出（漏型）8点		
	CP1L－L20DR－D	直流电源	继电器输出8点		
	CP1L－L20DT－D		晶体管输出（漏型）8点		
	CP1L－L20DT1－D		晶体管输出（源型）8点		
L型14点	CP1L－L14DR－A	交流电源	继电器输出6点	DC 24V 8点	存储器容量：5K步 高速计数器：100kHz 4轴 脉冲输出：100kHz 2轴
	CP1L－L14DT－A		晶体管输出（漏型）6点		
	CP1L－L14DR－D	直流电源	继电器输出6点		
	CP1L－L14DT－D		晶体管输出（漏型）6点		
	CP1L－L14DT1－D		晶体管输出（源型）6点		
L型10点	CP1L－L10DR－A	交流电源	继电器输出4点	DC 24V 6点	存储器容量：5K步 高速计数器：100kHz 4轴 脉冲输出：100kHz 2轴
	CP1L－L10DT－A		晶体管输出（漏型）4点		
	CP1L－L10DR－D	直流电源	继电器输出4点		
	CP1L－L10DT－D		晶体管输出（漏型）4点		
	CP1L－L10DT1－D		晶体管输出（源型）4点		

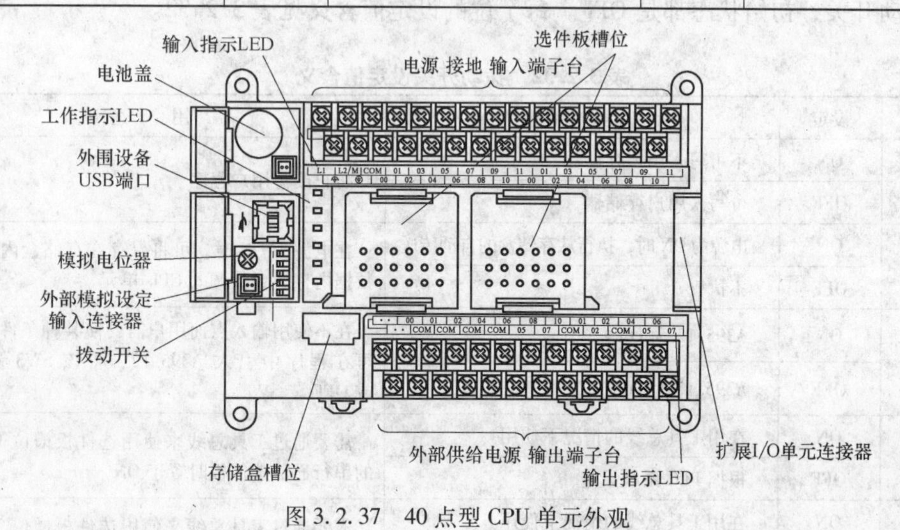

图3.2.37　40点型CPU单元外观

1）工作指示灯。采用LED指示灯指示CP1L的工作状态，指示灯显示的信息见表3.2.31。

2）外围设备USB端口。PLC通过外围设备USB端口与计算机连接，由CX－Programmer软件进行编程及监视。

表 3.2.31 CP1L CPU 指示灯显示的信息

指示灯	状态	内 容
POWER（绿色）	灯亮	通电时
	灯灭	断电时
RUN（绿色）	灯亮	CP1L 正在［运行］或［监视］模式下执行程序
	灯灭	［程序］模式下运行停止，或因发生运行停止异常而处于运行停止中
ERR/ALM（红色）	灯亮	发生运行停止异常，或发生硬件异常，此时 CP1L 停止运行，所有的输出都切断
	闪烁	发生异常继续运行，此时 CP1L 继续运行
	灯灭	正常
INH（黄色）	灯亮	输出禁止位（A500.15）为 ON 时灯亮，所有的输出都切断
	灯灭	正常
BKUP（黄色）	灯亮	当向 PLC 写入程序、参数或数据时，或 PLC 上电复位时灯亮，此时不要关闭 PLC 电源
	灯灭	上述情况以外
PRPHL（黄色）	闪烁	CPU 通过 USB 端口通信时灯闪烁
	灯灭	上述情况以外

3）模拟电位器。通过旋转电位器，可使特殊辅助继电器区 A642 通道的当前值在 0～255 范围内任意改变。

4）外部模拟设定输入连接器。在外部模拟设定输入端子上施加 0～10V 的电压，可将输入的模拟量进行 A－D 转换，并存储在特殊辅助继电器区 A643 通道中，其值可在 0～255 的范围内任意变更。

5）拨动开关。拨动开关用于设定 PLC 的基本参数，CP1L PLC 的 M 型 CPU 单元有一个 6 位的拨动开关，初始状态都是 OFF。每个位的设定值含义见表 3.2.32。

表 3.2.32 拨动开关设定值含义

开关号	设定	设定内容	用 途
SW1	ON	不可写入用户存储器	防止改写用户程序
	OFF	可写入用户存储器	
SW2	ON	电源为 ON 时，执行从存储盒的自动传送	在电源为 ON 时，可将保存在存储盒内的程序、数据内存、参数调入 CPU 单元
	OFF	不执行	
SW3	ON	A395.12 为 ON	在不使用输入点而用户需要使某种条件成立时，可在程序中引入 A395.12，将该 SW3 置于 ON 或 OFF
	OFF	A395.12 为 OFF	
SW4	ON	在用工具总线的情况下使用	需要通过工具总线来使用选件板槽位 1 上安装的串行通信选件板时置于 ON
	OFF	根据 PLC 系统设定	
SW5	ON	在用工具总线的情况下使用	需要通过工具总线来使用选件板槽位 2 上安装的串行通信选件板时置于 ON
	OFF	根据 PLC 系统设定	
SW6	OFF	OFF 固定	—

L 型 CPU 单元有一个 4 位的拨动开关，每个位的设定值含义与表 3.2.32 的 SW1 ~ SW4 相同。

6）存储器盒槽位。存储器盒槽位安装有存储盒，型号为 CP1W – ME05M，它可以存储 CP1H CPU 单元的梯形图程序、参数、数据内存（DM）等。

7）电源和接地端子。电源端子连接供给电源 AC 100 ~ 240V 或 DC 24V。接地端子分为功能接地和保护接地。

8）选件板槽位。CP1L 的 M 型 CPU 单元最多可以安装 2 个串行通信选件板，L 型 20 点/14 点 CPU 单元可以安装 1 个串行通信选件板，L 型 10 点 CPU 单元无此安装。选件板有 RS – 232C 选件板，型号为 CP1W – CIF01；RS – 422A/485 选件板，型号为 CP1W – CIF11。选件板的装卸一定要在 PLC 的电源为 OFF 的状态下进行。

9）输入/输出指示 LED。当输入/输出端子的触点为 ON 时，对应的 LED 指示灯亮。

10）扩展 I/O 单元连接器。可连接 CP1W 系列的扩展 I/O 单元、扩展单元（包括模拟输入/输出单元、温度传感器单元、CompoBus/S 单元、DeviceNet 单元），最多 3 台。

3.2.2.3　CP1L PLC 的存储器分配

CP1L PLC 的可读写内存区主要由用户程序区、I/O 存储区、参数区构成。用户程序区和参数区主要用来保存用户程序、设定 PLC 的工作参数。而 I/O 存储区是用户程序读写的存储（RAM）区域。I/O 存储区主要由 10 个区构成，每个区域都有着不同的作用，分别是通道 I/O（CIO）、内部辅助继电器（WR）、保持继电器（HR）、特殊辅助继电器（AR）、数据存储器（DM）、定时器（TIM）、计数器（CNT）、任务标志（TK）、变址寄存器（IR）、数据寄存器（DR）区。I/O 存储区的分配见表 3.2.33。

表 3.2.33　CP1L PLC 存储区的分配

名　称			点　数	通道编号
CIO 区域	输入/输出继电器	输入继电器	1600 点（100 CH）	0 CH ~ 99 CH
		输出继电器	1600 点（100 CH）	100 CH ~ 199 CH
	1:1 链接继电器		1024 点（64 CH）	3000 CH ~ 3063 CH
	串行 PLC 链接区		1440 点（90 CH）	3100 CH ~ 3189 CH
	内部辅助继电器		37504 点（2344 CH）	3800 CH ~ 6143 CH
	内部辅助继电器		8192 点（512 CH）	W000 CH ~ W511 CH
	保持继电器		8192 点（512 CH）	H000 CH ~ H511 CH
	特殊辅助继电器		15360 点（960 CH）	A000 CH ~ A959 CH
	暂存区		16 点	TR0 ~ TR15
	数据存储器		32768 CH	D00000 ~ D32767
	定时器当前值		4096 CH	T0000 ~ T4095
	定时完成标志		4096 点	T0000 ~ T4095
	计数器当前值		4096 CH	C0000 ~ C4095
	计数结束标志		4096 点	C0000 ~ C4095
	任务标志		32 点	TK0 ~ TK31
	变址寄存器		16 个	IR0 ~ IR15
	数据寄存器		16 个	DR0 ~ DR15

1. CIO 区（输入/输出区）

CIO 区主要用来与 CP1L 系统中每个单元进行数据交换，它可以按位或按字寻址。CIO 区在 CP1L PLC 中的字寻址范围为 CIO 0000 ~ CIO 6143。根据 CP1L 整个系统中单元的不同，与 CIO 区交换数据的地址也不同，未分配给各单元的区域可以作为内部辅助继电器使用。CIO 区分配见表 3.2.34。

表 3.2.34 CIO 区分配

通道范围	区　域
0 ~ 99	输入继电器区
100 ~ 199	输出继电器区
200 ~ 1899	空闲
1900 ~ 1999	系统预约
2000 ~ 2999	空闲
3000 ~ 3063	1:1 链接继电器区
3064 ~ 3099	空闲
3100 ~ 3189	串行 PLC 链接区
3190 ~ 3799	空闲
3800 ~ 6143	内部辅助继电器区

输入/输出继电器区是用于分配到 CP1L CPU 单元的内置输入/输出以及 CP 系列扩展 I/O 单元或扩展单元的继电器区域，输入 0 CH ~ 99 CH，输出 100 CH ~ 199 CH。

1:1 链接继电器区是 1:1 链接主站/从站使用的继电器区域，用于 CP1L CPU 单元或 CPM2 * 等的数据链接，范围为 3000 CH ~ 3063 CH。

串行 PLC 链接区是串行 PLC 链接中使用的继电器区域，用于与其他 PLC 的 CP1L CPU 单元或 CP1H CPU 单元等进行的数据链接，范围为 3100 CH ~ 3189 CH。

内部辅助继电器区是指只能在程序中使用的继电器区域，不能用作和外部 I/O 端子的 I/O 交换输出，范围为 3800 CH ~ 6143 CH。另外，上述区中没有被硬件占用来交换数据的区域，可作为内部辅助继电器使用。

2. 特殊辅助继电器区（AR）

特殊辅助继电器区的寻址范围为 A000 ~ A959，共 960 个通道（15360 个点），它是用来存放 PLC 工作信息，或进行状态标志位显示的内存区。其中，A000 ~ A447 通道为系统只读区，A448 ~ A959 通道为可读写区，该区既可以字寻址，也可以位寻址。

3. 定时器区（T）

定时器区是当使用定时器指令时，用来存放当前时间值，显示定时器状态的区域，可使用 T0 ~ T4095，共 4096 个定时器。定时器区分为定时完成标志和定时器当前值区，定时完成标志是以位为单位来读取的区域，当定时器达到设定时间后，该标志为 ON；定时器当前值区是以字（16 位）为单位来读取的区域，当定时器工作时，当前值（PV）增加或减少。

4. 计数器区（C）

计数器区是当使用计数器指令时，用来存放当前计数值、显示计数器状态的区域，可使用C0～C4095，共4096个计数器。计数器区分为计数完成标志和计数器当前值区，计数完成标志是以位为单位来读取的区域，当计数器达到设定值后，该标志为ON；计数器当前值区是以字（16位）为单位来读取的区域，当计数器工作时，当前值（PV）增加或减少。

5. 数据存储器区（DM）

数据存储器区是以字为单位来读取的通用数据存储区，能够保持电源断电前的数据。对于60点型、40点型、30点型CP1L CPU单元，寻址范围为D0～D32767，共32K字；对于20点型、14点型、10点型CP1L CPU单元，寻址范围为D0～D9999和D32000～D32767，共10K字。

6. 任务标志区（TK）

在CP1L PLC中，可以使用任务法进行多任务的编程。大型程序可以由多个任务组成，任务之间可以顺序执行，也可以相互调用。任务标志TK00～TK31用于显示00～31任务的执行状态，当对应的任务为执行状态（RUN）时，任务标志为1（ON）；当对应的任务为不可执行状态（INI）或待机状态（WAIT）时，任务标志为0（OFF）。

7. 保持继电器区（HR）

保持继电器区的寻址范围为H0～H511，共512个通道，8192个点。保持继电器区整个区域都可作为内部工作区来使用，但是在PLC断电后或运行状态改变后，可以保持之前的数据。

8. 内部辅助继电器区（WR）

内部辅助继电器区的寻址范围为W000～W511，共512个通道，8192个点。内部辅助继电器区是专门作为内部工作区来使用的区域，用户可自定义或编程使用，此区域不会被外部硬件直接占用进行数据交换。编程时对于内部辅助继电器优先使用W000～W511通道。

3.2.2.4　CP1L PLC的I/O扩展单元

CP1L PLC能够连接CP系列及CPM1A系列的扩展I/O单元或扩展单元。L型（14点/20点输入/输出）CPU单元最多可连接1个扩展单元，M型（30点/40点/60点输入/输出）CPU单元最多可以连接3个扩展单元，L型（10点输入/输出）CPU单元不可使用扩展单元，如图3.2.38所示。CP系列扩展单元与CPM1A系列扩展单元，在功能、性能方面都相同。通过系统扩展，可以增加CP1L PLC的I/O点数（最多扩展I/O点数为180个），也可以增加新的控制功能，如温度调节单元、DeviceNet I/O链接单元等。

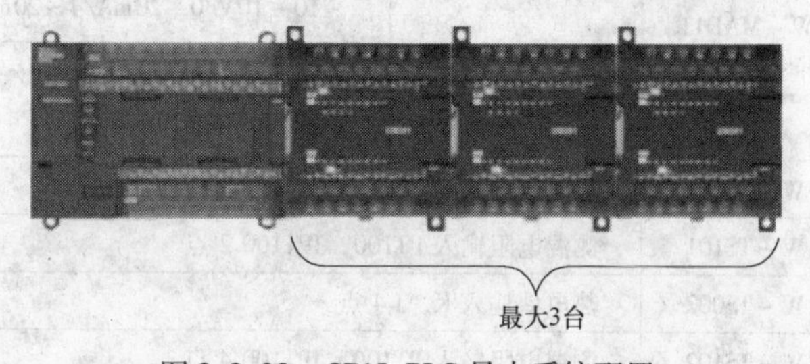

图3.2.38　CP1L PLC最大系统配置

CP1L CPU单元将按照连接顺序给扩展单元分配输入/输出通道号。接通电源时，确认CPU单元为连接状态，并自动进行分配。具体技术参数见表3.2.35、表3.2.36。

表 3.2.35　CP1W 系列扩展 I/O 单元技术指标

单元名称	型　号	规　格		占用通道数	
		输入	输出	输入	输出
输入/输出 40 点单元	CP1W－40EDR	DC 24V 24 点	继电器输出 16 点	2 CH	2 CH
	CP1W－40EDT		晶体管输出（漏型）16 点		
	CP1W－40EDT1		晶体管输出（源型）16 点		
输入/输出 20 点单元	CP1W－20EDR1	DC 24V 12 点	继电器输出 8 点	1 CH	1 CH
	CP1W－20EDT		晶体管输出（漏型）8 点		
	CP1W－20EDT1		晶体管输出（源型）8 点		
输入 8 点单元	CP1W－8ED	DC 24V 8 点	无	1 CH	—
输出 8 点单元	CP1W－8ER	无	继电器输出 8 点	无	1 CH
	CP1W－8ET		晶体管输出（漏型）8 点		
	CP1W－8ET1		晶体管输出（源型）8 点		
输出 16 点单元	CP1W－16ER	无	继电器输出 16 点	无	2 CH
	CP1W－16ET		晶体管输出（漏型）16 点		
	CP1W－16ET1		晶体管输出（源型）16 点		
输出 32 点单元	CP1W－32ER	无	继电器输出 32 点	无	4 CH
	CP1W－32ET		晶体管输出（漏型）32 点		
	CP1W－32ET1		晶体管输出（源型）32 点		

表 3.2.36　CP1W 系列扩展单元技术指标

单元名称	型　号	规　格		占用通道数	
				输入	输出
模拟输入单元	CP1W－AD041 分辨率：6000	模拟输入 4 点 0～5V/1～5V/0～10V/－10～10V/0～20mA/4～20mA		4 CH	—
模拟输出单元	CP1W－DA041 分辨率：6000	模拟输出 4 点 1～5V/0～10V/－10～10V/0～20mA/4～20mA		—	4 CH
模拟输入 输出单元	CP1W－MAD11 分辨率：6000	模拟输入 2 点	0～5V/1～5V/0～10V/ －10～10V/0～20mA/4～20mA	2 CH	1 CH
		模拟输出 1 点	1～5V/0～10V/－10～10V/ 0～20mA/4～20mA		
温度传感器 单元	CP1W－TS001	热电偶输入 K，J 2 点		2 CH	—
	CP1W－TS101	测温电阻输入 PT100，JPT100 2 点			
	CP1W－TS002	热电偶输入 K，J 4 点		4 CH	—
	CP1W－TS102	测温电阻输入 PT100，JPT100 4 点			
CompoBus/S I/O 链接单元	CP1W－SRT21	作为 CompoBus/S 从单元，可进行输入 8 点/输出 8 点的通信		1 CH	1 CH

3.2.2.5 CP1L PLC的地址分配

CP1L PLC系统中的单元，根据前后位置或单元的特殊性，分别占用CIO区不同的地址。CP1L PLC中，输入继电器和输出继电器的起始通道编号是固定的。CPU单元的输入继电器从0 CH开始，分别占有1个、2个或3个通道。输出继电器从100 CH开始，分别占有1个、2个或3个通道。CPU单元连接的扩展I/O单元或扩展单元，其输入/输出继电器以通道为单位、按照连接顺序自动地分配，见表3.2.37。

表3.2.37 CP1L CPU单元地址分配

CPU单元	占有通道		扩展单元可连接台数
	输入继电器	输出继电器	
10点输入/输出	0 CH	100 CH	无
14点/20点输入/输出	0 CH	100 CH	1台
30点/40点输入/输出	0 CH、1 CH	100 CH、101 CH	3台
60点输入/输出	0 CH、1 CH、2 CH	100 CH、101 CH、102 CH	3台

60点型CP1L PLC拥有36个输入点，0通道0.00位~0.11位共12点，1通道1.00位~1.11位共12点，2通道2.00位~2.11位共12点，3个通道合计36点。拥有24个输出点，100通道100.00位~100.07位共8点，101通道101.00位~101.07位共8点，102通道102.00位~102.07位共8点，3个通道合计24点。

40点型CP1L PLC拥有24个输入点，0通道0.00位~0.11位共12点，1通道1.00位~1.11位共12点，2个通道合计24点。拥有16个输出点，100通道100.00位~100.07位共8点，101通道101.00位~101.07位共8点，2个通道合计16点。

30点型CP1L PLC拥有18个输入点，0通道0.00位~0.11位共12点，1通道1.00位~1.05位共6点，2个通道合计18点。拥有12个输出点，100通道100.00位~100.07位共8点，101通道101.00位~101.03位共4点，2个通道合计12点。

20点型CP1L PLC拥有12个输入点，0通道0.00位~0.11位共12点，1个通道合计12点。拥有8个输出点，100通道100.00位~100.07位共8点，1个通道合计8点。

14点型CP1L PLC拥有8个输入点，0通道0.00位~0.07位共8点，1个通道合计8点。拥有6个输出点，100通道100.00位~100.05位共6点，1个通道合计6点。

10点型CP1L PLC拥有6个输入点，0通道0.00位~0.05位共6点，1个通道合计6点。拥有4个输出点，100通道100.00位~100.03位共4点，1个通道合计4点。

CP1L PLC的通用输入点还可以根据PLC系统设定，为各输入点分配功能。具体设置见表3.2.38。

表3.2.38中的脉冲输出0~1的原点搜索功能针对的是60~20点CPU单元，对于14点CPU单元：0通道的02位为脉冲0原点接近输入信号，03位为脉冲1原点接近输入信号，06位为脉冲0原点输入信号，07位为脉冲1原点输入信号；对于10点CPU单元：0通道的03位为脉冲0原点接近输入信号，05位为脉冲0原点输入信号。

表 3.2.38 CP1L PLC 输入点功能

输入端子台		PLC 设置中的设定					
		输入动作设定			高速计数器动作设定		原点搜索功能
通道	位号	通用输入	输入中断	脉冲捕捉输入	单相（加法脉冲输入）	双相（位相差 4 倍速/加减法/脉冲方向）	脉冲输出 0 ~ 1 的原点搜索功能
0	00	通用输入 0	—	—	计数器 0（加法）	计数器 0 A 相/加法/计数	—
	01	通用输入 1	—	—	计数器 1（加法）	计数器 0 B 相/减法/计数	—
	02	通用输入 2	—	—	计数器 2（加法）	计数器 1 A 相/加法/计数	—
	03	通用输入 3	—	—	计数器 3（加法）	计数器 1 B 相/减法/计数	—
	04	通用输入 4	中断输入 0	脉冲捕捉 0	计数器 0（Z 相复位）	计数器 0 Z 相/复位	—
	05	通用输入 5	中断输入 1	脉冲捕捉 1	计数器 1（Z 相复位）	计数器 1 Z 相/复位	—
	06	通用输入 6	中断输入 2	脉冲捕捉 2	计数器 2（Z 相复位）	—	脉冲 0 原点输入信号
	07	通用输入 7	中断输入 3	脉冲捕捉 3	计数器 3（Z 相复位）	—	脉冲 1 原点输入信号
	08	通用输入 8	中断输入 4	脉冲捕捉 4	—	—	—
	09	通用输入 9	中断输入 5	脉冲捕捉 5	—	—	—
	10	通用输入 10	—	—	—	—	脉冲 0 原点接近输入信号
	11	通用输入 11	—	—	—	—	脉冲 1 原点接近输入信号
1	00	通用输入 12	—	—	—	—	—
	⋮	⋮	⋮	⋮	⋮	⋮	⋮
	05	通用输入 17	—	—	—	—	—
	06	通用输入 18	—	—	—	—	—
	⋮	⋮	⋮	⋮	⋮	⋮	⋮
	11	通用输入 23	—	—	—	—	—
2	00	通用输入 24	—	—	—	—	—
	⋮	⋮	⋮	⋮	⋮	⋮	⋮
	11	通用输入 35	—	—	—	—	—

CP1L PLC的通用输出端子也可以根据PLC系统设定，为各输出端子分配功能。具体设置见表3.2.39。

表3.2.39　CP1L PLC输出点功能

输出端子台		除执行右侧所述指令以外	执行脉冲输出指令（SPED、ACC、PLS2、ORG中的某一个）		通过PLC系统设定，用［应用］+ORG指令执行原点搜索功能		执行PWM指令
通道	位号	通用输出	固定占空比脉冲输出				可变占空比脉冲输出
					+应用原点搜索		PWM输出
			CW/CCW	脉冲+方向	60点~14点CPU单元	10点CPU单元	
100	00	通用输出0	脉冲输出0（CW）	脉冲输出0（脉冲）	—	—	—
	01	通用输出1	脉冲输出0（CCW）	脉冲输出0（方向）	—	—	PWM输出0
	02	通用输出2	脉冲输出1（CW）	脉冲输出1（脉冲）	—	—	—
	03	通用输出3	脉冲输出1（CCW）	脉冲输出1（方向）	—	原点搜索0（偏差计数器复位输出）	PWM输出1
	04	通用输出4	—	—	原点搜索0（偏差计数器复位输出）	—	—
	05	通用输出5	—	—	原点搜索1（偏差计数器复位输出）	—	—
	06	通用输出6	—	—	—	—	—
	07	通用输出7	—	—	—	—	—
101	00	通用输出8	—	—	—	—	—
	⋮	⋮	⋮	⋮	⋮	⋮	⋮
	03	通用输出11	—	—	—	—	—
	04	通用输出12	—	—	—	—	—
	⋮	⋮	⋮	⋮	⋮	⋮	⋮
	07	通用输出15	—	—	—	—	—
102	01	通用输出16	—	—	—	—	—
	⋮	⋮	⋮	⋮	⋮	⋮	⋮
	07	通用输出23	—	—	—	—	—

CP1L CPU单元在连接了CP1W系列扩展单元的情况下，输入/输出通道是从CPU单元

或连接在前面的扩展单元所占用通道的下一通道的 00 位开始进行分配，输入通道记为 m CH，输出通道记为 n CH，见表 3.2.40、表 3.2.41。

表 3.2.40 CP1W 系列扩展 I/O 单元地址分配

单元名称	型号	输入继电器			输出继电器		
		点数	通道数	地址分配	点数	通道数	地址分配
输入/输出 40 点单元	CP1W－40EDR CP1W－40EDT CP1W－40EDT1	24 点	2 CH	m CH（00 位～11 位） m＋1 CH（00 位～11 位）	16 点	2 CH	n CH（00 位～07 位） n＋1 CH（00 位～07 位）
输入/输出 20 点单元	CP1W－20EDR1 CP1W－20EDT CP1W－20EDT1	12 点	1 CH	m CH（00 位～11 位）	8 点	1 CH	n CH（00 位～07 位）
输入 8 点单元	CP1W－8ED	8 点	1 CH	m CH（00 位～07 位）	—	—	—
输出 8 点单元	CP1W－8ER CP1W－8ET CP1W－8ET1	—	—	—	8 点	1 CH	n CH（00 位～07 位）
输出 16 点单元	CP1W－16ER CP1W－16ET CP1W－16ET1	—	—	—	16 点	2 CH	n CH（00 位～07 位） n＋1 CH（00 位～07 位）
输出 32 点单元	CP1W－32ER CP1W－32ET CP1W－32ET1	—	—	—	32 点	4 CH	n CH（00 位～07 位） n＋1 CH（00 位～07 位） n＋2 CH（00 位～07 位） n＋3 CH（00 位～07 位）

表 3.2.41 CP1W 系列扩展单元地址分配

单元名称	型号	输入通道		输出通道	
		通道数	地址分配	通道数	地址分配
模拟输入单元	CP1W－AD041	4 CH	m CH～m＋3 CH	—	—
模拟输出单元	CP1W－DA041	—	—	4 CH	n CH～n＋3 CH
模拟输入输出单元	CP1W－MAD11	2 CH	m CH～m＋1 CH	1 CH	n CH
温度传感器单元	CP1W－TS001 CP1W－TS101	2 CH	m CH～m＋1 CH	—	—
	CP1W－TS002 CP1W－TS102	4 CH	m CH～m＋3 CH	—	—
CompoBus/S I/O 链接单元	CP1W－SRT21	1 CH	m CH	1 CH	n CH

注：m：表示位于本单元左侧的 CPU 单元或扩展单元所占用的输入通道编号；n：表示位于本单元左侧的 CPU 单元或扩展单元所占用的输出通道编号。

输入/输出继电器地址分配示例：主机采用 40 点输入/输出型 CPU 单元，连接 1 台温度传感器单元，型号为 CP1W－TS002，1 台模拟量输出单元，型号为 CP1W－DA041，1 台 40 点输入/输出型扩展 I/O 单元，型号为 CP1W－40EDR，总共 3 个扩展单元，其地址分配如图 3. 2. 39 所示。

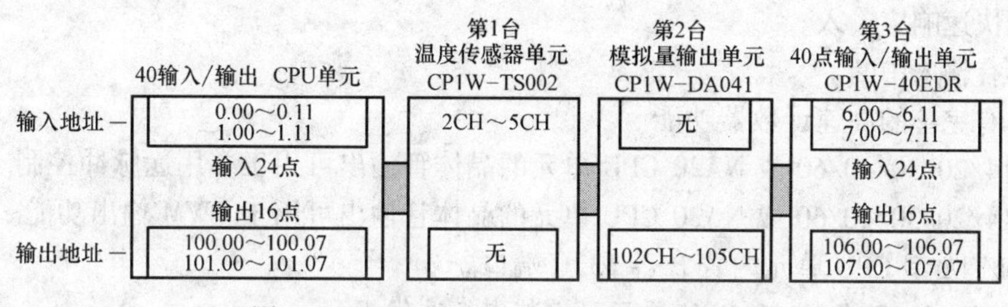

图 3. 2. 39　CP1L PLC 的扩展地址分配示例

3. 2. 3　CP1E PLC 系统

CP1E PLC 是 OMRON 公司于 2009 年推出的产品，是小型机中的经济型。CP1E PLC 是由电源、CPU、存储单元构成的整体式的 PLC。如果 CP1E PLC 本身不能满足控制要求，还可对基本系统进行扩展，以获得更多的控制点数、更多的控制功能。CP1E PLC 系统最大可以连接 3 台 CP1 系列扩展单元，扩展单元包括：基本 I/O 单元、特殊 I/O 单元。CP1E PLC 的 E 型 CPU 单元的基本系统配置如图 3. 2. 40 所示。

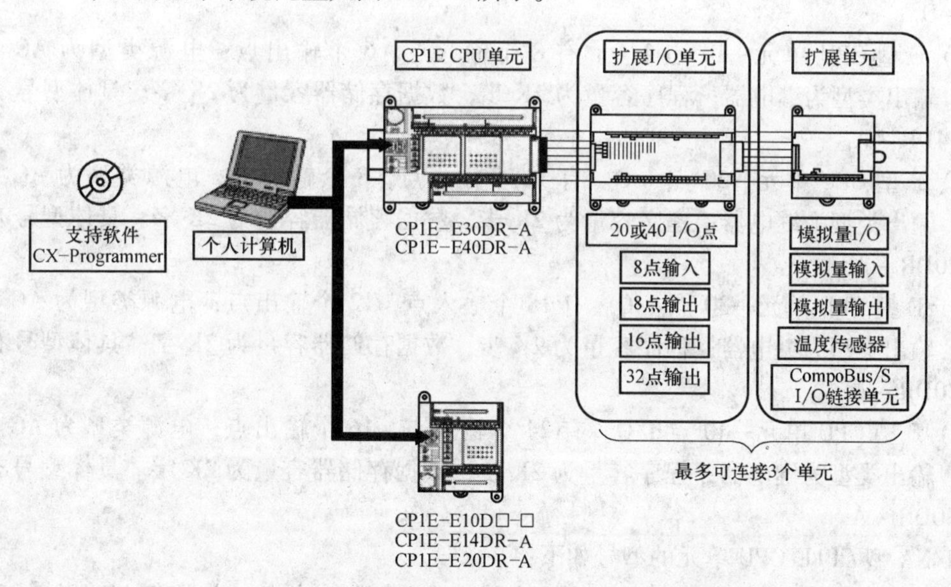

图 3. 2. 40　CP1E PLC 的 E 型 CPU 单元的基本系统配置

3. 2. 3. 1　CP1E PLC 的系统特点

CP1E PLC 属于小型 PLC。CP1E PLC 的 E 型基本型 CPU 单元，提供了具有高性价比的基本功能及更方便的应用。N 和 NA 型应用型 CPU 单元，支持可编程终端（PT）连接、位置控制以及变频器连接。CP1E PLC 的系统特点如下：

1）可通过 CX－Programmer 软件进行编程、设定及监控。

2）可通过USB电缆连接至计算机。

3）对于E30/40、N30/40/60或NA20 CPU单元，可使用扩展I/O单元增加I/O容量。

4）对于E30/40、N30/40/60或NA20 CPU单元，可使用扩展单元增加模拟量I/O容量或温度输入。

5）能快速响应输入。

6）具有输入中断。

7）具有完善的高速计数器功能。

8）N14/20/30/40/60或NA20 CPU单元的晶体管输出可用于多用途脉冲控制。

9）N14/20/30/40/60或NA20 CPU单元的晶体管输出可用于PWM输出功能。

10）N/NA型CPU单元内置RS-232C端口。

11）N30/40/60或NA20 CPU单元可安装串行选件板。

12）NA型CPU单元具有内置的模拟量I/O（2点输入和1点输出）。

3.2.3.2 CP1E PLC的CPU单元

CP1E CPU单元包括基本型（E型）和应用型（N/NA型）两种类型。

E型CP1E CPU单元的型号如下：

1）E型CPU单元—10点I/O。有6个输入点，4个输出点；电源有AC 100~240V和DC 24V两种类型；输出类型有继电器、晶体管（漏型）、晶体管（源型）三种；程序容量为2K步，数据存储器容量为2K字。具体型号有CP1E-E10DR/T/T1-A、CP1E-E10DR/T/T1-D。

2）E型CPU单元—14点I/O。有8个输入点，6个输出点；电源类型为AC 100~240V；输出类型为继电器；程序容量为2K步，数据存储器容量为2K字。具体型号有CP1E-E14DR-A。

3）E型CPU单元—20点I/O。有12个输入点，8个输出点；电源类型为AC 100~240V；输出类型为继电器；程序容量为2K步，数据存储器容量为2K字。具体型号有CP1E-E20DR-A。

4）E型CPU单元—30点I/O。有18个输入点，12个输出点；电源类型为AC 100~240V；输出类型为继电器；程序容量为2K步，数据存储器容量为2K字。具体型号有CP1E-E30DR-A。

5）E型CPU单元—40点I/O。有24个输入点，16个输出点；电源类型为AC 100~240V；输出类型为继电器；程序容量为2K步，数据存储器容量为2K字。具体型号有CP1E-E40DR-A。

N/NA型CP1E CPU单元的型号如下：

1）N型CPU单元—14点I/O。有8个输入点，6个输出点；电源有AC 100~240V和DC 24V两种类型；输出类型有继电器、晶体管（漏型）、晶体管（源型）三种；程序容量为8K步，数据存储器容量为8K字。具体型号有CP1E-N14DR/T/T1-A、CP1E-N14DR/T/T1-D。

2）N型CPU单元—20点I/O。有12个输入点，8个输出点；电源有AC 100~240V和DC 24V两种类型；输出类型有继电器、晶体管（漏型）、晶体管（源型）三种；程序容量为8K步，数据存储器容量为8K字。具体型号有CP1E-N20DR/T/T1-A、CP1E-N20DR/

T/T1－D。

3）N型CPU单元—30点I/O。有18个输入点，12个输出点；电源有AC 100～240V和DC 24V两种类型；输出类型有继电器、晶体管（漏型）、晶体管（源型）三种；程序容量为8K步，数据存储器容量为8K字。具体型号有CP1E－N30DR/T/T1－A、CP1E－N30DR/T/T1－D。

4）N型CPU单元—40点I/O。有24个输入点，16个输出点；电源有AC 100～240V和DC 24V两种类型；输出类型有继电器、晶体管（漏型）、晶体管（源型）三种；程序容量为8K步，数据存储器容量为8K字。具体型号有CP1E－N40DR/T/T1－A、CP1E－N40DR/T/T1－D。

5）N型CPU单元—60点I/O。有36个输入点，24个输出点；电源有AC 100～240V和DC 24V两种类型；输出类型有继电器、晶体管（漏型）、晶体管（源型）三种；程序容量为8K步，数据存储器容量为8K字。具体型号有CP1E－N60DR/T/T1－A、CP1E－N60DR/T/T1－D。

6）NA型CPU单元—20点I/O，内置模拟量。有12点输入（内置2点模拟量输入），8点输出（内置1点模拟量输出）；电源有AC 100～240V和DC 24V两种类型；输出类型有继电器、晶体管（漏型）、晶体管（源型）三种；程序容量为8K步，数据存储器容量为8K字。具体型号有CP1E－NA20DR－A、CP1E－NA20DT/T1－D。

CP1E E10/14/20 CPU单元结构如图3.2.41所示。

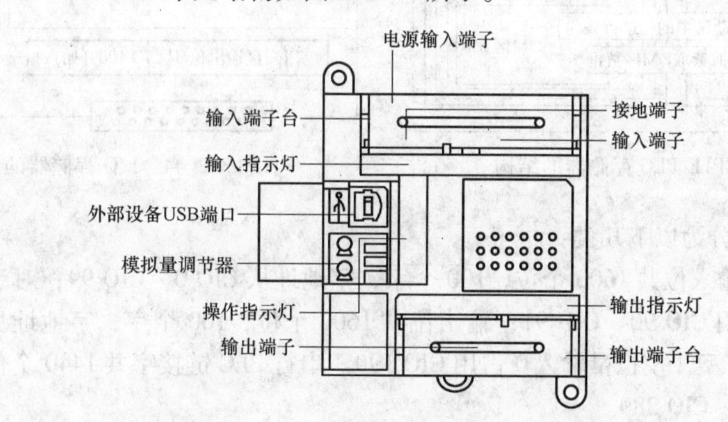

图3.2.41 CP1E E10/14/20 CPU单元结构

CP1E E30/40 CPU单元结构如图3.2.42所示。

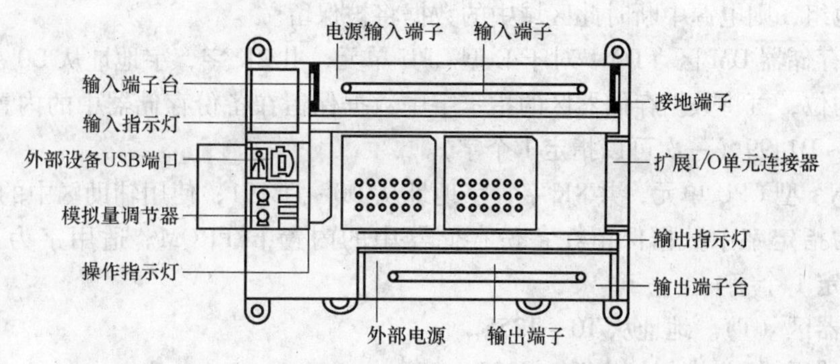

图3.2.42 CP1E E30/40 CPU单元结构

3.2.3.3 CP1E PLC 的存储器分配

CP1E PLC 的 CPU 单元内部存储器由内置 RAM 和内置 EEPROM 构成。内置 EEPROM 用作备份存储器，即使电源中断时间长于内置电容器中的备份时间，数据也可保持。内置 RAM 用作执行存储器，如果使用内置电容器进行备份的 N/NA 型 CPU 单元上安装有 CP1W - BAT01 电池，则数据将通过电池进行备份。对于 I/O 存储器区，如果电源中断时间长于内置电容器中的备份时间，区域中的数据将被清除。CP1E PLC 存储器的结构如图 3.2.43 所示。

在 CPU 单元的内部存储器中，I/O 存储器区是指可从梯形图程序读取数据并写入至 I/O 存储器的区域。I/O 存储器由外部设备的 I/O 区、用户区和系统区构成，其结构如图 3.2.44 所示。

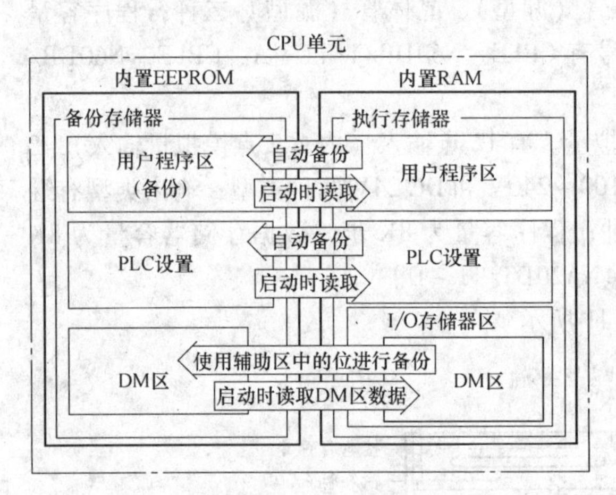

图 3.2.43 CP1E PLC 存储器的结构

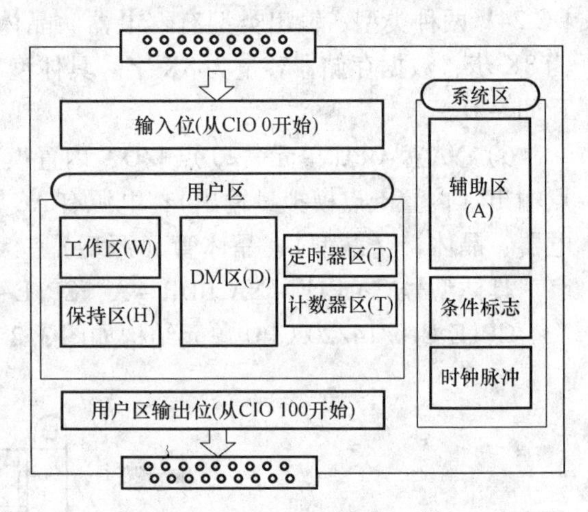

图 3.2.44 I/O 存储器的结构

I/O 存储器区分为以下几类：

1）CIO 区。输入位共 1600 个位，100 个字，字地址从 CIO 0 ~ CIO 99；对于 NA 型，模拟量输入 0、1 占用 CIO 90、CIO 91；输出位共 1600 个位，100 个字，字地址从 CIO 100 ~ CIO 199；对于 NA 型，模拟量输入 0 占用 CIO 190。串行 PLC 链接字共 1440 个位，90 个字，字地址从 CIO 200 ~ CIO 289。

2）工作区（W）。共 1600 个位，100 个字，字地址从 W0 ~ W99。

3）保持区（H）。共 800 个位，50 个字，字地址从 H0 ~ H49；如果 N/NA 型 CPU 单元上安装了电池组，则电源中断时此区域中的数据将被保留。

4）数据存储器 DM 区（D）。对于 E 型 CPU 单元，共 2K 字，字地址从 D0 ~ D2047；使用辅助区中的位，可将数据存储器区的指定字中数据保留在备份存储器中的内置 EEPROM。适用字为 D0 ~ D1499（一次可以指定 1 个字）。

对于 N/NA 型 CPU 单元，共 8K 字，字地址从 D0 ~ D8191；使用辅助区中的位，可将数据存储器区的指定字中数据保留在备份存储器中的内置 EEPROM。适用字为 D0 ~ D6999（一次可以指定 1 个字）。

5）定时器区（T）。地址从 T0 ~ T255。

6）计数器区（C）。地址从 C0 ~ C255。

7）辅助区（A）。对于只读区，共7168个位，448个字，字地址从A0～A447。对于读写区，共489个位，306个字，字地址从A448～A753。如果N/NA型CPU单元上安装了电池组，则电源中断时此区域中的数据将被保留。

如果电源中断时间长于内置电容器中的备份时间，则数据存储器区（DM）中的内容将不稳定（无电池时E型CPU为50h，N/NA型CPU单元为40h）。通过使A751.15为ON，可将RAM中从D0开始的指定字保存至内置EEPROM备份存储器（这些字被称为DM备份字且数据被称为DM备份数据）。在PLC设置中，可通过“备份DM中的CH数”选框指定要备份的DM区中的字数。如果在PLC设置中选择了“从备份存储器中恢复D0”选项框，则当电源再次转为ON时，备份数据将自动恢复至RAM，实现了即使在电源中断时也不丢失数据。

可进行备份的字对于E型CP1E CPU单元为D0～D1499；对于N/NA型CP1E CPU单元为D0～D6999。

3.2.3.4 CP1E PLC的I/O扩展单元

E10/14/20或N14/20型CPU单元不可连接扩展I/O单元和扩展单元。E30/40、N30/40/60或NA20型CPU单元最多可连接3台扩展I/O单元和扩展单元。扩展系统的最大I/O点数见表3.2.42。

表3.2.42 CP1E PLC扩展系统的最大I/O点数

CPU单元	CPU单元上的内置I/O			内置模拟量		可连接的扩展I/O单元和扩展单元的总数	输入数：24 输出数：16 连接3个CP1W－40ED□扩展单元I/O单元时的总I/O点数		
	总计	输入数	输出数	A－D	D－A		总计	输入数	输出数
CP1E－E10D□－□	10	6	4	无	无	不可用	10	6	4
CP1E－□14D□－□	14	8	6				14	8	6
CP1E－□20D□－□	20	12	8				20	12	8
CP1E－□30D□－□	30	18	12			最多3个单元	150	90	60
CP1E－□40D□－□	40	24	16				160	96	64
CP1E－N60D□－□	60	36	24				180	108	72
CP1E－NA20D□－□	20	12	8	2	1		140	84	56

扩展I/O单元：输入型号有CP1W－40EDR/40EDT/40EDT1/20EDR1/20EDT/20EDT1/8ED；输出型号有继电器输出（CP1W－40EDR/32ER/20EDR1/16ER/8ER），晶体管输出（漏型和源型）CP1W－40EDT/T1、CP1W－32ET/T1、CP1W－20EDT/T1、CP1W－16ET/T1、CP1W－8ET/T1。

模拟量输入单元有CP1W－AD041，模拟量输出单元有CP1W－DA041，模拟量输入/输出单元有CP1W－MAD11。具体技术参数见表3.2.43。

3.2.3.5 CP1E PLC的输入/输出单元

1. CP1E PLC的输入单元

（1）10点I/O型CPU单元的输入分配

表 3.2.43 扩展 I/O 单元和模拟量单元技术参数

	型号		输入	输出
扩展 I/O 单元	CP1W-8ED		DC 24V 8 点	
	CP1W-8ER			继电器输出 8 点
	CP1W-8ET			晶体管输出（漏型）8 点
	CP1W-8ET1			晶体管输出（源型）8 点
	CP1W-16ER			继电器输出 16 点
	CP1W-20EDR1		DC 24V 12 点	继电器输出 8 点
	CP1W-20EDT		DC 24V 12 点	晶体管输出（漏型）8 点
	CP1W-20EDT1		DC 24V 12 点	晶体管输出（源型）8 点
	CP1W-40EDR		DC 24V 24 点	继电器输出 16 点
	CP1W-40EDT		DC 24V 24 点	晶体管输出（漏型）16 点
	CP1W-40EDT1		DC 24V 24 点	晶体管输出（源型）16 点
模拟量单元	模拟量输入单元	CP1W-AD041	4 点 分辨率：6000	
	模拟量输出单元	CP1W-DA041		4 点 分辨率：6000
	模拟量输入/输出单元	CP1W-MAD11	2 点 分辨率：6000	1 点 分辨率：6000

10 点 I/O 型 CPU 单元拥有 6 个输入点，如图 3.2.45 所示。以交流电源型为例，0 通道 0.00 位～0.05 位共 6 点。

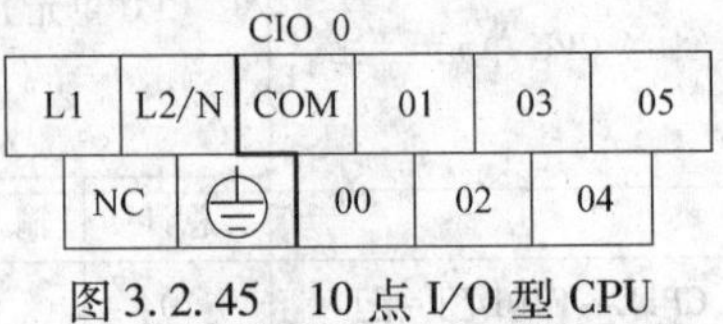

图 3.2.45 10 点 I/O 型 CPU 单元的输入端子台

（2）14 点 I/O 型 CPU 单元的输入分配

14 点 I/O 型 CPU 单元拥有 8 个输入点，如图 3.2.46 所示。以交流电源型为例，0 通道 0.00 位～0.07 位共 8 点。

（3）20 点 I/O 型 CPU 单元的输入分配

20 点 I/O 型 CPU 单元拥有 12 个输入点，如图 3.2.47 所示。以交流电源型为例，0 通道 0.00 位～0.11 位共 12 点。

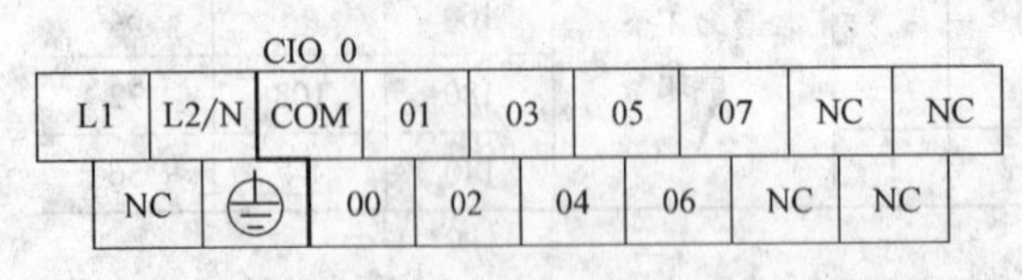

图 3.2.46 14 点 I/O 型 CPU 单元的输入端子台

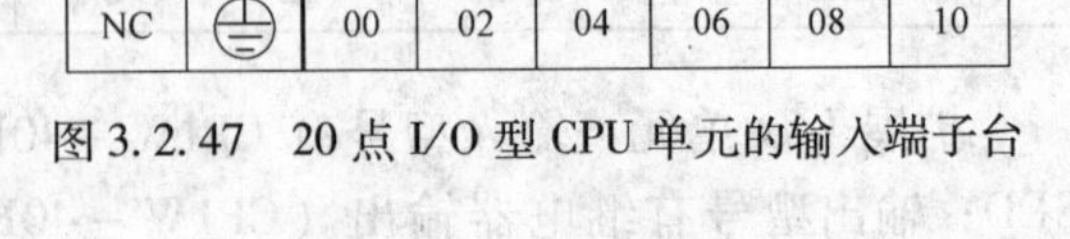

图 3.2.47 20 点 I/O 型 CPU 单元的输入端子台

（4）30 点 I/O 型 CPU 单元的输入分配

30 点 I/O 型 CPU 单元拥有 18 个输入点，如图 3.2.48 所示。以交流电源型为例，0 通道 0.00 位～0.11 位共 12 点，1 通道 1.00 位～1.05 位共 6 点，2 个通道合计 18 点。

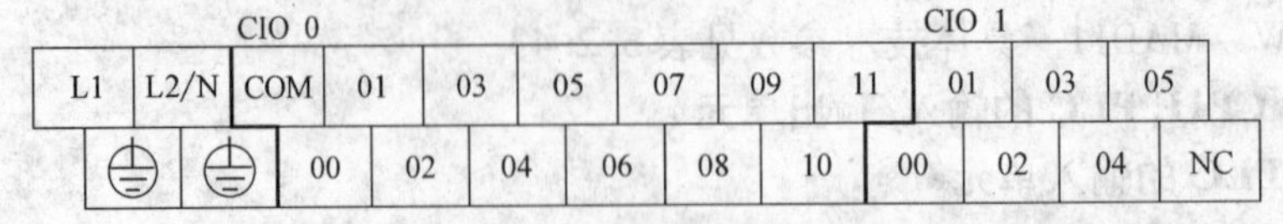

图 3.2.48 30 点 I/O 型 CPU 单元的输入端子台

（5）40点I/O型CPU单元的输入分配

40点I/O型CPU单元拥有24个输入点，如图3.2.49所示。以交流电源型为例，0通道0.00位～0.11位共12点，1通道1.00位～1.11位共12点，2个通道合计24点。

CIO 0
CIO 1
L1 L2/N COM 01 03 05 07 09 11 01 03 05 07 09 11
00 02 04 06 08 10 00 02 04 06 08 10

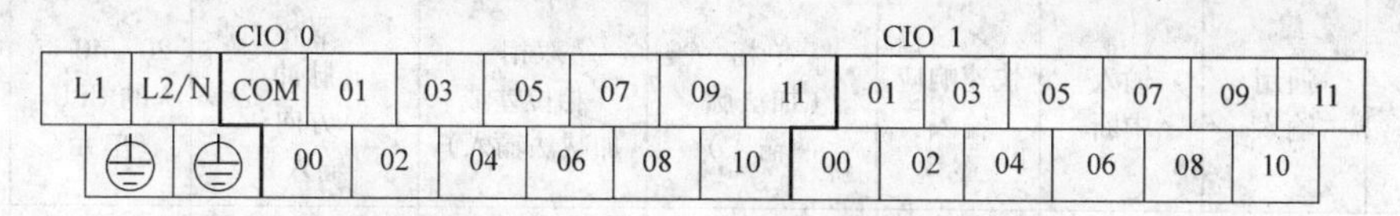

图3.2.49　40点I/O型CPU单元的输入端子台

（6）60点I/O型CPU单元的输入分配

60点I/O型CPU单元拥有36个输入点，如图3.2.50所示。以交流电源型为例，0通道0.00位～0.11位共12点，1通道1.00位～1.11位共12点，2通道2.00位～2.11位共12点，3个通道合计36点。

CIO 0
CIO 1
CIO 2
L1 L2/N COM 01 03 05 07 09 11 01 03 05 07 09 11 01 03 05 07 09 11
00 02 04 06 08 10 00 02 04 06 08 10 00 02 04 06 08 10

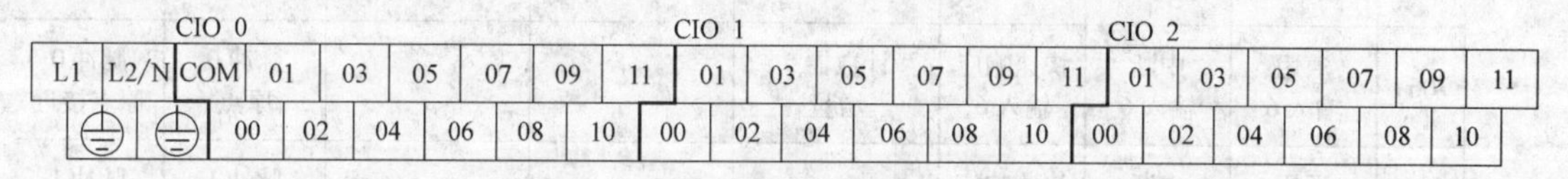

图3.2.50　60点I/O型CPU单元的输入端子台

（7）20点I/O NA型CPU单元的输入分配

20点I/O NA型CPU单元拥有12个输入点，2个模拟量输入，如图3.2.51所示。以交流电源型为例，0通道0.00位～0.11位共12点，模拟量输入0、1占用CIO 90和CIO 91。

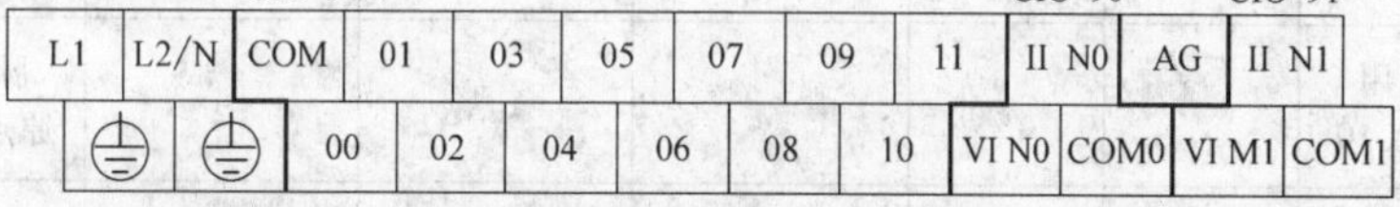

CIO 0
CIO 90
CIO 91
L1 L2/N COM 01 03 05 07 09 11 II N0 AG II N1
00 02 04 06 08 10 VI N0 COM0 VI M1 COM1

图3.2.51　20点I/O NA型CPU单元的输入端子台

CP1E可以根据PLC设置中的参数设定，为各输入点分配功能，见表3.2.44。

表3.2.44　CP1E输入点功能

输入端子台		PLC设置中的设定							
		内置输入设定			高速计数器设定			原点搜索功能	
通道	位号	通用输入	输入中断	快速响应输入	单相（加法脉冲输入）	双相（相位差或加减法输入）	双相（脉冲/方向输入）	20～40点的CPU单元	14个I/O点的CPU单元
CIO 0	00	通用输入0			计数器0增量	计数器0 A相/加法	计数器0脉冲		
	01	通用输入1			计数器1增量	计数器0 B相/减法	计数器1脉冲		
	02	通用输入2	中断输入2	快速响应输入2	计数器2增量	计数器1 A相/加法	计数器0方向		

（续）

输入端子台		PLC 设置中的设定							
		内置输入设定			高速计数器设定			原点搜索功能	
通道	位号	通用输入	输入中断	快速响应输入	单相（加法脉冲输入）	双相（相位差或加减法输入）	双相（脉冲/方向输入）	20～40 点的 CPU 单元	14 个 I/O 点的 CPU 单元
CIO 0	03	通用输入 3	中断输入 3	快速响应输入 3		计数器 1 B 相/减法	计数器 1 方向		脉冲 0 原点
	04	通用输入 4	中断输入 4	快速响应输入 4	计数器 3 增量	计数器 0 Z 相/复位	计数器 0 复位		
	05	通用输入 5	中断输入 5	快速响应输入 5	计数器 4 增量	计数器 0 Z 相/复位	计数器 1 复位		脉冲 1 原点
	06	通用输入 6	中断输入 6	快速响应输入 6	计数器 5 增量			脉冲 0 原点	脉冲 0 原点接近
	07	通用输入 7	中断输入 7	快速响应输入 7				脉冲 1 原点	脉冲 1 原点接近
	08	通用输入 8							
	09	通用输入 9							
	10	通用输入 10						脉冲 0 原点接近	
	11	通用输入 11						脉冲 1 原点接近	

2. CP1E PLC 的输出单元

（1）10 点 I/O 型 CPU 单元的输出分配

10 点 I/O 型 CPU 单元拥有 4 个输出点，如图 3.2.52 所示。以交流电源型为例，100 通道 100.00 位～100.03 位共 4 点。

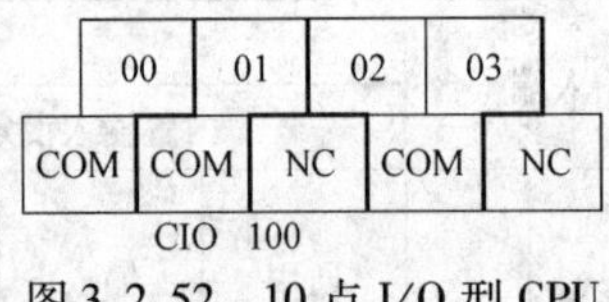

图 3.2.52　10 点 I/O 型 CPU 单元的输出端子台

（2）14 点 I/O 型 CPU 单元的输出分配

14 点 I/O 型 CPU 单元拥有 6 个输出点，如图 3.2.53 所示。以交流电源型为例，100 通道 100.00 位～100.05 位共 6 点。

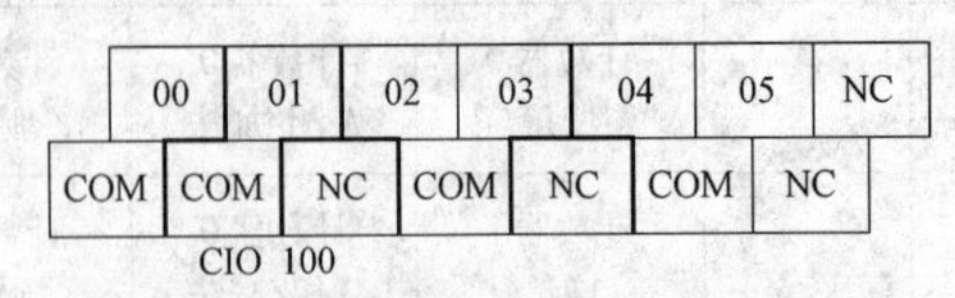

图 3.2.53　14 点 I/O 型 CPU 单元的输出端子台

（3）20 点 I/O 型 CPU 单元的输出分配

20 点 I/O 型 CPU 单元拥有 8 个输出点，如图 3.2.54 所示。以交流电源型为例，100 通道100.00位～100.07位共8点。

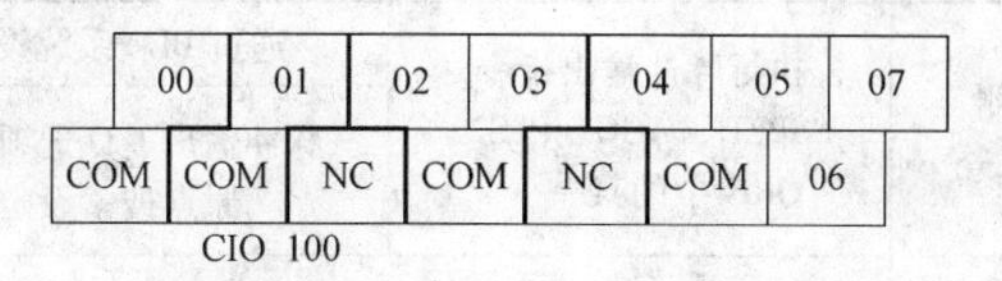

图3.2.54　20点I/O型CPU单元的输出端子台

（4）30点I/O型CPU单元的输出分配

30点I/O型CPU单元拥有12个输出点，如图3.2.55所示。以交流电源型为例，100通道100.00位～100.07位共8点，101通道101.00位～101.03位共4点，合计12点。

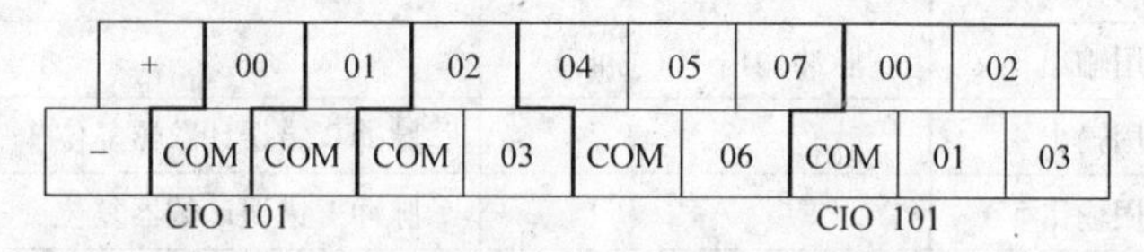

图3.2.55　30点I/O型CPU单元的输出端子台

（5）40点I/O型CPU单元的输出分配

40点I/O型CPU单元拥有16个输出点，如图3.2.56所示。以交流电源型为例，100通道100.00位～100.07位共8点，101通道101.00位～101.07位共8点，合计16点。

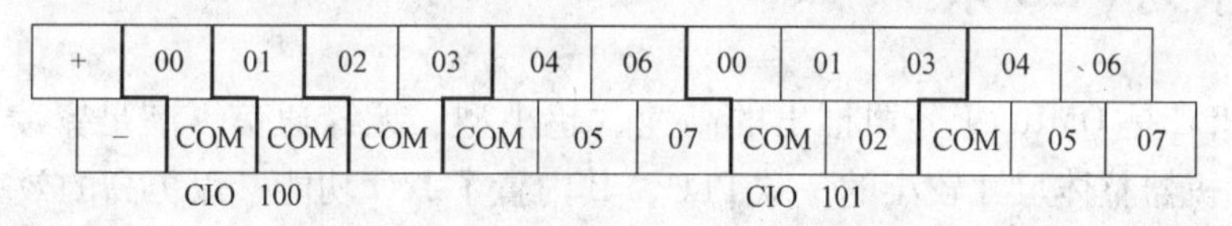

图3.2.56　40点I/O型CPU单元的输出端子台

（6）60点I/O型CPU单元的输出分配

60点I/O型CPU单元拥有24个输出点，如图3.2.57所示。100通道100.00位～100.07位共8点，101通道101.00位～101.07位共8点，102通道102.00位～102.07位共8点，合计24点。

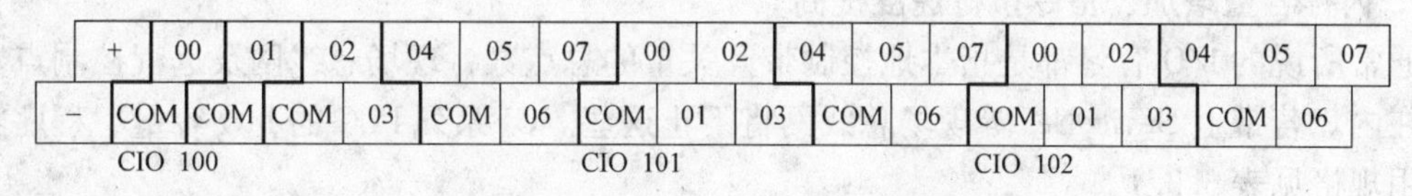

图3.2.57　60点I/O型CPU单元的输出端子台

（7）20点I/O NA型CPU单元的输出分配

20点I/O NA型CPU单元拥有8个输出点，1个模拟量输出，如图3.2.58所示。以交流电源型为例，100通道100.00位～100.07位共8点，模拟量输出占用CIO 190。

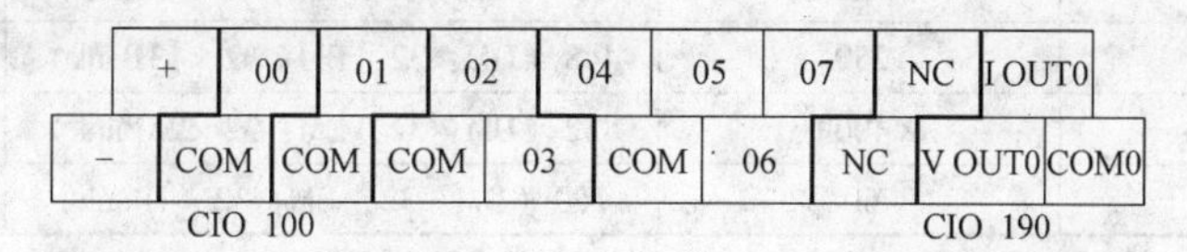

图3.2.58　20点I/O NA型CPU单元的输出端子台

CP1E可以根据PLC设置中的参数设定，为各输出点分配功能，见表3.2.45。

表 3.2.45　CP1E 输出点功能

输出端子台		除执行右侧所述指令以外	执行脉冲输出指令（SPED、ACC、PLS2、ORG 中的某一个）	通过 PLC 系统设定 脉冲输出 I/O 选项上的原点搜索设定	执行 PWM 指令
通道	位号	通用输出	固定占空比脉冲输出		可变占空比脉冲输出
			脉冲 + 方向	使用	PWM 输出
CIO 100	00	通用输出 0	脉冲输出 0（脉冲）		
	01	通用输出 1	脉冲输出 1（脉冲）		PWM 输出 0
	02	通用输出 2	脉冲输出 0（方向）		
	03	通用输出 3	脉冲输出 1（方向）		
	04	通用输出 4		脉冲 0 错误计数器复位	
	05	通用输出 5		脉冲 1 错误计数器复位	
	06	通用输出 6			
	07	通用输出 7			

3.3　CJ 系列 PLC 系统

CJ 系列 PLC 是 OMRON 公司推出的高速、超小型、无缝通信、满足紧凑和通用要求、附加值更高、机器整体尺寸较小的一款 PLC，其内置了 I/O 功能、以更高的效率组合各种单元，它不需要底板，允许单元之间的灵活组合，方便单元的扩展。

3.3.1　CJ 系列 PLC 概述

CJ 系列 PLC 主要有三大系列，CJ1M 系列、CJ1G/CJ1H 系列和 CJ2 系列。为了适应工业环境使用，与一般控制装置相比较，CJ 系列 PLC 有以下特点：

1. 内存容量增加、指令执行速度提高

通常所说的 I/O 容量都是指本地控制带开关量的总点数，现场总线网及远程控制点数未计算在内。若带上 DeviceNet 等现场总线网将不止这些。CJ 系列 PLC 的 I/O 容量、程序容量等通用规格见表 3.3.1。

表 3.3.1　CJ 系列通用规格

PLC 系列	最大 I/O 点数	最大程序容量/K 步	最大数据存储容量/K 字	LD 指令处理速度/μs
CJ1M	640	20	32K 字（仅 DM 区，无 EM 区）	0.10
CJ1G	1208	60	128（DM：32，EM：32×3Bank）	0.04
CJ1H	2560	250	448（DM：32，EM：32×13Bank）	0.02
CJ2	2560	400	832（DM：32，EM：32×25Bank）	0.016
CJ2M	2560	60	160（DM：32，EM：32×4Bank）	0.04

由表 3.3.1 可以看出，CJ2 系列 PLC 内存容量、I/O 点数、指令执行速度是 CJ 系列 PLC 中最优越的。

2. 丰富的内置功能

CJ1M－CPU21/22/23的CPU内置了10点开关量输入和6点晶体管输出。支持2路独立的高速计数，可以接收外部编码器或其他设备输出的脉冲信号，计数频率可以达到100kHz；支持4点外部中断输入或4点快速响应输入；支持2路独立的脉冲输出，可以控制伺服电动机或步进电动机，脉冲输出频率可以达到100kHz；支持2路PWM可变脉宽输出，占空比范围从0%～100%可调。

CJ1M/CJ1H和CJ2系列的PLC没有内置以上功能，需要另配相应的扩展模块才能实现。

3. 提供多种编程语言

CJ系列的PLC提供多种编程语言，如梯形图（LD）编程、指令表/助记符（IL）编程、结构文本（ST）编程、功能块（FB）编程和顺序功能图（SFC）编程。

4. 提供多种通信端口

CJ系列的PLC CPU内置多种通信端口，还提供多种SCU通信模块为PLC与第三方的通信提供了简洁的途径，通过使用一条协议宏指令可将与第三方通信的程序插入梯形图中，大大简化了通信程序，使得PLC可以作为一台上位机同第三方的仪表、设备进行通信，实现数据的采集、管理。结合功能块，使用串口网关则可更方便地实现与第三方设备的通信。

CJ系列PLC本体内置的通信口和SCU模块具体规格见表3.3.2。

表3.3.2 内置通信口和SCU模块规格

	端口名称	CJ1M系列	CJ1G系列	CJ1H系列	CJ2系列
内置端口	外设端口	有	有	有	无
	RS－232C端口	有	有	有	有
	USB端口	无	无	无	有
	Ethernet端口	仅CJ1M－CPU1（）－ETN支持	无	无	有
SCU模块	CJ1W－SCU21－V1 2个RS－232C端口	支持	支持	支持	支持
	CJ1W－SCU41－V1 1个RS－232C端口 1个RS－422A/485端口	支持	支持	支持	支持
	CJ1W－SCU31－V1 2个RS－422A/485端口	支持	支持	支持	支持

5. 数据标签（符号）功能

数据标签（符号）就是给PLC地址定义的名称。标签（符号）可以在PLC、触摸屏、上位应用软件中直接调用。调用时，不需要实际的地址，只要调用标签（符号）名称即可。使编程人员和上位通信的设计者对上位接口的数据链接区有一个更加清楚的了解。便于数据链接区的修改和维护。数据标签（符号）功能只有CJ2系列的PLC支持。

6. 丰富的兼容性

CJ系列的电源单元、基本I/O单元、特殊I/O单元、总线单元都适用于CJ1M、CJ1G/CJ1H、CJ2系列的PLC，具有很强的兼容性。CJ1M、CJ1G/CJ1H和CJ2之间的程序可以方便地通过 CX – Programmer 软件相互转换。其中，CJ2 系列的 PLC 必须使用 CX – Programmer8. 0 或以上版本的软件。

3. 3. 2 CJ 系列 PLC 的硬件系统构成

3. 3. 2. 1 基本系统配置

CJ 系统结构是模块化的结构，整个系统可分为 CPU 机架和扩展机架。CJ1 系统基本配置如图 3. 3. 1 所示。

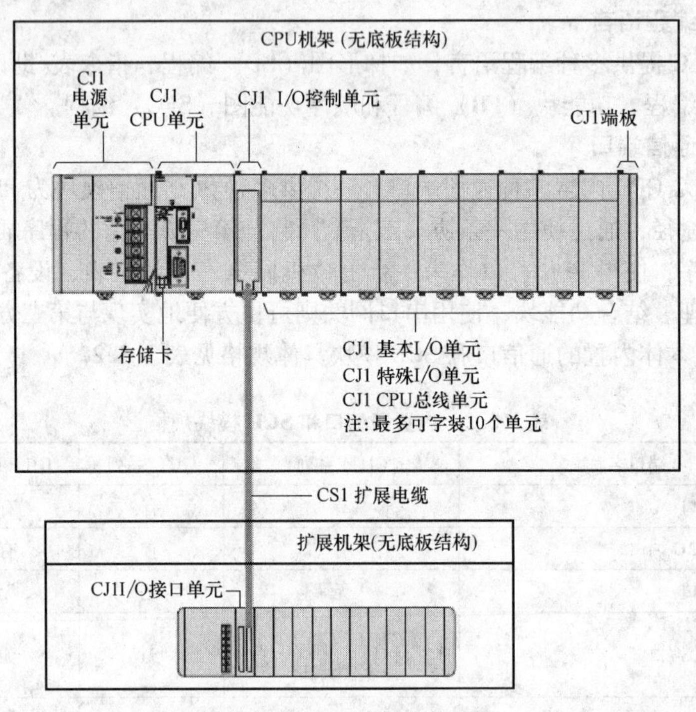

图 3. 3. 1 CJ1 系统基本配置

1. CPU 机架

一个 CPU 机架由一个 CPU 单元、一个电源单元和各种 I/O 单元构成，其中可使用的 I/O 单元有基本 I/O 单元、特殊 I/O 单元和 CPU 总线单元。如果有扩展机架，需要在 CPU 机架上安装 I/O 控制单元。一个机架上最多可使用 10 个单元。

2. 扩展机架

当一个 CPU 机架上的配置不能满足系统要求时可进行系统扩展，即使用扩展机架。一个扩展 I/O 机架由一个电源单元、各种 I/O 单元、I/O 接口单元构成；其中可使用的 I/O 单元有基本 I/O 单元、特殊 I/O 单元和总线 I/O 单元。一个 CJ 系统中最多可使用 3 个扩展机架。在扩展系统中，CPU 机架到最远的扩展 I/O 机架的距离为 12m。

3. 3. 2. 2 单元特点

下面对 CJ 系列 PLC 单元的规格型号、CPU 单元构成和 CPU 单元内部结构进行具体介绍。

1. CJ1 系列 PLC 的 CPU 单元

(1) CPU 单元的规格型号

CJ1 系列 CPU 单元的规格型号见表 3. 3. 3。

表3.3.3　CJ1 CPU单元规格型号

产品名称	型　号	程序容量/K步	数据存储容量/K字	I/O点数	内置I/O	可扩展机架数
CJ1M CPU单元	CJ1M-CPU11	5	32	160	无	无
	CJ1M-CPU11-ETN	5	32	160	无	无
	CJ1M-CPU21	5	32	160	有	无
	CJ1M-CPU12	10	32	320	无	无
	CJ1M-CPU12-ETN	10	32	320	无	无
	CJ1M-CPU22	10	32	320	有	无
	CJ1M-CPU13	20	32	640	无	1个
	CJ1M-CPU13-ETN	20	32	640	无	1个
	CJ1M-CPU23	20	32	640	有	1个
CJ1G CPU单元	CJ1G-CPU42P	10	64	960	无	2个
	CJ1G-CPU43P	20	64	960	无	2个
	CJ1G-CPU44P	30	64	1280	无	3个
	CJ1G-CPU45P	60	128	1280	无	3个
	CJ1G-CPU42H	10	64	960	无	2个
	CJ1G-CPU43H	20	64	960	无	2个
	CJ1G-CPU44H	30	64	1280	无	3个
	CJ1G-CPU45H	60	128	1280	无	3个
CJ1H CPU单元	CJ1H-CPU65H	60	128	2560	无	3个
	CJ1H-CPU66H	120	256	2560	无	3个
	CJ1H-CPU67H	250	448	2560	无	3个

（2）CPU单元的构成

1）指示灯。CPU单元前面板上有一些LED指示灯，各指示灯的颜色和所代表的意义见表3.3.4。

表3.3.4　CJ1 CPU单元前面板指示灯所代表的意义

指示灯	意　义
RUN　（绿色）	PLC在监视或运行模式正常操作时灯亮
ERR/ALM　（红色）	非重大差错发生但不停止CPU单元运行时闪烁 发生重大差错使CPU中止操作或发生硬件差错时常亮
INH　（橙色）	输出关闭位（A50015）接通时灯亮 如果输出关闭位接通，所有输出单元的输出断开
BKUP　（橙色）	当数据从内存备份至闪存时亮 此指示灯亮时切勿关闭CPU单元
PRPHL　（橙色）	当CPU通过外部设备端口通信时闪烁
COMM　（橙色）	当CPU通过RS-232C端口通信时闪烁
MCPWR　（绿色）	给存储器卡供电时闪烁
BUSY　（橙色）	访问存储器卡时闪烁

2）存储卡指示灯。当电源向存储器卡供电时，MCPWR（绿色）指示灯闪烁；当存储器卡被访问时，BUSY（橙色）指示灯闪烁。

3）存储卡电源开关。移除存储器卡先按下存储器卡电源开关以断开电源。

4）存储卡钮。按下存储器卡推出按钮可以从 CPU 移除存储卡。

5）存储卡。存储卡类型为闪存，所有的用户程序、I/O 存储器区和参数区可存为文件。存储卡可擦写最多 100000 次。

6）连接器。连接到下一个单元。

7）内置 I/O（由 CPU 型号决定）。仅 CJIM－CPU2（）支持内置 I/O 功能；其中包括 I/O 指示灯，显示实际输入和输出的 ON/OFF 信号的状态，内置 I/O 的 MIL 连接器（40 针）。

8）内置 Ethernet 端口（由 CPU 型号决定）。仅 CJIM－CPU1（）－ETN 支持内置 Ethernet 功能：其中包括网络指示灯，显示实际当前网络工作的运行状况；单元号开关，表示本主站单元区别于机架上其余总线单元的标志，设定范围为 0～F；节点号开关表示本主站单元在网络中的标志地址，设置范围为 01～FE；内置 Ethernet 连接器（RJ45 网线端口）。

9）滑轨。固定上一个和下一个单元。

10）外设端口。外设端口可连接外部设备，如上位机、手持编程器等。

11）RS－232C 端口。RS－232C 端口可连接外部设备，如上位机、可编程终端、第三方设备等。

12）拨动开关。CJ1 CPU 单元有 8 个拨动开关，用于 CPU 单元设置基本操作参数。拨动开关位于电池盒下方，拨动开关引脚的功能见表 3.3.5。

表 3.3.5　CJ1 CPU 单元拨动开关的功能

<table>
<tr><th>引脚号</th><th>设定</th><th>功　能</th><th>默认</th></tr>
<tr><td rowspan="2">1</td><td>ON</td><td>用户程序存储器写禁止</td><td rowspan="2">OFF</td></tr>
<tr><td>OFF</td><td>用户程序存储器写允许</td></tr>
<tr><td rowspan="2">2</td><td>ON</td><td>电源为 ON 时用户程序从存储卡自动传送</td><td rowspan="2">OFF</td></tr>
<tr><td>OFF</td><td>电源为 OFF 时用户程序不从存储卡自动传送</td></tr>
<tr><td>3</td><td>—</td><td>未使用</td><td>OFF</td></tr>
<tr><td rowspan="2">4</td><td>ON</td><td>使用 PLC 设置中的外部设备端口通信参数</td><td rowspan="2">OFF</td></tr>
<tr><td>OFF</td><td>使用外部设备端口的默认标准通信参数</td></tr>
<tr><td rowspan="2">5</td><td>ON</td><td>使用 RS－232C 端口的默认标准通信参数</td><td rowspan="2">OFF</td></tr>
<tr><td>OFF</td><td>使用 PLC 设置中的 RS－232C 端口通信参数</td></tr>
<tr><td rowspan="2">6</td><td>ON</td><td>用户定义引脚，内部 A39512 为 ON</td><td rowspan="2">OFF</td></tr>
<tr><td>OFF</td><td>用户定义引脚，内部 A39512 为 OFF</td></tr>
<tr><td rowspan="3">7</td><td rowspan="2">ON</td><td>从 CPU 单元写到存储卡（按住存储卡电源开关 3s）</td><td rowspan="3">OFF</td></tr>
<tr><td>从存储卡恢复到 CPU 单元（电源 ON 时此操作优先于拨动开关 DIP2 为 ON）</td></tr>
<tr><td>OFF</td><td>校验存储卡的内容</td></tr>
<tr><td>8</td><td>OFF</td><td>通常为 OFF</td><td>OFF</td></tr>
</table>

（3）CPU 单元的内部结构

CJ1 系列 CPU 单元的内部结构如图 3.3.2 所示，CJ1 CPU 单元的存储器（RAM）由下列内存字段构成。

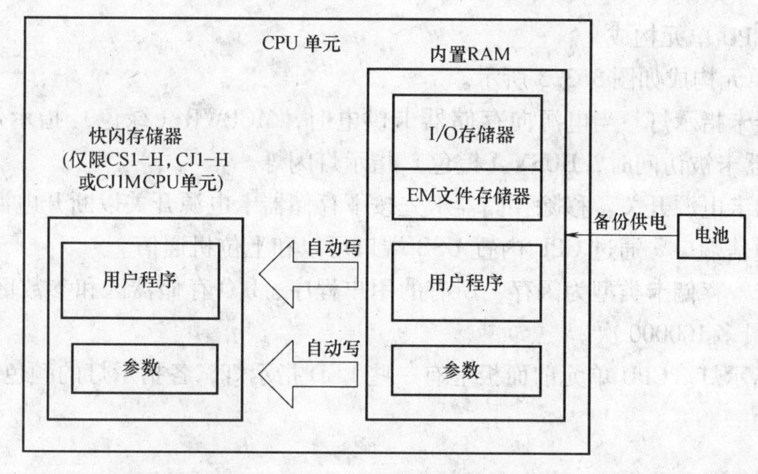

图3.3.2 CJ1 CPU单元的内部结构

1）I/O存储器区。I/O存储器区是用于用户程序读写的RAM区，I/O内存区划分为I/O存储器区和EM文件存储器区两个区。I/O存储器区根据功能不同划分为多个区域。I/O存储器区可同所有单元进行数据交换，电源接通或断开时其中部分数据会被清除；EM文件存储器区用于存储数据和程序文件，由于该部分是快闪存储器驱动，所以断电后数据保持。

2）用户程序区。用户程序区用于存放用户所编写的梯形图程序。CJ系列PLC的程序是以任务为单位的，任务可分为循环任务和中断任务。

3）参数区。参数区存放了PLC设置、I/O注册表、路由器和CPU总线单元设置等信息，可通过外部编程设备设置各种初始值或其他设定。

4）快闪存储器。任何时候，当用户写数据到CPU单元时，用户程序和参数会自动在内置的快闪存储区中备份。当数据正写入快闪存储区时，CPU单元前面板的BKUP指示灯会点亮，此时不要断开PLC电源。

从CJ1 CPU单元内部结构可知，I/O存储器区（除EM文件存储器区）、用户程序区和参数区的数据都靠锂电池支持，新装的锂电池在环境温度25℃下有效工作时间为5年。用户程序和参数每次修改时都会自动备份到内部的快闪存储器中，而快闪存储区中的数据是不会丢失的，这就意味着即使电池电压降低，用户程序和参数区的数据也不会丢失。I/O存储器区中断电保持的区域（如D区）是靠锂电池保持的，如果电池电压过低则数据会丢失。

2. CJ2 CPU单元

（1）CJ2 CPU单元的规格型号

CJ2 CPU单元的规格型号见表3.3.6。

表3.3.6 CJ2 CPU单元的规格型号

型 号	程序容量/K步	数据存储容量/K字	I/O点数	内置I/O	可扩展机架数
CJ2H - CPU64 - EIP	50	160	2560	无	3
CJ2H - CPU65 - EIP	100	160	2560	无	3
CJ2H - CPU66 - EIP	150	325	2560	无	3
CJ2H - CPU67 - EIP	250	512	2560	无	3
CJ2H - CPU68 - EIP	400	832	2560	无	3

（2）CJ2 CPU 单元构成

CJ2 CPU 单元构成如图 3. 3. 3 所示。

1）存储器卡指示灯。当电源向存储器卡供电时，MCPWR（绿色）指示灯闪烁；当存储器卡被存储器卡被访问时，BUSY（橙色）指示灯闪烁。

2）存储器卡电源开关。移除存储器卡先按下存储器卡电源开关以断开电源。

3）USB 通信端口。通过 CPU 内置 USB 端口可以和上位机通信。

4）存储卡。存储卡类型为闪存，所有的用户程序、I/O 存储器区和参数区可存为文件。存储卡可擦写最多 100000 次。

5）LED 指示灯。CPU 单元前面板上有一些 LED 指示灯，各指示灯的颜色和所代表的意义见表 3. 3. 7。

表 3. 3. 7 CJ2 CPU 单元前面板指示灯所代表的意义

指示灯	意 义
RUN （绿色）	PLC 在监视或运行模式正常操作时灯亮
ERR/ALM （红色）	非重大差错发生但不停止 CPU 单元运行时闪烁 发生重大差错使 CPU 中止操作或发生硬件差错时常亮
INH （橙色）	输出关闭位（A50015）接通时灯亮 如果输出关闭位接通，所有输出单元的输出断开
BKUP （橙色）	当数据从内存备份至闪存时亮 此指示灯亮时切勿关闭 CPU 单元
PRPHL （橙色）	当 CPU 通过外部设备端口通信时闪烁
COMM （橙色）	当 CPU 通过 RS－232C 端口通信时闪烁
MCPWR （绿色）	给存储器卡供电时闪烁
BUSY （橙色）	访问存储器卡时闪烁

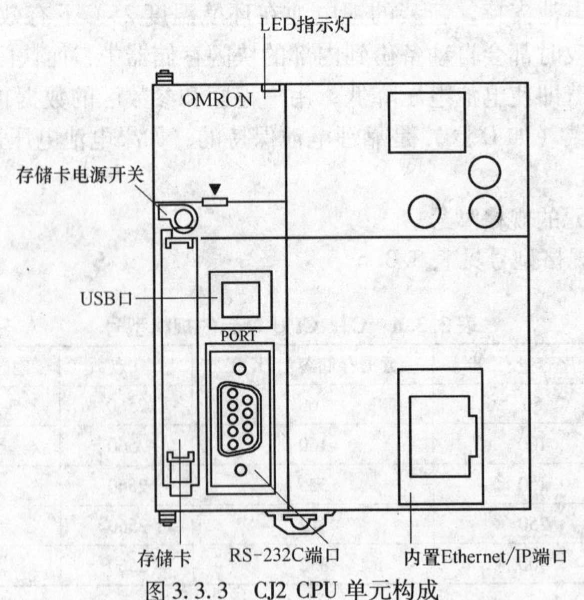

图 3. 3. 3 CJ2 CPU 单元构成

CPU 单元面板上内置 Ethernet 通信口，Ethernet 通信的各指示灯颜色和所代表的意义见表3.3.8。

表3.3.8 CPU 内置 Ethernet 通信指示灯所代表的意义

指示灯	意　义
MS 模块状态灯	红色灯亮，表示是致命错误 红色灯闪烁，表示是非致命错误 绿色灯亮，表示通信正常 绿色灯闪烁，表示电源 OFF
NS 网络状态灯	红色灯亮，表示是致命错误 红色灯闪烁，表示是非致命错误 绿色灯亮，表示 datalink 表和信息通信已经建立 绿色灯闪烁，表示 datalink 表和信息通信没有建立
COMM （橙色）	灯亮表示正在传送数据 灯不亮表示未传送数据
100M （橙色）	灯亮表示使用 100base－TX 通信速率 灯不亮表示未使用 100base－TX 通信速率
10M （橙色）	灯亮表示使用 10base－TX 通信速率 灯不亮表示未使用 10base－TX 通信速率

6）DIP 开关。CJ2 CPU 单元有 8 个拨动开关，用于 CPU 单元设置基本操作参数。拨动开关位于电池盒下方，拨动开关引脚的功能见表 3.3.9。

表3.3.9 CJ2 CPU 单元拨动开关的功能

引脚号	设定	功　能	默认
1	ON	用户程序存储器写禁止	OFF
	OFF	用户程序存储器写允许	
2	ON	电源为 ON 时用户程序从存储卡自动传送	OFF
	OFF	电源为 OFF 时用户程序不从存储卡自动传送	
3	—	未使用	OFF
4	—	未使用	OFF
5	ON	使用 RS－232C 端口的默认标准通信参数	OFF
	OFF	使用 PLC 设置中的 RS－232C 端口通信参数	
6	ON	用户定义引脚，内部 A39512 为 ON	OFF
	OFF	用户定义引脚，内部 A39512 为 OFF	
7	ON	从 CPU 单元写到存储卡（按住存储卡电源开关 3s）	OFF
		从存储卡恢复到 CPU 单元（电源 ON 时此操作优先于拨动开关 DIP2 为 ON）	
	OFF	校验存储卡的内容	
8	OFF	通常为 OFF	OFF

7）RS－232C 端口。RS－232C 端口可连接外部设备，如上位机、可编程终端、第三方

设备等。

8）内置 Ethernet 端口。内置 Ethernet 连接器（RJ45 网线端口），面板上可以直接设置 Ethernet 模块的单元号、节点号。

3. CJ2M CPU 单元

（1）CJ2M CPU 单元的规格型号

CJ2M 系列 CPU 单元的规格型号见表 3. 3. 10、表 3. 3. 11。

表 3. 3. 10 CJ2M 内置 Ethernet/IP 端口 CPU 单元规格型号

型　号	程序容量/K 步	数据存储容量/K 字	I/O 点数	内置 I/O	可扩展机架数
CJ2M - CPU35	60	160	2560	无	3
CJ2M - CPU34	30	160	2560	无	3
CJ2M - CPU33	20	64	2560	无	3
CJ2M - CPU32	10	64	2560	无	3
CJ2M - CPU31	5	64	2560	无	3

表 3. 3. 11 CJ2M 无内置 Ethernet/IP 端口 CPU 单元规格型号

型　号	程序容量/K 步	数据存储容量/K 字	I/O 点数	内置 I/O	可扩展机架数
CJ2M - CPU15	60	160	2560	无	3
CJ2M - CPU14	30	160	2560	无	3
CJ2M - CPU13	20	64	2560	无	3
CJ2M - CPU12	10	64	2560	无	3
CJ2M - CPU11	5	64	2560	无	3

（2）CJ2M CPU 单元构成

1）内存卡指示灯。当电源向存储器卡供电时，MCPWR（绿色）指示灯闪烁；当存储器卡被访问时，BUSY（橙色）指示灯闪烁。

2）内存卡电源开关。移除存储器卡先按下存储器卡电源开关以断开电源。

3）内存卡。存储卡类型为闪存，所有的用户程序、I/O 存储器区和参数区可存为文件。存储卡可擦写最多 100000 次。

4）USB 通信端口。通过 CPU 内置 USB 端口可以和上位机通信。

5）Ethernet/IP 端口。通过 CPU 内置 Ethernet/IP 端口可以和上位机通信。

6）选件口。通过配置 CP1W - C1F01 或 CP1W - C1F11/12 可以增加 RS - 232C 端口、RS - 422/485 端口。

7）LED 指示灯。CPU 单元前面板上有一些 LED 指示灯，各指示灯的颜色和所代表的意义见表 3. 3. 7 和表 3. 3. 8。

4. I/O 单元

（1）I/O 单元分类

CJ PLC 系统中可使用的 I/O 单元按照功能分类可分为基本 I/O 单元、特殊 I/O 单元以及 CPU 总线单元，具体分类如图 3. 3. 4 所示。

（2）基本 I/O 单元

CJ系列基本I/O单元即开关量单元，有输入模块、输出模块及混合输入/输出模块。在一个系统中最多可使用40个基本I/O单元（根据CPU不同，带的基本I/O单元个数不同，像CJ1M最多只可以带20个基本I/O单元），具体请参见CJ系列选型样本。

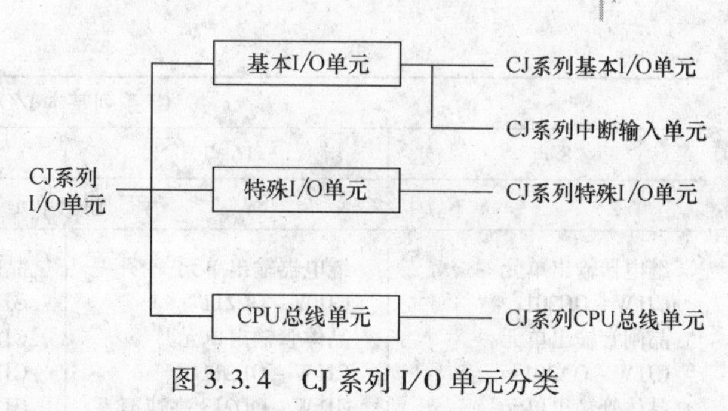

图3.3.4　CJ系列I/O单元分类

1）输入单元。根据输入信号电源形式，输入单元有直流输入单元（如CJ1W－ID231）和交流输入单元（如CJ1W－IA201）；按照模块的接线方式，有8点、16点的端子台型单元（如CJ1W－ID211）；还有32点、64点的连接器型输入单元（如CJ1W－ID231）。端子台型单元可直接接线，且端子台可拆卸，接线维护较方便；连接器型单元需要配置匹配的连接器，但每个模块上的点数较多，和端子台型单元相比可节省槽位，有较高的经济性。输入单元中还有一种快速响应输入单元（如CJ1W－IDP01），此类输入单元允许输入点上接收比CPU单元循环周期短的输入脉冲信号。

2）输出单元。根据输出形式，输出单元有晶体管输出单元（如CJ1W－OD211）、继电器输出单元（如CJ1E－OC211）和双向晶闸管输出单元（如CJ1W－OA201）。晶体管输出单元是无触点输出形式，支持高频动作，但输出容量较小；继电器输出单元是触点输出形式，受到电气寿命的限制，因此动作频率不能太高，但输出容量较大，可接交流负载；双向晶闸管输出单元也属无触点输出形式，支持高频率动作，且相对晶体管输出单元有较大的输出容量。和输入单元一样，按照接线方式，输出单元可分为端子台型输出单元（如CJ1W－OC211）和连接器型输出单元（如CJ1W－OD261）。

3）中断输入单元。为了提高PLC对输入的响应速度，CJ系列PLC设置有I/O中断任务，由于产生这些中断的是输入点，所以称为中断输入单元（如CJ1W－INT01）。其外观与基本功能同普通的输入模块没有太大差别，只是当CPU设置了相应的中断任务，中断输入单元输入点的ON、OFF状态改变后，会向CPU发出中断请求。要注意的是：中断输入单元要安装在最靠近CPU的5个槽位上，且总点数不能超过32点。

4）输入/输出单元。在输入/输出单元上既有输入点也有输出点（如CJ1W－MD261，为32点输入/32点输出单元），此类I/O都是连接器型接线方式。

CJ系列基本I/O单元的型号见表3.3.12。

表3.3.12　CJ系列基本I/O单元的型号

CJ系列基本I/O单元			
8点	16点	32点	64点
输入单元			
DC输入单元 CJ1W－ID201 AC输入单元 CJ1W－IA201	DC输入单元 CJ1W－ID211 CJ1W－ID212 高速型 AC输入单元 CJ1W－IA11	DC输入单元 CJ1W－ID231 CJ1W－ID232 CJ1W－ID233 高速型	DC输入单元 CJ1W－ID261 CJ1W－ID262

（续）

CJ 系列基本 I/O 单元			
8 点	16 点	32 点	64 点
输出单元			
继电器输出单元 CJ1W－OC201 晶闸管输出单元 CJ1W－OA201 晶体管输出单元 CJ1W－OD201 CJ1W－OD203 CJ1W－OD202 CJ1W－OD204	继电器输出单元 CJ1W－OC211 晶体管输出单元 CJ1W－OD211 CJ1W－OD213 高速型 CJ1W－OD212	晶体管输出单元 CJ1W－OD231 CJ1W－OD233 CJ1W－OD234 高速型 CJ1W－OD232	晶体管输出单元 CJ1W－OD261 CJ1W－OD263 CJ1W－OD262
输入/输出单元			
—	—	DC 输入晶体管输出单元 （输入 16 点/输出 16 点） CJ1W－MD231 CJ1W－MD233 CJ1W－MD232	DC 输入晶体管输出单元 （输入 32 点/输出 32 点） CJ1W－MD261 CJ1W－MD263 TTL 输入/输出单元 （输入 32 点/输出 32 点） CJ1W－MD563
其他单元			
—	中断输入单元 CJ1W－INT01 高速输入单元 CJ1W－IDP01	—	B7A 接口单元 （输入 64 点） CJ1W－B7A14 （输出 64 点） CJ1W－B7A04 （输入 32 点/输出 32 点） CJ1W－B7A22

（3）特殊 I/O 单元

随着 PLC 技术的发展，PLC 的功能日趋完善，除了最基本的逻辑控制外，PLC 还拥有模拟量控制功能、位置控制功能等其他高功能。基本 I/O 单元是没有办法辅助 CPU 完成这些功能的，因此就出现了相应的一些单元，通常把此类单元叫特殊 I/O 单元。CJ 系列特殊 I/O 单元有 2 个旋钮开关设置其单元号，范围为 0～95。在 CJ 系统中，电源容量允许的情况下最多可使用 40 个特殊 I/O 单元（CJ1M 为 20 个）。常见的特殊 I/O 单元有以下几种：

1）模拟量单元。模拟量单元根据功能可分为模拟量输入单元和模拟量输出单元。模拟量输入（AD）单元的作用是把传感器检测到的模拟量信号转换为数字量，并存放到输入通道中（如 CJ1W－AD081－V1，是 8 路模拟量输入单元）；模拟量输出（DA）单元是把输出通道的数据转换成模拟量，以作为控制对象的控制信号（如 CJ1W－DA041，是 4 路模拟量输出单元）。

2）温度控制单元。温度信号是工业控制中常见的模拟量，为了方便地实现对温度的检测和控制，特殊 I/O 单元中有专门的温度控制单元。实质上温度单元也是模拟量单元，只是温度单元作了更多的预处理。温度控制单元除了进行温度信号采集以外，还利用内部的温度控制回路对温度进行控制，无需 PLC 运行相关程序（如 CJ1W－TC001）。CJ 系列中新增了一类过程输入温度单元，（如CJ1W－PTS51），功能与温度传感单元相似，与其不同的是过程温度单元各回路之间是相互隔离的，提升了温度控制的精度。

3）高速计数器单元。高速计数器单元的作用是采集与处理高频率脉冲信号（如CJ1W－CT021，可处理2路最高频率为500kHz的脉冲信号）。

4）位置控制单元。位置控制单元的作用是通过输出脉冲信号控制机械部件位置移动以及移动速度，可实现单坐标或双坐标的控制。位置控制单元在双坐标控制系统中可实现直线差补（如CJ1W－NC213，可实现2轴的高速、高精度控制）。

5）CompoBus/S主站单元。在CJ系统中使用的CompoBus/S主站单元是CJ1W－SRM21－V1，该模块被划分到特殊I/O单元中。

6）CompoNet单元。CompoNet是OMRON最新最高端的现场总线，已加入ODVA成为CIP家族一员，能为设备制造商提供连接智能传感器、驱动器、远程I/O等外围设备的快速有效的网络解决方案。CompoNet主站单元也叫CompoNet单元，如CJ1W－CRM21模块。

CJ系统中还有其他的特殊I/O单元，如ID传感器单元等，具体参见CJ系列选型手册。

（4）CPU总线单元

随着PLC的发展，PLC的网路通信功能和串行通信功能越来越强。为了实现这些通信功能需要相应的通信单元，也叫做CPU总线单元。目前的CJ系列CPU总线单元有串行通信单元、Ethernet单元、Controller Link单元和远程主站单元等。CPU总线单元需设置单元号，单元号范围为0～F。

1）串行通信单元。串行通信单元目前提供RS－232C端口或RS－422A/485端口，方便PLC与其他设备进行通信，同时提供简易ModBus_RTU和串口网关功能（如CJ1W－SCU31－V1，它提供2个RS－422A/485端口）。在一个CJ系统中，最多可使用16个串行通信单元。

2）Ethernet单元。Ethernet单元用于协助PLC实现100Mbit/s工业以太网（如CJ1W－ETN21）。在一个CJ系统中最多可安装4个Ethernet单元。

3）Controller Link单元。通过Controller Link单元可实现PLC和PLC或PLC和计算机的连接或联网，并进行通信（如CJ1W－CLK21－V1）。在一个CJ系统中最多可安装4个Controller Link单元。

4）DeviceNet单元。CompoBus/D满足的协议是DeviceNet，因此CompoBus/D主站单元也叫DeviceNet单元（如CJ1W－DRM21－V1）。

5）运动控制单元。运动控制单元属于CPU总线单元，它接收来自CPU单元内部辅助区的命令并将定位命令输出到带MECHATROLINK－Ⅱ高速通信接口的伺服驱动器上，通过CPU单元直接设置目标位置和目标速度，执行相对和绝对移动。此运动控制单元可以一次连接16轴，并能完成速度和转矩控制（如CJ1W－NCF71）。

CJ系列特殊I/O单元和CPU总线单元的型号见表3.3.13。

5. 其他单元

除了CPU单元和I/O单元外，完整的系统配置还包括一些其他的周边单元，如电源单元、连接电缆等。

（1）电源单元

1）电源单元的规格。电源单元为PLC提供工作电源，CJ系统使用的电源单元型号、规格见表3.3.14。

表 3.3.13 CJ 系列特殊 I/O 单元和 CPU 总线单元的型号

CJ 系列特殊 I/O 单元和 CPU 总线单元			
过程输入/输出单元 绝缘型 多功能输入单元 CJ1W－PH41U CJ1W－AD04U 绝缘型 热电偶输入单元 CJ1W－PTS15 CJ1W－PTS51 绝缘型 铂电阻输入单元 CJ1W－PTS16 CJ1W－PTS52 绝缘型 直流输入单元 CJ1W－PDC15	高速计数器单元 CJ1W－CT021	串行通信单元 CJ1W－SCU22 高速型 CJ1W－SCU32 高速型 CJ1W－SCU42 高速型 CJ1W－SCU21－V1 CJ1W－SCU31－V1 CJ1W－SCU41－V1	ID 传感器单元 CJ1W－V680C11 CJ1W－V680C12 CJ1W－V600C11 CJ1W－V600C12
模拟量输入/输出单元 模拟量输入单元 CJ1W－AD042 高速型 CJ1W－AD081－V1 CJ1W－AD041－V1 CJ1W－ADG41 模拟量输出单元 CJ1W－DA042V 高速型 CJ1W－DA08V CJ1W－DA08C CJ1W－DA041 CJ1W－DA021 模拟量输入/输出单元 CJ1W－MAD42	位置控制单元 CJ1W－NC214 高速型 CJ1W－NC414 高速型 CJ1W－NC234 高速型 CJ1W－NC434 高速型 CJ1W－NC113 CJ1W－NC213 CJ1W－NC413 CJ1W－NC133 CJ1W－NC233 CJ1W－NC433 Ethernet 对应位置控制单元 CJ1W－NC281 CJ1W－NC481 CJ1W－NC881	EtherNet/IP 单元 CJ1W－EIP21	高速数据收集单元 CJ1W－SPU01－V2
温度控制单元 CJ1W－TC001 CJ1W－TC002 CJ1W－TC003 CJ1W－TC004 CJ1W－TC101 CJ1W－TC102 CJ1W－TC103 CJ1W－TC104	MECHATROLINK－Ⅱ对应位置控制单元 CJ1W－NC271 CJ1W－NC471 CJ1W－NCF71 CJ1W－NCF71－MA	Ethernet 单元 CJ1W－ETN21	
	MECHATROLINK－Ⅱ对应运动控制单元 CJ1W－MCH71	Controller Link 单元 CJ1W－CLK21－V1 FL－net 单元 CJ1W－FLN22	
		DeviceNet 单元 CJ1W－DRM21－V1	
		CompoNet 主站单元 CJ1W－CRM21	
		CompoBus/S 主站单元 CJ1W－SRM21－V1	

表 3.3.14 CJ 系统电源单元型号、规格

电源电压	输 出	DC 24V 输出	RUN 输出	寿命显示	型 号
AC 100～240V	2.8A DC 5V 14W	无	无	无	CJ1W－PA202
	5A DC 5V 25W	无	有	无	CJ1W－PA205R
	5A DC 5V 25W	无	无	有	CJ1W－PA205C
DC 24V	2A DC 5V 10W	无	无	无	CJ1W－PD022
	5A DC 5V 25W	无	无	无	CJ1W－PD025

表 3.3.14 中，DC 24V 输出功能指电源单元带提供 DC 24V 输出电源，方便用户使用；

RUN输出功能指当CPU处于正常工作时，电源内部的RUN触点接通，可在此触点上外接指示装置；寿命显示功能是指电源面板上有三个7段LED显示器显示当前电解电容水平，刚买时显示FUL，电解电容开始退化时显示HFL，当剩余寿命为6个月或更少时，则以2s的间隔在“0.0”和“A02”之间变化，提示要更换新的电源单元。目前拥有寿命显示功能的电源单元是CJ1W－PA205C。

2）电源单元的选择。选择电源单元时，在确定了电源电压后还要确定是否需要附加的DC 24V输出、RUN输出或寿命显示功能，最后要计算各机架要求的电流和功率，以确定需要的电源单元。电源单元选择时需要注意电源要求，PLC内部共有两组电压消耗，即DC 5V和DC 24V，要保证计算出本机架在各电压系统中的总电流不能超过所选电源在该电压系统中所能提供的最大电流，如CJ1W－PA205R在DC 5V系统中能提供的最大电流为5A，则CJ1W－PA205R所在的机架在DC 5V系统中总电流不能超过5A。还要注意功率要求，整个机架的功率消耗不能超过所选电源的最大输出功率。有关各个模块的具体电源消耗请参见CJ系列操作手册。

（2）连接电缆

在系统扩展中各机架的连接要使用连接电缆，在选择连接电缆时要注意：目前可选的连接电缆长度为0.3m到12m等不同规格，具体的型号请参见CJ系列选型手册。

6. 外部设备

PLC外部设备主要用于进行PLC程序编写、调试与存储以及数据的读入、输出显示及打印等，常用的PLC外部设备有以下几种：

（1）编程设备

CJ系列PLC的编程设备是上位编程软件CX－Programmer。CX－Programmer是在Windows平台的计算机上工作的上位编程软件，常用于编写程序、系统设置、修改程序、内存监视等操作。

（2）监控设备

最常用的监控设备有可编程终端，也称为触摸屏。CJ系列PLC既可和OMRON的触摸屏通信，也可以和其他厂家的触摸屏通信。

（3）输入/输出设备

输入/输出设备是指用于接收信号或输出信号的设备。输入设备有条形码读入器、模拟量电位器等，输出设备有打印机等。

3.3.2.3　系统配置

一般来说，可把PLC+被控对象看成一个PLC控制系统，而PLC自身则是整个系统中的一个子系统。PLC控制系统在配置过程中要注意以下几点：

1. CPU单元的配置

CPU单元的配置主要看CPU单元的性能是否合乎要求，特别是工作速度以及控制规模是否合乎要求，内存区容量、程序区容量是否满足要求。

2. 电源单元的配置

对于电源单元的选择要满足两个条件，即电流条件和功率条件，然后再确定交流或直流，以及是否需要附加功能等。

3. I/O 单元及其他单元的配置

I/O 单元的选择也要按系统规模进行配置，基本 I/O 单元根据系统需要的点数以及具体的类型进行选择，特殊 I/O 单元根据控制中的特殊功能进行选择，CPU 总线单元则是根据系统的串行通信、网络通信需要进行选择。

4. 周边设备的配置

周边设备如机架、连接电缆等是必不可少的，选型时不要遗漏。

5. 外部设备的配置

外部设备包括编程设备、手持编程器或上位编程软件等。为保证系统配置的完整性，先要按要求把系统配置完全，所配置的系统性能要能够满足实际要求，一般略高较好。

6. 系统配置举例

有一小型机械公司要设计一个 PLC 系统，配置要求如下：DC 24V 输入 64 点，晶体管输出 32 点，继电器输出 30 点，0～10V 电压输入 6 路，4～20mA 电流输出 7 路，需对 2 路高速脉冲（500kHz）进行计数，并需要 3 个 RS－232C 端口以方便多种通信的实现。下面根据上述要求进行具体配置并确定安装位置。

根据要求，配置的单元型号及数量如下：

CJ1W－ID261　　1 块，64 点输入单元；
CJ1W－OD231　　1 块，32 点晶体管输出单元；
CJ1W－OC211　　2 块，16 点继电器输出单元；
CJ1W－AD081－V1　　1 块，8 点模拟量输入单元；
CJ1W－DA08C　　1 块，8 点 4～20mA 模拟量输出单元；
CJ1W－CT021　　1 块，2 路高速计数器单元；
CJ1W－SCU21－V1　　1 块，串行通信单元；
CJ1G－CPU45H　　1 块，CPU 单元；
CJ1W－PA205R　　1 块，交流供电电源单元；
C500－CE405　　3 块，CJ1W－ID261、CJ1W－OD231 连接器。

安装位置如图 3.3.5 所示。

CJ1W–PA205R	CJ1G–CPU45H	CJ1W–ID261	CJ1W–OD231	CJ1W–OC211	CJ1W–OC211	CJ1W–AD081–V1	CJ1W–DA08C	CJ1W–CT021	CJ1W–SCU21–V1

图 3.3.5　某机械公司 PLC 系统配置及安装位置

3.3.3　CJ 系列 PLC 的内存分配

3.3.3.1　内存区结构

在 CPU 的内部结构中曾介绍过，CJ 的 CPU 单元存储区可分成三部分：用户程序区、I/O 存储区和参数区，本节主要介绍 I/O 存储区和参数区。

1. I/O 存储器区

I/O 存储区包括指令操作数可以访问的数据区，主要由 11 个区域构成。每个区域有着不同的作用，分别是 CIO、W、H、A、D、EM、T、C、TK、IR、DR。

（1）CIO 区

CIO 区即 I/O 继电器区，也就是外部输入/输出映象区，PLC 通过 I/O 区中各个位和外部物理设备建立联系。在 CJ 系列 PLC 中 CIO 区分为以下 8 种：

1）I/O 区。输入/输出区，用于基本 I/O 单元地址分配。其地址为 CIO 0000 ~ CIO 0159。

2）Link 区。实现 PLC 和 PLC 或 PLC 和上位机之间大容量的数据交换。该区地址为 CIO 1000 ~ CIO 1199 共有 200 个字，可进行大容量的数据交换。该区既可对字访问，也可对位访问。

3）CPU 总线区。CIO 1500 ~ CIO 1899 用于总线单元的地址分配。每个 CPU 总线单元要设置一个唯一的单元号，由模块上设定开关设定。单元号范围为 0 ~ F。设定单元号后，系统为每个模块预留 100 个 D 区和 25 个 CIO 区地址。

4）特殊 I/O 单元区。CIO 2000 ~ CIO 2959 用于特殊 I/O 单元的地址分配。每个特殊 I/O 单元要设置一个唯一的单元号，由模块上设定开关设定。单元号范围为 00 ~ 95。像某些特殊的 I/O 单元，需要占用连续 2 个单元号（如 CJ1W – NC413/433 的 4 轴位置控制单元），因此具体操作时需要参考单元的操作手册。需要说明的是：对每组模块其对应的单元号不能重复，否则 PLC 将产生致命错误。

5）DeviceNet 区。用于 CompoBus/D 网络远程 I/O 的地址分配，其范围为 CIO 3200 ~ CIO 3799。

6）PLC Link 区。用于 1:*N* 的 PLC Link 数据链接的地址分配，仅 CJ1M 和 CJ2M 系列 PLC 支持，其范围为 CIO 3100 ~ CIO 3189。

7）内置 I/O 区。用于内置脉冲输出、高速计数、中断输入等功能。仅 CJ1M – CPU2（）支持，其范围为 CIO 2960 ~ CIO 2961，其中输入 10 点、输出 6 点。

8）内部 I/O 区。这些 CIO 区中的位在编程中用作内部工作位，可以控制程序的执行，它们不能用作外部 I/O。其范围为 CIO 1200 ~ CIO 1499、CIO 3800 ~ CIO 6143，其中 CJ2M 系列 PLC 的内部 I/O 区范围是 CIO 1300 ~ CIO 1499、CIO 3800 ~ CIO 6143。

（2）工作区（W 区）

工作区有 512 个字，地址为 W000 ~ W511，这些通道只能在程序中用作内部工作字，当然在 CIO 区域中未用到的字或位也可用作内部工作字，但应优先使用工作区中的位，因为在将来的 CJ 的 CIO 区域中不用的字很可能被分配新的用途。

CJ 将工作区单独作为一个内存区，方便了用户编程及程序调试使用，由于在以后 W 区也不会赋予新的功能，在使用时优先于 CIO 区作为内部继电器。

（3）保持区（H 区）

保持区有 512 个字，地址为 H000 ~ H511（H00000 位 ~ H51115 位）。保持区的数据在 PLC 电源断电时或 PLC 操作模式切换时，不会被清零。

（4）辅助区（A 区）

CJ 辅助区有 960 个字，地址为 A000 ~ A959。CJ2 的辅助区地址为 A0 ~ A1471。功能是存放一些标志位或控制位，用于监视和控制 PLC 的操作。CJ2M 的辅助区地址为 A0 ~ A447、A1000 ~ A11535。

（5）数据存储区（D 区）

CJ 的数据存储区有 32768 个字，地址为 D00000 ~ D32767。该数据区可用于一般的数据存储和管理，当 PLC 切换操作模式或 PLC 掉电时数据仍保存。CJ 的 D 区除了可对字操作外，还可以使用专用指令对 D 区的位进行操作。

（6）扩展数据存储区（EM 区）

扩展数据存储区同数据存储区功能相同，也是数据存储器区域，在 PLC 掉电或 PLC 模式切换时，这些字中的内容保持不变。

在 CJ1 中，扩展数据存储区划分为若干个 Bank，每个 Bank 有 32768 个字，EM 区 Bank 的数目取决于 CPU 的具体型号，但最多 13 个 Bank（0 ~ C），地址为 E0 – 00000 ~ EC – 32767。

CJ2 系列 PLC 的扩展数据存储区地址为 E00 – 00000 ~ E18 – 32767。CJ1M 没有扩展数据存储区。

CJ2M 系列 PLC 的扩展数据存储区地址为 E00 – 00000 ~ E3 – 32767，最多 4 个 Bank。

（7）定时器区（T 区）

CJ 的定时器个数为 4096 个，编号为 T0000 ~ T4095，用于各种定时指令（如 TIM、TIMX、TIMH 等指令），通过定时器号访问这些指令的计数器的完成标志和当前值（PV）（TIML、TIMLX、MTIM 和 MTIMX 指令不使用定时器编号）。定时器完成标志可以作为常开或常闭条件在任何需要的地方使用，定时器当前值可以作为普通字数据读取。

（8）计数器区（C 区）

CJ 的计数器个数为 4096 个，编号为 C0000 ~ C4095，用于各种计数指令（如 CNT、CNTX、CNTR 等指令），通过计数器号访问这些指令的计数器的完成标志和当前值（PV）。CJ 的定时器区和计数器区是独立的，各有 4096 个，方便用户使用。

（9）任务标志区（TK 区）

CJ 系列 PLC 任务标志区的范围为 TK00 ~ TK31。当相应的任务处于可执行（运行）状态时，任务标志为 ON，当相应的任务处于等待状态时，任务标志为 OFF。任务标志区也是 CJ 的新增内存区，这个区域的出现是因为新增的任务编程法。程序可分成多个任务由多个编程人员同时进行开发，增强了其开发能力，而任务标志区则可完成这些任务的开启和关闭。

（10）变址寄存器区（IR 区）

CJ 的 16 个变址寄存器区域（IR0 ~ IR15）用于间接寻址，每个变址寄存器存储一个 PLC 的地址，该地址是在 I/O 存储器区域中的一个绝对地址。如果 IR 用作“,”前缀的操作数，那么指令在 IR 中的 PLC 存储地址所指的位/通道上进行操作，换句话说，IR 就是 I/O 存储区的指针。变址寄存器区是 CJ 新增的区域，它的存在更方便了编程使用。值得注意的是：虽然其命名和 C 系列 PLC 的 IR 区相同，但两者的作用是完全不同的，使用时不要混淆。

（11）数据寄存器区（DR 区）

数据寄存器共有 16 个（DR0 ~ DR15），间接寻址时用数据寄存器偏移变址寄存器中的 PLC 存储地址，可以将数据寄存器中的值加到变址寄存器中的 PLC 存储地址上。数据寄存器中的地址是带符号的二进制数，因此变址寄存器中的内容既可偏移到高地址也可以偏移到低地址。数据寄存器也是 CJ 新增的内存区。

2. 参数区

参数区包括各种不能由操作数指定的设置。这些设置只能由编程设备（如手持编程器或上位软件 CX – Programmer）指定。参数区包括 PLC 设置、I/O 表、路由表和 CPU 总线单元设置。

（1）PLC 设置

用户可以用 PLC 设置定制 CPU 单元的基本参数。PLC 设置包括如串行口通信设置和最小循环时间设置等。

（2）I/O表

I/O表是写在CPU单元内的一张表格，它包含所有安装在CPU机架、扩展I/O机架和从站机架上的单元的型号和槽位置信息，用编程设备操作可以将I/O表写进CPU单元。CPU单元依据I/O表中的信息将I/O存储区分配给基本I/O单元、特殊I/O单元和CPU总线单元。当实际安装到PLC的单元型号和位置与I/O表中的信息不一致时，I/O确认错误标志（A40209）将转成ON。CJ系列PLC在使用前必须创建I/O表。

（3）路由表

网络中传送数据时必须在每个CPU单元中创建一个表格，用来表示从本地PLC通信单元到另一网络的通信路径。这些通信路径表称作“路由表”。路由表有中继路由表和本地路由表。中继路由表列出为到达目标网所接触的第一个中继节点的网络号和节点号，通过这些节点到达目的网络；本地路由表列出连接到本地PLC的节点号和网络号。

（4）CPU总线单元设定

CPU总线单元设定不像I/O存储器的数据区那样被直接管理，而是和已注册的I/O表一样从编程设备来设置。例如，对Controller Link单元，用户设置数据链接参数和网络参数作为CPU总线单元设定，对Ethernet单元，该设定需要作为Ethernet节点来操作，诸如IP地址表作为CPU总线单元设定来管理。

3.3.3.2 I/O地址分配

CJ系列PLC系统使用前必须创建I/O表。I/O表包含了所有单元的型号或单元类型、位置以及每个单元的I/O地址，当CPU单元的电源打开时，CUP将已注册的I/O表与已安装的单元作比较，以防止在更换单元时出现安装错误。下面介绍CJ系列PLC I/O表的创建以及I/O地址分配。

1. I/O表的创建

CJ系列PLC有两种方法进行I/O表的创建：自动创建I/O表和手动创建I/O表。

（1）自动创建I/O表

在一个所有单元均已安装的PLC上连接一个手持编程器或CX-Programmer并自动创建I/O表。在I/O表创建中，将整个PLC系统的硬件信息（包括安装位置、单元型号等）注册到CPU单元的参数区中。

用上位编程软件CX-Programmer创建I/O表的步骤如下：

1）通过CX-Programmer建立PLC和计算机的在线连接，将PLC切换到编程模式。

2）双击工程区中的I/O表，即显示I/O表窗口。

3）在I/O表窗口中选择“选项”然后选择“创建”。

执行该操作之后，安装在系统机架上的单元型号和位置被写进CPU单元中的I/O注册表。自动创建I/O表后，该系统中各单元的I/O地址按照CJ系统默认地址分配规律获得，并将根据机架和插槽位置从CIO 0000起自动分配字。

（2）手动创建I/O表

若使用CX-Programmer，无需安装单元即可离线创建I/O表并传送至CPU单元，将有关单元型号和安装位置的信息作为已注册的I/O表写入CPU单元的参数区。

可根据以下步骤，用CX-Programmer离线创建I/O表，并在系统安装完成后传送至

CPU 单元：

1）双击工程区中的 I/O 表，即显示 I/O 表窗口。

2）双击要编辑的机架，即显示该机架的插槽。

3）右击插槽以添加一个单元并从弹出菜单中选择此单元，若是特殊 I/O 单元或总线 I/O 单元还要分配单元号。

4）当所有期望的单元都被分配到各插槽时，在线连接后，在 I/O 表窗口中选择“选项”→“传送至 PLC”，I/O 表将被传送到 CPU 单元中。

一旦每个机架上要安装的单元被设置，CX - Programmer 将根据机架和插槽位置从 CIO 0000 起自动分配字，机架中各单元按照默认地址分配规律获得其 I/O 地址。手动创建 I/O 表要求对硬件系统比较熟悉，若下传到 CPU 单元的 I/O 表和其实际的硬件系统不同，则 CPU 报错，无法正常工作。

2. 默认 I/O 地址分配

PLC 要实现对输入/输出单元的控制，就要识别相应单元的地址，即 I/O 单元与 CPU 进行数据交换的区域。自动创建 I/O 表时各单元的 I/O 地址按下面的默认规律获得。

（1）基本 I/O 单元的地址分配

CJ 基本 I/O 单元可装于 CPU 机架、扩展机架上。基本 I/O 单元在 CJ 上的安装基本没有限制。

1）CPU 机架上的分配。CPU 机架上的基本 I/O 单元从左到右，每个单元按所需点数分配相应数量的通道。一个 1 ~ 16 点的单元分得 16 个位或 1 个通道；17 ~ 32 点的 I/O 单元分得 2 个通道，依次类推。例如，一个 8 点的单元分得 1 个通道或 1 个字，即该字中的 00 位 ~ 07 位。

非基本单元（特殊 I/O 单元和总线单元）不分配字。

例 3.3.1：图 3.3.6 显示了分配给 CPU 机架上的 5 个基本 I/O 单元的 I/O 分配，其地址分配见表 3.3.15。

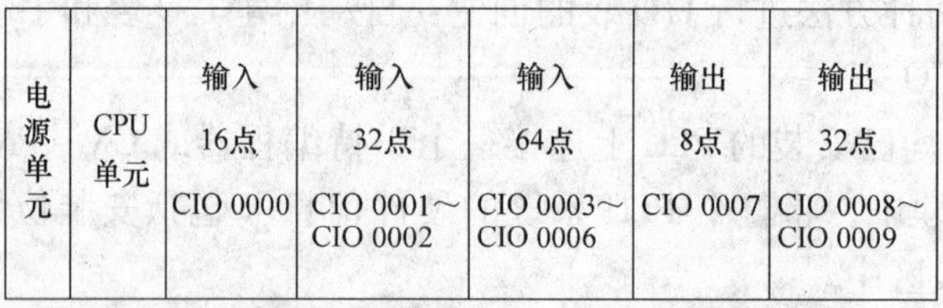

电源单元	CPU 单元	输入 16点 CIO 0000	输入 32点 CIO 0001～CIO 0002	输入 64点 CIO 0003～CIO 0006	输出 8点 CIO 0007	输出 32点 CIO 0008～CIO 0009

图 3.3.6 例 3.3.1 的 PLC 系统配置

表 3.3.15 例 3.3.1 的地址分配

槽	单 元	所需字	分配的字
0	CJ1W - ID211 16 点直流输入单元	1	CIO 0000
1	CJ1W - ID231 32 点直流输入单元	2	CIO 0001 ~ CIO 0002
2	CJ1W - ID261 64 点直流输入单元	4	CIO 0003 ~ CIO 0006
3	CJ1W - OD203 8 点晶体管输出单元	1	CIO 0007
4	CJ1W - OD231 32 点晶体管输出单元	2	CIO 0008 ~ CIO 0009

例 3.3.2：图 3.3.7 显示了分配给 CPU 机架上的 5 个基本 I/O 单元的 I/O 分配，其地址

分配见表3.3.16。

电源单元	CPU单元	输入 16点 CIO 0000	输入 32点 CIO 0001～CIO 0002	输入 64点 CIO 0003～CIO 0006	非基本I/O单元	输出 32点 CIO 0007～CIO 0008

图3.3.7　例3.3.2的PLC系统配置

表3.3.16　例3.3.2的地址分配

槽	单　元	所需字	分配的字
0	CJ1W-ID211　16点直流输入单元	1	CIO 0000
1	CJ1W-ID232　32点直流输入单元	2	CIO 0001 ~ CIO 0002
2	CJ1W-ID262　64点直流输入单元	4	CIO 0003 ~ CIO 0006
3	非基本I/O单元	0	—
4	CJ1W-OD231　32点晶体管输出单元	2	CIO 0007 ~ CIO 0008

2）扩展机架上的分配。对基本I/O单元的I/O分配继续从CPU机架到扩展机架，从左到右分配相应的字，并且根据单元所需要的字数将相应的字分配给单元，总字数不能超过CIO的限定值。

（2）特殊I/O单元的地址分配

CJ系统中可使用的特殊I/O单元按照单元上单元号的设定，将特殊I/O单元区（CIO 2000 ~ CIO 2959）中的字分配给每个特殊I/O单元（10个字/单元）。特殊I/O单元可安装在CPU机架、扩展机架上。表3.3.17中列出了特殊I/O单元的地址分配。

表3.3.17　特殊I/O单元地址分配

单元号	分配的字
0	CIO 2000 ~ CIO 2009
1	CIO 2010 ~ CIO 2019
2	CIO 2020 ~ CIO 2029
⋮	⋮
95	CIO 2950 ~ CIO 2959

例3.3.3：图3.3.8显示了分配给CPU机架上的5个I/O单元的I/O分配，地址分配见表3.3.18。

电源单元	CPU单元	输入 16点 CIO 0000	模拟量 8点输入 CIO 2000～CIO 2009	输出 16点 CIO 0001	模拟量 8点输入 CIO 2010～CIO 2019	输出 32点 CIO 0002～CIO 0003

图3.3.8　例3.3.3的PLC系统配置

表 3.3.18 例 3.3.3 的地址分配

槽	单 元	所需字	分配的字	单元号	分组
0	CJ1W－ID211 16 点直流输入	1	CIO 0000	—	基本
1	CJ1W－AD081 8 点模拟量输入	10	CIO 2000～CIO 2009	0	特殊
2	CJ1W－OD211 16 点晶体管输出	1	CIO 0001	—	基本
3	CJ1W－DA08V 8 点模拟量输出	10	CIO 2010～CIO 2019	1	特殊
4	CJ1W－OD231 32 点晶体管输出	2	CIO 0002～CIO 0003	—	基本

（3）总线单元的地址分配

CJ 系统中可使用的总线单元按照单元上单元号的设定，将总线单元区（CIO1500～CIO1899）中的字分配给每个总线单元（25 个字/单元）。总线单元可安装在 CPU 机架、扩展机架上。表 3.3.19 中列出了总线单元的地址分配。

表 3.3.19 总线单元地址分配

单元号	分配的字
0	CIO 1500～CIO 1524
1	CIO 1525～CIO 1549
2	CIO 1550～CIO 1574
⋮	⋮
15	CIO 1875～CIO 1899

例 3.3.4：图 3.3.9 显示了 CPU 机架上的基本 I/O 单元、特殊 I/O 单元和总线单元的地址分配，地址分配见表 3.3.20。

表 3.3.20 例 3.3.4 的地址分配

槽	单 元	所需字	分配的字	单元号	分组
0	CJ1W－ID211 16 点直流输入	1	CIO 0000	—	基本
1	CJ1W－AD081 8 点模拟量输入	10	CIO 2000～CIO 2009	0	特殊
2	CJ1W－SCU21 串行通信单元	25	CIO 1500～CIO 1524	0	总线
3	CJ1W－OD212 16 点晶体管输出	1	CIO 0001	—	基本
4	CJ1W－SCU41 串行通信单元	25	CIO 1525～CIO 1549	1	总线

电源单元	CPU 单元	输入 16点 CIO 0000	特殊单元 CIO 2000～CIO 2009	总线单元 CIO 1500～CIO 1524	输出 16点 CIO 0001	总线单元 CIO 1525～CIO 1549

图 3.3.9 例 3.3.4 的 PLC 系统配置

3. 系统地址分配举例

某机械公司的 PLC 系统配置方案如下：

CJ1W－ID211 2块，16点输入单元；
CJ1W－ID231 2块，32点输入单元；
CJ1W－OD231 1块，32点晶体管输出单元；
CJ1W－OC201 2块，8点继电器输出单元；
CJ1W－AD081－V1 1块，8点模拟量输入单元；
CJ1W－DA041 1块，4点模拟量输出单元；
CJ1W－SCU21－V1 1块，串行通信单元；
CJ1W－ETN21 1块，Ethernet单元；
CJ1W－CLK23 1块，Controller Link单元；
CJ1M－CPU23 1块，CPU单元。

由于一个机架上最多可使用10个I/O单元，所以本方案需要扩展机架。连接CPU机架和扩展机架时，需要在CPU机架上安装CJ系列I/O控制单元CJ1W－IC101，要把这个单元连接在CPU单元的右侧。在扩展机架上要安装CJ系列I/O接口单元CJ1W－II101，要把这个单元连接在扩展机架电源单元的右侧。I/O控制单元和I/O接口单元之间要用I/O扩展电缆CS1W－CN□□3连接。每个机架还需要配备电源单元。

按照系统默认地址分配各单元的I/O地址见表3.3.21。

表3.3.21 某机械公司PLC系统I/O地址

机架	槽	单　元	所需字	分配的字	单元号	分组
CPU机架		CJ1M－CPU23				
		CJ1W－IC101				
	1	CJ1W－ID211	1	CIO 0000	—	基本
	2	CJ1W－ID211	1	CIO 0001	—	基本
	3	CJ1W－ETN21	25	CIO 1500～CIO 1524	0	总线
	4	CJ1W－ID231	2	CIO 0002～CIO 0003	—	基本
	5	CJ1W－AD081－V1	10	CIO 2000～CIO 2009	0	特殊
	6	CJ1W－DA041	10	CIO 2010～CIO 2019	1	特殊
	7	CJ1W－OC201	1	CIO 0004	—	基本
	8	CJ1W－OC201	1	CIO 0005	—	基本
扩展机架		CJ1W－II101				
	1	CJ1W－SCU21－V1	25	CIO 1525～CIO 1549	1	总线
	2	CJ1W－ID231	2	CIO 0006～CIO 0007	—	基本
	3	CJ1W－CLK23	25	CIO 1550～CIO 1574	2	总线
	4	CJ1W－OD231	2	CIO 0008～CIO 0009	—	基本

3.4 CS系列PLC系统

CS系列PLC是大型PLC，通过将程序分成若干任务来提高编程效率，并具有处理迅速、高容量、多端口支持协议宏、优异的三级网络无缝通信等显著特点，同时使其作为FA控制器的核心，具有能灵活处理高级信息的能力。

3.4.1 CS系列PLC的特点

CS系列PLC包括CS1G/H标准型PLC和支持在线更换单元的高端PLC——CS1D冗余系统。CS系列PLC具有下述特点。

1. 提高了基本性能

CS系列PLC循环周期更快，指令处理时间大幅减少。对于CS1-H CPU单元而言，基本指令最快为0.02μs，特殊指令最快为0.06μs，浮点运算指令最快为0.8μs。同时，系统自检、I/O刷新和外设服务所需的时间也大幅减少。

存储容量更大。CS系列PLC的存储容量有250000程序步，最大448000字的数据存储器和最多5120 I/O点，为复杂的程序、错综复杂的接口、通信和数据处理提供了足够的内存空间。指令操作数可用二进制数或BCD指定。程序与原有的PLC程序兼容，OMRON原有的PLC程序（如C200H、C200HS、C200HX/HG/HE及CV系列）都能引入CS系列PLC。

2. 采用结构化编程

CS系列PLC可将程序分成若干任务，支持32个常规任务（循环处理）和256个中断任务。有4种中断类型：电源断开中断、定时中断、I/O中断和外部I/O中断（外部I/O中断由特殊I/O单元或串行通信板产生）。

在程序设计中可使用与I/O端子分配无关的专用符号编程；支持全局符号和局部符号；通过将程序分为系统管理任务和用于控制以及执行在需要时才执行的任务，以改善系统的响应性能；简化了程序的修改和调试过程；可以很方便地改变程序安排；可以使用分级控制和块程序设计；可附加注释，使程序更容易理解。

3. 具有多端口协议宏功能服务

CS系列PLC可接多达36个端口，各端口可分配不同的协议宏。用协议宏功能可为任何PLC通信端口产生适用的通信功能。

4. 可进行多级网络配置

可以连接成不同网络级。CS系列PLC网络配置如图3.4.1所示。

多级网络配置可为从制造现场到生产管理的联网提供更大的灵活性。特别是DeviceNet使其很容易地连接其他制造商的设备。通过上位机链接可对网络中的PLC进行编程和监视，可以通过三级网络进行通信，甚至可与不同类型网络通信。

3.4.2 CS1G/H PLC系统

CS1G/H是CS系列的标准型PLC，对于CPU单元、电源单元和通信单元是非冗余的，在PLC通电或运行中，单元是不能在线更换的。

CS1G/H PLC系统可分为CPU机架和扩展机架。一个CPU机架由一个CS1 CPU底板单元、一个CPU单元、一个电源单元和各种I/O单元构成，其中I/O单元包括有基本I/O单元、特殊I/O单元和CPU总线单元。CPU机架的结构如图3.4.2所示。

下面对CS1G/H系列PLC单元的硬件系统构成和地址分配进行具体介绍。

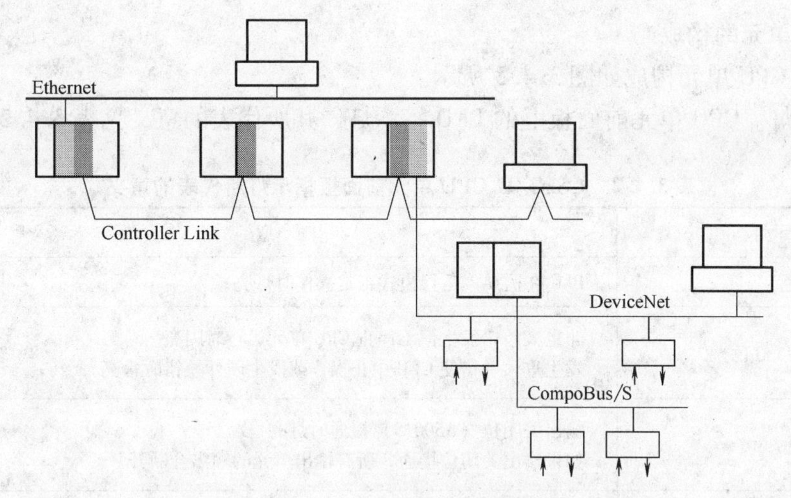

图 3.4.1 CS 系列 PLC 网络配置

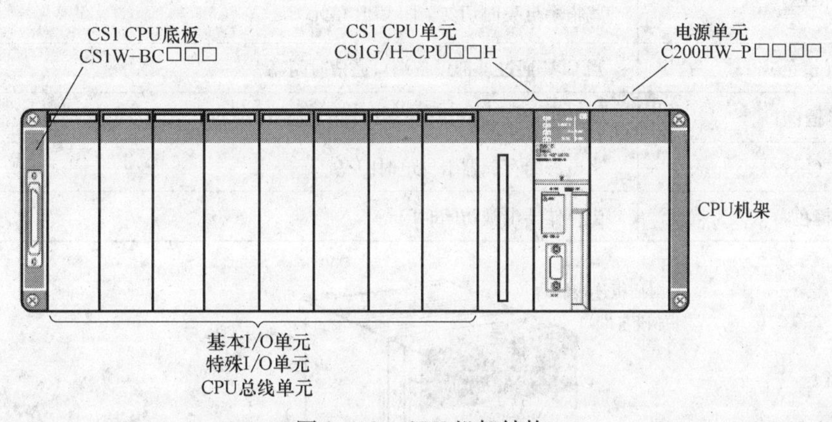

图 3.4.2 CPU 机架结构

3.4.2.1 CS1G/H 的硬件系统构成

1. CPU 单元的规格型号

CS1G/H 系列 CPU 单元的规格型号见表 3.4.1。

表 3.4.1 CS1G/H 系列 CPU 单元规格型号

型 号	最大程序容量/K 步	数据存储容量/K 字	最大 I/O 点数	LD 指令处理速度/μs
CS1H - CPU67H	250	448	5120（扩展底板数 7）	0.02
CS1H - CPU66H	120	256	5120（扩展底板数 7）	
CS1H - CPU65H	60	128	5120（扩展底板数 7）	
CS1H - CPU64H	30	64	5120（扩展底板数 7）	
CS1H - CPU63H	20	64	5120（扩展底板数 7）	
CS1G - CPU45H	60	128	5120（扩展底板数 7）	0.04
CS1G - CPU44H	30	64	1280（扩展底板数 3）	
CS1G - CPU43H	20	64	960（扩展底板数 2）	
CS1G - CPU42H	10	64	960（扩展底板数 2）	

2. CPU 单元的构成

CS1G/H CPU 单元构成如图 3.4.3 所示。

1）指示灯。CPU 单元前面板上的 LED 指示灯，其所代表的意义见表 3.4.2。

表 3.4.2 CS1G/H CPU 单元前面板指示灯所代表的意义

指示灯	意 义
RUN （绿色）	PLC 在监视或运行模式正常操作时灯亮
ERR/ALM （红色）	非重大差错发生但不停止 CPU 单元运行时闪亮 发生重大差错使 CPU 中止操作或发生硬件差错时常亮
INH （橙色）	输出关闭位（A50015）接通时灯亮 如果输出关闭位接通，所有输出单元的输出会断开
BKUP （橙色）	当数据从内存备份至闪存时亮 此指示灯亮时切勿关闭 CPU 单元
PRPHL （橙色）	当 CPU 通过外部设备端口通信时闪亮
COMM （橙色）	当 CPU 单元通过 RS-232C 端口通信时闪亮
MCPWR （绿色）	当电源给存储器卡供电时闪亮
BUSY （橙色）	当存储器卡被访问时闪亮

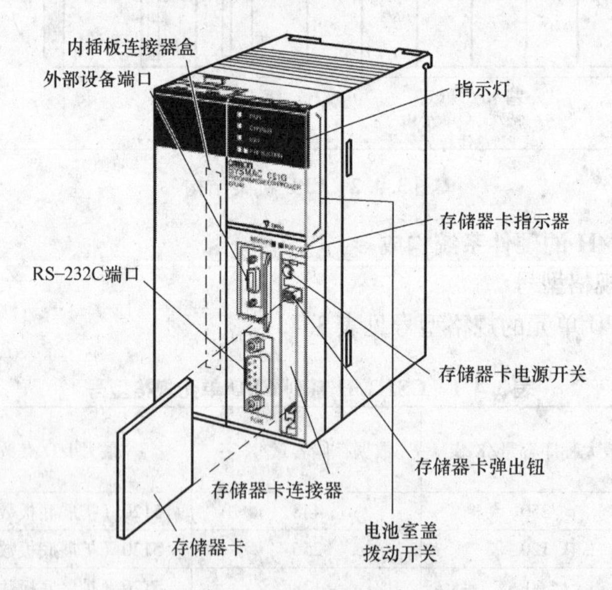

图 3.4.3 CS1G/H CPU 单元构成

2）存储器卡指示灯。当电源向存储器卡供电时，MCPWR 指示灯闪亮绿色，当访问存储器卡时，BUSY 指示灯闪亮橙色。

3）存储器卡电源开关。移除存储器卡前先按下存储器卡电源开关以断开电源。同样，按下存储器卡电源开关以执行简单备份操作（即写入或校验存储器卡），或在执行简单备份至存储器卡时，由于写入或校验故障而停止 MCPWR 指示灯的闪烁。

4）存储器卡弹出钮。在关闭电源前或执行简单备份操作时按下存储器卡弹出钮以从CPU移除存储器卡。

5）拨动开关。CS1 CPU单元有8引脚拨动开关，用于向CPU单元设置基本操作参数。拨动开关位于电池室下方。

6）存储器卡连接器。存储器卡连接器将存储器卡接至CPU单元。

7）存储器卡。存储器卡插入位于CPU单元右下侧的槽中。

8）内插板连接器盒。内插板连接器盒用于连接如串行通信板这类内插板。

9）外部设备端口。外部设备端口接至编程设备，如手持编程器或上位机。

10）RS－232C端口。RS－232C端口连接编程设备（手持编程器除外）、上位计算机、通用外部设备、可编程序终端及其他装置。

3. CS1 CPU底板

CS1 CPU底板分为CS系列单元专用底板（CS1W－BC□□2）和CS系列/C200H系列单元通用底板（CS1W－BC□□3），其规格型号见表3.4.3。

CS1 CPU底板的选型需要注意以下几点：CS1 CPU底板的选型要根据所使用的单元（插槽）数；若PLC系统是由单纯的CS系列单元构成，则选择CS系列单元专用底板比CS系列/C200H系列单元通用底板性价比更高；2槽型底板不能连接扩展机架，其他均可连接；C200H系列单元不能安装在CS系列单元专用底板上。

表3.4.3　CS1 CPU底板规格型号

<table>
<tr><th colspan="2" rowspan="3">规　格</th><th rowspan="3">型　号</th><th rowspan="3">安装CPU单元</th><th colspan="6">可安装单元</th></tr>
<tr><th colspan="3">基本I/O单元</th><th colspan="2">特殊I/O单元</th><th>CPU总线单元</th></tr>
<tr><th>CS系列基本I/O单元</th><th>C200H系列基本I/O单元</th><th>C200H系列多点I/O单元</th><th>CS系列特殊I/O单元</th><th>C200H系列特殊I/O单元</th><th>CS系列CPU总线单元</th></tr>
<tr><td rowspan="5">CS系列单元专用</td><td>2槽</td><td>CS1W－BC022</td><td rowspan="10">CS1 CPU单元</td><td rowspan="5">可以</td><td colspan="2" rowspan="5">不可</td><td rowspan="5">可以</td><td rowspan="5">不可</td><td rowspan="5">可以</td></tr>
<tr><td>3槽</td><td>CS1W－BC032</td></tr>
<tr><td>5槽</td><td>CS1W－BC052</td></tr>
<tr><td>8槽</td><td>CS1W－BC082</td></tr>
<tr><td>10槽</td><td>CS1W－BC102</td></tr>
<tr><td rowspan="5">CS系列/C200H系列单元通用</td><td>2槽</td><td>CS1W－BC023</td><td colspan="6" rowspan="5">可以</td></tr>
<tr><td>3槽</td><td>CS1W－BC033</td></tr>
<tr><td>5槽</td><td>CS1W－BC053</td></tr>
<tr><td>8槽</td><td>CS1W－BC083</td></tr>
<tr><td>10槽</td><td>CS1W－BC103</td></tr>
</table>

4. 电源单元

电源单元为PLC提供工作电源，每个底板（机架）都需要1个电源。电源单元要使用CS1用电源单元（C200HW－P□□□□）。CS1用电源单元规格型号见表3.4.4。

表 3.4.4 CS1 电源单元规格型号

电源电压	输　出	DC 24V 输出	运行中输出	更换通知功能	型　号
AC 100～240V（宽范围）	4.6A DC 5V	无	无	有	C200HW－PA204C
AC 100～120V/200～240V				无	C200HW－PA204
	4.6A DC 5V	有	无	无	C200HW－PA204S
	4.6A DC 5V	无	有	无	C200HW－PA204R
	9A DC 5V	无	有	无	C200HW－PA209R
DC 24V	4.6A DC 5V	无	无	无	C200HW－PD024
	5.3A DC 5V	无	无	无	C200HW－PD025
DC 100V	6A DC 5V	无	无	无	C200HW－PD106R

5. I/O 控制单元

I/O 控制单元 CS1W－IC102 用于在超过 12m 的长距离扩展时连接到 CPU 底板或 CS1 扩展底板上，通过长距离扩展连接电缆 CV500－CN□□2 连接在 I/O 接口单元 CS1W－II102 上。

6. 扩展机架

当一个 CPU 机架上的配置不能满足系统要求时可进行系统扩展，即使用扩展机架。一个扩展机架由一个扩展底板、一个电源单元和各种 I/O 单元构成。CS1 扩展系统中最多可使用 7 个扩展机架。在扩展系统中，CPU 机架到最远的扩展机架的距离为 12m（超过 12m 的扩展时需要 I/O 接口单元）。扩展机架的结构如图 3.4.4 所示。

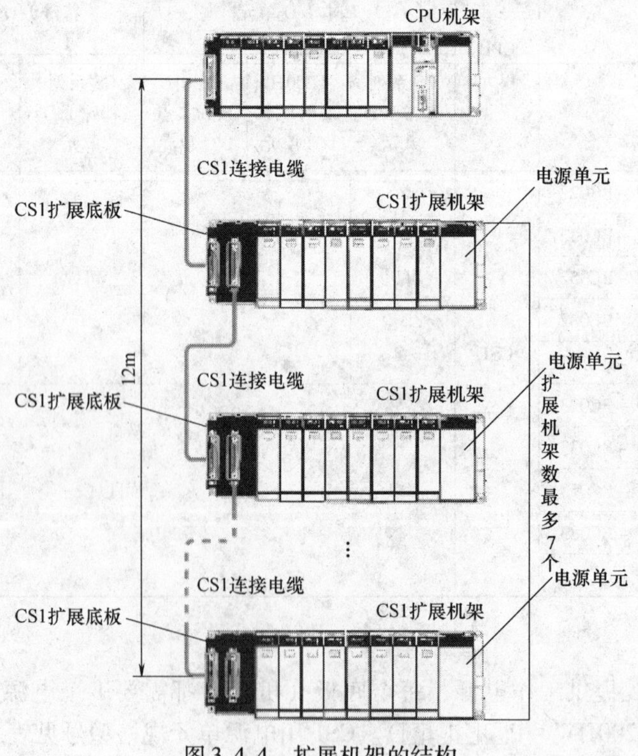

图 3.4.4 扩展机架的结构

CS1 扩展底板有 CS1 扩展底板和 SYSMACαI/O 扩展底板两种。CS1 扩展底板分为 CS 系列单元专用底板（CS1W－BI□□2）和 CS 系列/C200H 系列单元通用底板（CS1W－BI□□3）。C200H 系列单元不能安装在 CS 系列单元专用底板上，CS 系列单元不能安装在 SYSMACαI/O 扩展底板上。长距离扩展时不能使用 C200H 系列单元。扩展底板的规格型号见表 3.4.5。

表 3.4.5　扩展底板的规格型号

<table>
<tr><th rowspan="3">产品名称</th><th rowspan="3" colspan="2">规　格</th><th rowspan="3">型　号</th><th colspan="6">可安装单元</th></tr>
<tr><th colspan="3">基本 I/O 单元</th><th colspan="2">特殊 I/O 单元</th><th>CPU 总线单元</th></tr>
<tr><th>CS 系列基本 I/O 单元</th><th>C200H 系列基本 I/O 单元</th><th>C200H 系列多点 I/O 单元</th><th>CS 系列特殊 I/O 单元</th><th>C200H 系列特殊 I/O 单元</th><th>CS 系列 CPU 总线单元</th></tr>
<tr><td rowspan="8">CS1 扩展底板</td><td rowspan="4">CS 系列单元专用</td><td>3 槽</td><td>CS1W－BI032</td><td rowspan="8">可以</td><td rowspan="4">不可</td><td rowspan="4">不可</td><td rowspan="8">可以</td><td rowspan="4">不可</td><td rowspan="8">可以</td></tr>
<tr><td>5 槽</td><td>CS1W－BI052</td></tr>
<tr><td>8 槽</td><td>CS1W－BI082</td></tr>
<tr><td>10 槽</td><td>CS1W－BI102</td></tr>
<tr><td rowspan="4">CS 系列/C200H 系列单元通用</td><td>3 槽</td><td>CS1W－BI033</td><td rowspan="4">可以</td><td rowspan="4">可以</td><td rowspan="4">不可</td></tr>
<tr><td>5 槽</td><td>CS1W－BI053</td></tr>
<tr><td>8 槽</td><td>CS1W－BI083</td></tr>
<tr><td>10 槽</td><td>CS1W－BI103</td></tr>
<tr><td rowspan="4">SYSMAC αI/O 扩展底板</td><td rowspan="4">C200H 单元专用</td><td>3 槽</td><td>C200HW－BI031</td><td rowspan="4">不可</td><td rowspan="4">可以</td><td rowspan="4">可以</td><td rowspan="4">不可</td><td rowspan="4">可以</td><td rowspan="4">不可</td></tr>
<tr><td>5 槽</td><td>C200HW－BI051</td></tr>
<tr><td>8 槽</td><td>C200HW－BI081</td></tr>
<tr><td>10 槽</td><td>C200HW－BI101</td></tr>
</table>

7. I/O 单元

CS 系列 CPU 单元可与基本 I/O 单元、特殊 I/O 单元以及 CS 系列 CPU 总线单元交换数据。CS 系列单元分类如图 3.4.5 所示。

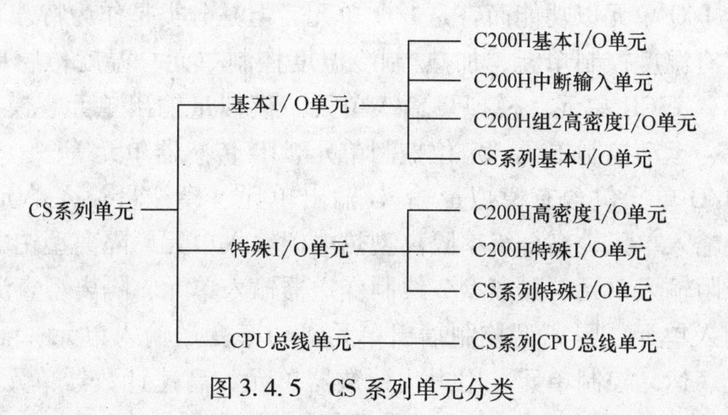

图 3.4.5　CS 系列单元分类

CS 系列单元与可安装的机架之间的规则见表 3.4.6。

表 3.4.6 CS 系列单元与可安装的机架之间的规则

单　　元	在 CPU 机架和扩展机架上的最大的单元数	安装的机架			
		CPU 机架	C200H 扩展 I/O 机架	CS 系列扩展机架	SYSMAC BUS 从站机架
CS 系列基本 I/O 单元	80	√	×	√	×
C200H 基本 I/O 单元	80	√	√	√	√
C200H 组 2 高密度 I/O 单元	80	√	√	√	×
CS 系列特殊 I/O 单元	80	√	×	√	×
C200H 特殊 I/O 单元	16	√	√	√	√
CPU 总线单元	16	√	×	√	×

注：√表示可安装，×表示不可安装。

(1) 基本 I/O 单元

基本 I/O 单元即开关量单元，有输入单元、输出单元及混合输入/输出单元。具体规格请参见 CS 系列选型样本。

输入单元分为直流输入单元、交流输入单元和交流/直流输入单元。直流输入单元包含 CS 系列基本输入单元、C200H 系列基本输入单元和 C200H 系列高密度输入单元；交流输入单元包含 CS 系列基本输入单元和 C200H 系列基本输入单元；交流/直流输入单元只包含 C200H 系列基本输入单元。

根据输出形式，输出单元有晶体管输出单元、继电器输出单元和晶闸管输出单元。继电器输出单元包含 CS 系列基本输出单元和 C200H 系列基本输出单元；晶体管输出单元包含 CS 系列基本输出单元、C200H 系列基本输出单元和 C200H 系列高密度输出单元；晶闸管输出单元包含 CS 系列基本输出单元和 C200H 系列基本输出单元。

输入/输出单元分为直流输入/晶体管输出单元和 TTL 输入/输出单元。输入/输出单元只包含 CS 系列基本 I/O 单元。

基本 I/O 单元还有中断输入单元、高速输入单元、模拟定时器单元、B7A 接口单元和安全继电器单元。

(2) 特殊 I/O 单元

特殊 I/O 单元分为 C200H 高密度 I/O 单元、C200H 特殊 I/O 单元、CS 系列特殊 I/O 单元。C200H 高密度 I/O 单元以功能而言是 I/O 单元，但是分类是作为特殊 I/O 单元。C200H 特殊 I/O 单元包含有温度控制单元、加热/制冷温度控制单元、温度传感单元、PID 控制单元、凸轮定位单元、ASCII 单元、模拟量输入单元、模拟量输出单元、模拟量输入/输出单元、高速计数单元、运动控制单元、定位控制单元、ID 传感器单元等。

CS 系列特殊 I/O 单元包含有模拟量输入/输出单元、模拟量输入单元、模拟量输出单元、隔离型热电偶输入单元、高分辨率隔离型热电偶输入单元、隔离型铂电阻输入单元、高分辨率隔离型铂电阻输入单元、隔离型 2 线制变送器输入单元、隔离型直流输入单元、高分辨率隔离型直流输入单元、隔离型控制输出单元、功率变送输入单元、隔离型脉冲输入单元、位置控制单元、运动控制单元、用户化计数器单元、高速计数器单元、GP-IB 接口单元、CompoNet 主站单元、CompoBus/S 主站单元等。

(3) CPU 总线单元

CPU总线单元只包含CS系列CPU总线单元，CS系列CPU总线单元包含有Controller Link单元、SYSMAC Link单元、串行通信单元、Ethernet单元、高速Ethernet单元、DeviceNet单元、FL-net单元、回路控制单元、高级运动控制单元等。

3.4.2.2 CS1G/H的地址分配

CS1G/H CPU单元的存储区可分成三部分：用户程序区，I/O存储区和参数区。参数区包括各种不能由操作数指定的设置，这些设置只能由编程设备指定，包括PLC设置、I/O表、路由表和CPU总线单元设置。I/O存储区是指指令操作数可以访问的数据区，这个数据区包括CIO区、工作区、保持区、辅助区、数据存储区、扩展数据存储区、计时器区、计数器区、任务标志区、数据寄存器、变址寄存器、条件标志区和时钟脉冲区。I/O存储区的分配见表3.4.7。

表3.4.7 I/O存储区的分配

区域		大小	范围	外部I/O分配
CIO区	I/O区	5120点（320字）	CIO 0000 ~ CIO 0319	基本I/O单元
	C200H DeviceNet字	1600点（100字）	输出：CIO 0050 ~ CIO 0099 输入：CIO 0350 ~ CIO 0399	DeviceNet从站
	PLC Link字	32点（4字）	CIO 0247 ~ CIO 0250	—
	数据连接区	3200点（200字）	CIO 1000 ~ CIO 1199	数据连接或PLC连接
	CPU总线单元区	6400点（400字）	CIO 1500 ~ CIO 1899	CPU总线单元
	特殊I/O单元区	15360点（960字）	CIO 2000 ~ CIO 2959	特殊I/O单元
	内插板区	1600点（100字）	CIO 1900 ~ CIO 1999	内插板
	SYSMAC BUS区	1280点（80字）	CIO 3000 ~ CIO 3079	从站机架
	I/O端子区	512点（32字）	CIO 3100 ~ CIO 3131	除了机架的从站
	CS系列DeviceNet区	9600点（600字）	CIO 3200 ~ CIO 3799	DeviceNet从站
	内部I/O区	4800点（300字） 37504点（2344字）	CIO 1200 ~ CIO 1499 CIO 3800 ~ CIO 6143	—
工作区		8192点（512字）	W000 ~ W511	—
保持区		8192点（512字）	H000 ~ H511	—
辅助区		15360点（960字）	A000 ~ A447、A448 ~ A959	—
TR区		16点	TR0 ~ TR15	—
数据存储（DM）区		32768字	D00000 ~ D32767	—
扩展数据存储（EM）区		每个Bank 32768字（最多0 ~ C，13个Bank）	E0_00000 ~ EC_32767	—
计时完成标志		4096点	T0000 ~ T4095	—
计数完成标志		4096点	C0000 ~ C4095	—
计时器当前值		4096点	T0000 ~ T4095	—
计数器当前值		4096点	C0000 ~ C4095	—
任务标志区域		32点	TK0 ~ TK31	—
变址寄存器		16个	IR0 ~ IR15	—
数据寄存器		16个	DR0 ~ DR15	—

在 CS 系列 PLC 中，必须把存储器分配给 PLC 中的单元。基本 I/O 单元、特殊 I/O 单元和 CS 系列 CPU 总线单元的存储区分配是不同的。

1. 基本 I/O 单元的地址分配

基本 I/O 单元包括 CS 系列基本 I/O 单元，C200H 基本 I/O 单元以及 C200H 组 2 高密度 I/O 单元。基本 I/O 单元的 I/O 分配是将 I/O 存储区中的字（CIO 0000 ~ CIO 0319）分配给这些单元。基本单元可以安装在 CPU 机架、CS 系列扩展机架以及 C200H 扩展 I/O 机架上。需要注意的是：不能将 CS 系列基本 I/O 单元安装到 C200H 扩展 I/O 机架上。

CPU 机架上的基本 I/O 单元从左至右自 CIO 0000 起分配字，根据机架中的安装位置以字为单位分配存储区。16 个 I/O 点的单元分得 16 个位（1 个字），32 个 I/O 点的单元分得 32 个位（2 个字）。空槽不分配 I/O 字。如果要为空槽分配字，要用编程设备改变 I/O 表。

例 3.4.1：图 3.4.6 显示了分配给 CPU 机架上 4 个基本 I/O 单元的 I/O 分配，机架上有一个空槽。

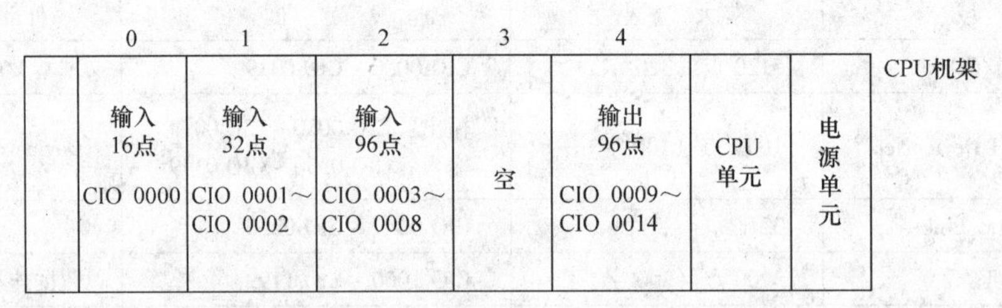

图 3.4.6 例 3.4.1 中的 PLC 系统配置

从 CPU 机架到与 CPU 机架相连的扩展机架（CS 系列扩展机架或 C200H 扩展 I/O 机架）上的基本 I/O 单元的 I/O 分配是连续的，就像 CPU 机架中的单元一样，从左到右以字为单位按单元所需分配给各单元。

例 3.4.2：图 3.4.7 显示了 CPU 机架和两个 CS 系列扩展机架上的基本 I/O 单元的 I/O 分配。

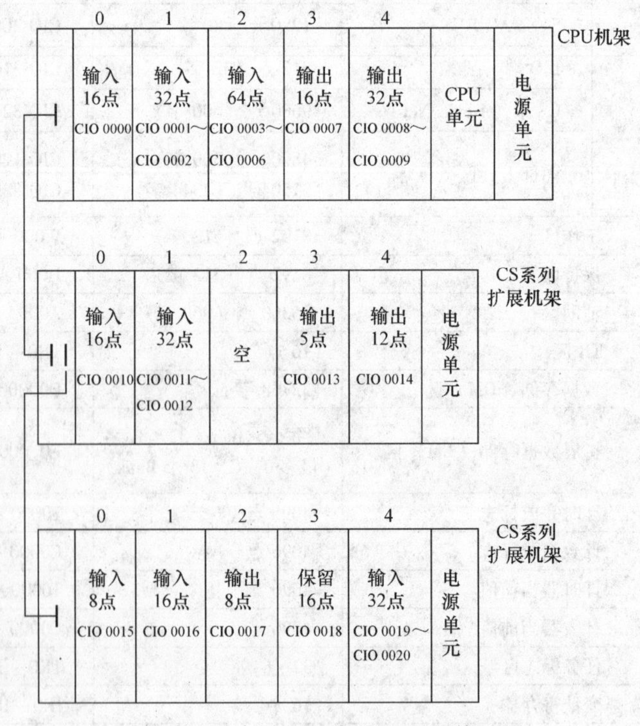

图 3.4.7 例 3.4.2 中的 PLC 系统配置

2. 特殊 I/O 单元的地址分配

特殊 I/O 单元包括：CS 系列特殊 I/O 单元和 C200H 特殊 I/O 单元。按照单元上单元号的设定，将特殊 I/O 单元区（CIO 2000 ~ CIO 2959）中的字分配给每个特殊 I/O 单元（10 个字/单元）。特殊 I/O 单元可以安装在 CPU 机架、CS 系列扩展机架和 C200H 扩展 I/O 机架上。需要注意的是：不能将 CS 系列特殊 I/O 单元安装到 C200H 扩展 I/O 机架上。表 3.4.8 中列出了特殊 I/O 单元的地址分配。

表3.4.8　特殊I/O单元地址分配

单元号	分配的字
0	CIO 2000 ~ CIO 2009
1	CIO 2010 ~ CIO 2019
2	CIO 2020 ~ CIO 2029
⋮	⋮
15	CIO 2150 ~ CIO 2159
⋮	⋮
95	CIO 2950 ~ CIO 2959

基本I/O单元的I/O分配中不管特殊I/O单元，把装有特殊I/O单元的槽作为空槽处理，并且不分配I/O区中的任何字。

例3.4.3：图3.4.8显示了分配给CPU机架上的基本I/O单元和特殊I/O单元的I/O分配，地址分配见表3.4.9。

图3.4.8　例3.4.3中的PLC系统配置

表3.4.9　例3.4.3中的地址分配

槽	单　元	所需字	分配的字	单元号	分组
0	C200H－ID212　16点直流输入单元	1	CIO 0000	—	基本
1	C200H－AD002　模拟量输入单元	10	CIO 2000 ~ CIO 2009	0	特殊
2	C200H－OD21A　16点晶体管输出单元	1	CIO 0001	—	基本
3	C200H－NC211　位控单元	20	CIO 2010 ~ CIO 2029	1	特殊
4	C200H－OD218　32点晶体管输出单元	2	CIO 0002 ~ CIO 0003	—	基本

3. CPU总线单元的地址分配

CS系统中可使用的CPU总线单元按照单元号的设定，将CPU总线单元区（CIO 1500 ~ CIO 1899）中的字分配给每个CPU总线单元（25个字/单元）。CPU总线单元可以安装在CPU机架或CS系列扩展机架上。表3.4.10中列出了CPU总线单元的地址分配。

例3.4.4：图3.4.9显示了CPU机架上基本I/O单元、特殊I/O单元以及CS系列CPU总线单元的字分配，地址分配见表3.4.11。

表 3.4.10 CPU 总线单元地址分配

单元号	分配的字
0	CIO 1500 ~ CIO 1524
1	CIO 1525 ~ CIO 1549
2	CIO 1550 ~ CIO 1574
⋮	⋮
15	CIO 1875 ~ CIO 1899

	0	1	2	3	4			
	输入 16点 CIO 0000	特殊I/O 单元 CIO 2000～ CIO 2009	CPU 总线单元 CIO 1500～ CIO 1524	输出 16点 CIO 0001	CPU 总线单元 CIO 1525～ CIO 1549	CPU 单元	电 源 单 元	CPU机架

图 3.4.9 例 3.4.4 中的 PLC 系统配置

表 3.4.11 例 3.4.4 中的地址分配

槽	单　元	所需字	分配的字	单元号	分组
0	C200H – ID212 16 点直流输入单元	1	CIO 0000	—	基本
1	C200H – ASC02/11/21/31 ASCII 单元	10	CIO 2000 ~ CIO 2009	0	特殊
2	C200H – SCU21 – V1 串行通信单元	25	CIO 1500 ~ CIO 1524	0	总线
3	C200H – OD21A 16 点晶体管输出单元	1	CIO 0001	—	基本
4	C200H – SCU21 – V1 串行通信单元	25	CIO 1525 ~ CIO 1549	1	总线

4. SYSMAC BUS 从站机架的地址分配

按照在从站单元设定的单元号，每个 SYSMAC BUS 远程 I/O 从站在 SYSMAC BUS 区（CIO 3000 ~ CIO 3079）分配 10 个字，从站机架中的单元不分配 I/O 区中的字。

从站机架中的每个槽分得该机架的 10 个字中的一个，按照从左到右分配字。每个槽分配一个字，即使槽是空的也分配；因为从站机架只有 8 个槽，所以分给每个机架的最后两个字是不用的。主站和从站单元本身不需要任何字。

3.4.3 CS1D PLC 系统

CS1D 冗余系统是一个高度可靠的 PLC 系统。通过提供双机 CPU 单元（带双机内插板）、电源单元和通信单元，CS1D 能连续控制操作，并在错误或误操作情况下不需要关掉整个系统就可恢复。甚至当正在运行的 CPU 单元发生错误时，备用 CPU 单元可继续操作，这样就防止了系统关机。同样，有了双机电源单元和通信单元，CS1D 提供了供电系统或活动通信单元中发生错误时的高度可靠性。CS1D 还提供了各种维护功能，如在线更换单元和双机操作的自动恢复，使发生错误时不用关掉整个系统就能进行连续控制操作和快速恢复。

3.4.3.1　CS1D冗余系统的特征

CS1D冗余系统具有以下特征：

1）双机CPU单元。安装了两个CPU单元和一个冗余单元。两个CPU单元总是运行相同的用户程序。其中之一执行系统I/O，另一个为备用。如果正在运行的CPU单元发生了错误，就转换到另一个备用CPU单元，并继续操作。但是如果备用CPU单元也发生了相同的错误，或发生了另外的操作转换错误或致命错误，系统将停止。

2）双机电源单元。当一个电源单元发生故障时，另一个电源单元可以自动地继续供电。发生故障的电源单元可以在线更换。

3）双机通信单元。两个通信单元用光缆连接起来，如果其中的一个单元停止了通信，另外的一个通信单元就继续通信。

4）在线更换CPU单元。CPU单元可以在线更换，不用停止系统操作。

5）在线更换基本I/O单元、特殊I/O单元和CPU总线单元。基本I/O单元、特殊I/O单元和CPU总线单元可以通过编程器操作在线更换。特别是双机通信单元，可以不断开节点或中断通信而进行更换。

3.4.3.2　CS1D冗余系统的结构

使用CS1D时，有种类丰富的冗余系统可供选择。除了CPU、电源单元冗余外，还有通信单元（Controller Link、Ethernet）以及扩展电缆冗余等，种类丰富的冗余系统可供用户根据系统要求进行选择。

1. CS1D双CPU双重扩展系统

CS1D双CPU双重扩展系统，包括双CPU系统、扩展系统、扩展电缆在内的整个系统都能够实现冗余，拥有出色的冗余性能和维护功能。系统结构如图3.4.10所示。

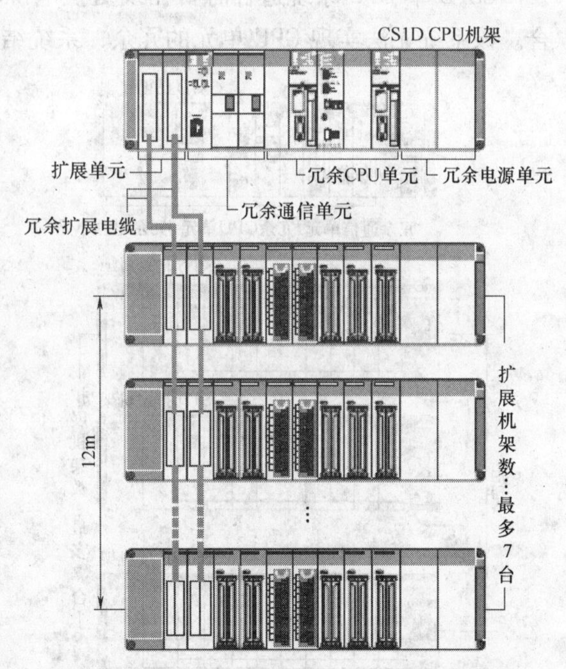

图3.4.10　CS1D双CPU双重扩展系统结构

CPU机架需要1个CS1D CPU底板（双CPU双重扩展系统专用）CS1D－BC042D、2个CS1D电源单元CS1D－PA207R/CS1D－PD02□、2个CS1D CPU单元CS1D－CPU6□H/CS1D－CPU6□P、1个CS1D冗余单元（双CPU双重扩展系统专用）CS1D－DPL02D，双重扩展时需要2个CS1D I/O控制单元（双CPU双重扩展系统专用）CS1D－IC102D。

双重扩展机架支持扩展总线冗余、DPL单元在线更换、单元免工具在线更换、I/O单元及扩展底板在线增加等双CPU双重扩展系统专用功能的扩展系统，使用专用的I/O控制单元和I/O接口单元。扩展机架需要1个CS1D扩展底板（双CPU双重扩展系统专用）CS1D－BI082D、2个CS1D电源单元，双重扩展时需要2个CS1D I/O接口单元（双CPU双重扩展系统专用）CS1D－II102D。

2. CS1D 双 CPU 单一扩展系统

CS1D 双 CPU 单一扩展系统能够实现 CPU、电源、通信等系统主要部位的冗余，单元运行时也可以使用外围工具进行更换，相当于以往的双 CPU 系统。系统结构如图 3.4.11 所示。

CPU 机架需要 1 个 CS1D CPU 底板（双 CPU 单一扩展系统专用）CS1D－BC052、2 个 CS1D 电源单元、2 个 CS1D CPU 单元、1 个 CS1D 冗余单元（双 CPU 单一扩展系统专用）CS1D－DPL01，最大 I/O 单元数为 5 个。

单一扩展机架与 CS1 系列一样，只需将扩展电缆连接到底板上即可实现扩展，是双 CPU 单一扩展系统和单 CPU 系统可以使用的功能，无需专用的 I/O 控制单元和 I/O 接口单元。扩展机架需要 1 个 CS1D 扩展底板（双 CPU 单一扩展系统/单 CPU 系统共用）CS1D－BI092、2 个 CS1D 电源单元，最大 I/O 单元数为 9 个。

双 CPU 单一扩展系统无法使用扩展电缆冗余、DPL 单元在线更换、单元免工具在线更换、单元/底板在线增加功能。要增加以上功能时，需使用双 CPU 双重扩展系统。

3. CS1D 单 CPU 系统

CS1D 单 CPU 系统适合需要在线更换电源单元，以及对通信部分冗余性要求较高的场合。该系统无法实现 CPU 单元的冗余，系统结构如图 3.4.12 所示。

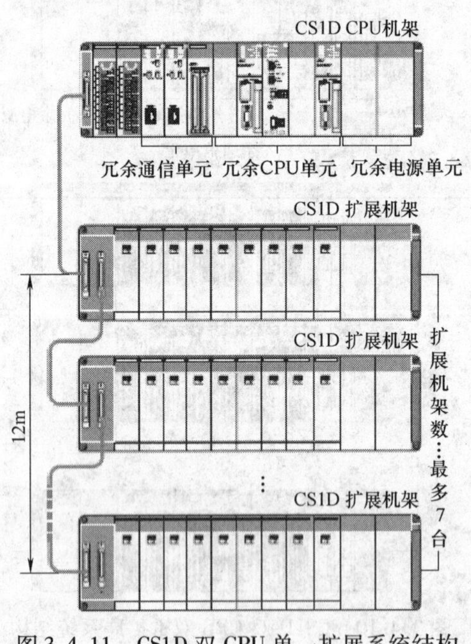

图 3.4.11 CS1D 双 CPU 单一扩展系统结构

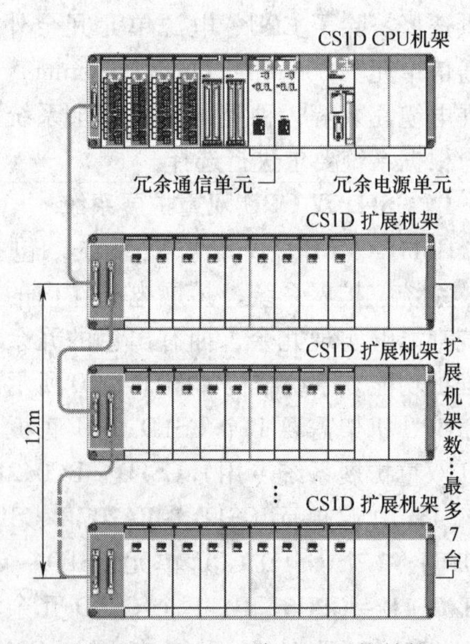

图 3.4.12 CS1D 单 CPU 系统结构

CPU 机架需要 1 个 CS1D CPU 底板（单 CPU 系统用）CS1D－BC082S、2 个 CS1D 电源单元、1 个 CS1D CPU 单元 CS1D－CPU6□S/CS1D－CPU4□S，最大 I/O 单元数为 8 个。

单一扩展机架与 CS1 系列一样，只需将扩展电缆连接到底板上即可实现扩展。扩展机架需要 1 个 CS1D 扩展底板（双 CPU 单一扩展系统/单 CPU 系统共用）CS1D－BI092、2 个 CS1D 电源单元，最大 I/O 单元数为 9 个。

3.4.3.3　CS1D 冗余系统的构成

1. CPU 单元

CS1D CPU 单元的规格型号见表 3.4.12。

表 3.4.12　CS1D CPU 单元规格型号

种　类	CS1D CPU 单元							
	CS1D－H CPU 单元（双 CPU 用）		过程控制 CPU 单元		CS1D－S CPU 单元（单 CPU 用）			
型号	CS1D－CPU67H	CS1D－CPU65H	CS1D－CPU67P	CS1D－CPU65P	CS1D－CPU67S	CS1D－CPU65S	CS1D－CPU44S	CS1D－CPU42S
双 CPU 单元冗余	可冗余				不能冗余			
I/O 点数	5120 点						1280 点	960 点
最多扩展机架数	最多 7 个扩展机架						最多扩展 3 个机架	最多扩展 2 个机架
程序容量/K 步	250	60	250	60	250	60	30	10
数据存储容量/K 字	448	128	448	128	448	128	64	64

2. CS1D 冗余单元

CS1D 冗余单元的基本功能主要是 CPU 单元的冗余处理、错误监视以及出错时进行切换。CS1D 冗余单元的规格型号见表 3.4.13。

表 3.4.13　CS1D 冗余单元规格型号

产品名称	规　格		型　号
	对应系统	在线更换	
CS1D 冗余单元	双 CPU 双重扩展专用	可以	CS1D－DPL02D
	双 CPU 单一扩展专用	不可以	CS1D－DPL01

3. CS1D 电源单元

每个机架安装 2 个电源单元，即可实现电源冗余。实现电源冗余时，必须使用相同型号的 CS1D 专用电源单元。CS1D 电源单元的规格型号见表 3.4.14。

表 3.4.14　CS1D 电源单元规格型号

产品名称	电源电压	输出容量	DC 24V 输出	运行中输出	型　号
AC 电源单元	AC 100～120V/200～240V	DC 5V　7A　35W	无	有	CS1D－PA207R
DC 电源单元	DC 24V	DC 5V　4.3A　28W	无	无	CS1D－PD024
		DC 5V　5.3A　40W			CS1D－PD025

4. I/O 单元

I/O 单元分为基本 I/O 单元、特殊 I/O 单元以及 CPU 总线单元。基本 I/O 单元可用于双

CPU 双重扩展系统、双 CPU 单一扩展系统和单 CPU 系统。基本 I/O 单元的安装位置不会因为扩展系统的种类而受到限制，但是中断输入单元等部分单元会因为安装位置而产生功能限制。CS1D 基本 I/O 单元的型号见表 3.4.15。

特殊 I/O 单元和 CPU 总线单元也可用于双 CPU 双重扩展系统、双 CPU 单一扩展系统以及单 CPU 系统，同时特殊 I/O 单元的安装位置也不会因为扩展系统的种类而受到限制。CS1D 特殊 I/O 单元和 CPU 总线单元的型号见表 3.4.16。

表 3.4.15　CS1D 基本 I/O 单元型号

基本 I/O 单元				
8 点	16 点	32 点	64 点	96 点
输入单元				
—	直流输入单元 CS1W－ID211 AC 输入单元 CS1W－IA111 CS1W－IA211	直流输入单元 CS1W－ID231	直流输入单元 CS1W－ID261	直流输入单元 CS1W－ID291
输出单元				
晶闸管输出单元 CS1W－OA201 继电器输出单元 （独立公共端） CS1W－OC201	晶体管输出单元 CS1W－OD21□ 晶闸管输出单元 CS1W－OA211 继电器输出单元 CS1W－OC211	晶体管输出单元 CS1W－OD23□	晶体管输出单元 CS1W－OD26□	晶体管输出单元 CS1W－OD29□
输入/输出单元				
—	—	—	直流输入 晶体管输出单元 （输入 32 点/输出 32 点） CS1W－MD26□ TTL 输入/输出单元 （输入 32 点/输出 32 点） CS1W－MD561	直流输入 晶体管输出单元 （输入 48 点/输出 48 点） CS1W－MD29□
其他单元				
安全继电器单元 CS1W－SF200	中断输入单元 CS1W－INT01 高速输入单元 CS1W－IDP01	B7A 接口单元 （输入 32 点） CS1W－B7A12 （输出 32 点） CS1W－B7A02	B7A 接口单元 （输入 16 点/输出 16 点） CS1W－B7A21 （输入 32 点/输出 32 点） CS1W－B7A22	—

表3.4.16　CS1D特殊I/O单元和CPU总线单元型号

特殊I/O单元、CPU总线单元			
温度传感器输入单元 （过程输入/输出单元） CS1W－PTS□□	高速计数器单元 CS1W－CT021 CS1W－CT041	串行通信单元 CS1W－SCU21－V1 CS1W－SCU31－V1	ID传感器单元 CS1W－V680C11 CS1W－V680C12 CS1W－V600C11 CS1W－V600C12
模拟量输入单元 模拟量输入单元 CS1W－AD041 CS1W－AD081－V1 CS1W－AD161 隔离型直流输入单元等 （过程输入/输出单元） CS1W－PDC□□ CS1W－PTW01 CS1W－PTR0□	客户化计数器单元 CS1W－HCP22－V1 CS1W－HCA12－V1 CS1W－HCA22－V1 CS1W－HIO01－V1	Ethernet单元 CS1W－ETN21 CS1D－ETN21D	GPIB接口单元 CS1W－GPI01
模拟量输出单元 模拟量输出单元 CS1W－DA041 CS1W－DA08V CS1W－DA08C 隔离型控制输出单元 （过程输入/输出单元） CS1W－PMV01 CS1W－PMV02	位置控制单元 CS1W－NC113 CS1W－NC213 CS1W－NC413 CS1W－NC133 CS1W－NC233 CS1W－NC433	Controller Link单元 CS1W－CLK23 CS1W－CLK13 CS1W－CLK53	高速数据收集单元 CS1W－SPU01－V2 CS1W－SPU02－V2
模拟量输入/输出单元 CS1W－MAD44 隔离型脉冲输入单元 （过程输入/输出单元） CS1W－PPS01	MECHATROLINK－Ⅱ对应位置控制单元 CS1W－NCF71	SYSMAC Link单元 CS1W－SLK11 CS1W－SLK21	
回路控制单元 CS1W－LC001	运动控制单元 CS1W－MC221－V1 CS1W－MC421－V1	FL－net单元 CS1W－FLN22	
	MECHATROLINK－Ⅱ对应运动控制单元 CS1W－MCH71	DeviceNet单元 CS1W－DRM21－V1	
		CompoNet主站单元 CS1W－CRM21	
		CompoBus/S主站单元 CS1W－SRM21	

习　题

1. OMRON的PLC有哪些系列？每一系列里对应有哪些机型？
2. CP1系列小型PLC主要有几种机型？各自有什么特点？
3. CP1H系列PLC的CPU单元有哪些类型？各有什么特点？
4. CP1H系列PLC的存储器是如何分配的？
5. CJ系列PLC的I/O单元是如何分类的？
6. CS系列PLC有什么特点？
7. 简述OMRON的PLC有哪些特殊功能单元。

第 4 章　PLC 的指令系统

4.1　OMRON 指令系统概述

对于 PLC 的指令系统，不同厂家的产品没有统一的标准，同一厂家的不同系列产品也有一定的差别。和绝大多数 PLC 产品一样，OMRON 公司的 PLC 的指令可以分为基本指令和应用指令两大类。编程时一般使用专用的编程器或上位计算机作为编程和调试工具。当使用编程器编程时只能输入助记符形式的指令。

助记符指令的一般格式如下：

指令码

　　操作数 1

　　操作数 2

　　操作数 3

或

指令码　　操作数

其中，指令码为表示指令功能的助记符。操作数用来指令执行的对象。根据指令的不同功能，操作数可以是一个、两个或者三个，个别特殊指令也可以没有操作数。根据指令的不同功能，指令可以是面向位或者是面向字的操作，因此操作数可以是继电器号、通道号、常数等，还可以采用间接寻址的操作数。根据 OMRON 公司的 PLC 的地址分配和寻址方法，CP1 系列 PLC 的位操作数见表 4.1.1。

表 4.1.1　位操作数

区　域	LD 的位操作数	LD NOT 的位操作数
CIO（输入输出继电器等）	0000. 00 ~ 6143. 15	
内部辅助继电器	W000. 00 ~ W511. 15	
保持继电器	H000. 00 ~ H511. 15	
特殊辅助继电器	A000. 00 ~ A959. 15	
定时器	T0000 ~ T4095	
计数器	C0000 ~ C4095	
任务标志		

在操作数中用 6 位阿拉伯数字指定继电器，一个继电器即一个二进制位，所以这种操作数也叫做位操作数。用 4 位阿拉伯数字指定通道，每个通道由 16 个位组成。在操作数中还

可以用带前缀#的数字表示常数立即数。操作数的间接寻址方式只能在数据存储区中完成，用＊D再加上通道号来表示。直接寻址的操作数要在指令中给出操作数的地址，其中通道操作数只需要3位阿拉伯数字。位操作数中的5位数字由前3位指定通道后2位指定位。在OMRON公司的PLC中可以使用的直接地址一般有内部继电器（IR）、特殊继电器（SR）、暂存继电器（TR）、保持继电器（HR）、辅助继电器（AR）、链接继电器（LR）、定时器/计数器（TC）和数据存储区（DM）。

例4.1.1：某指令如下：

```
+F (454)
            #1270
            *DM101
            DM0123
```

由指令码可知，该指令为一条浮点数加法运算指令。指令的三个操作数分别为参加运算的加数、被加数和结果。其中加数为立即数操作数1270，被加数为间接寻址操作数，程序在DM101通道中取出操作数的实际地址。运算结果为直接寻址操作数，即将和数送DM0123通道。

在程序中大部分指令的前面都应该有一个或数个由逻辑运算组成的执行条件，程序扫描运行时，只有当条件满足时相应指令才被执行。有的指令可以有两个以上的执行条件，不同的条件满足时会产生不同的执行结果。在本章后面的内容中凡是需要两个以上条件的指令，都会将条件在指令格式中专门指出，以区别不同条件的作用及其在指令格式中的顺序。

在本章中，将以OMRON的CP1系列PLC为典型机介绍PLC的指令系统及其基本应用。有了这个基础，对于其他型号或系列PLC产品的指令系统，读者也应该可以很快地熟悉和掌握。

在CP1系列中，绝大多数应用指令都有微分型和非微分型两种形式。微分型指令又分为上微分型指令和下微分型指令。上微分型指令由在指令码前面加上前缀@来区分，下微分型指令由在指令码前加前缀%来区分。在执行中，非微分指令在条件满足时，每个循环周期都将被执行一次；上微分形式指令只在其条件由OFF变为ON的上升沿时才会被执行，并仅执行一个周期，而下微分型指令则只在其条件由ON变为OFF的下降沿时才会被执行，也仅执行一个周期。

例4.1.2：

```
LD              0.00
MOV (021)
                1000 CH
                D100
```

例4.1.3：

```
LD              0.00
@MOV (021)
                1000 CH
                D100
```

MOV 是一条数据传送指令。在上述两例中，如果指令的执行条件 0.00 为 ON，例 4.1.2 程序段中的非微分型传送指令会将数据在每次循环扫描中都传送一次，而例 4.1.3 中的微分型传送指令则只会在 0.00 的变化上升沿传送一次。非微分型指令在输入条件满足后可能会有多次执行，这一点在使用传送、运算、比较等指令时要特别注意。

除了常用的基本指令之外，大多数指令都有一个两位数字组成的功能码。功能码是指令应用的重要参数。使用（－－）作为功能码的指令称为扩展指令，扩展指令在使用前必须经过用户的赋值定义。

指令执行后的情况可以通过状态标志反映，OMRON 公司的 PLC 中使用的主要状态标志及成立条件如下：

1）ER 标志。各指令的操作数数据不正确时 ER 标志为 ON。ER 标志为 ON 时不能执行该指令。ER 标志为 ON 时其他状态标志 <、>、OF、UF 没有变化。=和 N 的动作因各指令而异。关于 ER 标志的成立条件，请参见指令参考中各指令的具体说明。指令中也存在无条件将 ER 标志设为 OFF 的指令。

2）=标志（等于标志）。=标志除了比较结果的等于（=）条件是否成立之外，也作为各种指令的临时（暂时存储）标志而由系统自动进行设置。即使通过某条指令的执行结果将=标志设为 ON（OFF），该标志也会因其他指令的执行而转成 OFF（ON）。

例如，对于 MOV 等传送指令，在传送源数据为 0000 Hex 时将=标志设为 ON，不为 0000 Hex 时将=标志设为 OFF。如果立刻执行 Mov 传送指令，则将根据传送指令的传送源数据是否为 0000 Hex，而使=标志转成 ON/OFF。实际应用中，由于存在只在指令执行时使=标志为 OFF 的情况，请务必注意。

3）CY 标志（进位标志）。CY 标志除在移位指令中使用之外，还用在带 CY 加法·减法指令中表示溢出或借位。该标志在 PID 指令和 FPD 等指令中也有使用。使用 CY 标志需注意以下情况：①因某个指令的执行结果而使 CY 标志为 ON（OFF）状态下，需谨慎使用将 CY 标志作为输入的指令（如带 CY 加法·减法指令和移位指令等）；②根据某个指令的执行结果，即使将 CY 标志设为 ON（OFF），该标志也会因其他指令的执行而改变。

4）>、<标志。>、<标志除用于比较指令之外，还在 LMT、BAND、ZONE、PID 指令的数据控制中使用。与=标志及 CY 标志类似，即使通过某个指令的执行结果将>、<标志设为 ON（OFF），该标志也会因其他指令的执行也发生改变，在使用中请务必注意。

5）N 标志（负标志）。N 标志除反映指令执行结果的最高位是否为“1”外，还可由指令无条件转成 OFF 的情况，请注意。

需要特别指出，指令中的操作数即使不位于同一区域时，在 CP 系列中指令也照常（根据 I/O 存储器有效地址排列顺序）执行，此时请注意 ER 标志不为 ON。例如图 4.1.1 所示，在执行 XFER（块传送）指令时，将送源数据的 W500 CH 作为前端的 20 CH 超过了内部辅助继电器 WR 区域的最大地址（W511 CH）。但是在执行指令时即使不置 ON 和 ER 标志，XFER 指令也可以照常执行。此时在 I/O 存储器有效地址中，由于 WR 区域的下一个地址为定时器的当前值区域，因此在 W500 CH～W511 CH 被传送到 D0～D11 的同时，T0～T7 的当前值也被传送到 D12～D19 中。

传送指令示意图如图 4.1.1 所示。

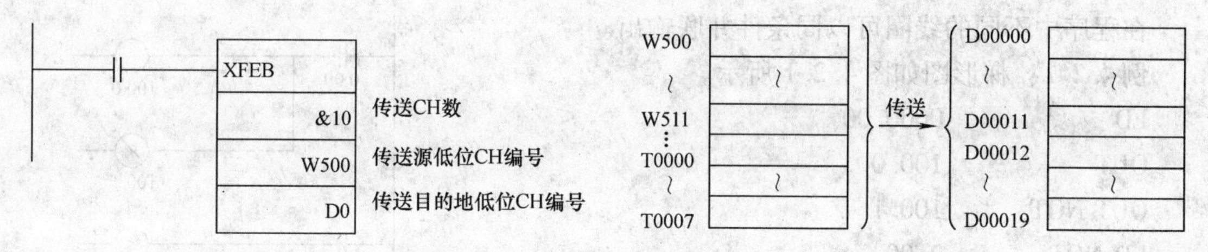

图4.1.1 传送指令示意图

4.2 基本编程指令

CP1 系列的基本指令是绝大多数用户程序中使用最多和必不可少的那些指令。在编程器上一般都有相应的按键与之对应。

4.2.1 LD 和 LD NOT 指令

格式：

LD　　　　N. B

LD NOT　　N. B

其中，操作数 N 为通道，B 表示位地址（00～15），即 LD 和 LD NOT 指令只能以位为单位进行操作。这里的 N. B 可以是 IR、SR、AR、HR、LR、TR 或 TC。

功能：

装入指令。

用来表示一个逻辑运算的开始，它们的执行不会影响标志位。

LD 表示 N 的常开触点与左端母线相连。

LD NOT 表示 N 的常闭触点与左端母线相连。

说明：

LD 和 LD NOT 指令的执行不会影响标志位。

4.2.2 OUT 和 OUT NOT 指令

格式：

OUT　　　N. B

OUT NOT　N. B

其中，操作数 N. B 是位，它可以是 IR、SR、AR、LR、TR 或 HR。

功能：

输出指令。

用来表示一个运算结果。

OUT 指令将运算结果输出到 N. B。

OUT NOT 指令将运算结果取反后输出到 N. B。

说明：

OUT 和 OUT NOT 指令只能以位为单位进行操作。它们的执行不会影响标志位。

在程序中不同的线圈可以同条件并联输出。

例 4.2.1：梯形图如图 4.2.1 所示。

LD	0000.00
OUT	100.0
OUT NOT	100.1
LD NOT	2.00
OUT	100.2

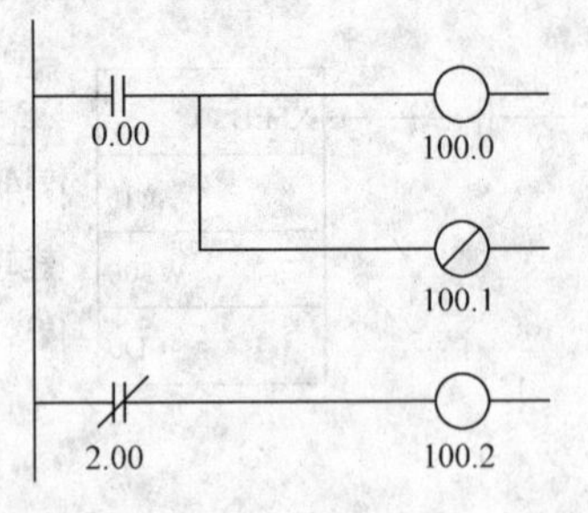

图 4.2.1 LD、LD NOT、OUT、OUT NOT 指令应用梯形图

这段程序表示，当输入 0000.00 为 ON 的条件满足时，输出 0100.00 将被置 ON，1001.00 将被置 OFF。当输入 0002.00 为 OFF 的条件满足时，输出 1002.00 将被置 ON。

4.2.3 AND 和 AND NOT 指令

格式：

AND	N.B
AND NOT	N.B

其中，操作数 N 是通道，B 表示位地址，它可以是 IR、SR、AR、LR、HR 或 TC。

功能：

逻辑与运算指令。

AND 表示 N.B 与前面的逻辑结果进行与运算，即 N.B 的常开触点与前面的逻辑串联。

AND NOT 表示 N.B 取非并与前面的逻辑结果进行与运算，即 N.B 的常闭触点与前面的逻辑串联。

说明：

AND 和 AND NOT 指令只能以位为单位进行操作。它们的执行不会影响标志位。在程序中，逻辑与运算的串联触点个数是没有限制的。

例 4.2.2：梯形图如图 4.2.2 所示。

LD	1.00
AND	2.00
AND NOT	3.00
OUT	100.0

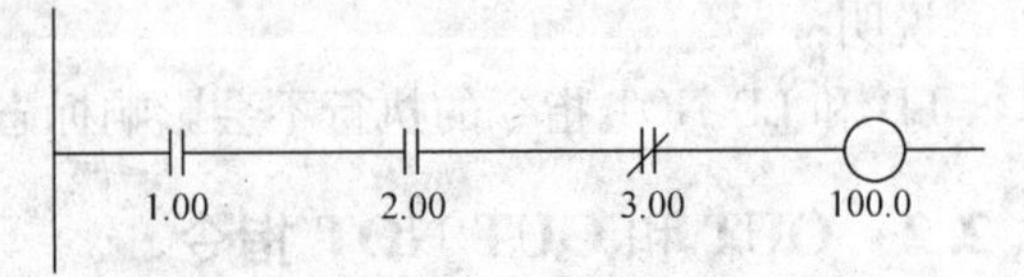

图 4.2.2 AND、AND NOT 指令应用梯形图

这段程序表示的运算逻辑为：只有当输入条件 0001.00、0002.00 为 ON，且 0003.00 为 OFF 同时满足时，输出 1000.00 才会被置 ON。

4.2.4 OR 和 OR NOT 指令

格式：

OR	N.B
OR NOT	N.B

其中，操作数 N 是通道，B 是位，它可以是 IR、SR、AR、LR、HR 或 TC。

功能：

逻辑或运算指令。

OR表示N.B与前面的逻辑结果进行或运算，即N.B的常开触点与前面的逻辑并联。

OR NOT表示N.B取非并与前面的逻辑结果进行或运算，即N.B的常闭触点与前面的逻辑并联。

说明：

OR和OR NOT指令只能以位为单位进行操作。它们的执行不会影响标志位。在程序中逻辑或运算的并联触点个数是没有限制的。

例4.2.3：

```
LD        0.00
OR        1.00
OR NOT    2.00
OUT       0100.00
```

这段程序表示的运算逻辑为：当三个输入条件0000.00或0001.00为ON，或0002.00为OFF中有一个满足时，输出0100.00就会被置ON。

4.2.5　AND LD和OR LD指令

格式：

AND LD

OR LD

功能：

触点组操作指令。

AND LD指令表示对触点组进行逻辑与运算。

OR LD指令表示对触点组进行逻辑或运算。

说明：

AND LD指令和OR LD指令不需要任何操作数，只表明触点组之间的逻辑运算关系。使用这两条指令时有两种方法：分置法和后置法。两种方法可以得到相同的运算结果，但使用分置法时触点组数是没有限制的，而采用后置法时触点组的个数不能超过8。

例4.2.4：设有两个逻辑运算的梯形图如图4.2.3a、b所示，将该运算用AND LD和OR LD指令完成。用两种方法实现的助记符程序段如下：

1）图4.2.3a所示逻辑用分置法实现的程序段：

```
LD        0.00
OR NOT    0.01
LD NOT    0.02
OR        0.03
AND LD
LD        0.04
OR        0.05
AND LD
OUT       100.00
```

2）图4.2.3a所示逻辑用后置法实现的程序段：

```
LD          0.00
OR NOT      0.01
LD NOT      0.02
OR          0.03
LD          0.04
OR          0.05
AND LD
AND LD
OUT         100.00
```

3）图 4.2.3b 所示逻辑用分置法实现的程序段：

```
LD          0.00
AND NOT     0.01
LD NOT      0.02
AND NOT     0.03
OR LD
LD          0.04
AND         0.05
OR LD
OUT         100.00
```

4）图 4.2.3b 所示逻辑用后置法实现的程序段：

```
LD          0.00
AND NOT     0.01
LD NOT      0.02
AND NOT     0.03
LD          0.04
AND         0.05
OR LD
OR LD
OUT         100.00
```

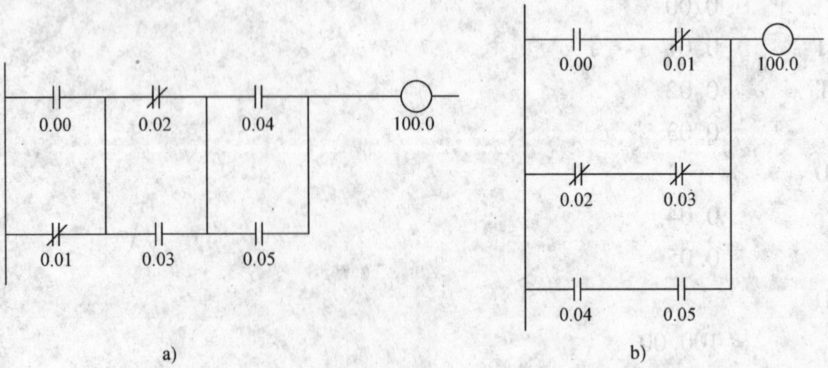

图 4.2.3 AND LD 和 OR LD 指令应用梯形图

4.2.6　SET和RESET指令

格式：

SET　　R

RESET　　R

其中，操作数R是继电器编号。

功能：

置位和复位指令。

用来完成直接对位的置位或复位操作，当SET指令的执行条件满足时置R为ON，当RESET指令的条件满足时置R为OFF。

例4.2.5：在0.00和0.02的状态变化已知的条件下，下面程序段执行的结果如图4.2.4所示。

LD　　0.00

SET　　0.01

LD　　0.02

RESET　　0.03

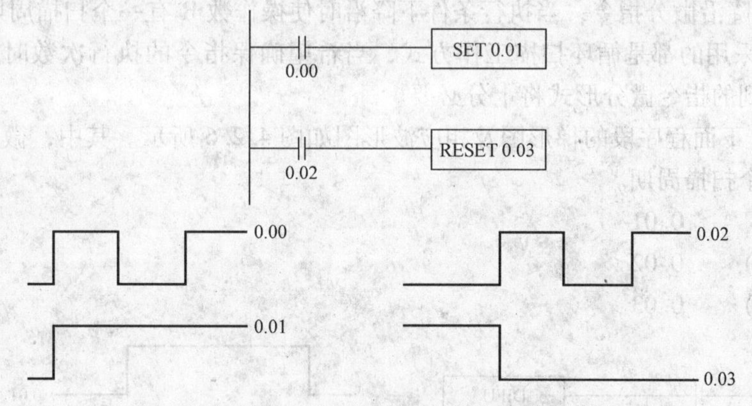

图4.2.4　SET和RESET指令应用梯形图及相应的波形图

4.2.7　KEEP指令

格式：

条件A

条件B

KEEP（011）　R

其中，操作数R是继电器编号。

功能：

锁存指令。

KEEP相当一软件保持器，进行保持继电器的动作。它前面要有两个条件，故在格式中专门列出。条件A为保持器的置位输入，条件B为保持器的复位输入，即当条件A满足时，操作数R置ON并保持；当条件B满足时，则操作数R置OFF。特别地，当A和B同时满足时，按复位优先的运算，操作数 R 置 OFF。

例 4.2.6：下面程序段的对应梯形图如图 4.2.5 所示。例中的置位输入为 0.01，复位输入为 0.02。显然，利用 KEEP 指令可以代替相应的自锁运算逻辑。

LD　　　　0.01
LD　　　　0.02
KEEP（011）　0.03

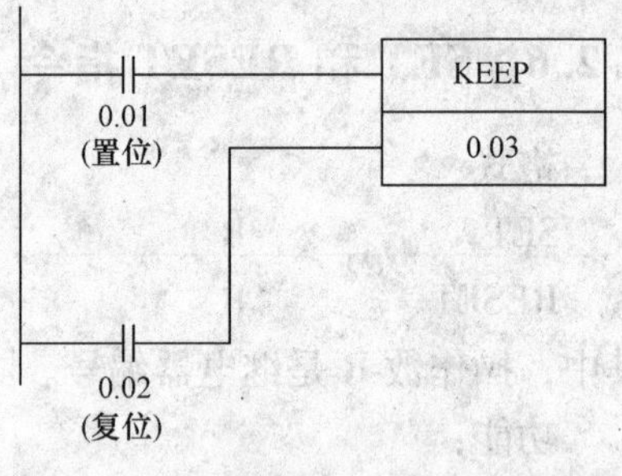

图 4.2.5　KEEP 指令应用梯形图

4.2.8　DIFU(013)和 DIFD(014)指令

格式：

DIFU（013）　R

DIFD（014）　R

其中，操作数 R 是继电器编号。

功能：

微分指令。

DIFU 为上升沿微分指令，当执行条件上升沿时使操作数 R 有一个扫描周期的 ON。

DIFD 为下降沿微分指令，当执行条件下降沿时使操作数 R 有一个扫描周期的 ON。

因为 PLC 采用的都是循环扫描工作方式，当希望确保指令的执行次数时，应用微分指令或上一节提到的指令微分形式将十分必要。

例 4.2.7：下面程序段的梯形图及相应波形图如图 4.2.6 所示。其中，微分指令的输出脉冲宽度为一个扫描周期。

LD　　　　0.01
DIFU（13）　0.02
DIFD（14）　0.03

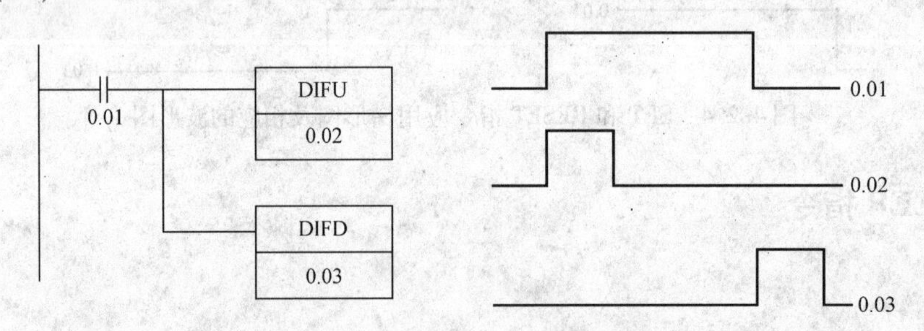

图 4.2.6　DIFU（13）和 DIFD（14）指令应用梯形图及相应的波形图

4.2.9　NOP(000)指令

格式：

NOP（000）

功能：

空操作指令。

不做任何操作，可用于程序调试时的指令暂时删除或程序执行时间微调等特殊用途。

4.2.10　END(001)指令

格式：

END（001）

功能：

结束指令。

表示程序的结束。每一程序的最后一条指令必须是 END 指令，没有 END 指令的程序将不能被执行并会显示相应的出错信息。END 指令以后的程序段将不会被执行。

4.3　编程规则

在编制梯形图或助记符程序时，应注意遵循以下编程规则：

1）每一个内部继电器的触点在程序中可以无限次重复使用，但其线圈在同一程序中一般只能使用一次。同一继电器的多线圈使用会引起逻辑上的混乱，应尽量避免。

2）梯形图信号流向只能自左向右，垂直分支上不可以有任何触点。

例 4.3.1：在图 4.3.1 中，a 所示为错误的梯形图，b 所示为正确的梯形图。

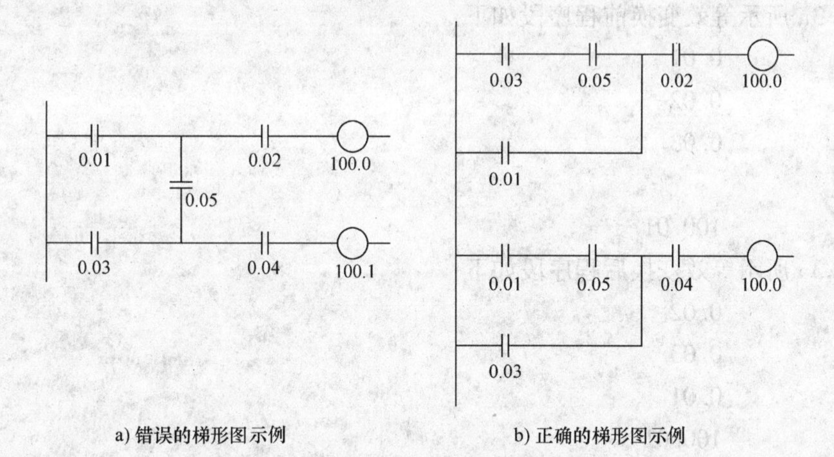

a) 错误的梯形图示例　　b) 正确的梯形图示例

图 4.3.1　例 4.3.1 的梯形图

3）继电器的线圈应该放在每一运算逻辑的最右端，在线圈右端不能再有任何触点。

线圈不可以与左端母线直接相连，如果逻辑上有这种需要时也要通过一合适的常闭触点来实现。

例 4.3.2：图 4.3.2 所示逻辑应用了特殊继电器中的常 ON 触点来实现上电后一直执行的操作。

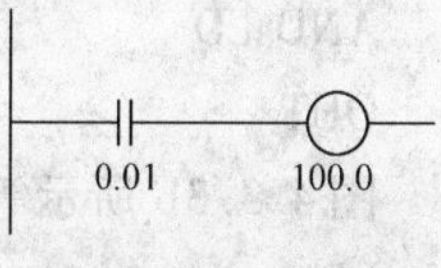

0.01　100.0

图 4.3.2　上电一直执行逻辑梯形图

4）编程时对于复杂逻辑关系的程序段，可按照先难后易的基本原则实现。

当有几个串联支路相并联时，可按先串后并的原则将触点多的支路放在梯形图的最上端。

当有几个并联支路相串联时，可按先并后串的原则将触点多的支路放在梯形图的最左端。

例 4. 3. 3：图 4. 3. 3 所示为根据上述原则所做的梯形图等效变换。结合对应的助记符程序段可以看出，变换前后的运算逻辑并没有变化，但是通过变换简化了程序、节省了内存、方便了调试。显然，支路越多，变换后优势也越明显。

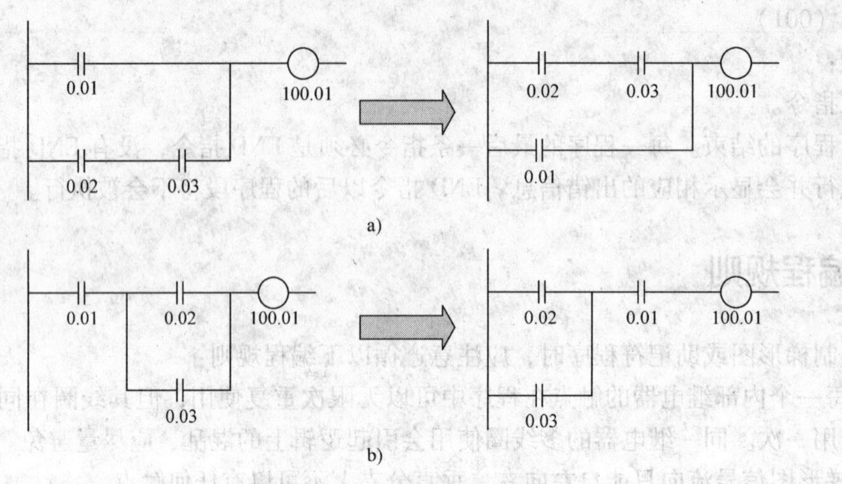

图 4. 3. 3 梯形图等效变换

图 4. 3. 3a 所示等效变换前程序段如下：

```
LD        0.01
LD        0.02
AND       0.03
OR LD
OUT       100.01
```

图 4. 3. 3a 所示等效变换后程序段如下：

```
LD        0.02
AND       0.03
OR        0.01
OUT       100.01
```

图 4. 3. 3b 所示等效变换前程序段如下：

```
LD        0.01
LD        0.02
OR        0.03
AND LD
OUT       100.01
```

图 4. 3. 3b 所示等效变换后程序段如下：

```
LD        0.02
OR        0.03
AND       0.01
OUT       100.01
```

5）在不影响逻辑功能的情况下，应尽可能地将每一个阶梯简化成串联支路或先并后串支路，尽量减少串并交叉的情况。有时采用触点多次使用的办法，反而会使程序结构更为简单。

4.4　顺序控制和暂存指令

4.4.1　IL 和 ILC 指令

格式：

IL（002）

ILC（003）

功能：

互锁和互锁解除指令。

IL 定义互锁程序段的开始，IL 指令的条件就是互锁的条件。ILC 定义互锁程序段的结束。当 IL 前的逻辑条件为 ON 时，位于 IL 和 ILC 指令之间的互锁程序段照常运行。当 IL 前的逻辑条件为 OFF 时，互锁程序段将不被执行。此时该程序中的各个输出的状态为：所有的输出线圈置为 OFF；所有的定时器被复位；所有的计数器、保持继电器和移位寄存器保持当前状态不变。

说明：

IL 和 ILC 指令应成对使用，否则在检查程序时会得到出错信息。但该错误并不影响程序的执行。

例 4.4.1：有互锁程序段如图 4.4.1a 所示。当互锁条件 0.01 为 OFF 时，无论其他条件如何变化，程序段中的所有输出均保持 OFF 不变。从逻辑运算上看，图 4.4.1a 和图 4.4.1b 具有完全相同的功能。

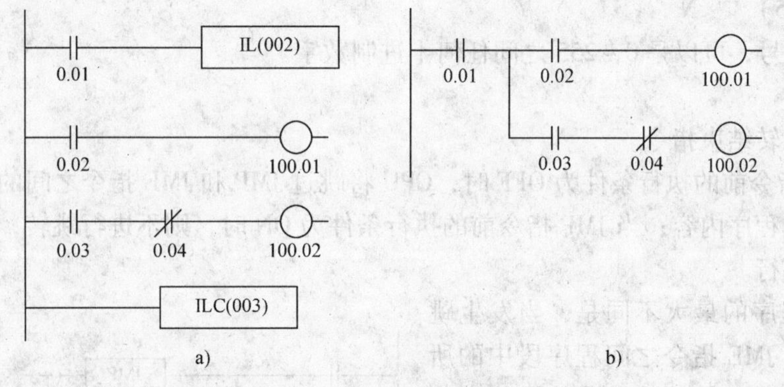

图 4.4.1　IL 和 ILC 指令应用梯形图

4.4.2　TR 指令

功能：

TR 被称为暂存继电器，用于对电路运行的 ON/OFF 状态进行临时存储。在程序中可以使用的 TR 共有 16 个，编号为 TR0 ~ TR15。

例 4.4.2：有程序段如图 4.4.2 所示，如果利用 TR 可以使助记符程序简单一些。显然，如果不使用 TR，该程序段将要复杂得多。

```
LD        0.00
OUT       TR0
AND       0.01
OUT       TR1
AND       0.02
OUT       100.00
LD        TR1
AND       0.03
OUT       100.01
LD        TR0
AND       0.04
OUT       100.02
LD        TR0
AND NOT   0.05
OUT       100.03
```

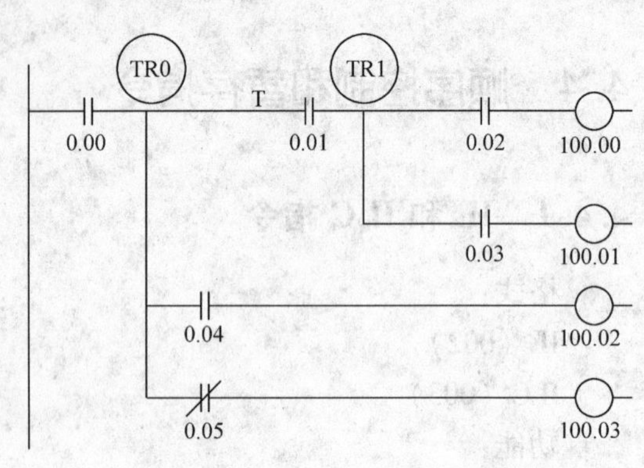

图 4.4.2 TR 指令应用梯形图

说明：

在同一程序中，同一编号的 TR 不能重复使用。

4.4.3 JMP 和 JME 指令

格式：

JMP（004） N

JME（005） N

N 为跳转号，可以是 0 ~ 255 之间任何十进制数字。

功能：

跳转和跳转结束指令。

当 JMP 指令前的执行条件为 OFF 时，CPU 将跳过 JMP 和 JME 指令之间的程序段，直接执行其后面的程序内容；当 JMP 指令前的执行条件为 ON 时，则不进行跳转，如同没有跳转指令时一样执行。

和互锁程序的最大不同是，当发生跳转时，JMP 和 JME 指令之间程序段中的所有输出、保持器、定时器和计数器状态都会保持不变，且被跳转的程序段不再占用扫描时间。

例 4.4.3：有跳转程序段如图 4.4.3 所示，当 0.00 为 OFF 时，将不执行程序段 A，该段中所有的状态保持不变。

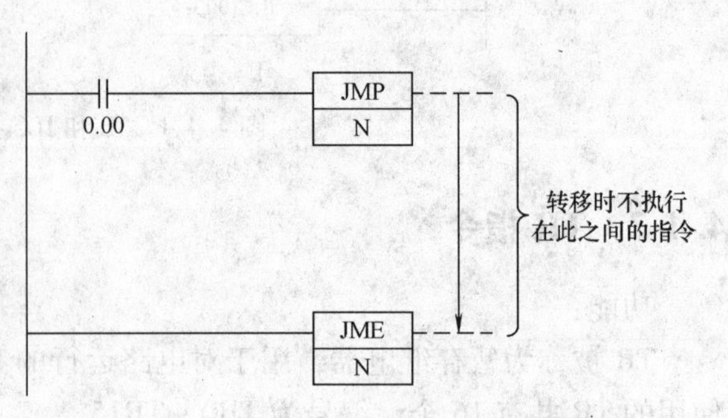

图 4.4.3 JMP 和 JME 指令应用梯形图

说明：

JMP 和 JME 指令也应该成对使用。当用几个 JMP 指令对应一个 JME 指令时，程序检查会给出出错信息，但不会影响程序的运行。

具有两个以上相同 JME 指令时，程序地址较小的 JME 指令有效。此时，地址较大的 JME 指令被忽略。

4.5　定时器和计数器应用指令

定时和计数是 PLC 的主要功能之一。OMRON 公司的 CPM1 系列的定时和计数功能有：定时器、高速定时器、超高速定时器、累计定时器、长时定时器、多输出定时器、计数器、可逆计数器和定时器/计数器复位等。其中，最常用的是定时器 TIM、高速定时器 TIMH、计数器 CNT 和可逆计数器 CNTR 四条指令。

4.5.1　TIM 指令

格式：

```
TIM     N
        SV
```

操作数 N 为定时器编号，取值范围为十进制数 0 ~ 4095。

操作数 SV 为定时器的设定值，由 4 位 BCD 码组成，取值范围为 0000 ~ 9999。

功能：

定时器指令。

TIM 的最小单位为 0.1s 的减一计数器，故定时时间在 BCD 方式时，定时范围为 0 ~ 999.9s。定时时间在 BIN（二进制）方式时，定时范围为 0 ~ 6553.5s。

当输入条件为 ON 时，TIM 开始记时。记时操作为每 0.1s 当前值 PV 减一。当 PV 等于 0 时，定时到，TIM 状态置 ON。

当输入条件为 OFF 或电源掉电时，TIM 被复位。复位后状态置 OFF，送 SV 为新的 PV 值。

例 4.5.1：图 4.5.1 中的定时器 TIM0 的定时时间为 60s，即当 0.00 为 ON 60s 以后定时器定时到，程序段中的 100.00 为 ON。相应的程序和梯形图分别如下。

```
LD      0.00
TIM     0
        #0600
LD      TIM0
OUT     100.00
```

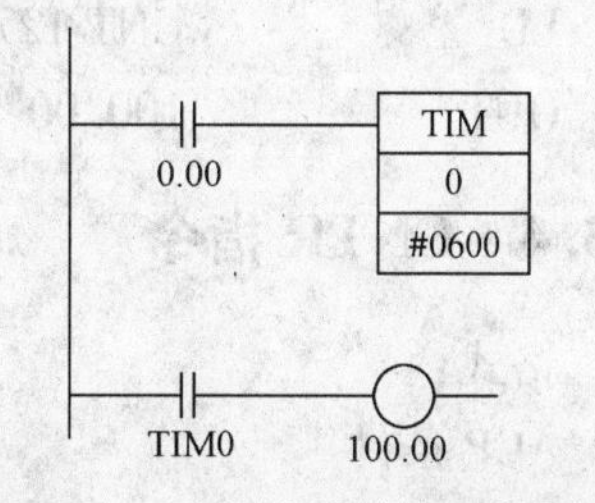

图 4.5.1　TIM 指令应用的梯形图

4.5.2　TIMH 指令

格式：

```
TIMN (015)    N
              SV
```

操作数 N 和 SV 的定义和取值范围与 TIM 指令相同。

功能：

高速定时器指令。

最小定时单位为0.01s。定时时间 BCD 方式时，定时范围为0～99.99s。定时时间 BIN（二进制）方式时，定时范围为0～655.35s。其应用和使用方法和 TIM 指令相同。

4.5.3 CNT 指令

格式：

CP 条件

R 条件

CNT　　N

　　　　SV

操作数 N 为计数器编号，取值范围为十进制数0～4095。

操作数 SV 为计数器的设定值，设定值为 BCD 码时取值范围为0～9999，设定值为 BIN（二进制）方式时，取值范围为0000～FFFFH。

CNT 在程序中有两个输入条件，故在格式中专门列出。在这里，CP 为计数脉冲输入端，R 为复位端。

功能：

计数器指令。

减一计数器。当 R 为 OFF 计数器时为计数状态。计数时，CP 每次由 OFF 变为 ON 计数一次。计数操作由 PV 值减一完成。当 PV 值减到0时计数到时，计数器输出状态置 ON。当 R 为 ON 时计数器为复位状态。复位后，计数器输出状态置 OFF，PV 被重新置入 SV 值。

例4.5.2：图4.5.2 所示梯形图和下面的程序段为一个计数次数为50次的计数器的例子。例中的计数脉冲来自0.00，复位脉冲来自0.01。

LD　　0.00

LD　　0.01

CNT　　127

　　　　#0050

LD　　CNT 127

OUT　　100.00

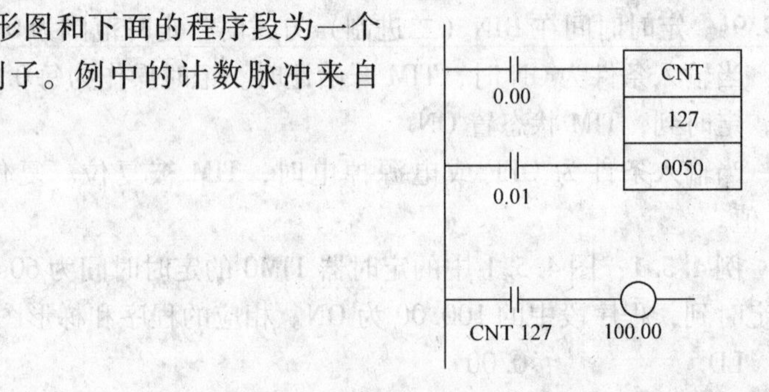

图4.5.2　CNT 指令应用梯形图

4.5.4 CNTR 指令

格式：

ACP 条件

SCP 条件

R 条件

CNTR（012）　N

　　　　　　　SV

操作数 N 为计数器编号，取值范围为十进制数0～4095。

操作数 SV 为计数器的设定值，设定值为 BCD 码时取值范围为 0～9999，设定值为 BIN（二进制）方式时，取值范围为 0000～FFFFH。

CNTR 在程序中有三个输入条件。ACP 为加计数脉冲输入端，SCP 为减计数脉冲输入端，R 为复位端。

功能：

可逆循环计数器指令。

当 R 为 OFF 时为计数状态。计数时，每当 ACP 由 OFF 变为 ON 时，PV 值做一次加法运算。每当 SCP 由 OFF 变为 ON 时，PV 值做一次减法运算。当 PV 值加到等于 SV 后再有加一脉冲，CNTR 的状态置 ON，PV 值变为 0。当 PV 值减到 0 再有减一脉冲，CNTR 的状态置 ON，PV 值被置入 SV 值。当 R 为 ON 时为复位状态。复位时，CNTR 状态为 OFF，ACP 和 SCP 脉冲不起作用。

例 4.5.3：图 4.5.3 所示为一个 CNTR 应用的例子。由程序可知可逆计数器 CNTR 126 的 SV = 100，在加一运算时，当加到 PV = SV，再加一，PV = 0，CNTR 为 ON。若再加一，PV = 1，CNTR 为 OFF。在减一运算时，当减到 PV = SV，再减一，PV = SV，CNTR 为 ON。若再减一，PV = SV - 1，CNTR 为 OFF。

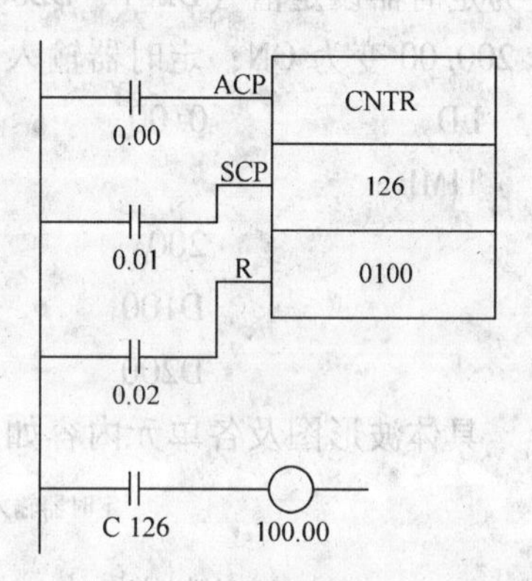

图 4.5.3　CNTR 指令应用梯形图

LD	0.00
LD	0.01
LD	0.02
CNTR（012）	126
	#0100
LD	CNTR 126
OUT	100.00

说明：

在计数状态下如果 ACP 和 SCP 同时为 ON 时，不进行计数操作。

当电源掉电时，CNT 和 CNTR 会保持 PV 值不变。

4.5.5　TIML 指令

格式：

TIML（542）

D1

D2

S

操作数 D1 为时间到时标志通道编号，D2 为当前值输出低位通道编号，S 为定时器设定值低位通道编号。

在 BCD 方式时，D2 及 S 的范围为#00000000～99999999（BCD）；在 BIN（二进制）方式时，D2 及 S 的范围为#00000000～FFFFFFFFH。

注：D2 +1、D2，以及 S +1、S 必须属于同一区域种类。

功能：

减法式接通延迟 100ms 定时器。定时器输入为 OFF 时，对定时器进行复位（在定时器当前值 D2 +1、D2 中代入设定值 S +1、S，将时间到时标志置为 OFF)。

定时器输入从 OFF 变为 ON 时，启动定时器，开始定时器当前值 D2 +1、D2 的减法运算。定时器输入 ON 的过程中，进行定时器当前值的更新，定时器当前值变为 0 时，时间到时标志置为 ON（时间已到）。

定时结束后，保持定时器当前值及时间到时标志的状态。如果要重启，必须将定时器输入由 OFF 变为 ON，或者通过（MOV 指令等）将定时器当前值 D2 +1、D2 变更为 0 以外的值。

例 4.5.4：以下程序段实现定时器输入 0.00 为 ON 时，定时器当前值（D101、D100）变为定时器设定值（D201、D200），开始减法运算。定时器当前值变为 =0 后，时间到时标志 200.00 变为 ON；定时器输入 0.00 变为 OFF 后，时间到时标志 200.00 变为 OFF。

```
LD      0.00
TIML
        200
        D100
        D200
```

具体波形图及各单元内容如图 4.5.4 所示。

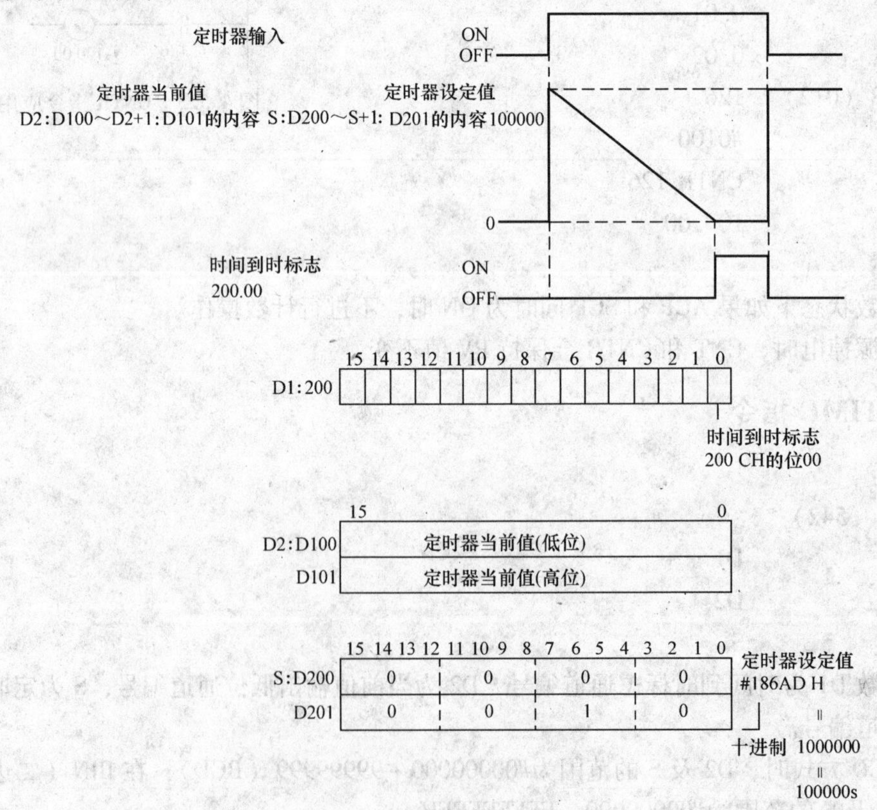

图 4.5.4 例 4.5.4 的说明图

4.5.6　TMHH 指令

格式：

TMHH（540）

N

S

操作数N为定时器编号，取值范围为十进制数0～15。

操作数S为定时器的设定值，BCD方式下，S取值范围为#0000～9999，BIN（二进制）方式下，S取值范围为#0000H～FFFFH。

功能：

定时精度为1ms的超高速定时器。

定时器输入为OFF时，对N所指定的编号的定时器进行复位（在定时器当前值中代入设定值S，将时间到时标志设置为OFF）。

定时器输入由OFF变为ON时，启动定时器，开始定时器当前值的减法运算。定时器输入为ON的过程中，进行定时器当前值的更新，定时器当前值为0时，时间到时标志为ON。

时间到时后，保持定时器当前值以及时间到时标志的状态。如果要重启，需要将定时器输入从OFF变为ON，或者（通过MOV指令等）将定时器当前值变更为0以外的值。

4.6　数据比较类应用指令

4.6.1　CMP和CMPL指令

格式：

CMP（020）

C1

C2

CMPL（060）

C1

C2

操作数C1为比较数1，操作数C2为比较数2。

功能：

CMP为无符号16位二进制数比较指令，完成C1和C2两个字进行比较。

CMPL为无符号32位二进制数比较指令，完成C1与C1+1组成的双字和C2与C2+1组成的双字进行比较。

执行CMP指令后，根据>、>=、=、<=、<、<>的各状态标志进行ON/OFF。比较结果标志位变化见表4.6.1。

表 4.6.1 CMP 指令标志位变化

比较结果	>	> =	=	< =	<	< >
C1 > C2	ON	ON	OFF	OFF	OFF	ON
C1 = C2	OFF	ON	ON	ON	OFF	OFF
C1 < C2	OFF	OFF	OFF	ON	ON	ON

例 4.6.1：如图 4.6.1 所示，输入继电器 0.00 为 ON 时，对 1001 CH、1000 CH 和 1501 CH、1500 CH 的数据内容进行十六进制数的比较。比较结果 1000 CH、1001 CH 较大时 100.00 为 ON，相等时 100.01 为 ON，1501 CH、1500 CH 较小时 100.02 为 ON。

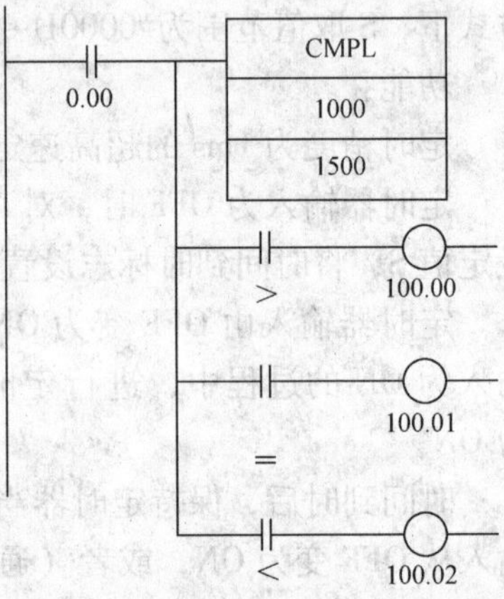

图 4.6.1 CMP 指令应用梯形图

4.6.2 BCMP 指令

格式：

BCMP（068）　　　　@BCMP（068）

CD　　　　CD

CB　　　　CB

R　　　　R

操作数 CD 为比较数据。

操作数 CB 为比较数据块起始通道。

操作数 R 为比较结果通道。

功能：

块比较指令。

用数据 CD 和 CB 开始的 16 个上下限数据进行比较，比较结果送 R 通道。

被比较的数据块由 CB 到 CB +31 共 32 个通道组成。每两个连续通道为一组，前一个为上限，后一个为下限构成 16 个比较区。当 BCMP 执行条件满足时，会用数据 CD 分别与每一比较区相比较。如果 CD 的值在比较区上下限之间，即下限≤CD≤上限时，则置结果通道 R 中的相应位为 ON；否则置该位为 OFF。CB 通道与 R 位的对应关系见表 4.6.2。

表 4.6.2 CB 通道与 R 位的对应关系

序 号	上 限	下 限	R 中的对应位
1	CB	CB +1	第 0 位
2	CB +2	CB +3	第 1 位
3	CB +4	CB +5	第 2 位
⋮	⋮	⋮	⋮
16	CB +30	CB +31	第 15 位

例4.6.2：设以下数据存储区中的数据值：

D005 = 0000

D006 = 0100

D007 = 0101

D008 = 0200

D009 = 0201

D010 = 0300

……

D036 = 1600

执行下边程序段：

```
LD          0.00
BCMP（068）
            #0210
            DM005
            HR05.02
```

当0.00为ON时进行块比较操作。由于比较数据等于210，界于201和300之间。比较操作的结果是将HR05通道的第二位即HR05.02置ON。

配合相应的硬件设备，BCMP指令可以用来实现运动部件的位置控制。

4.6.3 TCMP指令

格式：

```
TCMP（085）              @TCMP（085）
            CD                       CD
            CB                       CB
            R                        R
```

操作数CD为比较数据。

操作数CB为比较数据表起始通道编号。

操作数R为比较结果输出通道编号。

功能：

表比较指令。

当指令的执行条件满足时，将数据CD与从TB开始的16个通道分别进行比较。若CD与其中的某一通道数据相等，则置R中的相应位为ON。TCMP指令在程序中可以用来查询某一指定数据。

例4.6.3：下面程序在0.00为ON时对D100和D200～D215进行比较，一致时为1，不一致时为0，将该结果存储到D300的位0～15位中。

```
LD          0.00
TCMP（085）
            D100
            D200
```

D300

4.6.4 ZCP 和 ZCPL 指令

格式：

操作数 CD 为 16 位比较数据。

操作数 LL 为数据范围下限。

操作数 UL 为数据范围上限。

ZCPL（116）

CD

LL

UL

操作数 CD 为 32 位比较数据。

操作数 LL 为下限值低位通道编号。

操作数 UL 为上限值低位他的编号。

功能：

ZCP 是数据区域范围比较指令。

ZCPL 是双字数据区域范围比较指令。

数据区域范围比较时用 CD 和由 LL 和 UL 指定的数据区域进行比较，根据比较结果置相应的标志位（>、=、<）：若 CD < LL，置 < 为 ON；若 LL≤CD≤UL 则置 = 为 ON；若 UL < CD，则置 > 为 ON。

双字数据区域范围比较时参加比较的数据为 CD 和 CD +1 组成的 8 位二进制数，数据区域范围的上下限分别由 UL、UL +1 和 LL、LL +1 两个 8 位二进制数指定。输出结果送标志位不变。

例 4.6.4：下面程序段在执行条件满足时可以根据标志位的结果知道 DM001 中的数据是否在指定区域范围内（0100 ~ 8F00H），或者是否大于或小于指定的数据区域范围。

```
LD          0.00
ZCP（088）
            DM001
            #0100
            #8F00
```

4.7 数据转换类应用指令

4.7.1 BIN 和 BCD 指令

格式：

BIN（023）	@BIN（023）
S	S
R	R

BCD（024）　　　　　　　　　　　@ BCD（024）

　　S　　　　　　　　　　　　　　S

　　R　　　　　　　　　　　　　　R

操作数 S 为转换源数，操作数 R 为目的通道。

功能：

BIN 为 BCD 码到二进制数的转换指令。

BCD 为二进制数到 BCD 码的转换指令。

当执行条件满足时，将 S 中的数据完成所需转换并将结果送 D。S 中的内容不变。

说明：

当转换结果等于 0000H 时，系统置 = 标志为 ON，指令执行时，N 标志置于 OFF。

例 4.7.1：设指令执行前 210 通道中有数据 000FH。当下面的 BCD 指令执行后，211 通道被赋值 0016H，210 通道中数据 000FH 不变。

LD　　0.05

BCD（024）

　　210

　　211

4.7.2　MLPX 和 DMPX 指令

格式：

MLPX（076）　　　　　　　　　　　@ MLPX（076）

　　S　　　　　　　　　　　　　　S

　　C　　　　　　　　　　　　　　C

　　R　　　　　　　　　　　　　　R

DMPX（077）　　　　　　　　　　　@ DMPX（077）

　　S　　　　　　　　　　　　　　S

　　C　　　　　　　　　　　　　　C

　　R　　　　　　　　　　　　　　R

操作数 S 为源数据通道。

操作数 C 为控制字。

操作数 R 为目的通道。

功能：

MLPX 是十六进制数的译码指令。它可以按照 C 的规定把 S 中最多 4 位十六进制数译为十进制数，根据十进制结果将由 R 指定的目的通道中的对应位置为 ON，而 S 中的内容不变。第 1 位数字结果影响 R，第 2 位数字结果影响 R +1，依次类推，直至 D +3。

MLPX 指令控制字 C 的定义如图 4.7.1 所示。

DMPX 是十六进制数的编码指令。它可以按照 C 的规定根据由 S 指定的源通道中的第一个为 ON 的位的所在位数，得到一个十进制数，再将该数转换成十六进制数写入目的通道。它是 MLPX 指令的反操作。

DMPX 指令控制字 C 的定义如图 4.7.2 所示。

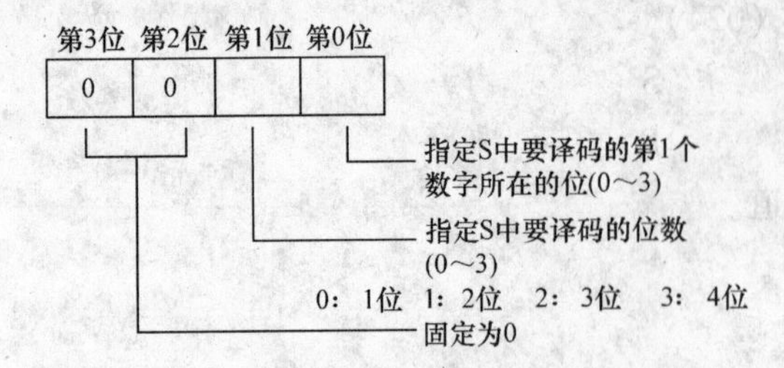

图 4.7.1 MLPX 指令控制字 C 的定义

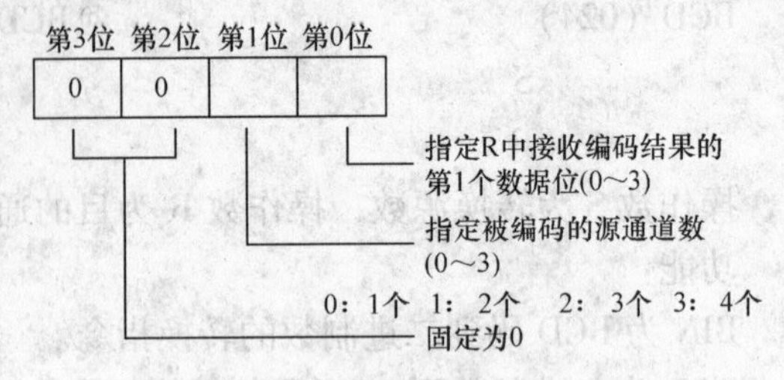

图 4.7.2 DMPX 指令控制字 C 的定义

例 4.7.2：设在内部通道中有如下数据：

200 = 0090

201 = 0001

202 = 0000

则当 0.00 为 ON 时执行十六进制编码操作。编码的结果使通道 202 中的数据变为 0400H，即 202.09 被置为 ON。

```
LD          0.00
MLPX (076)
            200
            201
            202
```

4.7.3 ASC 和 SDEC 指令

格式：

```
ASC (086)                     @ASC (086)
            S                             S
            C                             C
            R                             R
SDEC (078)                    @SDEC (078)
            S                             S
            C                             C
            R                             R
```

操作数 S 为源数据通道。

操作数 C 为控制字，它可以是 IR、SR、AR、LR、HR、TC、DM、*DM、#。

操作数 R 为目的通道。

功能：

ASC 为 ASCII 码转换指令，一次可以将 S 中的最多 4 位十六进制数转换成 ASCII 码。转换的结果存入 R 指定开始的通道中。

图 4.7.3 所示为 ASC 指令控制字 C 的定义。

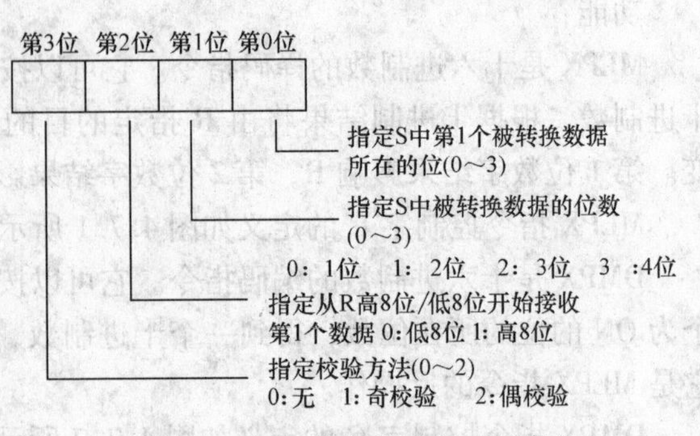

图 4.7.3 ASC 指令控制字 C 的定义

SDEC 为 7 段译码指令，执行时将 S 中的数据译为 7 段显示码，结果存入由 R 指定开始的目的通道。

图 4.7.4 所示为 SDEC 指令控制字 C 的定义。

例 4.7.3：设有数据 009 = 0013，则下面指令在执行条件 0.01 满足时执行 ASCII 码转换，按照 C 的规定，转换的结果是 100 = 31B3H。

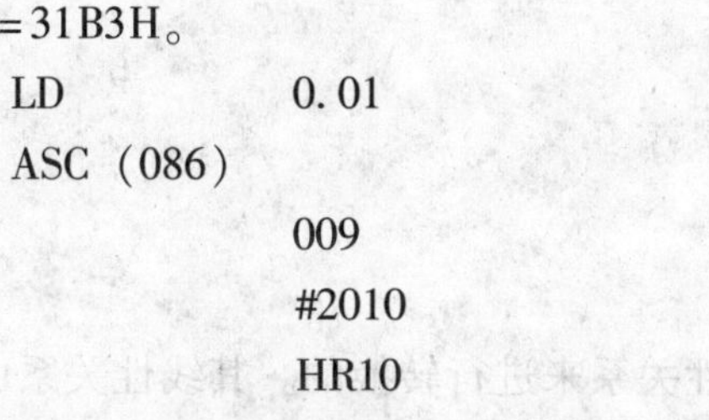

LD　　0.01
ASC（086）
　　009
　　#2010
　　HR10

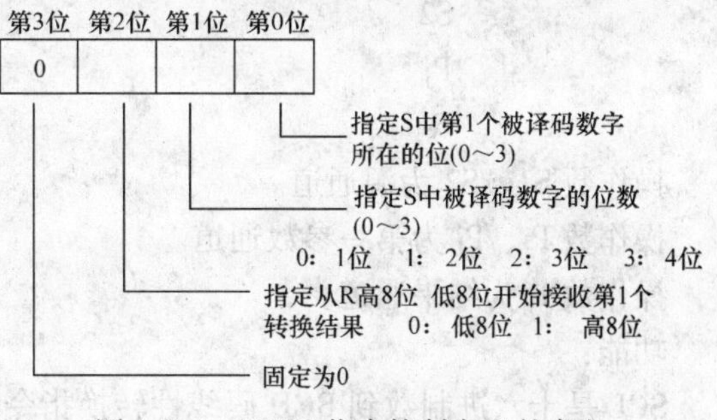

图 4.7.4　SDEC 指令控制字 C 的定义

4.7.4　HEX 指令

格式：

HEX（162）	@HEX（162）
S	S
C	C
D	D

操作数 S 为源开始通道。

操作数 C 为控制字。

操作数 D 为目的开始通道。

C 由 4 位十六进制数组成。其中第 0 位指定 D 中的第 1 位数据所在的位置（0 ~ 3）；第 1 位指定要转换的字节数（0：1 个字节；1：2 个字节；2：3 个字节；3：4 个字节）；第 2 位指定 S 中的开始字节（0：低字节；1：高字节）；第 3 位指定校验方式（0：无；1：偶校验；2：奇校验）。

功能：

ASCII 码到十六进制数转换指令。

执行条件满足时，把 S 开始的指定个字节的 ASCII 码转换为相应的十六进制数送入 D 开始的目的通道中。

4.7.5　SCL、SCL2 和 SCL3 指令

格式：

SCL（194）	@SCL（194）
S1	S1
Pi	Pi
R	R
SCL2（486）	@SCL2（486）
S2	S2

	Pj		Pj
	R		R
SCL3（487）		@SCL3（487）	
	S2		S2
	Pj		Pj
	R		R

操作数 S1、S2 为源通道。

操作数 Pi、Pj 为第一参数通道。

操作数 R 为结果通道。

功能：

SCL 是十六进制数到 BCD 码线性转换指令。

与 BCD 指令不同的是，SCL 是按用户指定的线性关系来进行转换的。其线性关系由从 Pi ~ Pi +1 四个通道的数据给定的两点来表述的。

在以 BCD 码为纵坐标，十六进制数为横坐标的二维空间中，Pi 为点 1 的纵坐标值（Ay），取值范围为 0000 ~ 9999，Pi + 1 为点 1 的横坐标值（Ax），取值范围为 0000 ~ FFFFH；Pi +2 为点 2 的纵坐标值（By），取值范围为 0000 ~ 9999，Pi + 3 为点 2 的横坐标值，取值范围为 0000 ~ FFFFH。设被转换的十六进制数为 S，则转换结果如下：

$$R = By - [(By - Ay)/(Bx - Ax)] \times (Bx - S)$$

最后结果取运算结果最接近的整数，如果运算结果大于 9999，则取 9999；如果运算结果小于 0000，则取 0000。

SCL2 是带符号十六进制数到 BCD 码线性转换指令。

按照一定线性关系将 4 位带符号的十六进制数转换成相应的 BCD 码，其线性关系由用户在指令中指定的直线的斜率和 x 轴上的截距来描述。在 Pj ~ Pj +2 三个通道中，Pj 为横坐标截距，取值范围为十六进制数 8000 ~ 7FFFH（ -32768 ~ 32767）。Pj +1 为 Δx，取值范围为十六进制数 8000 ~ 7FFFH。Pj +2 为 Δy，取值范围为 BCD 码 0000 ~ 9999。$\Delta x/\Delta y$ 就是指定的直线斜率。设被转换的十六进制数为 S，则转换结果如下：

$$R = (\Delta x/\Delta y) \times (S - P1)$$

如果最后结果为负数，则置 CY 为 ON，如果运算结果大于 9999，则取 9999；如果运算结果小于 -9999，则取 -9999。

SCL2 是 BCD 码到带符号十六进制数线性转换指令。

按照一定线性关系将 4 位 BCD 码转换成相应的带符号的十六进制数，其线性关系由用户在指令中指定的直线的斜率和 y 轴上的截距来描述。在 Pj 到 Pj +4 五个通道中，Pj 为纵坐标截距，取值范围为十六进制数 8000 ~ 7FFFH（ -32768 ~ 32767）。Pj +1 为 Δx，取值范围为 BCD 码 0000 ~ 9999。Pj +2 为 Δy，取值范围为十六进制数 8000 ~ 7FFFH。Pj +3 为纵坐标上限值，取值范围为十六进制数 8000 ~ 7FFFH。Pj +3 为纵坐标下限值，取值范围为十六进制数 8000 ~ 7FFFH。设被转换的 BCD 码为 S，则转换结果如下：

$$R = (\Delta x/\Delta y) \times (S - P1)$$

指令执行时若 CY 为 ON，则源数据按负数处理，故 S 的实际有效范围是 -9999 ~ 9999，如果运算结果大于或小于给定上下限，则最后结果取上或下限值。

例 4.7.4：设有如下数据：

DM000 = 0005

DM001 = 0003

DM002 = 0006

DM003 = 07FF

DM004 = F800

LR02 = 0100

程序段如下：

```
LD          25313
CLC（041）
LD          0.00
SCL3（487）
            LR02
            DM000
            DM001
```

则上面程序段在条件 0.00 满足后的执行结果如下：

DM100 = 00CD

CY = 0

4.7.6　BINL 和 BCDL 指令

格式：

```
BINL（058）                        @BINL（058）
            S                                   S
            R                                   R
BCDL（059）                        @BCDL（058）
            S                                   S
            R                                   R
```

操作数 S 为源开始通道。

操作数 R 为目的开始通道。

功能：

BINL 是双字长 BCD 码（8 位 BCD，低 4 位在 S，高 4 位在 S + 1）到二进制数转换指令。

BCDL 是双字长二进制数（32 位，低 16 位在 S，高 16 位在 S + 1）到 BCD 码转换指令。

当条件满足时将 S 和 S + 1 中的双字节数据完成相应的转换结果存入 R 和 R + 1。

4.7.7　SEC 和 HMS 指令

格式：

```
SEC（065）                         @SEC（065）
            S                                   S
            R                                   R
```

HMS（066） @HMS（066）

S S

R R

操作数S为源开始通道，它可以是IR、SR、AR、TC、LR、HR、DM，数据格式为BCD码。

操作数R为目的开始通道，它可以是IR、SR、AR、LR、HR、DM。数据格式为BCD码。

功能：

SEC为小时到秒的转换指令。

用来将按小时/分/秒组成的时间值转换成按秒为单位的时间值。在源通道中的BCD码数据中，S的前2位为分，后2位为秒。S+1的4位为小时，故可转换的最大时间值为9999小时59分59秒。转换结果存入R和R+1中，对应的最大时间值为35999999秒。

HMS为秒到小时的转换指令。它是SEC的反操作。

例4.7.5：设下面程序段执行前有如下数据：

HR12 =3207

HR13 =2815

表示源时间值为2815小时32分07秒。

程序段如下：

```
LD          0.00
SEC（065）
            HR12
            DM0100
            000
```

则上面的程序段在条件满足执行后有结果如下：

DM100 =5927

DM101 =1013

表示结果时间值为10135927s。

4.7.8 NEG指令

格式：

NEG（160） @NEG（160）

S S

R R

000 000

操作数S为源通道，它可以是IR、SR、AR、TC、LR、HR、DM、#。

操作数R为目的通道，它可以是IR、SR、AR、LR、HR、DM。

功能：

二进制补码转换指令。

将S中的二进制数转换为二进制补码，结果存入R。其操作过程与用S减0000结果送R相同。

4.8 数据移位类应用指令

4.8.1 SFT指令

格式：
条件IN
条件SP
条件R
SET（010）
　　ST
　　E

SFT指令有三个输入条件：IN为数据输入；SP为移位脉冲输入；R为复位输入。

操作数ST指定开始通道，操作数E指定结束通道，它们可以是IR、SR、AR、LR、HR。但是E不能大于ST，且二者必须在相同的区域内。

功能：

移位操作指令。

只有当条件R为OFF时才进行移位操作。所谓的移位操作是指SP输入脉冲的每个上升沿，都会使由ST和E所指定数据中的所有二进制位依次左移1位。移位后数据最高位由于移出而丢失，最低位补入IN的状态。当R为ON时进行复位操作。复位时所有的数据为置0，IN和SP的输入无效。

例4.8.1：图4.8.1所示为使用1000～1002通道的48位的移位寄存器。在移位信号输入中使用时钟脉冲为1s，每1s输入继电器0.05的内容将移位到1000.00～1002.15。

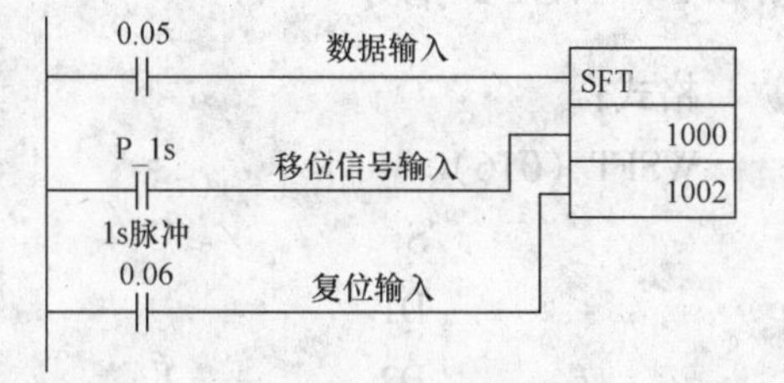

图4.8.1 SFT指令例程

4.8.2 SFTR指令

格式：

SFTR（084）　　　　@SFTR（084）
　　C　　　　　　　　C
　　ST　　　　　　　ST
　　E　　　　　　　　E

操作数C为控制字，它可以是IR、SR、HR、AR、LR、DM、*DM、#。

操作数ST为开始通道号，操作数E为结束通道号，它们可以是IR、SR、HR、AR、LR、DM、*DM。ST不能大于E，且二者必须是在同一区域内。

功能：

可逆移位寄存器指令。

指令中的控制字C的定义如图4.8.2所示。

当执行条件满足时，根据C的规定执行二进制数据的左移或右移操作。C中的R为复

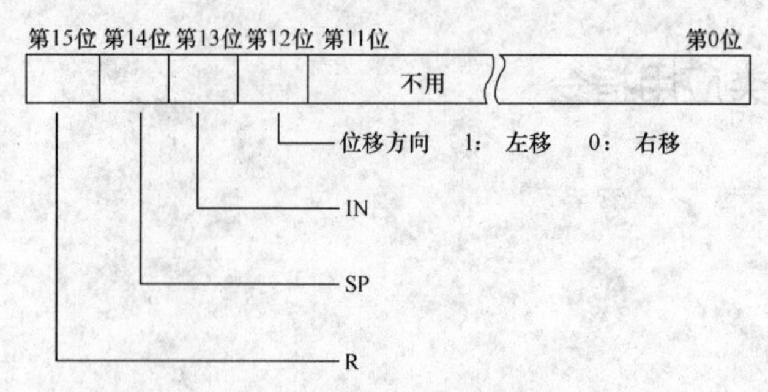

图 4.8.2 SFTR 指令控制字 C 的定义

位操作标志，SP 为移位操作标志。移位数据包括进位标志（25504）在内，即左移时数据通道中的最高位移入进位标志，数据通道的最低位移入 C 中的输入数据 IN；右移时输入数据 IN 移入数据通道最高位，数据通道最低位移入进位标志。复位操作时，数据通道连同进位标志一并置 0。

需要注意的是：当 C 中的 SP 为 ON 时，SFTR 指令在系统的每个扫描周期都会执行一次移位操作，所以必要时可以使用微分型指令来保证指令移位操作的次数。下面的例子也可以供其他指令在应用中涉及这个问题时参考。

例 4.8.2：图 4.8.3 所示程序在复位输入 H0.15 为 OFF 时，在 0.00 状态为 ON，移位信号输入 H0.14 为 ON 时，将从 D100 到 D102 的 3 个字节向 H0.12 所指定的方向移动 1 位，在 D100 的最低位置 H0.13 的内容。

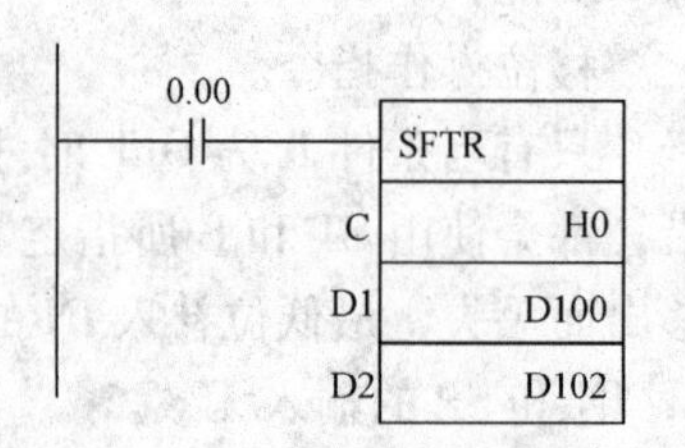

图 4.8.3 SFTR 指令应用梯形图

4.8.3 WSFT 指令

格式：

WSFT（016）

S

D1

D2

操作数 S 为移位数据，D1 为移位低位通道号，D2 为移位高位通道号。二者必须同一区域内。当 D1 > D2 时，发生错误，ER 标志为 ON。

功能：

字位移指令。

实现每次一个通道（16 位二进制数）数据的左移。最低位置 0000，最高位移出丢失。

例 4.8.3：执行如下程序，0.00 为 ON 时，将 D100 ~ D102 通道数据逐字移位到高位，在 D100 中保存通道 H0 的数据，清除 D102 数据。

```
LD      0.00
WSFT
        H0
        D100
        D102
```

梯形图如图4.8.4所示。

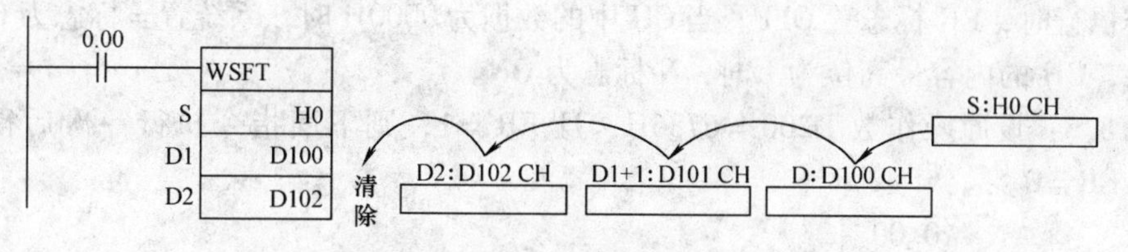

图4.8.4　WSFT指令应用梯形图

4.8.4　ASL和ASR指令

格式:

ASL（025）　　　　@ASL（025）

　　CH　　　　　　　CH

ASR（026）　　　　@ASR（026）

　　CH　　　　　　　CH

操作数CH为移位通道，它可以是IR、SR、HR、AR、LR、DM、*DM。

功能:

ASL为算术左移指令，执行算术左移操作时，将CH中的16位二进制数据顺序左移1位，最高位移入进位标志，最低位补入一个0。

ASR为算术右移指令，执行算术右移操作时，将CH中的16位二进制数据顺序右移1位，最低位移入进位标志，最高位补入一个0。

例4.8.4：设原操作数D200=6786H。则下面指令执行一次后得D200=CF0CH。

```
LD          0.00
@ASL（025）
            D200
```

说明:

当CH中的数据为0000H时，系统置=标志为ON。根据移位结果，CH的内容最高位为1时，N标志为ON。

4.8.5　ROL和ROR指令

格式:

ROL（027）　　　　@ROL（027）

　　CH　　　　　　　CH

ROR（028）　　　　@ROR（028）

　　CH　　　　　　　CH

操作数CH为移位通道，它可以是IR、SR、HR、AR、LR、DM、*DM。

功能:

ROL为循环左移指令，执行循环左移操作时，将CH中的16位数据连同进位位循环左移1位，CH中的最高位移入进位标志，原进位位的值移入CH的最低位。

ROR为循环右移指令，执行循环右移操作时，将CH中的16位数据连同进位位循环右移1位，CH中的最低位移入进位标志，原进位位的值移入CH的最高位。

指令执行时，ER标志置OFF。当CH中的数据为0000H时，系统置=标志为ON。根据移位结果，CH的内容最高位为1时，N标志为ON。

例4.8.5：设原操作数D200 = 6786H，且ER = 1，则下面指令执行一次后得D200 = CF0DH，ER = 0。

```
LD              0.00
@ROL（027）
                D200
```

4.8.6 SLD指令

格式：

```
SLD（074）                    @SLD（074）
            D1                            D1
            D2                            D2
SRD（075）                    @SRD（075）
            D1                            D1
            D2                            D2
```

操作数D1为移位低位通道号，操作数D2为移位高位通道号，它们可以是IR、SR、HR、AR、LR、DM、*DM。D1不能大于D2，且二者必须是在同一区域内。

功能：

SLD为十六进制数左移指令。左移时每位十六进制顺序左移1位，最高1位数移出丢失。最低位补入数字0。

SRD为十六进制数右移指令。右移时每位十六进制顺序右移1位，最低1位数移出丢失。最高位补入数字0。

例4.8.6：设指令执行前有数据如下：

D200 = 6786

D201 = CF0D

程序段如下：

```
LD              0.00
SLD（074）
                D200
                D201
```

则上面程序段执行一次后的数据如下：

D200 = 7860

D201 = F0D6

4.8.7 ASFT指令

格式：

```
ASFT（017）                   @ASFT（017）
```

C　　　　　　　　　　　　C
D1　　　　　　　　　　　D1
D2　　　　　　　　　　　D2

操作数 C 为控制字，它可以是 IR、SR、HR、AR、LR、DM、*DM、#。

操作数 D1 为移位低位通道，操作数 D2 为移位高位通道，它们可以是 IR、SR、HR、AR、LR、DM、*DM、#。D1 不能大于 D2，且二者必须是在同一区域内。

功能：

异步移位寄存器指令。

执行该指令时，每次移动一个通道的数据，移动时只有数据为 0000 的通道和与其相邻的数据不为 0000 的通道进行数据交换。移动分上移（向低地址方向移动）与下移（向高地址方向移动）两种。移动方向由指令中的控制字 C 的定义。ASFT 控制字 C 的定义如图 4.8.5 所示。

例 4.8.7：设有数据通道见表 4.8.1，表内的数值是下面指令执行前和每执行一次后的通道内数据的变化情况。可见 5 次移位的最后结果是将所有的非零数据集中到了地址的低端，但其顺序不变。图 4.8.6 所示为该程序段的梯形图。

LD　　　　　　0.00
ASFT（017）
　　　　　　　#6000
　　　　　　　D000
　　　　　　　D008

第15位 第14位 第13位 第12位 第11位　　　　第0位
不用
位移方向位 1: 下移　0: 上移
允许移动位 1: 允许　0: 不允许
复位位 1: 复位　0: 正常操作

图 4.8.5　ASFT 指令控制字 C 的定义

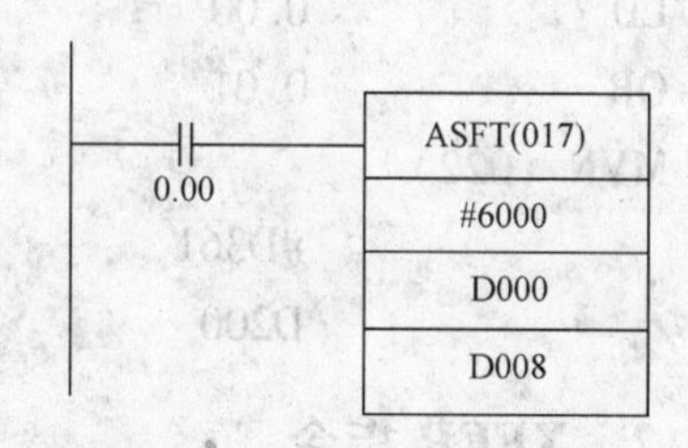

图 4.8.6　ASFT 指令应用梯形图

表 4.8.1　ASFT 指令执行例数据变化情况

通　道	执行前	执行 2 次	执行 3 次	执行 4 次	执行 4 次	执行 5 次
D000	1111	1111	1111	1111	1111	1111
D001	0000	0000	2222	2222	2222	2222
D002	0000	2222	0000	3333	3333	3333
D003	2222	0000	3333	0000	4444	4444
D004	3333	3333	0000	4444	0000	5555
D005	0000	4444	4444	0000	5555	0000
D006	4444	0000	5555	5555	0000	0000
D007	0000	5555	0000	0000	0000	0000
D008	5555	0000	0000	0000	0000	0000

4.9 数据传送类应用指令

4.9.1 MOV 和 MVN 指令

格式：

MOV（021）	@MOV（021）
S	S
D	D
MVN（022）	@MVN（022）
S	S
D	D

操作数 S 为源通道，可以是 IR、SR、HR、AR、LR、DM、*DM、#。

操作数 D 为目的通道，可以是 IR、SR、HR、AR、LR、DM、*DM。

功能：

MOV 是数据传送指令。执行传送操作时将 S 中的数据送到 D，S 中的数据不变。

MVN 是数据求反传送指令。执行求反传送操作时将 S 中的数据求反送到 D，S 中的数据不变。

例 4.9.1：下面的 MVN 指令在输入 0.00 或 0.01 为 ON 时执行求反操作，操作执行的结果为将目的 D200 置 2C9E。图 4.9.1 所示为该程序段的梯形图。

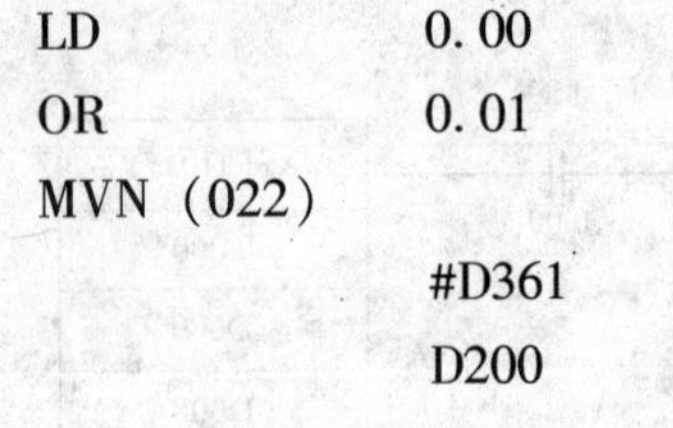

```
LD          0.00
OR          0.01
MVN（022）
            #D361
            D200
```

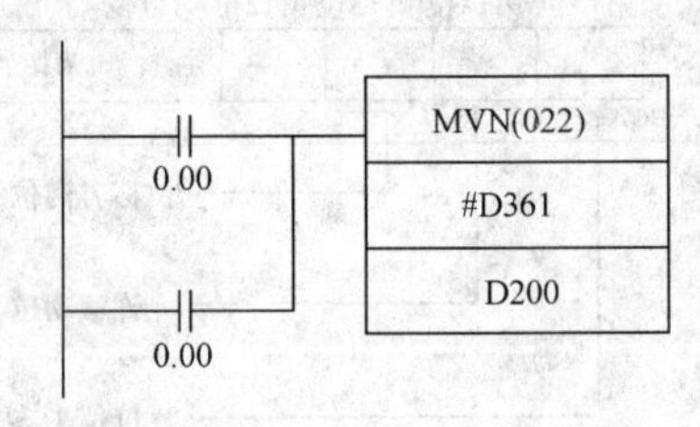

图 4.9.1 MVN 指令应用梯形图

4.9.2 XFER 指令

格式：

XFER（070）	@XFER（070）
N	N
S	S
D	D

操作数 N 为传送通道数，取值范围为 0000～FFFFH，或十进制数 0～65535。

操作数 S 为源数据块的开始通道地址，操作数 D 为目的数据块的开始通道地址，它们可以是 IR、SR、HR、AR、LR、DM、*DM。

功能：

块传送指令。

执行时将由 S 通道开始的 *N* 个连续数据传送到由 D 开始的对应通道中去。

例 4.9.2：下面是一个传送 20 个数据的程序段。

```
LD          0.01
OR          0.02
AND         0.03
XFER（070）
            #0020
            D200
            H000
```

4.9.3　BSET 指令

格式：

```
BSET（071）                       @BSET（071）
            S                                S
            D1                               D1
            D2                               D2
```

操作数 S 为源数据，可以是 IR、SR、HR、AR、LR、DM、*DM、#。

操作数 D1 为传送目的开始通道地址，操作数 D2 为传送目的结束通道地址，它们可以是 IR、SR、HR、AR、LR、DM、*DM。D1 不能大于 D2，且二者必须在同一区域内。

功能：

块置数指令。

执行块置数操作时，将由 D1 开始到 D2 结束的所有通道都置为数据 S。

例 4.9.3：下面程序段在条件满足时执行块置数操作，操作结果是将由 H000 ~ H011 之间的所有通道置 FFFFH。

```
LD          0.00
AND         0.01
@BSET（071）
            #FFFF
            H000
            H011
```

4.9.4　XCHG 指令

格式：

```
XCHG（073）                       @XCHG（073）
            D1                               D1
            D2                               D2
```

操作数 D1 为交换数据 1，操作数 D2 为交换数据 2，它们可以是 IR、SR、HR、AR、LR、DM、*DM。

功能：

数据交换指令。

执行数据交换时，将 D1 和 D2 两个通道的数据进行交换。

例 4.9.4：下面程序段在执行条件满足时，将两指定通道中的数据交换。

```
LD          0.00
OR          0.01
@XCHG（073）
            D200
            D210
```

4.9.5 DIST 指令

格式：

```
DIST（080）                    @DIST（080）
            S1                             S1
            D                              D
            S2                             S2
```

操作数 S1 为源数据，可以是 IR、SR、HR、AR、LR、DM、*DM、#。

操作数 D 为目的基准通道，可以是 IR、SR、HR、AR、LR、DM、*DM。

操作数 S2 为偏移数据，可以是 IR、SR、HR、AR、LR、DM、*DM、#。

功能：

单字分配指令。

将 S1 的数据送到 D + S2 所指定的通道中去。通过改变偏移数据 S2 的内容，可以将数据传送至任意位置。

例 4.9.5：当下面程序段中的 DIST 指令执行条件满足时，将 D000 ~ D005 单元的内容置 FFFF。

```
LD          0.01
AND         0.02
DIST（080）
            #FFFF
            D000
            #0005
```

4.9.6 COLL 指令

格式：

```
COLL（081）                    @COLL（081）
            S1                             S1
            S2                             S2
            D                              D
```

操作数 S1 为源基准通道，操作数 D 为目的基准通道，它们可以是 IR、SR、HR、AR、LR、DM、*DM。

操作数 S2 为偏移数据。

功能：

数据调用指令。

将 S1 + S2 号通道内的数据赋值给通道 D。

例 4.9.6：图 4.9.2 中，0.00 为 ON 时，将 D100 作为基础地址，将 D200 中的数值作为偏移地址，基地址加偏移地址形成实际数据存放地址。实际数据存放地址中的数据赋值给 D300。

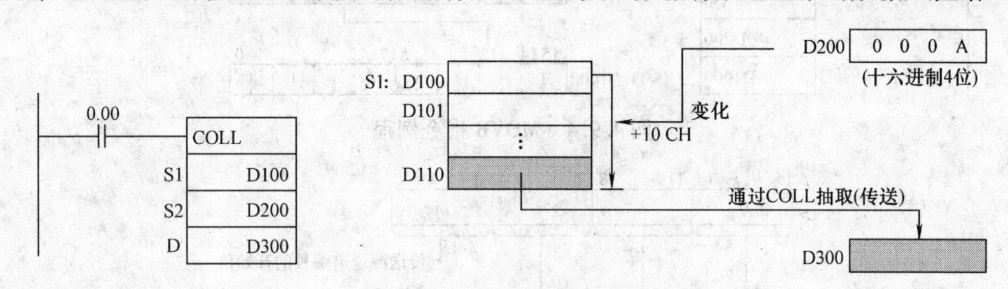

图 4.9.2 COLL 执行例程

4.9.7 MOVB 和 MOVD 指令

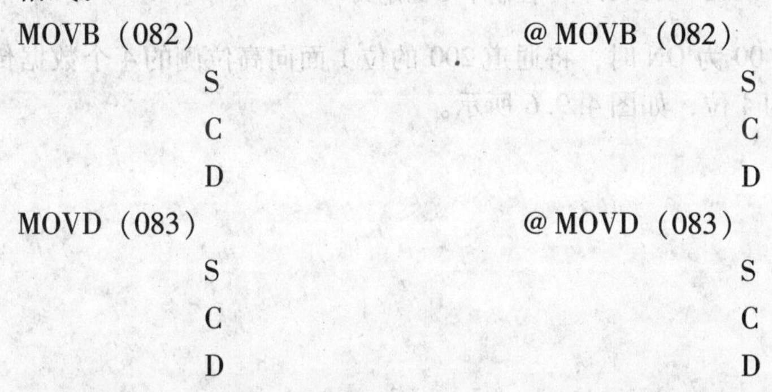

格式：

MOVB（082）	@MOVB（082）
S	S
C	C
D	D
MOVD（083）	@MOVD（083）
S	S
C	C
D	D

操作数 S 为源数据，可以是 IR、SR、HR、AR、LR、DM、*DM、#。

操作数 C 为控制字，可以是 IR、SR、HR、AR、LR、DM、*DM、#。

操作数 D 为目的通道，可以是 IR、SR、HR、AR、LR、DM、*DM。

功能：

MOVB 为位传送指令。

执行位传送时可以将 S 中指定的二进制位传送到 D 的指定位上。S 和 D 中的位的指定由 C 来实现。图 4.9.3 所示为 MOVB 指令中的控制字 C 的定义。将 S 的指定位置，由 C 的 n 指定的内容（0/1）传送到 D 的指定位置（由 C 的 m 指定）。

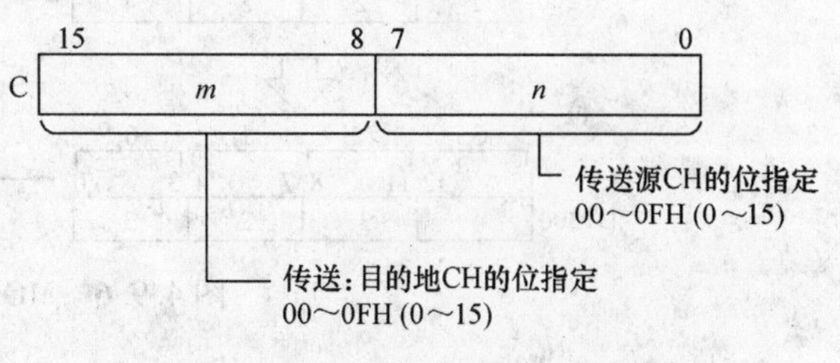

图 4.9.3 MOVB 指令控制字 C 的定义

例 4.9.7：如图 4.9.4 所示，0.00 为 ON 时，D200 中数据为 0C05H 时，将 D0 的位 5 传送至 D1000 的位 12。

MOVD 为数字传送指令。

执行数字传送时可以将 S 中指定的十六进制数传送到 D 中。传送数字的位置和位数的指定由 C 来实现。图 4.9.5 所示为 MOVD 指令中的控制字 C 的定义。

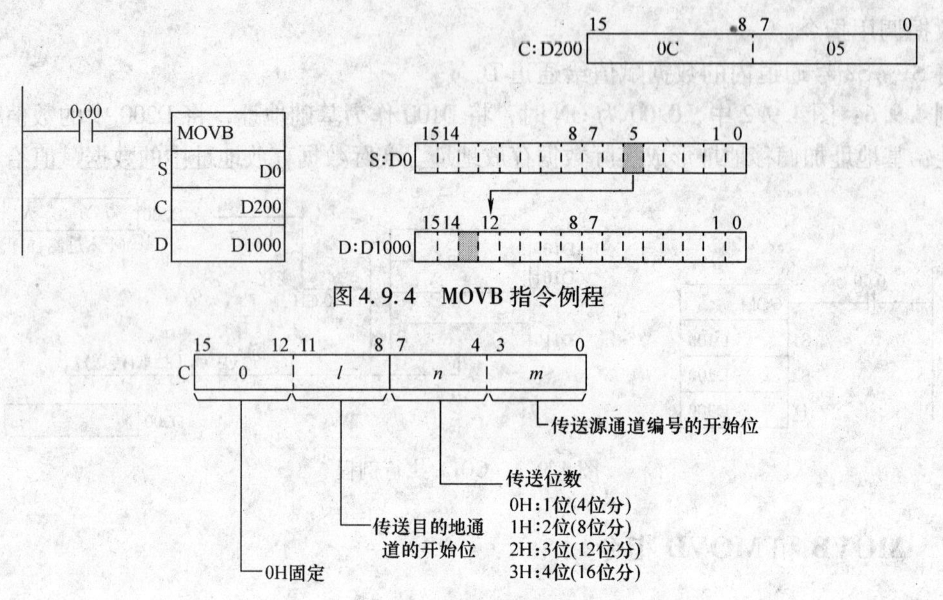

图 4.9.4 MOVB 指令例程

图 4.9.5 MOVD 指令控制字 C 的定义

例 4.9.8：下面程序段当 0.00 为 ON 时，将通道 200 的位 1 面向高位侧的 4 个数据传输至通道 300 的位 0 面向高位侧的 4 位，如图 4.9.6 所示。

```
LD          0.00
MOVD (083)
            200
            #0031
            300
```

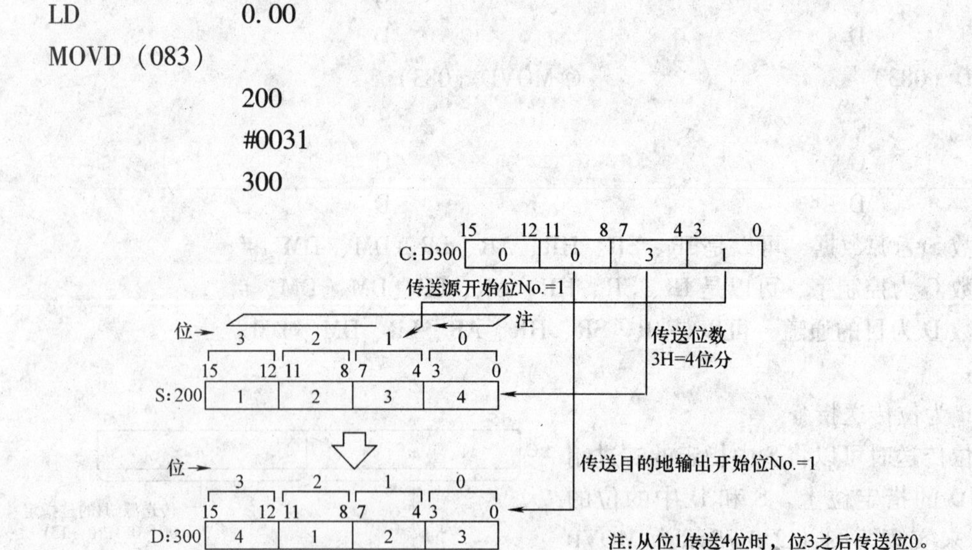

图 4.9.6 MOVD 指令例程

4.10 数据运算类应用指令

4.10.1 STC 和 CLC 指令

格式：

STC (040)　　　　　　　　@STC (040)

CLC（041）　　　　　　　　　@CLC（041）

功能：

STC为置进位位指令。执行条件满足时执行置进位位操作，将进位标志位CY置ON。

CLC为清进位位指令。执行条件满足时执行清进位位操作，将进位标志位CY置OFF。

4.10.2　+和+L指令

格式：

```
+（400）             @+（400）
       S1                 S1
       S2                 S2
       D                  D
+L（401）            @+L（401）
       S1                 S1
       S2                 S2
       D                  D
```

操作数S1为被加数，S2为加数，它们可以是IR、SR、HR、AR、LR、DM、*DM、#。

操作数D为目的通道，它可以是IR、SR、HR、AR、LR、DM、*DM。

功能：

+为带符号位，无CY的二进制加法运算指令。执行加法操作时将S1和S2的内容做加法，加出的结果送D，有进位时CY置1。正数加正数结果在负数范围内时，OF标志为ON；负数加负数结果在正数范围内时，UF标志为ON。

+L双通道带符号位，无CY的二进制加法指令，执行加法操作时将S1、S1+1和S2、S2+1的内容做加法，结果送D~D+1，有进位时，CY置1。正数加正数结果在负数范围内时，OF标志为ON；负数加负数结果在正数范围内时，UF标志为ON。

4.10.3　+C和+CL指令

格式：

```
+C（402）            @+C（402）
       S1                 S1
       S2                 S2
       D                  D
+CL（403）           @+CL（403）
       S1                 S1
       S2                 S2
       D                  D
```

操作数S1为被加数，S2为加数。它们可以是IR、SR、HR、AR、LR、DM、*DM、#。

操作数D为目的通道。它可以是IR、SR、HR、AR、LR、DM、*DM。

功能：

+C为带符号位和CY的二进制加法运算指令。执行加法操作时将S1和S2的内容做加法，加出的结果送 D，有进位时 CY 置 1。正数加正数结果在负数范围内时，OF 标志为 ON；负数加负数结果在正数范围内时，UF 标志为 ON。

+CL 双通道带符号位和 CY 的二进制加法指令，执行加法操作时将 S1、S1+1 和 S2、S2+1 的内容做加法，结果送 D~D+1，有进位时，CY 置 1。正数加正数结果在负数范围内时，OF 标志为 ON；负数加负数结果在正数范围内时，UF 标志为 ON。

+C 及 +CL 指令示意图如图 4.10.1 所示。

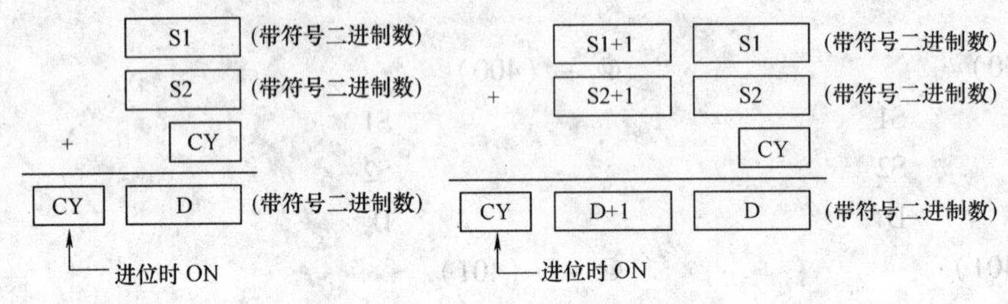

图 4.10.1 +C 及 +CL 指令示意图

4.10.4 +B(404)和 +BL(405)指令

格式：

+B（404）	@ +B（404）
S1	S1
S2	S2
D	D
+BL（405）	@ +BL（405）
S1	S1
S2	S2
D	D

操作数 S1 为被加数，S2 为加数，它们可以是 IR、SR、HR、AR、LR、DM、*DM、#。

操作数 D 为目的通道，它可以是 IR、SR、HR、AR、LR、DM、*DM。

功能：

+B 为不带 CY 的 BCD 码加法运算指令。执行加法操作时将 S1 和 S2 的内容做加法，加出的结果送 D，有进位时 CY 置 1。结果为全 0 时，=标志置 ON。

+BL 为双通道不带 CY 的 BCD 码加法运算指令。执行加法操作时将 S1、S1+1 和 S2、S2+1 的内容做 BCD 码加法，结果送 D~D+1，有进位时，CY 置 1。结果全为 0 时，=标志置 ON。

+B 及 +BL 指令示意图如图 4.10.2 所示。

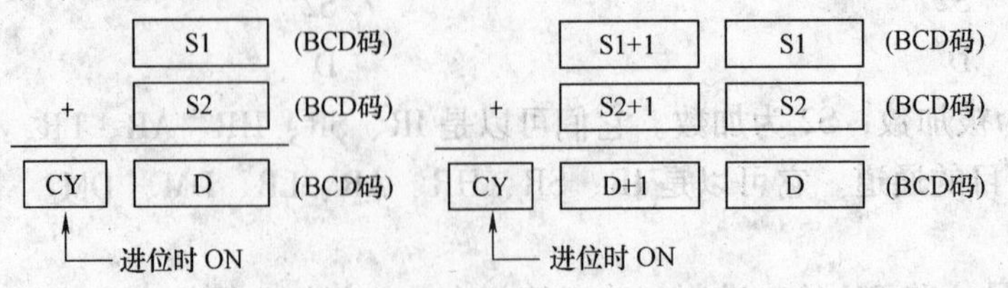

图 4.10.2 +B 及 +BL 指令示意图

4.10.5　+BC(406)和 +BCL(407)指令

格式：

+BC（406）　　　　@ +BC（406）

S1　　　　S1

S2　　　　S2

D　　　　D

+BCL（407）　　　　@ +BCL（407）

S1　　　　S1

S2　　　　S2

D　　　　D

操作数 S1 为被加数，S2 为加数。它们可以是 IR、SR、HR、AR、LR、DM、*DM、#。

操作数 D 为目的通道。它可以是 IR、SR、HR、AR、LR、DM、*DM。

功能：

+BC 为带 CY 的 BCD 码加法运算指令。执行加法操作时将 S1 和 S2 的内容做加法，加出的结果送 D，有进位时 CY 置 1。结果为全 0 时，= 标志置 ON。

+BCL 为双通道带 CY 的 BCD 码加法运算指令，执行加法操作时将 S1、S1 +1 和 S2、S2 +1 的内容做 BCD 码加法，结果送 D ~ D +1，有进位时，CY 置 1。结果全为 0 时，= 标志置 ON。

+BC 及 +BCL 指令示意图如图 4.10.3 所示。

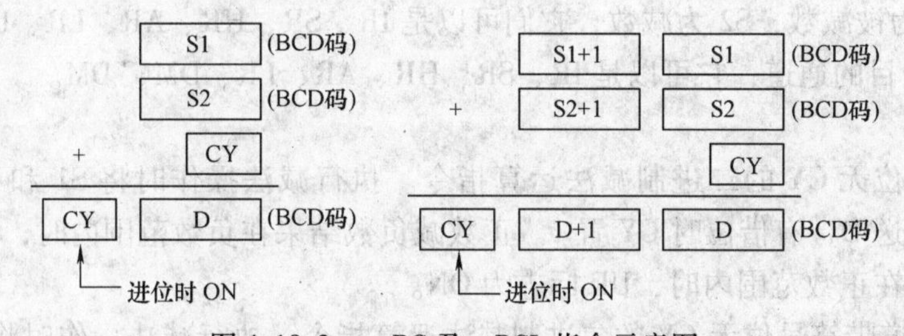

图 4.10.3　+BC 及 +BCL 指令示意图

4.10.6　+D 和 -D 指令

格式：

+D（845）　　　　@ +D（845）

S1　　　　S1

S2　　　　S2

D　　　　D

操作数 S1 为被加数，S2 为加数，它们可以是 IR、SR、HR、AR、LR、DM、*DM、#。

操作数 D 为目的通道，它可以是 IR、SR、HR、AR、LR、DM、*DM。

-D（846）　　　　@ -D（846）

S1　　　　S1

S2　　　　　　　　　　S2

D　　　　　　　　　　D

操作数 S1 为被减数，S2 为减数，它们可以是 IR、SR、HR、AR、LR、DM、* DM、#。

操作数 D 为目的通道。它可以是 IR、SR、HR、AR、LR、DM、* DM。

功能：

+D 为双精度浮点加法运算指令。执行加法操作时将 S1 和 S2 的内容做加法，加出的结果送 D～D+3，并按运算结果置 UF、OF 和 N 位。

-D 为双精度减法运算指令。执行减法操作时将 S1 和 S2 的内容做双精度减法，减出的结果送 D～D+3，并按运算结果置 UF、OF 和 N 位。

4.10.7 -(410)和-L(411)指令

格式：

-（410）　　　　　　　　@ -（410）

S1　　　　　　　　　　S1

S2　　　　　　　　　　S2

D　　　　　　　　　　D

-L（411）　　　　　　　@ -L（411）

S1　　　　　　　　　　S1

S2　　　　　　　　　　S2

D　　　　　　　　　　D

操作数 S1 为被减数，S2 为减数，它们可以是 IR、SR、HR、AR、LR、DM、* DM、#。

操作数 D 为目的通道，它可以是 IR、SR、HR、AR、LR、DM、* DM。

功能：

-为带符号位无 CY 的二进制减法运算指令。执行减法操作时将 S1 和 S2 的内容做减法，减出的结果送 D，有借位时 CY 置 1。正数减负数结果在负数范围内时，OF 标志为 ON；负数减正数结果在正数范围内时，UF 标志为 ON。

-L 为双通道带符号位无 CY 的二进制减法运算指令。执行减法操作时将 S1、S1+1 和 S2、S2+1 的内容做加法，结果送 D～D+1，有借位时，CY 置 1。正数减负数结果在负数范围内时，OF 标志为 ON；负数减正数结果在正数范围内时，UF 标志为 ON。

4.10.8 -C(412)和-CL(413)指令

格式：

-C（412）　　　　　　　@ -C（412）

S1　　　　　　　　　　S1

S2　　　　　　　　　　S2

D　　　　　　　　　　D

-CL（413）　　　　　　@ -CL（413）

S1　　　　　　　　　　S1

S2　　　　　　　　　　S2

D　　　　　　　　D

操作数S1为被减数，S2为减数，它们可以是IR、SR、HR、AR、LR、DM、*DM、#。

操作数D为目的通道，它可以是IR、SR、HR、AR、LR、DM、*DM。

功能：

-C为带符号位和CY的二进制减法运算指令。执行减法操作时将S1和S2的内容做减法，减出的结果送D，有借位时CY置1。正数减负数结果在负数范围内时，OF标志为ON；负数减正数结果在正数范围内时，UF标志为ON。

-CL为双通道带符号位和CY的二进制减法运算指令。执行减法操作时将S1、S1+1和S2、S2+1的内容做减法，结果送D~D+1，有借位时，CY置1。正数减负数结果在负数范围内时，OF标志为ON；负数减正数结果在正数范围内时，UF标志为ON。

-C及-CL指令示意图如图4.10.4所示。

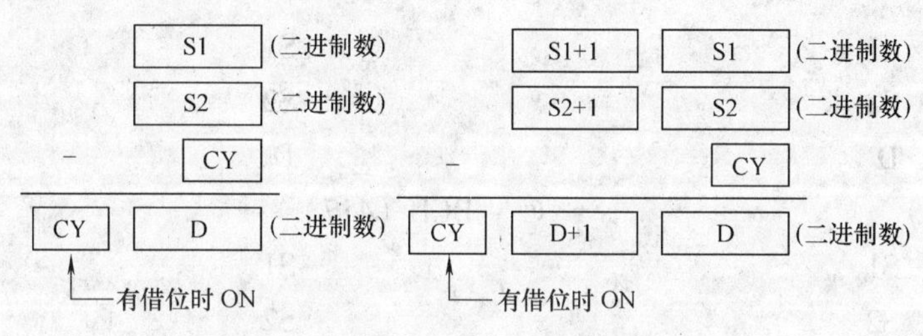

图4.10.4　-C及-CL指令示意图

4.10.9　-B(414)和-BL(415)指令

格式：

-B（414）　　　　@+B（414）

S1　　　　S1

S2　　　　S2

D　　　　D

-BL（415）　　　　@-BL（415）

S1　　　　S1

S2　　　　S2

D　　　　D

操作数S1为被减数，S2为减数，它们可以是IR、SR、HR、AR、LR、DM、*DM、#。

操作数D为目的通道，它可以是IR、SR、HR、AR、LR、DM、*DM。

功能：

-B为不带CY的BCD码减法运算指令。执行减法操作时将S1和S2的内容做减法，减出的结果送D，有借位时CY置1。结果为全0时，=标志置ON。

-BL为双通道不带CY的BCD码减法运算指令。执行减法操作时将S1、S1+1和S2、S2+1的内容做BCD码减法，结果送D~D+1，有借位时，CY置1。结果全为0时，=标志置ON。

-B及-BL指令示意图如图4.10.5所示。

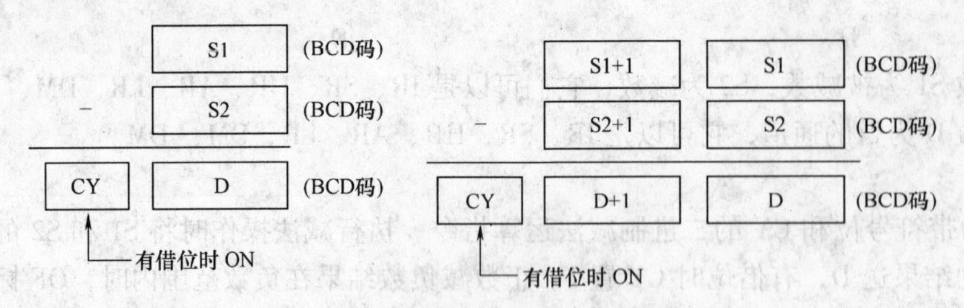

图 4.10.5　– B 及 – BL 指令示意图

4.10.10　– BC(416) 和 – BCL(417) 指令

格式：

– BC（416）　　　　　　　　@ – BC（416）

　　S1　　　　　　　　　　　　S1

　　S2　　　　　　　　　　　　S2

　　D　　　　　　　　　　　　D

– BCL（417）　　　　　　　@ – BCL（417）

　　S1　　　　　　　　　　　　S1

　　S2　　　　　　　　　　　　S2

　　D　　　　　　　　　　　　D

操作数 S1 为被减数，S2 为减数，它们可以是 IR、SR、HR、AR、LR、DM、* DM、#。

操作数 D 为目的通道，它可以是 IR、SR、HR、AR、LR、DM、* DM。

功能：

– BC 为带 CY 的 BCD 码加法运算指令。执行减法操作时将 S1 和 S2 的内容做减法，减出的结果送 D，有借位时 CY 置 1。结果为全 0 时，= 标志置 ON。

– BCL 为双通道带 CY 的 BCD 码减法运算指令。执行减法操作时将 S1、S1 + 1 和 S2、S2 + 1 的内容做 BCD 码减法，结果送 D ~ D + 1，有借位时，CY 置 1。结果全为 0 时，= 标志置 ON。

– BC 及 – BCL 指令示意图如图 4.10.6 所示。

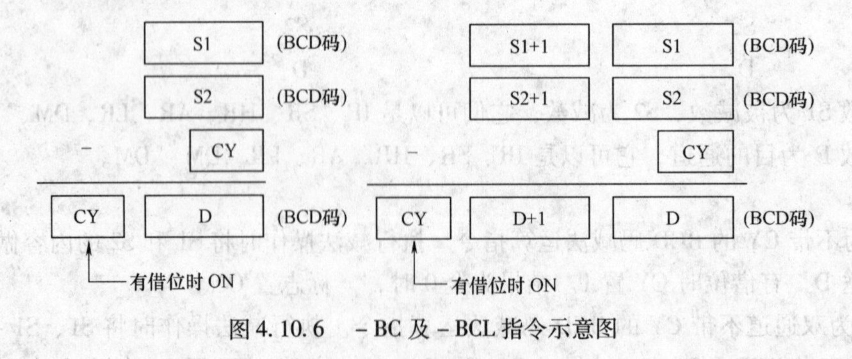

图 4.10.6　– BC 及 – BCL 指令示意图

4.10.11　* D 和/D 指令

格式：

*D（847）　　　　　　　　　　　@*D（847）

S1　　　　　　　　　　　　　　S1

S2　　　　　　　　　　　　　　S2

D　　　　　　　　　　　　　　D

操作数S1为被乘数，S2为乘数，它们可以是IR、SR、HR、AR、LR、DM、*DM、#。

操作数D为目的通道，它可以是IR、SR、HR、AR、LR、DM、*DM。

/D（848）　　　　　　　　　　　@/D（848）

S1　　　　　　　　　　　　　　S1

S2　　　　　　　　　　　　　　S2

D　　　　　　　　　　　　　　D

操作数S1为被除数，S2为除数，它们可以是IR、SR、HR、AR、LR、DM、*DM、#。

操作数D为目的通道，它可以是IR、SR、HR、AR、LR、DM、*DM。

功能：

*D为双精度乘法运算指令。

执行乘法操作时将S1和S2的数据相乘，结果送D~D+3。运算结果的绝对值比浮点数所能表示的最大值还大时，OF标志为ON，此时运算结果作为±∞输出；运算结果比浮点数据所能表示的最小值还小时，UF标志为ON，此时运算结果作为浮点数据0输出。

/D为双精度除法运算指令。

执行除法操作时将S1的数据除以S2的数据，除出的结果送D~D+3。运算结果的绝对值比浮点数所能表示的最大值还大时，OF标志为ON。此时运算结果作为±∞输出；运算结果比浮点数据所能表示的最小值还小时，UF标志为ON，此时运算结果作为浮点数据0输出。

4.10.12　++和++L指令

格式：

++（590）　　　　　　　　　　　++L（591）

S　　　　　　　　　　　　　　S

操作数S为源通道，可以是IR、SR、HR、AR、LR、DM、*DM。

功能：

++为二进制增量运算指令，对S所指定的数据进行二进制+1运算，结果送回S中。

++L为二进制增量运算指令，对S、S+1通道指定的数据进行加1运算，结果送回S和S+1中。

说明：

++和++L指令的执行不影响进位标志，但要影响=标志。

4.10.13　--和--L指令

格式：

--（592）　　　　　　　　　　　--L（593）

S　　　　　　　　　　　　　　S

操作数 S 为源通道，可以是 IR、SR、HR、AR、LR、DM、* DM。

功能：

－－为二进制减一运算指令，对 S 所指定的数据进行二进制－1 运算，结果送回 S 中。

－－L 为二进制减一运算指令，对 S、S＋1 通道指定的数据进行减 1 运算，结果送回 S 和 S＋1 中。

说明：

＋＋和＋＋L 指令的执行不影响进位标志，但要影响＝标志。

4.10.14　＋＋B 和＋＋BL 指令

格式：

＋＋B（594）　　　　　　　　＋＋BL（595）

S　　　　　　　　　　　　　S

操作数 S 为源通道，可以是 IR、SR、HR、AR、LR、DM、* DM。

功能：

＋＋B 为 BCD 码加一运算指令，对 S 所指定的数据进行 BCD 码＋1 运算，结果送回 S 中。

＋＋BL 为 BCD 码加一运算指令，对 S、S＋1 通道指定的数据进行 BCD 码加 1 运算，结果送回 S 和 S＋1 中。

例 4.10.1：图 4.10.7 所示程序中，当 0.00 为 ON 时，每周期 D100 中的内容加 1。

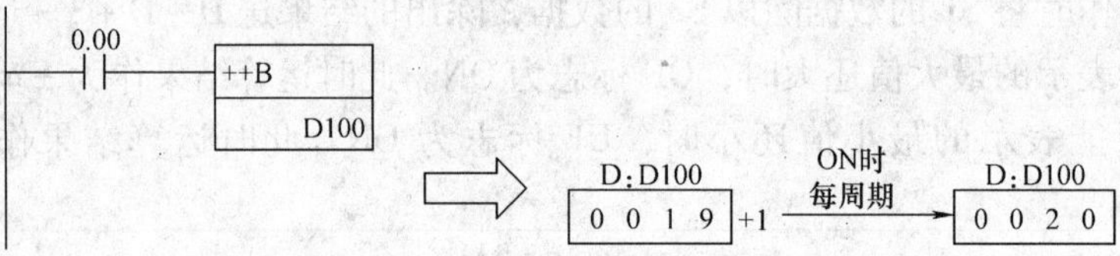

图 4.10.7　＋＋B 指令例程

例 4.10.2：图 4.10.8 所示程序中，当 0.01 为 ON 时，每周期 D200 和 D201 中的数据加 1。

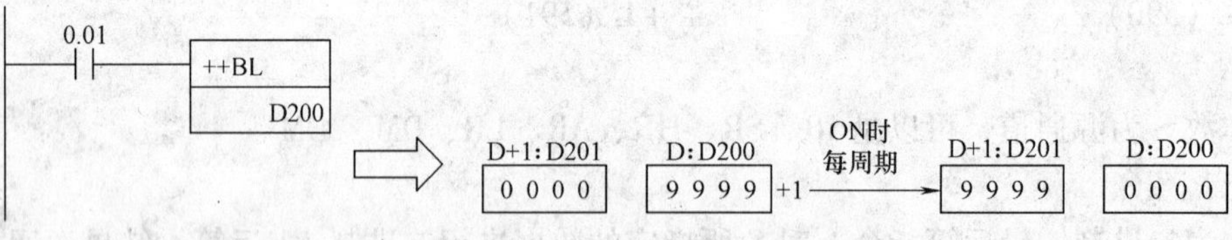

图 4.10.8　＋＋BL 指令例程

4.10.15　－－B 和－－BL 指令

格式：

－－B（596）　　　　　　　　－－BL（597）

S　　　　　　　　　　　　　S

操作数 S 为源通道，可以是 IR、SR、HR、AR、LR、DM、* DM。

功能：

－－B 为 BCD 码减一运算指令，对 S 所指定的数据进行 BCD 码－1 运算，结果送回 S 中。

－－BL为BCD码减一运算指令，对S、S+1通道指定的数据进行BCD码－1运算，结果送回S和S+1中。

4.10.16　COM、ANDW、ORW、XORW和XNRW指令

格式：

COM（029）	@COM（029）
D	D
ANDW（034）	@ANDW（034）
S1	S1
S2	S2
D	D
ORW（035）	@ORW（035）
S1	S1
S2	S2
D	D
XORW（036）	@XORW（036）
S1	S1
S2	S2
D	D
XNRW（37）	@XNRW（37）
S1	S1
S2	S2
D	D

操作数S1为源通道1，S2为源通道2，它们可以是IR、SR、HR、AR、LR、DM、*DM、#。

操作数D为目的通道，它可以是IR、SR、HR、AR、LR、DM、*DM。

功能：

COM为字求反运算指令。

字求反操作时，将D中的数据按位求反后结果仍送回D。

ANDW为字逻辑与运算指令。

字逻辑与运算时，将S1和S2中的数据按位进行逻辑与运算，运算结果送D中。

ORW为字逻辑或运算指令。

字逻辑或运算时，将S1和S2中的数据按位进行逻辑或运算，运算结果送D中。

XORW为字逻辑异或运算指令。

字逻辑异或运算时，将S1和S2中的数据按位进行逻辑异或运算，运算结果送D中。

XNRW为字逻辑同或运算指令。

字逻辑同或运算时，将S1和S2中的数据按位进行逻辑同或运算，运算结果送D中。

说明：

上述所有逻辑运算指令的执行不影响进位标志，但要影响=标志。

例 4. 10. 3：下面程序段执行时，只要输入 0. 01 由 OFF 变为 ON，就要将 D100 中的内容求反一次。若设 D100 中有数据 6924，则求反指令执行一次后 D100 的数据将会成为 96DB。

```
LD          0.01
@COM (029)
            D100
```

例 4. 10. 4：下面程序段中使用 0. 01 为运算选择开关。

当选择开关为 ON 时，将 W00 高 8 位全部置为 ON，低 8 位状态保持不变，运算结果送 W01。

当选择开关为 OFF 时，将 W00 高 8 位全部置为 OFF，低 8 位状态保持不变，运算结果送 W02。

图 4. 10. 9 所示为该程序段的梯形图。

```
LD          0.01
@ORW (035)
            W00
            #FF00
            W01
LD NOT      0.01
@ANDW (034)
            W00
            #00FF
            W02
```

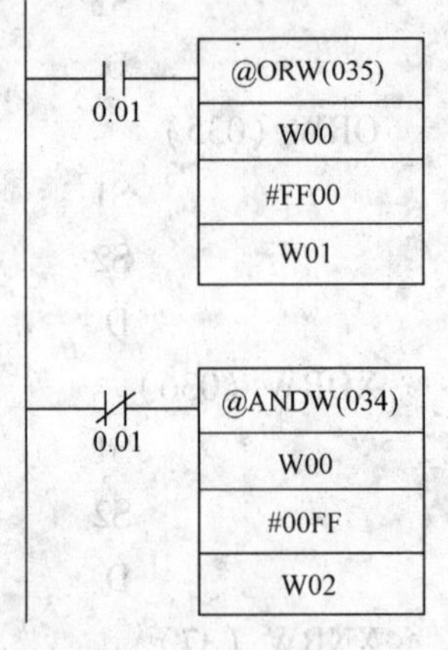

图 4. 10. 9 ANDW 和 ORW 指令应用梯形图

4. 11 子程序和中断控制类应用指令

4. 11. 1 SBS、SBN 和 RET 指令

格式：

SBS (091) N @SBS (091) N

SBN (092) N

RET (093)

操作数 N 为子程序号，取值范围为十进制数 000 ~ 255。

功能：

SBS 为子程序调用指令。

执行子程序调用操作时，调用由 N 指定的子程序段。当子程序执行结束后，程序返回到调用处，从 SBS 的下一条指令开始继续执行。

所有被调用的子程序需经过定义。

SBN 为子程序定义指令。

SBN 指令用在每段子程序定义的开始，并为该段子程序赋予编号 N。

RET 为子程序返回指令

RET指令用在每段子程序定义的结束。

SBN和RET指令应该两两对应使用。SBN和RET指令不需要任何执行条件，即在梯形图上它们可以和左端母线直接相连。

说明：

在程序中子程序可以嵌套使用，但嵌套的级数不能超过16个。

子程序定义的位置应该在主程序之后，END指令之前。

例4.11.1：图4.11.1所示是一个子程序应用的例子，程序段中调用子程序的条件是0.00为ON。子程序内容执行结束后，系统会自动返回主程序。

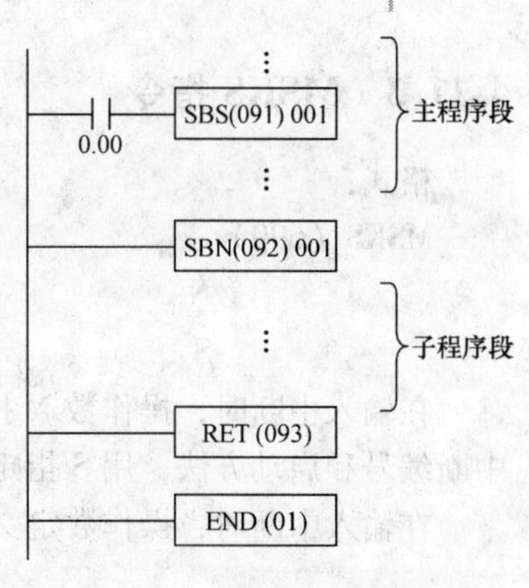

图4.11.1　子程序应用梯形图

4.11.2　MCRO指令

格式：

MCRO（099）　　　　@MCRO（099）

N　　　　N

S　　　　S

D　　　　D

操作数N为子程序号，取值范围为十进制数000～255。

操作数S为第一个输入字，操作数D为第一输出字，它们可以是IR、SR、HR、AR、LR、DM、*DM。

功能：

宏指令。

用来调用N所指定编号的子程序区域。

与SBS指令不同，该指令根据S所指定的参数数据和D所指定的返回数据，与子程序区域的程序进行数据传递。由此，可以作为仅改变1个子程序区域程序的地址多回路分开使用。

例4.11.2：图4.11.2所示为宏指令使用的例子。其中，图4.11.2a所示为使用宏的程序段，图4.11.2b所示为不使用宏的程序段。两程序段的功能完全相同。

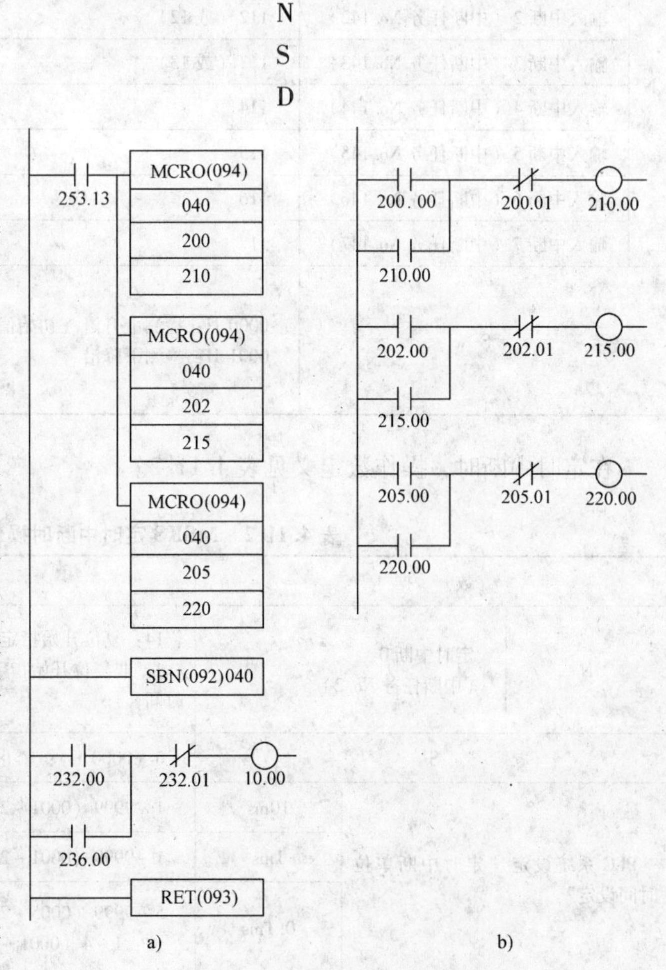

图4.11.2　MCRO指令应用梯形图

4.11.3　MSKS 指令

格式：

MSKS（690）　　　　　　　　　　@ MSKS（690）

N　　　　　　　　　　　　　　　N

S　　　　　　　　　　　　　　　S

在输入中断时，操作数 N 指定中断编号，S 设定动作；在定时中断时，N 用来指定定时中断编号和启动方法，用 S 指定定时中断时间。

在输入中断时，操作数定义见表 4.11.1。

表 4.11.1　MSKS 输入中断时操作数定义

数　据		数据内容中	
		中断输入的上升沿/下降沿指定时	中断输入的屏蔽解除/屏蔽指定时
N	输入中断 0（中断任务 No. 140）	110（或 10）	100（或 6）
	输入中断 1（中断任务 No. 141）	111（或 11）	101（或 7）
	输入中断 2（中断任务 No. 142）	112（或 12）	102（或 8）
	输入中断 3（中断任务 No. 143）	113（或 13）	103（或 9）
	输入中断 4（中断任务 No. 144）	114	104
	输入中断 5（中断任务 No. 145）	115	105
	输入中断 6（中断任务 No. 146）	116	106
	输入中断 7（中断任务 No. 147）	117	107
S		0000 H：检测上升沿（初始值） 0001 H：检测下降沿	0000 H：中断任务解除（直接模式） 0001 H：中断任务 0002 H：中断任务解除（计数模式、开始减法计数）

在定时中断时，操作数定义见表 4.11.2。

表 4.11.2　MSKS 定时中断时操作数定义

数　据		数据内容
N	定时中断 0（中断任务 No. 2）	14：复位开始指定（将内部时间值复位后，开始计时） 4：非复位开始指定（另外需要用 CLI 指令来设定初次中断开始时间）
S		0（0000 H）：禁止执行定时中断（内部计时器停止）
PLC 系统设定“定时中断单位时间设定”	10ms	1～9999（0001～270F H）：定时中断时间设定　10～99990ms
	1ms	1～9999（0001～270F H）：定时中断时间设定　1～9999ms
	0.1ms	5～9999（0005～270F H）：定时中断时间设定　0.5～999.9ms 注：1～4（0001～0004 H）不可指定。将变成指令处理出错

4.11.4　CLI指令

格式：

CLI（691）

N

S

操作数N为控制数据1，S为控制数据2。

功能：

中断解除指令。

该指令根据N的值来指定是进行输入中断原因记忆的解除/保持，还是进行定时中断的初次中断开始时间设定，或者高速计数器中断原因记忆的解除/保持。

1）输入中断时，用N指定输入中断编号，用S指定动作，见表4.11.3。

表4.11.3　输入中断时CLI指令操作数

数　据	数据内容
N	中断输入编号（用N指定输入中断编号，用S指定动作） 100（或6）：输入中断0（中断任务No.140） 101（或7）：输入中断1（中断任务No.141） 102（或8）：输入中断2（中断任务No.142） 103（或9）：输入中断3（中断任务No.143） 104：　输入中断4（中断任务No.144） 107：　输入中断7（中断任务No.147）
S	中断原因记忆解除指定 0001（H）：记忆解除 0000（H）：记忆保持

2）定时中断时用N指定定时中断编号，用S指定初次中断开始时间，见表4.11.4。

表4.11.4　定时中断时CLI指令操作数

数　据	数据内容
N	定时中断编号 4：定时中断0（中断任务No.2）
S	0000～270F H：初次中断开始时间（0～9999） 注：单位时间可通过PLC系统设定（定时中断单位时间设定）来设定10ms/1.0ms/0.1ms中的任何一个

3）高速计数器中断时用N指定高速计数器中断编号，用S指定动作，见表4.11.5。

表 4.11.5 高速计数器中断时 CLI 指令操作数

数 据	数据内容
N	高速计数器中断编号 10：高速计数器中断 0 11：高速计数器中断 1 12：高速计数器中断 2 13：高速计数器中断 3
S	中断原因记忆解除 指定 0001（H）：记忆解除 0000（H）：记忆保持

4.11.5 DI 和 EI 指令

格式：

DI（693）

EI（694）

功能：

DI 指令禁止执行所有的中断任务。

该指令在周期执行任务中使用，禁止所有中断任务（输入中断任务、定时中断任务、高速计数器中断任务、外部中断任务）的执行。在执行解除禁止中断任务执行（EI）之前的时间段内，在中断任务的执行暂时停止时使用。

EI 指令解除通过 DI 指令设定的所有中断任务的执行禁止。

在周期执行任务内使用，解除通过 DI（禁止执行中断任务）指令被禁止执行的所有中断任务（输入中断任务、定时中断任务、高速计数器中断任务、外部中断任务）的执行禁止。

4.12 高速计数器应用指令

在 CP 系列中，可以选择十进制（BCD 模式）和二进制（BINI 模式）作为定时器/计数器相关指令当前值的更新方式。

定时器/计数器编号可以通过变址寄存器间接指定并使用。通过变址寄存器指定的 I/O 存储器有效地址为错误地址时，不执行该定时器/计数器指令。高速计数器在使用前必须经过输入模式的设定。模式设定通道在 DM6642，设定值的具体定义见表 4.12.1。工作中，高速计数器的 PV 值的低 4 位和高 4 位分别放在 248 和 249 中。

4.12.1 CTBL 指令

格式：

CTBL（882） @CTBL（882）

C1 C1

C2　　　　　　　　　　C2

S　　　　　　　　　　S

操作数 C1 为端口指定，取 0000H 时为高速计数器输入 0，0001H 时为高速计数器 1，0002H 时为高速计数器 2，0003H 时为高速计数器 3。

操作数 C2 为控制字，其定义见表 4.12.1。

操作数 S 为比较表开始通道，它可以是 IR、SR、HR、AR、LR、DM、*DM。

表 4.12.1　CTBL 指令控制字定义

C2	定义功能
0000H	登记一个目标值比较表，并启动比较
0001H	登记一个区域比较表，并启动比较
0002H	登记一个目标值比较表，用 INI 启动比较
0003H	登记一个区域比较表，用 INI 启动比较
C1	定义功能
0000H	高速计数器输入 0
0001H	高速计数器输入 1
0002H	高速计数器输入 2
0003H	高速计数器输入 3

功能：

比较表登记指令。

对于由 C1 指定的端口，按由 C2 指定的方式，开始执行与高速计数当前值进行比较的表的登录和比较。

比较表登录（C2 = 0002，0003H），登录和高速计数当前值进行比较的表。这时通过执行 INI 指令来开始比较。

登录比较表并开始比较（C2 = 0000，0001H），登录为了和高速计数当前值进行比较的表，开始执行比较。

指定目标值一致比较表时，根据 S 的比较个数，为 4 ~ 145 通道的可变长度，如图 4.12.1 所示。

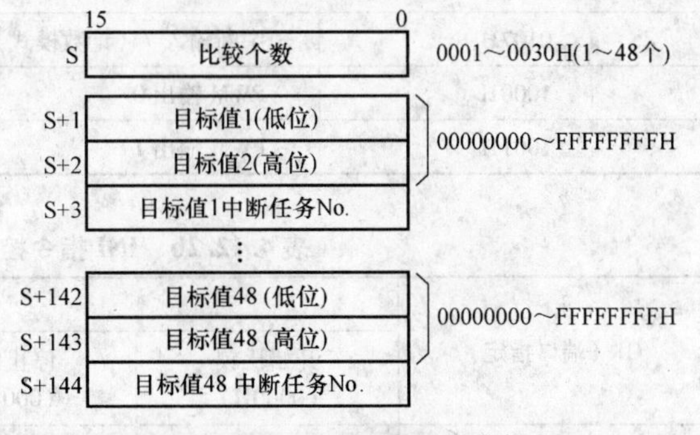

图 4.12.1　比较表比较数据

指定区域比较表时，必须指定 8 个区域、40 通道的固定长度。设定值不满 8 个时，将 FFFFH 指定为中断任务号。

4.12.2　INI 指令

格式：

INI（880）　　　　　　@INI（880）

C1　　　　　　　　　　C1

C2　　　　　　　　　　　　　　　　C2

S　　　　　　　　　　　　　　　　　S

操作数 C1 为端口指定，其取值范围和定义见表 4. 12. 2a。

操作数 C2 为控制字，其取值范围和定义见表 4. 12. 2b。操作数 S 为设定值开始通道，它可以是 IR、SR、HR、AR、LR、DM、*DM。

表 4. 12. 2a　INI 指令定义符定义

C1	功　能
0000H	脉冲输出 0
0001H	脉冲输出 1
0002H	脉冲输出 2
0003H	脉冲输出 3
0010H	高速计数器输入 0
0011H	高速计数器输入 1
0012H	高速计数器输入 2
0013H	高速计数器输入 3
0100H	中断输入 0（计数模式）
0101H	中断输入 1（计数模式）
0102H	中断输入 2（计数模式）
0103H	中断输入 3（计数模式）
0104H	中断输入 4（计数模式）
0105H	中断输入 5（计数模式）
0106H	中断输入 6（计数模式）
0107H	中断输入 7（计数模式）
1000H	PWM 输出 0
1001H	PWM 输出 1

表 4. 12. 2b　INI 指令控制字 C1、C2 的定义

C1（端口指定）	C2（控制数据）			
	开始比较（0000H）	停止比较（0001H）	当前值变更（0002H）	脉冲输出停止（0003H）
脉冲输出（0000 ~ 0003 H）	×	×	○	○
高速计数输入（0010 ~ 0013 H）	○	○	○	×
中断输入（计数模式）（0100 ~ 0107 H）	×	×	○	×
PWM 输出（1000，1001 H）	×	×	×	○

注：“○”代表具有对应功能，“×”代表不具有对应功能。

功能：

操作模式控制指令。

INI用于控制高速计数器的操作或者用来停止脉冲的输出。有关停止脉冲输出的操作请参阅脉冲输出指令的有关内容。

4.12.3　PRV指令

格式：

PRV（881）	@PRV（881）
C1	C1
C2	C2
D	D

操作数C1为定义符，用来指定要控制的高速计数器或脉冲输出。

C1＝0000 H：脉冲输出0；

C1＝0001 H：脉冲输出1；

C1＝0002 H：脉冲输出2；

C1＝0003 H：脉冲输出3；

C1＝0010 H：高速计数器输入0；

C1＝0011 H：高速计数器输入1；

C1＝0012 H：高速计数器输入2；

C1＝0013 H：高速计数器输入3；

C1＝0100 H：中断输入0（计数模式）；

C1＝0101 H：中断输入1（计数模式）；

C1＝0102 H：中断输入2（计数模式）；

C1＝0103 H：中断输入3（计数模式）；

C1＝0104 H：中断输入4（计数模式）；

C1＝0105 H：中断输入5（计数模式）；

C1＝0106 H：中断输入6（计数模式）；

C1＝0107 H：中断输入7（计数模式）；

C1＝1000 H：PWM输出0；

C1＝1001 H：PWM输出1。

操作数C2为控制字，用来确定指令存取数据的形式。

C2＝0000 H：读取当前值；

C2＝0001 H：读取状态；

C2＝0002 H：读取区域比较结果；

C2＝0003 H：C1＝0000 H或0001 H时：读取脉冲输出为0或1的频率；

C2＝0010 H：读取高速计数输入为0的频率；

C2＝0003 H：通常方式；

C2＝0013 H：高频率对应10ms采样方式；

C2＝0023 H：高频率对应100ms采样方式；

C2 =0033 H：高频率对应 1s 采样方式。

操作数 D 为目的通道，它可以是 IR、SR、HR、AR、LR、DM、*DM。

功能：

读出当前值指令。

当执行条件满足时，在 C1 指定的端口读取由 C2 指定的数据。其组合情况见表 4.12.3。

表 4.12.3 PRV 指令状态

C1（端口指定）	C2（控制数据）			
	当前值读取（0000H）	状态读取（0001H）	区域比较结果读取（0002H）	脉冲输出/高速计数频率读取（0003H）
脉冲输出（0000 ~ 0003H）	○	○	×	○
高速计数输入（0010 ~ 003H）	○	○	○	○（只有高速计数 0）
中断输入（计数模式）（0100 ~ 0107H）	○	×	×	×
PWM 输出（1000，1001H）	×	○	×	×

例 4.12.1：如图 4.12.2 所示，当 0.00 由 OFF→ON 时，通过 CTBL 指令，将区域比较表登录到高速计数输入 0 中，开始进行比较；当 0.01 由 OFF→ON 时，通过 PRV 指令，将该时的区域比较结果读入 100.00 中。

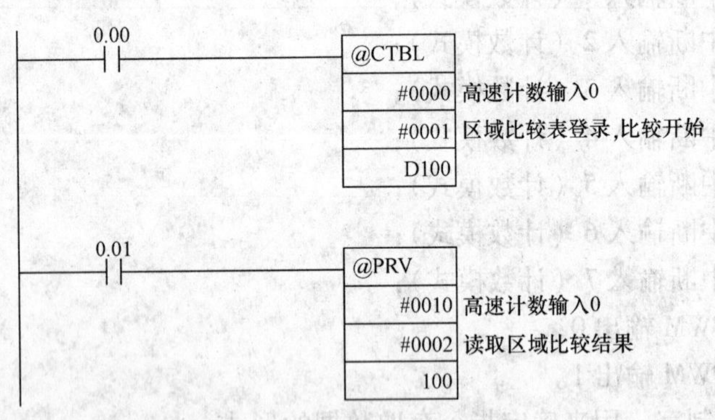

图 4.12.2 @PRV 指令例程

例 4.12.2：如图 4.12.3 所示，当 0.01 为 ON 时，通过 PRV 指令，在该状态下读取输入到高速计数输入 0 中的脉冲频率，由 16 进制数输出到 D201、D200 中。

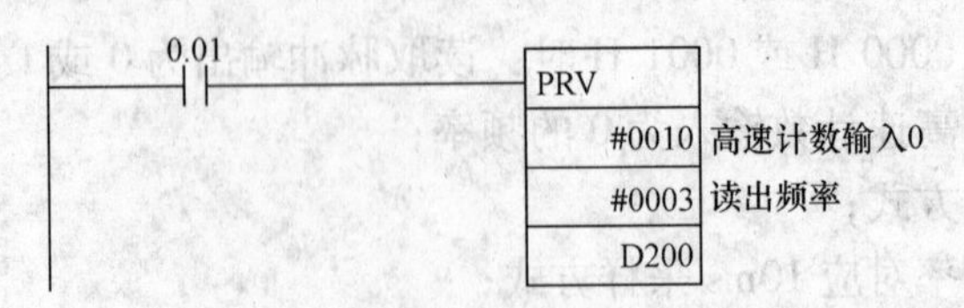

图 4.12.3 PRV 指令例程

4.13　其他特殊应用指令

4.13.1　FAL 和 FALS 指令

格式：

FAL（006）　　　　　　　　@FAL（006）

　　　N　　　　　　　　　　N

　　　S　　　　　　　　　　S

FALS（007）

　　　N

　　　S

登录/解除用户定义的运转持续异常时，操作数 N 为 FAL 编号，S 为消息保存处下位通道号，无消息时为常数（#0000 ~ FFFFH 中的任何一个）。

通过系统登录运转时，N 为 FAL 编号（等于 A529 通道内的值）；S 为登录故障编号/异常内容，存储下一位通道编号。

功能：

FAL 为运转持续故障诊断，见表 4.13.1。

表 4.13.1　FAL 指令说明

FAL/FALS 编号	1 ~ 511
FAL 故障代码	4101 ~ 42FFH
特殊辅助继电器的执行 FAL 编号	A360.01 ~ A391.15

N 指定的数据为 1 ~ 511 且与特殊辅助继电器 A529 通道（系统异常发生 FAL/FALS 编号）内的值不一致时，如果输入条件成立，将视作 FAL 编号 N 发生异常（持续运转的异常），进行以下动作：

1）将特殊辅助继电器 FAL 异常标志（A402.15）设置为 ON（持续运转）。

2）N 指定的数据为 1 ~ 511 时，将特殊辅助继电器的执行 FAL 编号（A360 CH ~ A391 CH）的对应位设置为 ON（A360.01 ~ A391.15：与 FAL 编号 001 ~ 1FF H 对应）。

3）在特殊辅助继电器的故障代码（A400 CH）中设置故障代码（与 FAL 编号 001 ~ 01FF H 对应，故障代码为 4101 ~ 42FF H）。

4）在特殊辅助继电器的异常历史存储区域（A100 CH ~ A199 CH）中，存储故障代码及异常发生时刻。

5）CPU 单元的 ERR LED 闪烁，运转持续。

6）通过 S 将消息指定为 CH 的情况下，将登录（显示在外围工具上）消息。

注：比本指令中登录的异常更严重的异常（包括系统引起的运转停止异常、FALS 编号执行引起的运转停止异常）同时发生的情况下，将在故障代码（A400 CH）中设置该异常代码。

系统引起的运转持续异常的登录时，N 为指定的数据 1 ~ 511，且与特殊辅助继电器 A529 CH（系统异常发生 FAL/FALS 编号）内的值一致时，如果输入条件成立，将通过 S、S +1 指定的故障代码及异常内容的系统故障使运转持续异常发生，同时进行以下动作：

1）在特殊辅助继电器的故障代码（A400 CH）中设置故障代码。

2）在特殊辅助继电器的异常历史存储区域（A100 CH ~ A199 CH）中存储故障代码及异常发生时刻。

3）设置与故障代码/异常内容一致的相关特殊辅助继电器。

4）CPU 单元的 ERR LED 闪烁，运转持续。

5）故障发生的系统引起的运转持续异常的出错消息显示在外围工具上。

FALS 为运转停止故障诊断。

用户定义的运转停止异常的登录时，FALS 编号 N 与特殊辅助继电器 A529 CH（系统异常发生 FAL/FALS 编号）内的值不一致时，如果输入条件成立，视作 FAL 编号 N 的用户定义的运转停止异常（停止运转的异常），进行以下动作：

1）将特殊辅助继电器 FALS 异常标志（A401.06）设置为 ON（运转停止）。

2）在特殊辅助继电器的故障代码（A400 CH）中设置与故障代码（FALS 编号 001 ~ 01FF H 相对应的故障代码 C101 ~ C2FF H）（但同时发生的其他故障中，仅在最严重的情况下存储）。

3）在特殊辅助继电器的异常历史存储区域（A100 CH ~ A199 CH）中存储故障代码及异常发生时刻。

4）CPU 单元的 ERR LED 闪烁，运转停止。

5）通过 S 将消息指定为 CH 的情况下，将登录消息（显示到外围工具上）。

例 4.13.1：如图 4.13.1 所示，0.00 为 ON 时，判断为发生了 FALS 编号 031 持续运转的故障（异常），进行以下处理：

1）将特殊辅助继电器 FALS 异常标志 A401.06 设置为 ON。

2）在特殊辅助继电器故障代码 A400 CH 中设置故障代码为 C11FH（该故障为最严重时）。

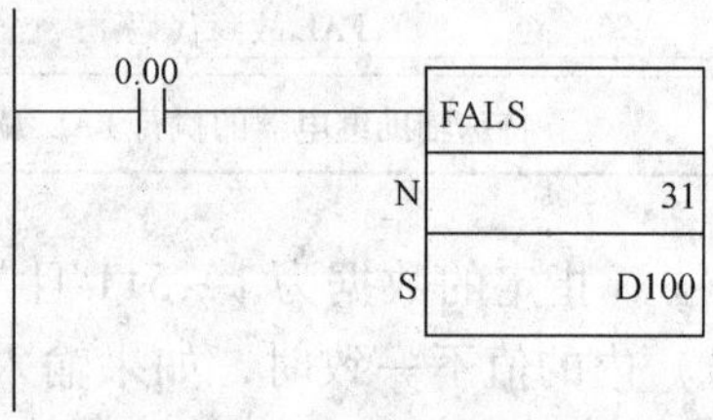

3）在特殊辅助继电器的异常历史保存区域（A100 CH ~ A199 CH）中保存故障代码及异常发生时刻。

4）CPU 单元的 ERR LED 闪烁。

5）将 D100 ~ D107 的 8 CH 的数据作为 16 字母的 ASCII 代码数据，在外围设备上显示（例如压力降低）。

```
 0.00
──┤├────┤ FALS
       N│  31
       S│ D100
```

图 4.13.1 FALS 指令例程

4.13.2 IORF 指令

格式：

IORF（097）	@IORF（097）
D1	D1
D2	D2

操作数D1为刷新开始通道，D2为结束通道，它们可以是IR、SR、HR、AR、LR、DM、*DM、#。D1在CIO区域中，输入/输出继电器区域（0000 CH~0199 CH）或高功能I/O单元继电器区域（2000 CH~2959 CH）；D2在CIO区域中，输入/输出继电器区域（0000 CH~0199 CH）或高功能I/O单元继电器区域（2000 CH~2959 CH）

D1和D2必须为同一区域的种类。

功能：

输入/输出刷新指令。

执行条件满足时，刷新从由D1指定的刷新低位CH编号开始到由D2指定的刷新高位CH编号为止的I/O通道数据。

4.13.3　BCNT指令

格式：

BCNT（067）　　　　　　@BCNT（067）

　　W　　　　　　　　　　W

　　S　　　　　　　　　　S

　　D　　　　　　　　　　D

操作数W为计数源通道，W取值范围为0001~FFFF H或者1~65535（十进制）。

操作数S为源开始通道，操作数D为目的通道，它们可以是IR、SR、HR、AR、LR、DM、*DM。

功能：

位计数指令。

从S指定的计数低位CH编号开始到指定CH数（W）的数据，对“1”的位的总数进行计数，将结果以二进制数输出到D。

例4.13.2：下面程序段是一个BCNT指令应用的例子。当0.01为ON时，计算从200 CH开始的10个通道的数据中“1”的个数，将其以二进制数保存到D1000。

```
LD          0.01
BCNT（067）
            #20D
            200
            D1000
```

4.13.4　PULS指令

格式：

PULS（886）　　　　　　PULS（886）

　　C1　　　　　　　　　C1

　　C2　　　　　　　　　C2

　　S　　　　　　　　　　S

操作数C1为端口指定，为0000 H时脉冲输出0，为0001 H时脉冲输出1，为0002 H时脉冲输出2，为0003 H时脉冲输出3；C2为控制数据，为0000 H时为相对脉冲指定，为

0001 H 时为绝对脉冲指定；S 为脉冲输出量设定低位 CH 编号。

功能：

脉冲输出设置指令。

对于由 C1 指定的端口，设定由 C2、S 所指定的方式/脉冲输出量。由 PULS 指令设定的脉冲输出量，通过用独立模式来执行频率设定（SPED）指令或频率加减速控制（ACC）指令，以进行输出。

4.13.5 SPED 指令

格式：

SPED（885）
C1
C2
S

SPED（885）
C1
C2
S

操作数 C1 为端口指定，0000 H 时脉冲输出 0，0001 H 时脉冲输出 1，0002 H 时脉冲输出 2，0003 H 时脉冲输出 3。

C2 为输出模式设定，如图 4.13.2 所示。

操作数 S 为脉冲频率设定，是目标频率低位通道编号，如图 4.13.3 所示。

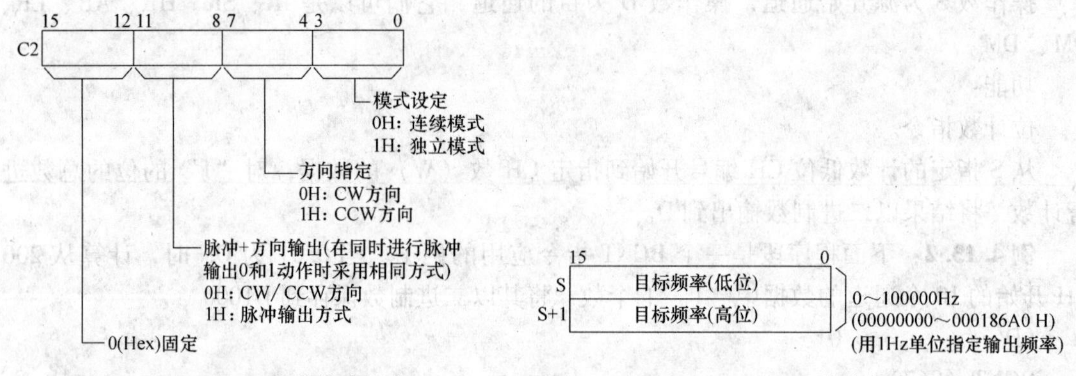

图 4.13.2 SPED 指令模式设定　　图 4.13.3 SPED 指令频率通道

功能：

脉冲速度设置指令。

从由 C1 指定的端口中，通过由 C2 指定的方式和由 S 指定的［目标频率］来执行脉冲输出。

执行一次 SPED 指令时，通过指定的条件，执行脉冲输出，因此其基本在输入微分型（带@）或 1 周期 ON 的输入条件下使用。

脉冲输出有两种模式。在独立模式中输出事先由 PULS 指令所设定的脉冲量时，自动地停止脉冲输出；在连续模式中，在执行脉冲输出停止之前，继续进行脉冲的输出。在独立模式的脉冲输出中变更为连续模式，或在连续模式的脉冲输出中变更为独立模式时，会出错，不能被执行。

例 4.13.3：以下程序在 0.00 由 OFF→ON 时，通过 PULS 指令由相对脉冲指定将脉冲输出0的脉冲输出量设定为5000个脉冲。同时通过SPED指令用CW/CCW方式、CW方向、独立模式开始输出目标频率为500Hz的脉冲。

```
LD      0.00
  @PULS
        #0000
        #000          D100 | 1388H |  脉冲输出量为5000
        D100          D101 | 0000  |
  LD    0.00          D110 | 01F4H |  目标频率为500Hz
  @SPED               D111 | 0000  |
        000#0000
        #0001
        D110
```

4.13.6 STEP和SNXT指令

格式：

STEP（008） S

SNXT（009） S

操作数S为控制位，可以是IR、HR、AR、LR。

功能：

STEP为单步指令。

SNXT为步进指令。

STEP和SNXT指令总是一起使用，用来在大型程序中定义一个程序段，每个程序段称为一步。CPU按先后顺序执行每一步。

SNXT指令用来启动一个编号为S的步。STEP指令用来定义一个编号为S步的开始，此时的STEP指令不需要任何执行条件。这条指令后面就是被定义的步的程序段。在每步的最后使用一条带执行条件的SNXT指令作为定义步的结束，同时也作为编号为S的下一步的启动条件。这时的执行条件被称为转步条件。一个不带操作数的STEP指令表示所有步的结束。在它之前的SNXT指令中的S，是一个虚操作数，无实际意义，所以可以使用任何一个未被使用过的有效数据。步进程序中其他指令中S的取值要求是：按先后顺序排列的连续通道号。

转步复位结果见表4.13.2。

表4.13.2 转步复位结果

定时器	SV
IR、HR、AR、LR	OFF
计数器及移位寄存器	保持不变
由SET、RESET、KEEP指令控制的位	保持不变

例 4.13.4：步进指令使用实例如图 4.13.4 所示。

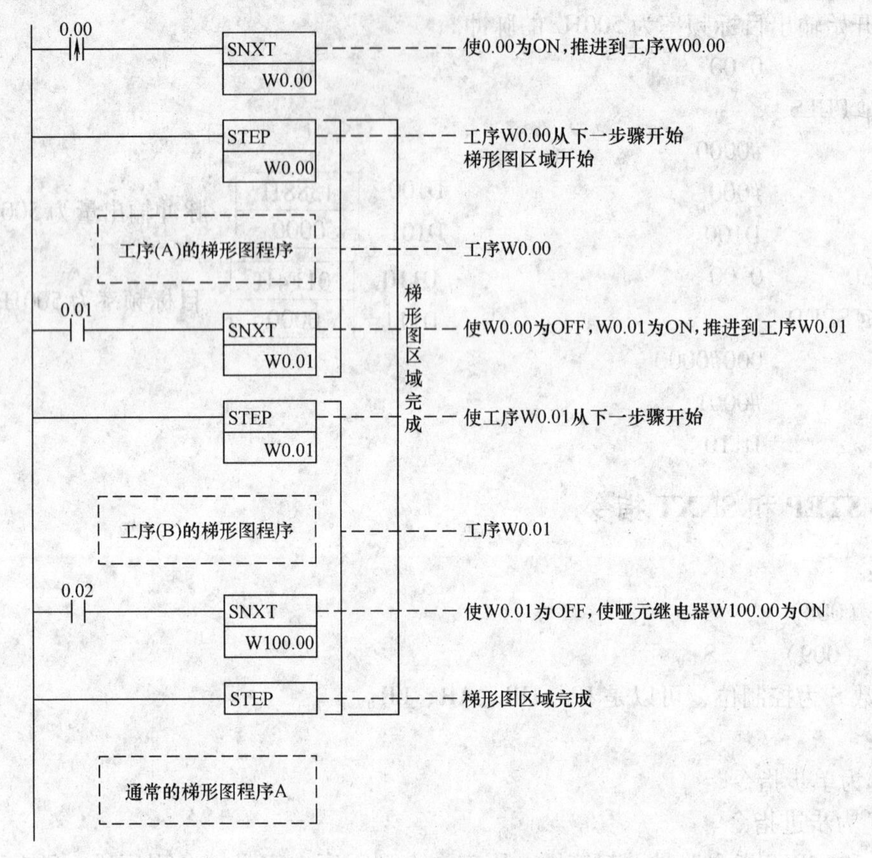

图 4.13.4　步进指令应用梯形图

4.13.7　PID 指令

格式：

PID（190）

S

C

D

操作数 S 为测定值输入 CH 编号。

操作数 C 为 PID 参数保存低位 CH 编号。

操作数 D 为操作量输出 CH 编号。

操作数的具体说明如图 4.13.5 所示。

功能：

PID 控制指令。

根据 C 所指定的参数（设定值、PID 常数等），对 S 进行作为测定值输入的 PID 运算（目标值滤波型二自由度 PID 运算），将操作量输出到 D。

输入条件上升（OFF→ON）时，读取参数，如果在正常范围外，ER 标志为 ON；如果

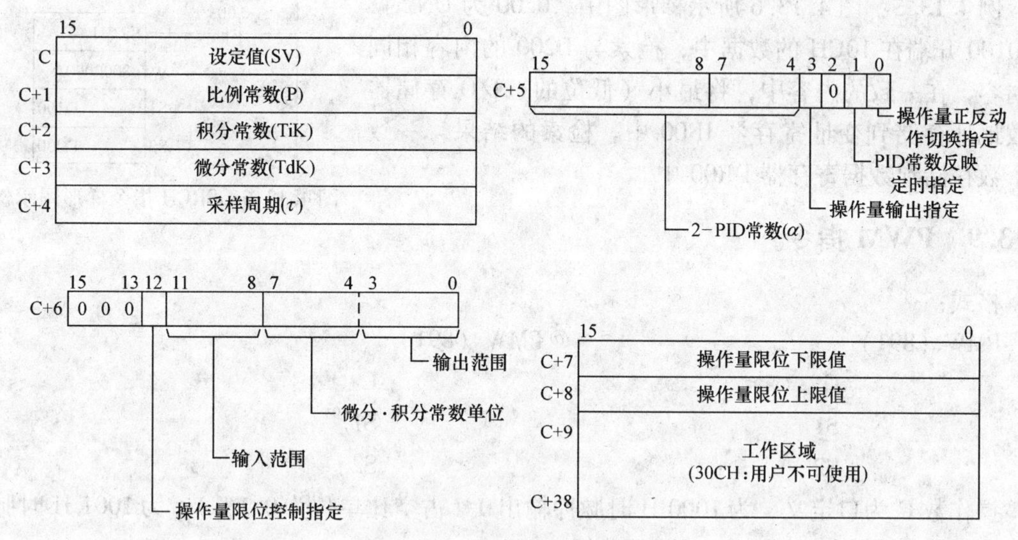

图 4.13.5　PID 指令操作数

在正常范围内，则将此时的操作量作为初期值进行 PID 处理。

输入条件为 ON 时，将每个指定采样周期的测定值作为输入，进行运算。

输入条件为 OFF 时，PID 运算停止。D 的操作量保持此时的值。必须变更时，应通过梯形图程序或手动操作进行变更。

说明：

PID 参数（C ~ C + 38）之中，只有 C 的设定值（SV）可以在 ON 的状态下变更输入条件。变更其他值时，务必将输入条件由 OFF 上升为 ON。

4.13.8　SRCH 指令

格式：

SRCH（181）	@SRCH（181）
W	W
S1	S1
S2	S2

操作数 W 为表格长度指定数据，S1 为数据低位 CH 编号，S2 为检索数据，操作数 R1 为查找范围开始通道，它可以是 IR、SR、HR、AR、LR、TC、DM。

操作数 C 为比较数和结果通道，它可以是 IR、SR、HR、AR、LR、TC、DM。

功能：

数据查找指令。

从 S1 所指定的表格低位 CH 编号中，对于表格长（W）的表格数据，以 CH（通道）为单位检索指定数据（S2），存在一致的数据时，将存在数据的 CH（有多个时为低位 CH）的 I/O 存储器有效地址输出到变址寄存器 IR00。同时将 = 标志转换为 ON。一致个数数据寄存器输出指定（W + 1 的位 15）被指定为有输出（1）时，将一致个数以二进制数值（0000 ~ FFFFH）输出到数据寄存器 DR00；指定为无输出（0）时 DR00 无变化。

例 4.13.5：图 4.13.6 所示梯形图中，0.00 为 ON 时，从 D100 开端在 10CH 的数据中，检索与 D200 的内容相同的内容，在一致的内容中，将最小（低位的）I/O 存储器有效地址存储到变址寄存器 IR00 中。检索的结果，一致的个数存储到数据寄存器 DR00 中。

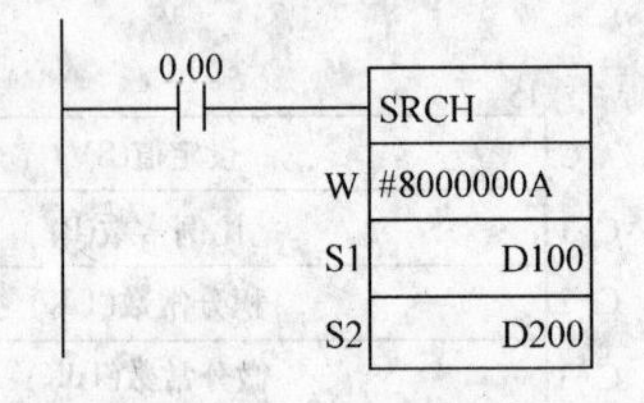

图 4.13.6 SRCH 指令梯形图示例

4.13.9 PWM 指令

格式：

PMW（891） @PMW（891）

C C

S1 S1

S2 S2

操作数 C 为口定义，为 1000 H 时脉冲输出 0（占空比单位为 0.1%），为 1001 H 时脉冲输出 1（占空比单位为 0.1%）。

操作数 S1 为频率指定，取值范围为 0001 ~ FFFF H 时，0.1 ~ 6553.5 Hz（能用 0.1Hz 为单位来指定）。但是由于输出回路的制限，实际上能够确保输入 PWM 波形精度（ON 占空 +5% ~0%）的为 0.1 ~ 1000.0Hz。

操作数 S2：占空比指定，取值范围为 0000 ~ 03E8 H，0.0 ~ 100.0%（能用 0.1% 为单位来指定），由百分率来指定占空比（对于脉冲周期的 ON 的时间比例）。

功能：

可变占空比脉冲指令。

从由 C 指定的端口中输出由 S1 指定的频率和由 S2 指定的占空比的脉冲。在由 PWM 指令的可变占空比脉冲输出中，变更占空比的指定执行 PWM 指令时，可以不需要停止脉冲输出来变更占空比。但是频率变更为无效，不能被执行。执行一次 PWM 指令时，由指定的条件开始脉冲的输出，因此其基本上在输入微分型（带@）或 1 周期 ON 的输入条件下使用。脉冲输出的停止可以按以下任何一种方法进行。

1）执行 INI 指令（C2 = 0003H：脉冲输出停止）。

2）向［程序］模式转换示例。

例 4.13.6：0.00 由 OFF → ON 时，通过 PWM 指令对于脉冲输出 0 来说，由频率 200Hz、占空比 50% 来开始脉冲的输出。0.01 由 OFF→ON 时，变更为占空比 25%。

PWM 指令例程如图 4.13.7 所示。

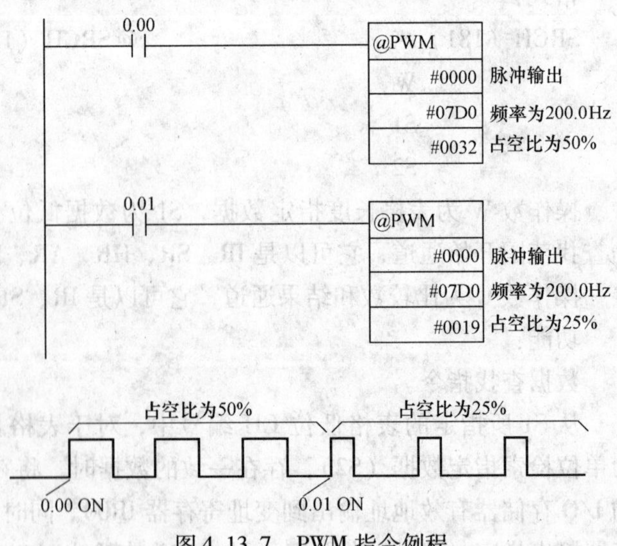

图 4.13.7 PWM 指令例程

4.13.10　ACC 指令

格式：

ACC（888）　　　　　　@ ACC（888）

C1　　　　　　C1

C2　　　　　　C2

S　　　　　　S

操作数 C1 为口定义，对应值如下：

0000 H：脉冲输出 0；

0001 H：脉冲输出 1；

0002 H：脉冲输出 2；

0003 H：脉冲输出 3。

操作数 C2 为输出模式定义，其取值及定义如图 4.13.8 所示。

操作数 S 为脉冲输出量设定端口低端编号。

ACC 指令输出模式定义见表 4.13.3。

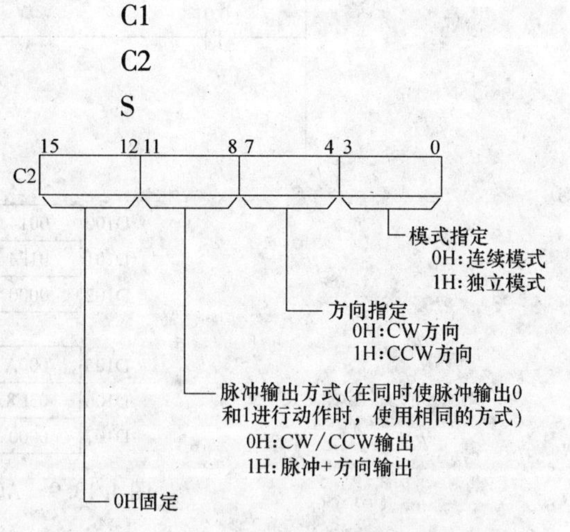

图 4.13.8　ACC 指令 C2 操作数取值及定义

表 4.13.3　ACC 指令输出模式定义

M	定　义
000	独立模式和加减脉冲模式
002	独立模式和脉冲加方向模式
010	顺时针连续模式和加减脉冲模式
011	逆时针连续模式和加减脉冲模式
012	顺时针连续模式和脉冲加方向模式
013	逆时针连续模式和脉冲加方向模式

功能：

加速控制指令。

从由 C1 指定的端口，通过由 C2 指定的方式，由 S 指定的［目标频率］和［加减速比率］进行脉冲的输出。在每个脉冲控制周期（4ms）中，按照由 S 指定的加减速比率，在到达由 S+2，S+1 指定的目标频率之前，进行频率的加减速。执行一次 ACC 指令时，按指定的条件开始进行脉冲的输出，因此其基本上在输入微分型（带@）或 1 周期 ON 的输入条件下使用。

在独立模式中输出事先由 PULS 指令所设定的脉冲量时，自动地停止脉冲输出。

在连续模式中，脉冲输出一直进行到执行停止脉冲输出为止。

例 4.13.7：图 4.13.9 所示的梯形图中，0.00 由 OFF→ON 时，通过 ACC 指令从脉冲输出 0 的端口，用 CW/CCW 方式、CW 方向、连续模式开始进行加减速比率为 20Hz、目标频率为 500Hz 的脉冲输出。之后，0.01 由 OFF→ON 时，再一次通过 ACC 指令变更为加减速比率为 10Hz、目标频率为 1000Hz。

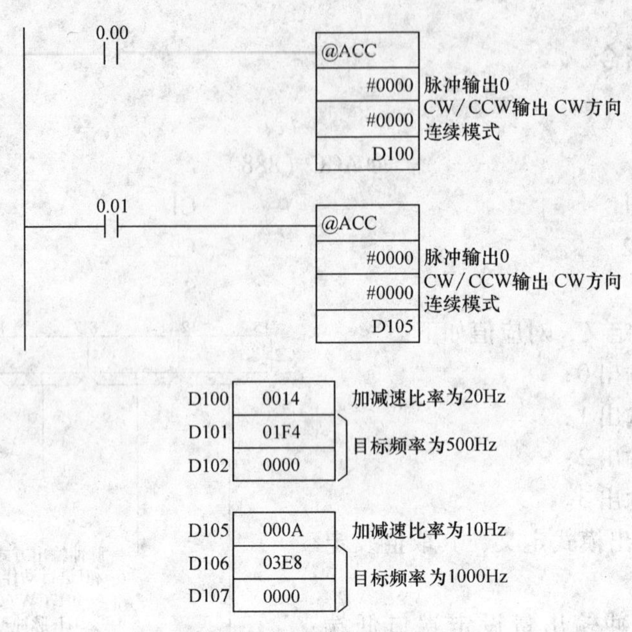

图 4.13.9 ACC 指令使用示例

4.13.11 FCS 指令

格式：

FCS（180）　　　　　　　　　@FCS（180）

C　　　　　　　　　　　　　　C

S　　　　　　　　　　　　　　S

D　　　　　　　　　　　　　　D

操作数 C 为控制字，其定义见表 4.13.4，它可以是 IR、SR、HR、AR、LR、DM、#。
操作数 S 为表格低位 CH 编号，它可以是 IR、SR、HR、AR、LR、TC、DM。
操作数 D 为 FCS 值存储开端 CH 编号。

表 4.13.4 FCS 指令控制字说明

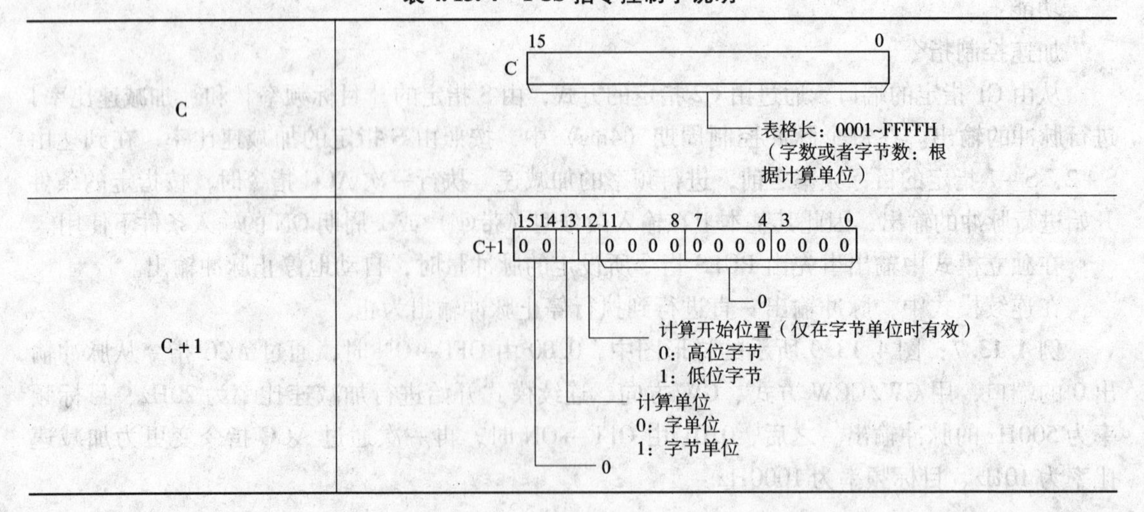

C	C（位 15~0）：表格长：0001~FFFFH（字数或者字节数：根据计算单位）
C+1	C+1：位 15 14 13 12 11 … 8 7 … 4 3 … 0 = 0 0 _ _ 0 0 0 0 0 0 0 0 0 0 0 0 位 11~0：0 位 12：计算开始位置（仅在字节单位时有效）0：高位字节 1：低位字节 位 13：计算单位 0：字单位 1：字节单位 位 15、14：0

功能：

FCS 计算指令。

将从 S 所指定的表格低位 CH 编号起，C 所指定的表格长作为表格数据，以 C+1 所指定的计算单位（字单位或者字节单位）运算 FCS 值，转换为 ASCII 代码数据。在计算单位中指定字节单位时，输出到 D；在计算单位中指定字单位时，输出到 D+1、D。

例 4.13.8：如图 4.13.10 所示，0.00 为 ON 时，从 D100 的低位字节开端，对于 D300 指定的字节数的数据，作为二进制数据计算 FCS 值，存储到 D200。

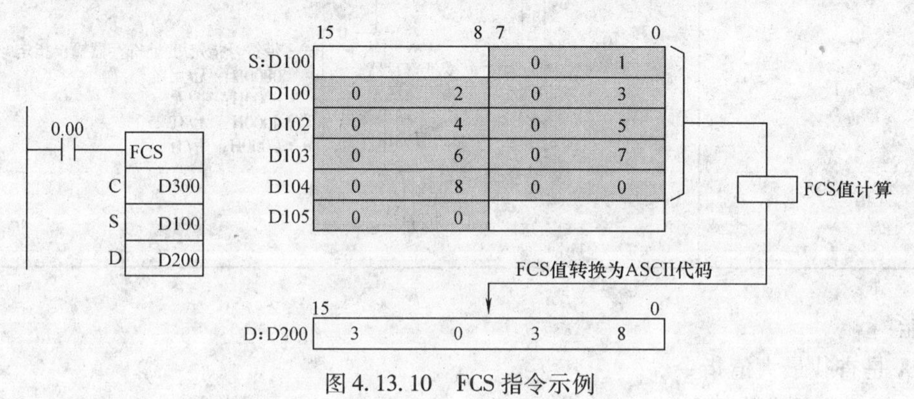

图 4.13.10　FCS 指令示例

4.14　特殊运算指令

4.14.1　MAX 和 MIN 指令

格式：

MAX（182）	@MAX（182）
C	C
S	S
D	D
MIN（183）	@MIN（183）
C	C
S	S
D	D

操作数 C 为控制字，其定义见表 4.14.1，它可以是 IR、SR、HR、AR、LR、TC、DM、#。

操作数 S 为查找范围开始通道，它可以是 IR、SR、HR、AR、LR、DM、TC。

操作数 D 为输出值目标通道，它可以是 IR、SR、HR、AR、LR、DM。

表 4.14.1 MAX 指令控制字说明

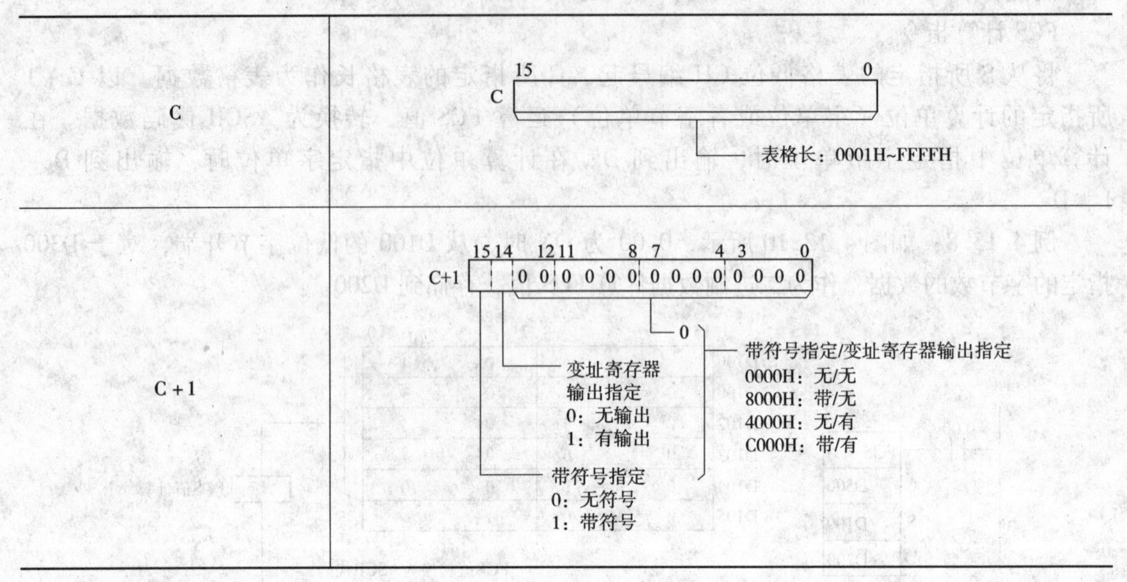

功能：

MAX 是查找最大值指令。

MIN 是查找最小值指令。

当执行条件满足时，从 S 所指定的表格低位 CH 编号起将 C 所指定的表格长（字数）作为表格数据，检索其中的最大值，输出到 D。（C+1）被指定为输出寄存器时，将最大/小值所在的 CH（存在于多个 CH 时为低位 CH）的 I/O 存储器有效地址输出到 IR00。带符号指定（C+1）时，将表格的数据作为带符号 BIN 数据（负数为 2 的补数）处理。

4.14.2 AVG 指令

格式：

AVG（195）

S1

S2

D

操作数 S1 为当前值输入 CH 编号（对象 CH）。

操作数 S2 为平均值运算循环次数。

操作数 D 为目的开始通道，它可以是 IR、SR、HR、AR、LR、DM。

功能：

平均值计算指令。

在更新指定的周期次数（S2）、存储指针（D+1 的 00 位~07 位）的同时，将 S1 所指定的无符号二进制数据作为过去的值依次存储到 D+2 之后。在这一过程中，S1 的数据直接输出到 D，将平均值有效标志（D+1 的位 15）设为 0（OFF）。指定周期次数（S2）的过去 S1 值被存储到 D+2 之后时，计算该过去值的平均值，将结果以无符号二进制数据输出到

D。此时，将平均值有效标志（D+1的位15）设为1（ON）。以后每次扫描时，根据最新S2扫描部分的数据计算平均值，输出到D。

指定周期次数（S2）最大为64。如果过去值的存储指针到达S2－1，则重新从0开始。平均值的小数点以下数据四舍五入。

例4.14.1：下面程序段在执行条件满足时刻先将IR200置为0000。在此后的每个扫描周期IR200的内容要加1。AVG指令经过几个周期的运算最后在DM1000中结果是DM1002开始的N个通道的平均值。

```
LD          0.01
@MOV（21）
            #0000
            200
AVG（195）
            200
            #0003
            DM1000
CLC（41）
ADB（50）
            200
            #0001
            200
```

4.14.3 SUM指令

格式：

```
SUM（184）                @SUM（184）
            C                         C
            S                         S
            D                         D
```

操作数C为控制字，它可以是IR、SR、HR、AR、LR、DM、#，其定义如图4.14.1所示。

操作数S为源开始通道，它可以是IR、SR、HR、AR、LR、TC、DM。

操作数D为目的开始通道，它可以是IR、SR、HR、AR、LR、DM。

功能：

累加指令。

将从S所指定的表格低位CH编号起，C所指定的表格长作为表格数据，根据C+1所指定的计算单位（字或者字节）以及数据类型（二进制数或者BCD码）运算总数值，将结果输出到D+1、D。

例4.14.2：如图4.14.2所示，0.00为ON时，从D100的低位字节开端，对于D300指定的字节数的数据，作为无符号二进制数据计算SUM值，存储到D201、D200。

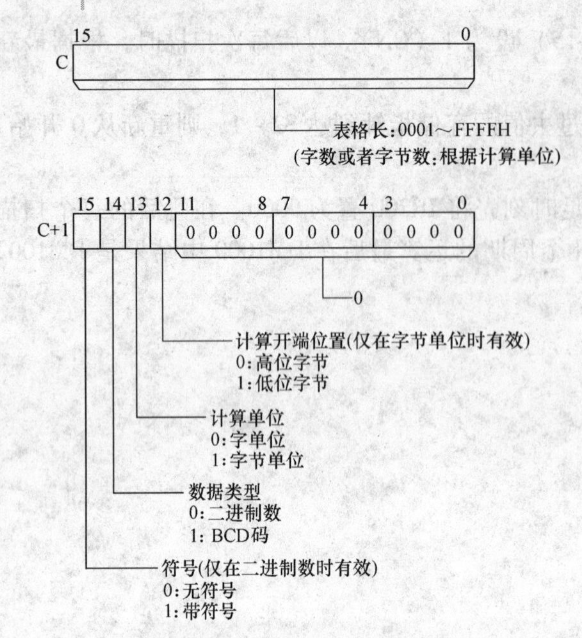

图 4.14.1 SUM 指令控制字定义

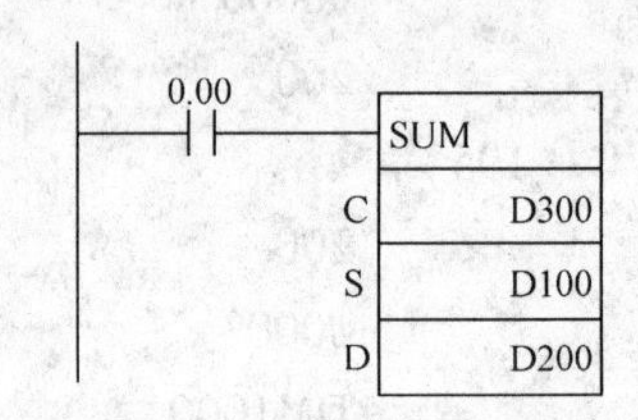

图 4.14.2 SUM 指令示例梯形图

4.15 通信指令

4.15.1 RXD 和 TXD 指令

格式：

RXD（235） @RXD（235）

D D

C C

N N

TXD（236） @TXD（236）

S S

C C

N N

操作数 D 为目的开始通道，它可以是 IR、SR、AR、DM、HR、TC、LR。

操作数 S 为源开始通道，它可以是 IR、SR、AR、DM、HR、TC、LR。

操作数 C 为控制字，其定义如图 4.15.1 和图 4.15.2 所示，应用中只能用立即数（#）。

操作数 N 为传送字节数，它可以是 IR、SR、AR、DM、HR、TC、LR、#。取

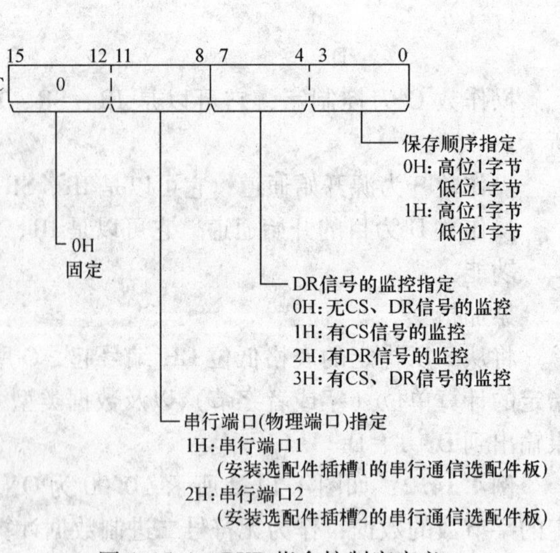

图 4.15.1 RXD 指令控制字定义

值范围为#0000～#0256 BCD（Host Link 模式下为#0000～#0061）。

功能：

RXD 为接收指令。当执行条件满足时从输入口上读入 N 个字节的数据并按照 C 所定义的方式存入由 D 开始的目的通道中。

TXD 为发送指令。当执行条件满足时从 S 开始的源通道上读出 N 个字节的数据转换成相应的 ASCII 码并按照 C 所定义的方式从输出口送出。

例 4.15.1：图 4.15.3 所示的梯形图实现了在 0.00 为 ON，且串行端口 1 接收完毕标志 A392.13 为 ON 时，将串行端口 1 接收的数据从 D100 的地位字节开始保存 10 个字节。

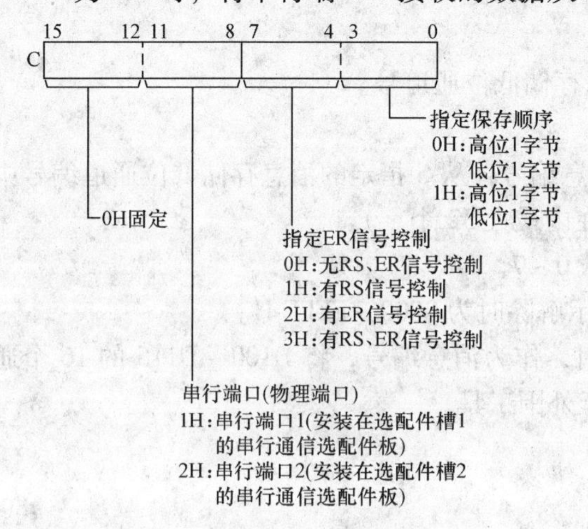

图 4.15.2　TXD 指令控制字定义

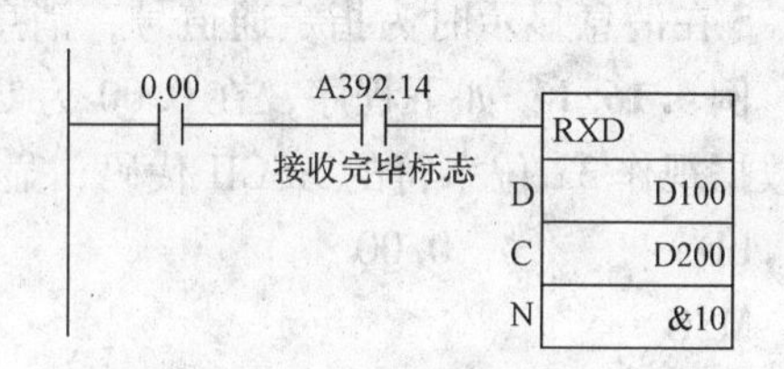

图 4.15.3　RXD 梯形图示例

4.15.2　STUP 指令

格式：

STUP（237）　　　　　　　　@STUP（237）

C　　　　　　　　C

S　　　　　　　　S

操作数 C 为端口指定。

操作数 S 为源开始通道，它可以是 IR、SR、AR、DM、HR、TC、LR、#。

功能：

变更安装在 CP1 中的串行通信选配件板、CJ 系列串行通信单元（CPU 高功能单元）的串行端口中的通信设定。据此在 PLC 运行中能够变更协议模式等。

从由 S 指定的设定数据开头 CH 编号中将 10 通道量（S～S+9 CH）的数据保存到指定号机地址的单元（单元）的下述通信设定区域。在 S 中指定常数#0000 时，将该端口的通信设定作为默认值。

STUP 指令控制字定义如图 4.15.4 所示。

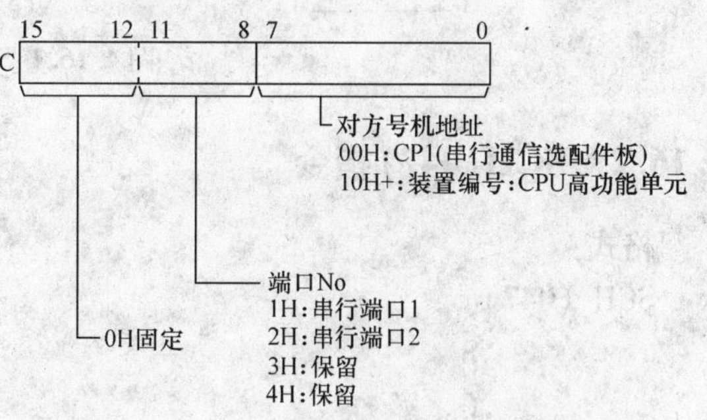

图 4.15.4　STUP 指令控制字定义

4.16 显示功能指令

4.16.1 MSG 指令

格式：

MSG（046）

N

S

操作数 N 为消息编号，操作数 S 为消息存储低位通道号。

功能：

输入条件为 ON 时，对于用 N 指定的消息编号，从 S 指定的消息存储低位通道编号中登录 16 CH 部分的 ASCII 码数据（包括 NUL 在内最大 32 个字）。

N 取值范围为 0000 ~ 0007 H 或十进制数 0 ~ 7。

S 在消息显示时为指定通道号，消息显示解除时为 0000 ~ FFFF H。

例 4.16.1：如下程序，在 0.00 为 ON 时，作为消息编号，将 D100 ~ D115 的 16 个通道的数据视作 32 位字符的 ASCII 代码，显示于外围工具。

LD 0.00

MSG

&7

D100

MSG 例程如图 4.16.1 所示。

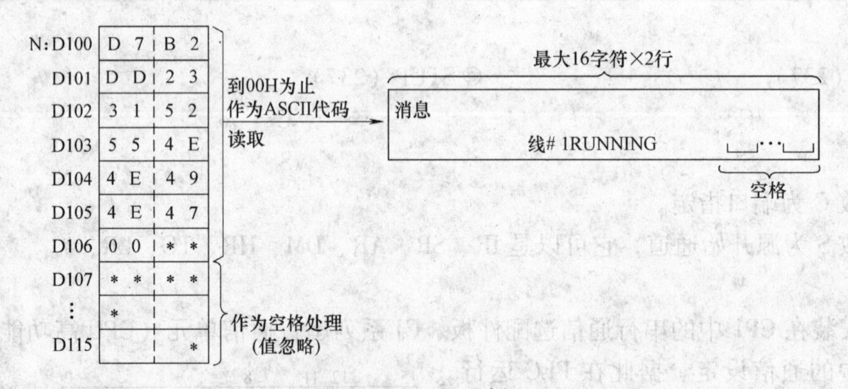

图 4.16.1 MSG 例程

4.16.2 SCH(047)指令

格式：

SCH（047）

S

C

操作数 S 为显示对象的通道编号，操作数 C 为高位/低位指示。C 为 0000 H 时显示低位

2位，为0001 H时显示高位2位。

功能：

7段LED通道数据显示指令（SCH），将SCH的高位或低位2位数的值（00～FF）显示在7段LED中。执行条件为ON时，在用S指定的值（十六进制4位）中，将低位2位或高位2位的值（00～FFH）显示在CP1H CPU单元表面的7段LED中。高位/低位的选择通过C进行设定。

4.16.3 SCTRL(048)指令

格式：

SCTRL（048）

C

操作数C为控制数据。

功能：

7段LED控制指令（SCTRL），C取值范围为0000～FFFF H，SCTRL指令通过控制数据C控制各字节相应的段。为1表示灯亮，为0表示灯灭。

根据用C指定的值，使相应段的灯亮或灯灭，显示任意模式。C数据为#0000时，7段LED 2位所有灯灭，用SCH指令指定的显示也灯灭。但是，系统运行的显示不会因该指令而灯灭。

例4.16.2：如图4.16.2所示，程序在2.00为ON时，将执行SCH指令，在CP1H CPU单元本体的7段LED中显示“AC”。即使2.00为OFF，也会继续显示。2.01为ON时，通过SCTRL指令，将7段LED灯灭。

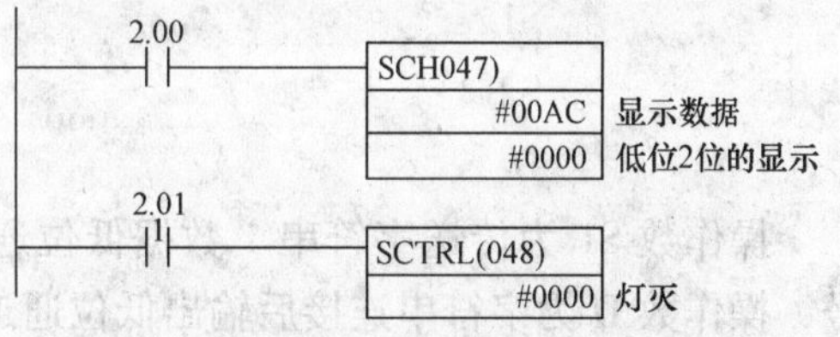

图4.16.2 SCTRL指令梯形图

4.17 字符串处理指令

CP1H型号PLC在字符串处理时使用ASCII代码（1字节，除去特殊字符）表示的字符串数据，处理从开始到NUL代码（00 H）为止的数据。保存顺序按高位字节→低位字节，低位频道→高位频道。字符数为奇数时，在最终频道的低位字节空位处放入00 H。字符数为偶数时，在最终频道+1的高位/低位字节处放入0000 H（NUL代码为2个）。

例如，字符串为ABCDE时和ABCD时，其存储如图4.17.1所示。

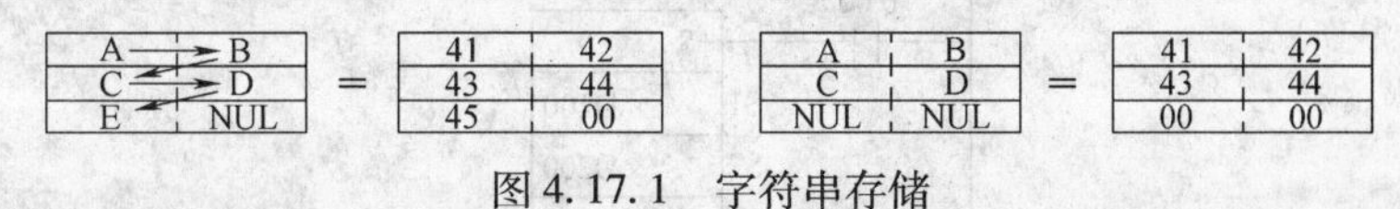

图4.17.1 字符串存储

4.17.1 MOV $ 指令

格式：

MOV $ （664）

S

D

操作数 S 为传送字符串数据低位通道编号，操作数 D 为传送目标地址低位编号。

功能：

传送字符串指令（MOV $），将由 S 所指定的字符串数据，原样作为字符串数据（也包括末尾的 NUL）传送给 D。S 的字符串最大字符数为 4095 字符（0FFF H）。

例 4.17.1：将 D0 处存储的字符串 ABCDEF 传送至 D100 处，梯形图及对应传送过程如图 4.17.2 所示。

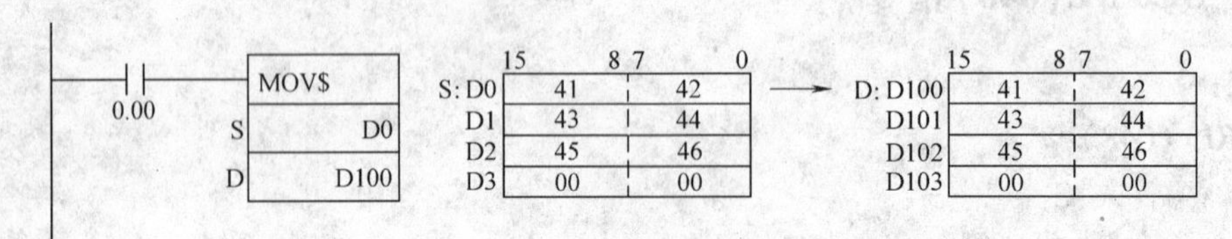

图 4.17.2 MOV $ 指令示例

4.17.2 + $ 指令

格式：

+ $ （656）

S1

S2

D

操作数 S1 为传送字符串 1 数据低位通道编号，操作数 S2 为字符串 2 数据低位通道编号，操作数 D 为字符串连接后输出低位通道编号。

功能：

连接由 S1 所指定的字符串和由 S2 所指定的字符串，将结果作为字符串数据（包括在末尾加上 NUL）输出给 D。S1 和 S2 的最大字符数为 4095 字符（0FFFH）。超过最大字符数时（到 4096 字符无 NUL 时）出错，ER 标志转为 ON。同时，在使用时需注意，D 所指定的输出通道地址和 S2 的字符串所在地址不能重叠，否则无法进行正确动作。

例 4.17.2：设 D100 单元存有字符串‘ABCD’，D200 单元存有字符串‘EFG’，将这两个字符串相连后，新的字符串存于 D300 单元。实现上述功能的梯形图及对应实现过程如图 4.17.3 所示。

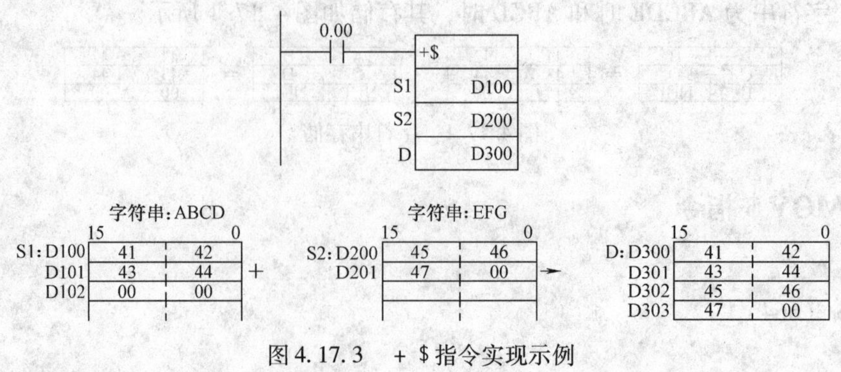

图 4.17.3 + $ 指令实现示例

4.17.3　LEFT $ 及 RIGHT $ 指令

格式：

LEFT $（652）	RIGHT $（653）
S1	S1
S2	S2
D	D

操作数 S1 为传送字符串数据低位通道编号，操作数 S2 为需读出字符个数，操作数 D 为字符串输出低位通道编号。

功能：

LEFT $ 指令从字符串左侧开始读出指定字符数，从由 S1 指定的低位通道号所存储的字符到 NUL（00 H）代码为止的字符串左侧开始，读出由 S2 所指定的字符数，将结果作为字符串数据（在末尾加上 NUL）输出到 D。当读出的字符数超过 S1 的字符数时，输出整个 S1 的字符串。读出字符数中指定为 0（0000 H）时，向 D 输出相当 2 个字符的 NUL（0000 H）。

RIGHT $ 从字符串右侧开始读出指定字符数，从由 S1 指定的低位通道号所存储的字符到 NUL（00 H）代码为止的字符串右侧开始，读出由 S2 所指定的字符数，将结果作为字符串数据（在末尾加上 NUL）输出到 D。当读出的字符数超过 S1 的字符数时，输出整个 S1 的字符串。读出字符数中指定为 0（0000 H）时，向 D 输出相当 2 个字符的 NUL（0000 H）。

例 4.17.3：设 D100 单元存有字符串‘ABCDEF’，现需要从 D100 单元中，从左开始取出 4 个字符存入 D300 单元。可以将所取字符数 4 存入 D200 单元，利用如图 4.17.4 所示梯形图即可实现将‘ABCD’取出存入 D300 的功能。

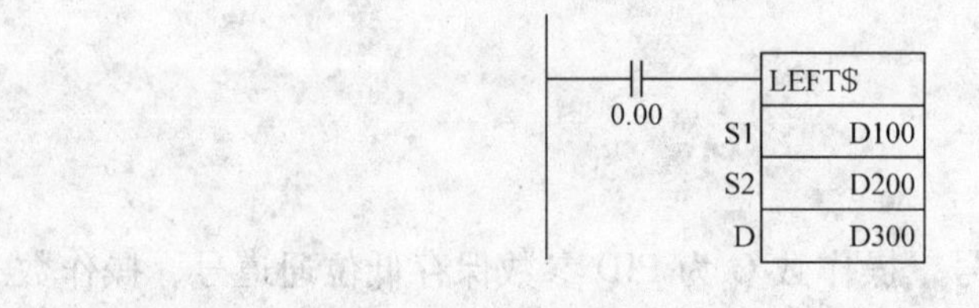

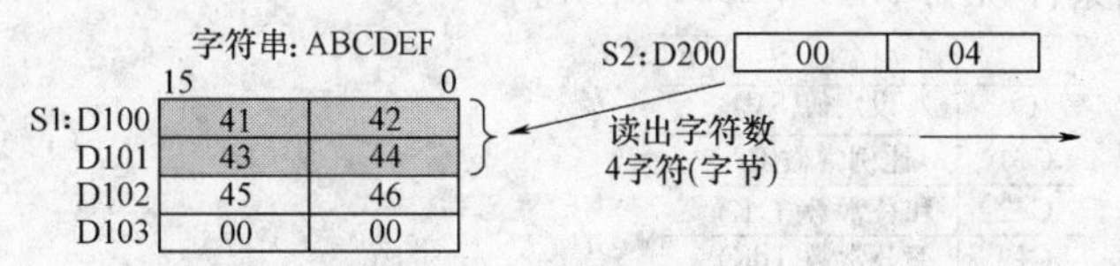

图 4.17.4　LEFT $ 指令实现示例

4.17.4　MID $ 指令

格式：

MID $（654）

S1

S2

S3

D

操作数 S1 为字符串数据低位通道编号，操作数 S2 为需读出字符个数，操作数 S3 为读出开始位置，操作数 D 为字符串输出低位通道编号。

功能：

在字符串的任意位置读出指定字符数，对于从由 S1 所指定的字符串数据低位通道号开始到 NUL（00H）代码为止的字符串，在由 S3 所指定的开始位置读出由 S2 所指定的字符个数，将结果作为字符串数据（在末尾加上 NUL）输出到 D。读出字符数超过 S1 字符串的末尾时，输出到末尾为止的字符串。

例 4.17.4：图 4.17.5 所示为 MID $ 指令的实现示例及实现过程。

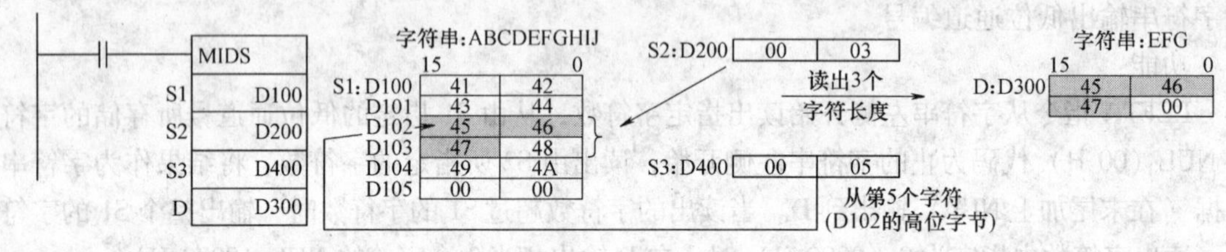

图 4.17.5 MID $ 指令实现示例

4.18 数据运算指令

4.18.1 PID 指令

格式：

PID（190）

S

C

D

操作数 S 为测定值输入通道号，操作数 C 为 PID 参数保存低位通道号，操作数 D 为操作量输出通道编号。操作数 C 的具体说明如图 4.18.1 所示。

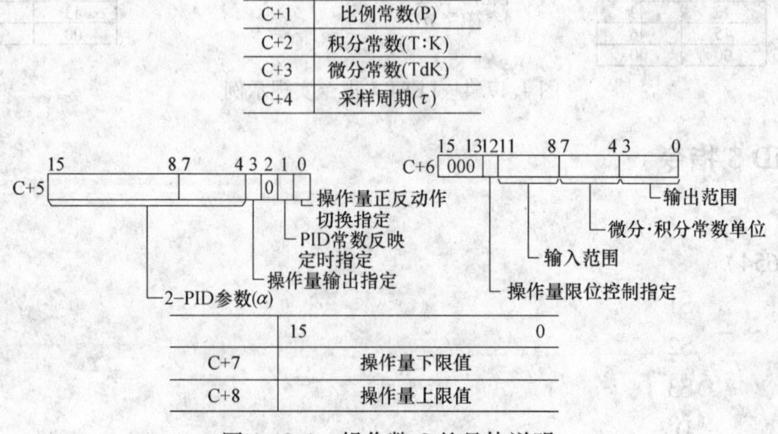

	15 0
C	设定值(SV)
C+1	比例常数(P)
C+2	积分常数(T:K)
C+3	微分常数(TdK)
C+4	采样周期(τ)

	15 0
C+7	操作量下限值
C+8	操作量上限值

图 4.18.1 操作数 C 的具体说明

功能：

根据指定的参数进行 PID 运算，根据 C 所指定的参数（设定值、PID 常数等），对 S 进行作为输入值的 PID 运算，将操作量输出到 D。

PID 指令所指定的运算方式为滤波型二自由度 PID 运算，其计算框图如图 4. 18. 2 所示。

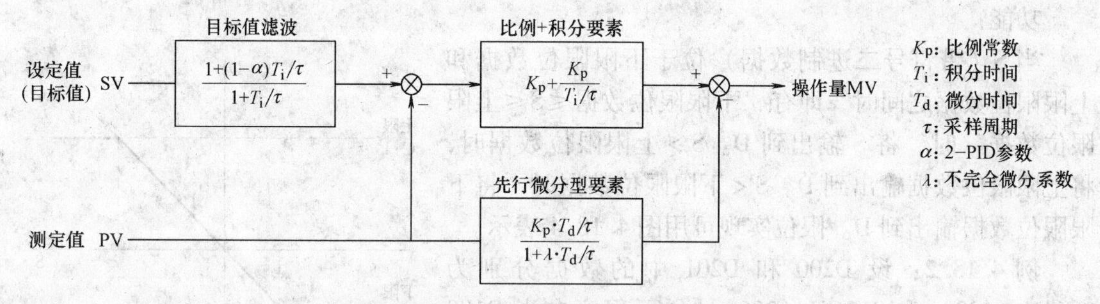

图 4. 18. 2　PID 指令计算框图

例 4. 18. 1：如下程序在 0. 00 上升（OFF→ON）时，根据设定在 D200 ~ D208 中的下述参数，进行 D209 ~ D238 的工作区域的初始化（清空）。初始化结束后，进行 PID 运算，将结果输出到 2000 CH。0. 00 为 ON 时，根据设定在 D200 ~ D208 中的下述参数，以采样周期的间隔执行 PID 运算，将结果输出到 2000 CH。若比例常数（P）、积分常数（TiK）、微分常数（TdK）的各参数变更在 0. 00 上升之后，则参数变化不反映在 PID 运算中。

```
LD      0.00
PID     1000
        D200
        2000
```

上述程序执行细节可以用图 4. 18. 3 描述。

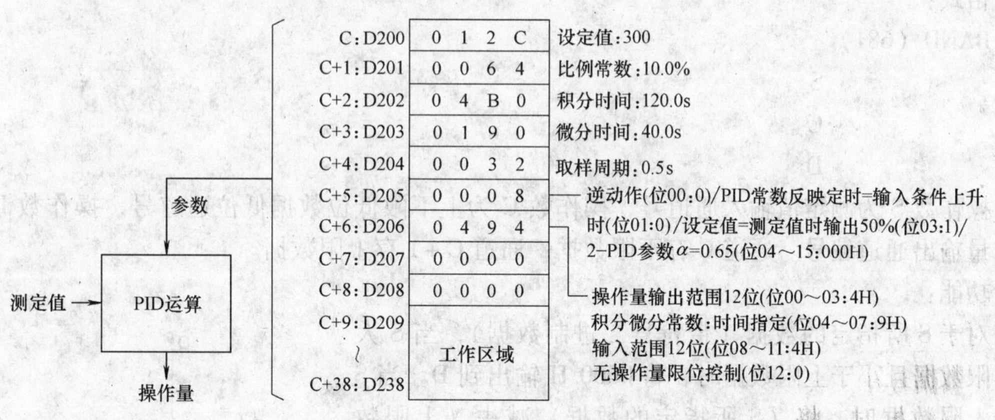

图 4. 18. 3　PID 指令运算示例

4. 18. 2　LMT 指令

格式：

LMT（680）

S

C

D

操作数 S 为测定值输入通道号，操作数 C 为限位数据低位通道号，操作数 D 为操作量输出通道编号。

功能：

当 S（带符号二进制数据）位于下限限位数据和上限限位数据之间时，即有“下限限位数据≤S≤上限限位数据”时，将 S 输出到 D。S > 上限限位数据时，将上限限位数据输出到 D。S < 下限限位数据时，将下限限位数据输出到 D。限位实现可用图 4.18.4 表示。

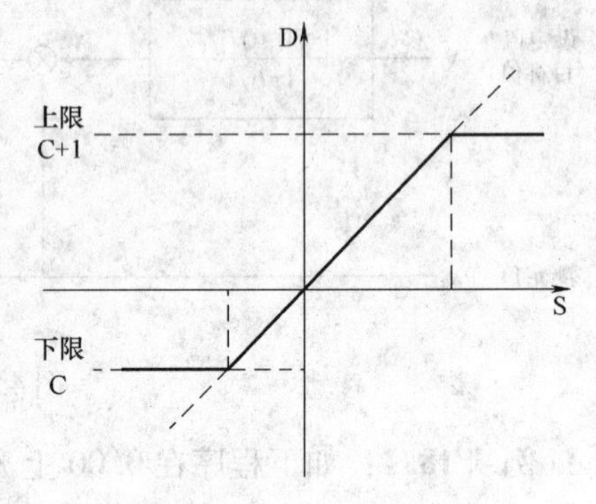

图 4.18.4 LMT 指令实现

例 4.18.2：设 D200 和 D201 中的数据分别为 0064H（100）和 012CH（300），如下程序在当 D100 中数据为 0050 H（80）时，由于 80 < 下限限位 100，D300 中输出 0064 H（100）。当 D100 中数据为 00C8 H（200）时由于下限限位 100 < 200 < 上限限位 300，D300 中输出 00C8 H（200）。

```
LD      0.00
LMT     D100
        D200
        D300
```

4.18.3 BAND 指令

格式：

BAND（681）

S

C

D

操作数 S 为测定值输入通道号，操作数 C 为上下限低位数据低位通道号，操作数 D 为操作量输出通道编号。通道 C 存下限数据，通道 C + 1 存上限数据。

功能：

对于 S 所指定的数据（带符号二进制数据），当 S 大于下限数据且小于上限数据时，将 0000 H 输出到 D。当 S 大于上限数据时，将（S 所指定的数据）减去（上限数据）输出到 D。S 小于下限数据时，将（S 所指定的数据）减去（下限数据）输出到 D。其执行过程可以用图 4.18.5 描述。

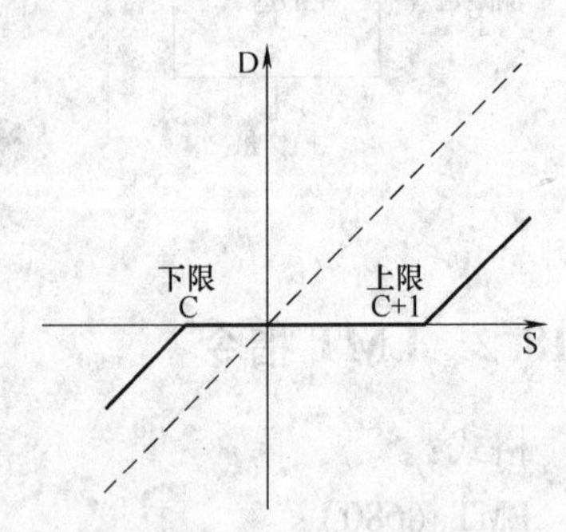

图 4.18.5 BAND 指令执行示意图

例 4.18.3：设 D200 中数据为 00C8H（200），D201 中数据为 012CH（300）。如下程序可以实现当 D100 为 00B4 H（180）时，180 < 下限数据 200，将 180 - 200 = FFEC H

（-20）输出到D300。当D100为00E6 H（230）时下限数据200<230<上限数据300，将0输出到D300。当D100为015E H（350）时上限数据300<350，将350-300=0032 H（50）输出到D300。

```
LD      0.00
BAND    D100
        D200
        D300
```

4.18.4 ZONE 指令

格式：

```
ZONE（682）
        S
        C
        D
```

操作数S为测定值输入通道号，操作数C为偏置数据低位通道号，操作数D为操作量输出通道编号。其中，负偏置值存于C，正偏置值存于C+1。

功能：

对于S所指定的输入数据（带符号二进制数据），输入数据<0时，将输入数据+负的偏置值（C+0）输出到D。输入数据>0时，将输入数据+正的偏置值（C+1）输出到D。输入数据=0时，将0000 H输出到D。输出数据小于8000 H时，或大于7FFF H时，符号反转。

例4.18.4：设D200单元存有数据FF9CH（-100），D201单元存有数据0064H（100）。如下程序可以实现当D100的值（带符号二进制数据）小于0时，将其加-100存储到D300；当D100值为0时，将0000 H存储到D300；当D100值大于0时，将其加+100存储到D300。

```
LD      0.00
ZONE    D100
        D200
        D300
```

4.18.5 SCL 指令

格式：

```
SCL（194）
        S
        C
        D
```

操作数S为转换对象通道编号，操作数C为参数保存低位通道编号，操作数D为转换结果保存通道编号。C的具体说明如图4.18.6所示。

功能：

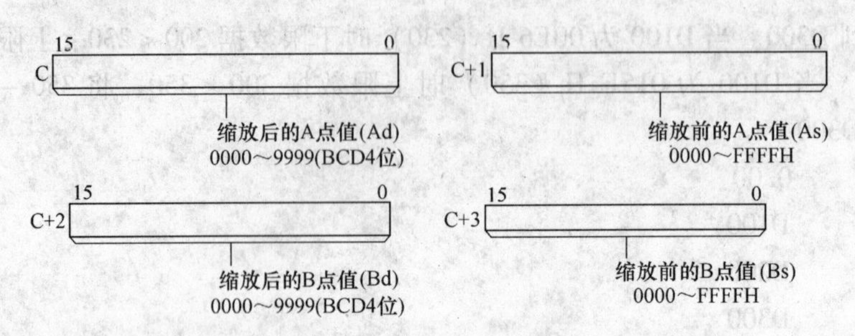

图 4. 18. 6　C 的具体说明

将 S 所指定的无符号二进制数据根据 C 所指定的参数（A 点和 B 点两点的各缩放前和缩放后的值）所决定的一次函数，转换为无符号 BCD 数据，将结果输出到 D。

转换公式为

$$D = Bb - \frac{(Bd - Ad)}{(Bs - As)\ 的\ BCD\ 转换值} \times (Bs - S)\ 的\ BCD\ 转换值$$

注：转换结果的小数点之后数据四舍五入，转换结果小于 0000 时输出 0000，大于 9999 时输出 9999。

例 4. 18. 5：对于模拟信号 1 ~5V（0000 ~0FA0 H）的值被存储在 D0 中时，将该值转换（缩放）为 0000 ~0300 的 BCD 值。

完成该任务的程序如下：

```
LD      0.00
SCL     D0
        D100
        D200
```

D100 ~D103 单元的内容如下：

D100	000
D101	0000
D102	0300
D103	0FA0

4. 18. 6　AVG 指令

格式：

```
AVG（195）
        S1
        S2
        D
```

操作数 S1 为当前值输入通道编号，操作数 S2 为平均值运算循环次数，操作数 D 为平均值存储低位通道编号。

功能：

在更新指定的周期次数（S2）、存储指针（D+1的位00~07）的同时，将S1所指定的无符号二进制数据作为过去的值依次存储到D+2之后。在这一过程中，S1的数据直接输出到D，将平均值有效标志（D+1的位15）设为0（OFF）。指定周期次数（S2）的过去S1值被存储到D+2之后时，计算该过去值的平均值，将结果以无符号二进制数据输出到D。此时，将平均值有效标志（D+1的位15）设为1（ON）。以后每次扫描时，根据最新S2扫描部分的数据计算平均值，输出到D。

指定周期次数（S2）最大为64。如果过去值的存储指针到达S2-1，则重新从0开始。平均值的小数点以下数据四舍五入。

例4.18.6：梯形图如图4.18.7所示，在0.01为ON时，200 CH的内容从0000开始逐次扫描加1。在第1、2次扫描中，AVG指令将200 CH内容保存到D1002、D1003中（加上200 CH内容为了确认AVG指令结果的变化）。从第3次扫描开始，AVG指令计算最新的平均值，存储到D1000中。

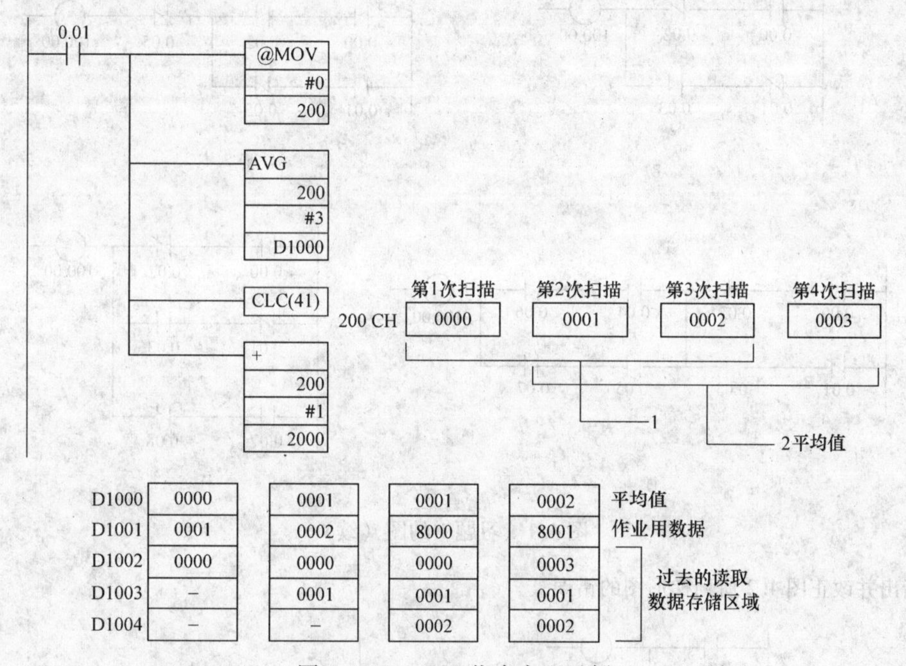

图4.18.7 AVG指令实现示例

习 题

1. 试编制图4.1所示梯形图的助记符程序。

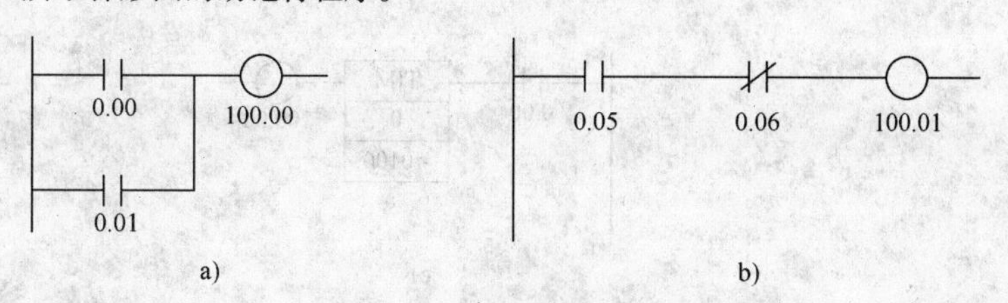

图4.1 习题1的图

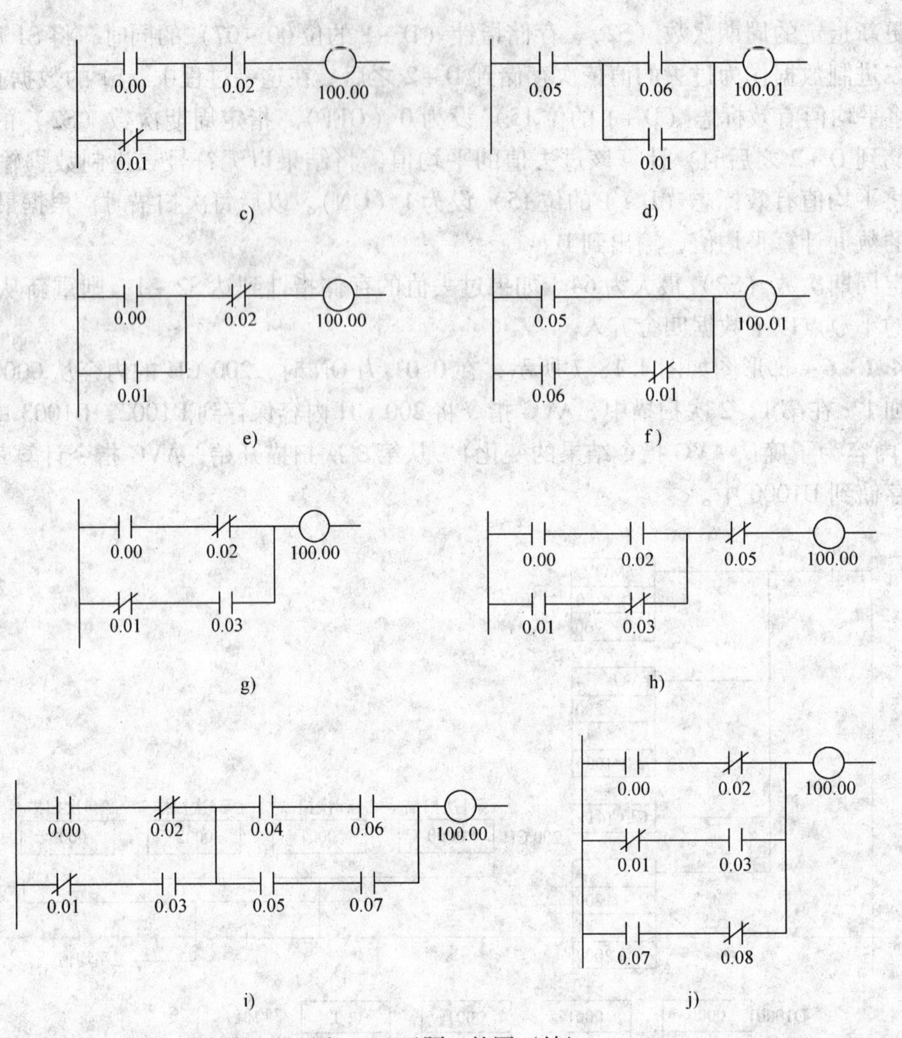

图 4.1　习题 1 的图（续）

2. 指出并改正图 4.2 所列梯形图的错误。

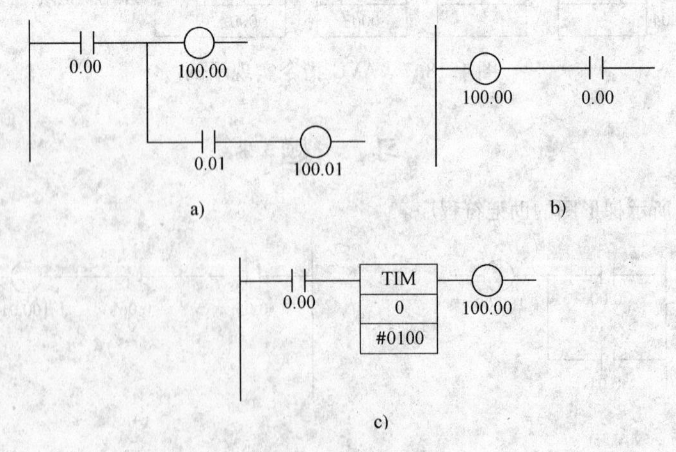

图 4.2　习题 2 的图

3. 利用编程技巧，简化图 4.3 所列梯形图。

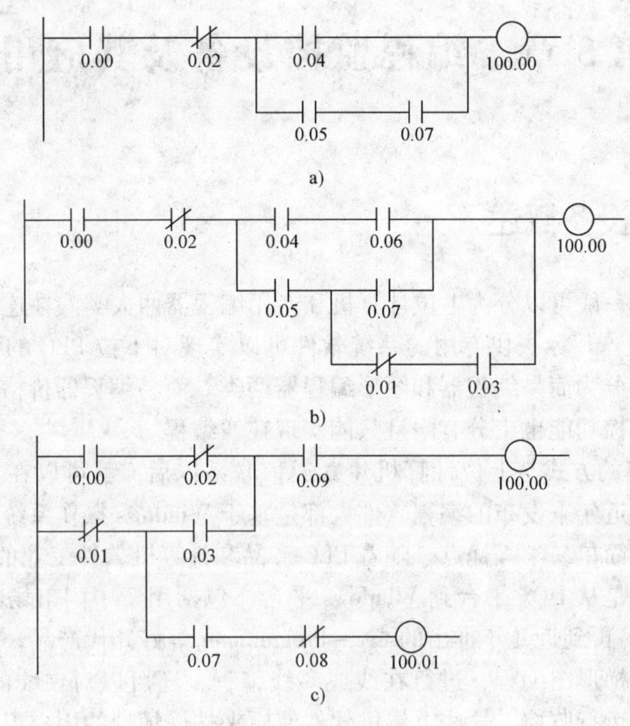

图 4.3　习题 3 的图

4. 试说明 IL 和 ILC 指令、JMP 和 JME 指令各有什么异同点?

5. 在同一程序段中 TIM 和 CNT 能否使用同一编号?

6. 说明 TIM 和 TIMH 指令的区别。

7. 按下列要求编制 8 位数相加的梯形图和助记符程序。

加数是：87 654 321，放在 DM0001（高 4 位），DM0000（低 4 位）单元中。

被加数是：12 341 234，放在 DM0004（高 4 位），DM0003（低 4 位）单元中。

结果放在 DM0008、DM0007 单元中。

加法的执行条件是 0.00 触点接通。

8. 仿照 8 位数相加的思路，编制一个两个 8 位数相减的梯形图和助记符程序。

9. 利用 BIN 和 BCD 指令编制一个将 4 位十进制数 4567 变为二进制数，再将二进制数反变换为十进制数的梯形图和助记符程序。

10. 试用定时器和计数器串联实现 200 天计时的梯形图。

11. 3 盏信号灯，按起动按钮后，每隔 1min 点亮 1 盏，每盏信号灯点亮时间分别为 1min、2min 和 3min，到时自动熄灭。按停止按钮可以使信号灯熄灭。作出上述系统的硬件软件设计。

第5章　编程监控设备及其应用

5.1　编程监控设备概述

PLC 的开发工具一般可以分为上位计算机和专用编程器两大类。在连接有上位计算机的系统中，使用 PLC 生产厂家提供专用的系统软件可以实现对下位 PLC 的编程、调试和监控工作。专用编程器又分为简易编程器和图形编程器两类。简易编程器价格较低，但一般只能输入助记符程序，监控功能也十分有限且只能实现在线编程。

当 PLC 通过适当的方式与上位计算机建立通信联系以后，就可以在上位机上完成 PLC 的编程工作。各公司近年来发布的编程软件大都是基于 Windows 操作系统的，所以都具有功能较强、使用方便和简单易学等优点。随着 PLC 产品和计算机软件工业的发展，OMRON 公司的编程软件产品也是从 DOS 平台到 Windows 平台，包括用于中国市场的中文版，经历过由 LSS、SSS 到 CPT，再到近几年推出的 CX - Programmer 等好几代产品。应用这些软件，用户可以采用助记符或梯形图编程，进行在线或离线编程，还可以对在线的 PLC 及其系统进行程序调试、仿真或运行监控。这些上位机软件使原来枯燥烦琐的用户程序开发和系统维护工作变得更为直观简单快捷，深受广大工程技术人员的欢迎。

5.1.1　简易编程器

手持式简易编程器是 OMRON 系统编程设备中最为简单的一种。这种简易编程器根据不同需要，可以通过专用电缆与 CPU 单元相连，也可以直接安装在 CPU 单元上。例如型号为 CQM1 - PRO01 的手持式简易编程器的外形如图 5.1.1 所示。它的面板主要有三大部分。

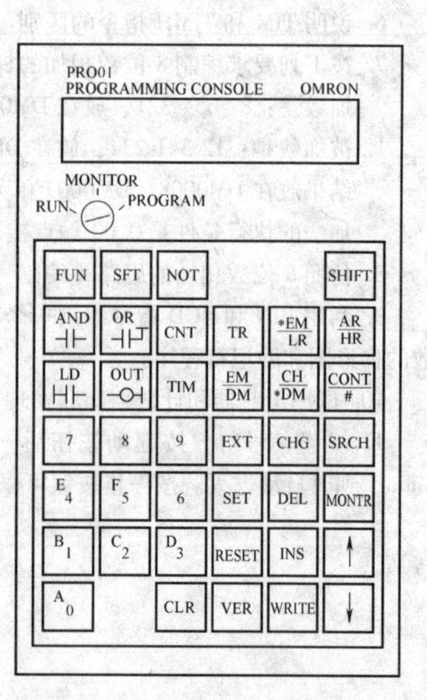

图 5.1.1　手持式简易编程器的外形

1. LCD 显示器

LCD 显示器可以显示 2 行 ×16 个字的各种字符、数字或符号，用来作为输入和监控时的信息显示部件。

2. 工作方式选择开关

工作方式选择开关用来在 RUN（运行）、MONITOR（监控）和 PROGRAM（编程）三个工作方式中选择其中之一。工作方式选择开关的外形如图 5.1.2 所示。

“编程”工作方式时可以输入和编辑用户程序。

“运行”工作方式是 CPU 单元用户程序的正常运行方式，此时也可以对运行的状态进行必要的监视。

“监控”方式下程序也处于运行状态，但此时可以实现许多对运行的监视和干预操作，是用户调试程序时常用的工作方式。

PLC开机上电时的工作方式是通过系统设定区中的DM6600通道来设定的。其默认方式（0000）为：若CPU连接有编程器，上电时就按工作方式选择开关的选择来确定工作方式；若连接有其他编程设备则选择编程工作方式；若未连接任何编程设备则选择运行工作方式。因此在PLC连接有现场设备时，上电操作时要十分小心。如果接有编程器，最好先选择为“编程”工作方式。

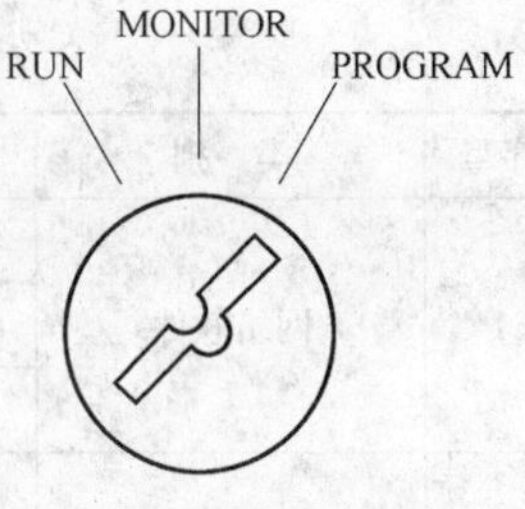

图5.1.2 简易编程器工作方式选择开关的外形

3. 输入键区

输入键用来输入程序和命令，按照功能它们可以分为三类。

1）数字键（10个）。用来输入地址和数据，还可以与功能键组合以功能码的形式输入指令键中没有的特殊指令。

例5.1.1：指令END（01）的输入步骤如下（依次按键输入）：

FUN→0→1→WRITE

2）编辑键（12个）。用来编辑、查询和监控用户程序，例如插入、删除、检索、复位等操作的实现。

3）清除键（1个：CLR）。用来清除编程器显示内容。

4）指令键（16个）。用来输入程序中的基本指令的指令码，如LD、OR、AND、NOT等，或者用来输入程序中指令的通道操作数，如HR、DM、*DM等。其中，CH、CONT、AR操作数等为上挡输入，要和SHIFT键配合使用才能正确输入。

为了保护用户程序和防止误操作，在连有编程器的PLC开机时，首先要求用户输入口令，口令的输入步骤是顺序键入CLR→MONTR，如图5.1.3所示。

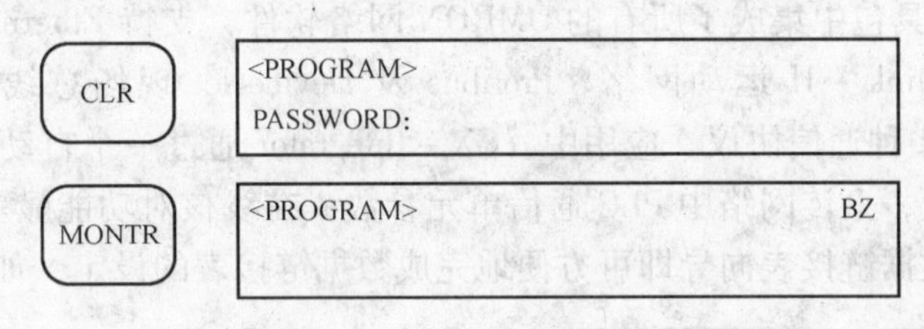

图5.1.3 用户口令输入过程

完成口令输入，再用CLR键清除显示后，即可进行下一步输入操作。

编程器的基本操作有：内存清除、建立地址和读出程序、程序输入、指令的插入和删除操作、程序检查和指令查找等。编程器的其他常用操作还包括：各种监视、各种数据修改、时钟操作等。随着计算机技术及其应用的发展，手持编程器的应用已逐渐淡出，其具体应用这里不再赘述。

5.1.2 OMRON的开发软件CX-ONE

CX-ONE是一个支持OMRON公司PLC及其他设备的工业自动化的集成开发工具包，能够为用户提供对控制系统中的网络、PLC、HMI、驱动器、传感器和温度控制器等各组成部分的基于CPS（Component and Network Profile Sheet）的创建、配置和编程操作环境。

一个典型的CX-ONE软件包一般主要含有表5.1.1所列五类工具软件。其中的CX-Programmer、CX-Integrator、CX-Designer等常用工具支持中文操作。

表 5.1.1　CX－ONE 主要工具软件

序号	类　别	工具软件	主要功能
1	网络软件	CX－Integrator	工业自动化网络组态
		CX－Protocol	设备串行通信协议创建
		CX－Profibus	Profibus 主站配置
2	PLC 软件	CX－Programmer	PLC 用户程序编程调试
		CX－Simulator	PLC 用户程序仿真调试
		SwitchBox Utility	PLC I/O 监视和置数
3	HMI 软件	CX－Designer	可编程终端 HMI 组态
		Ladder Monitor Software	梯形图程序监控
4	运动 & 驱动软件	CX－Motion－NCF	支持 MECHATROLINK－II 通信的位置控制单元监控组态
		CX－Motion－MCH	支持 MECHATROLINK－II 通信的 MCH 单元监控组态
		CX－Motion	运动控制单元监控组态
		CX－Position	位置控制单元监控组态
		CX－Drive	变频器与伺服器组态应用
5	过程控制	CX－Thermo	温度控制器组态应用
		CX－Process Tool	回路控制器组态调试
		NS－series Face Plate AUTO－Builder	CX－Process Tool 功能块中 Tag 信息至 NS 屏幕数据项目文件自动转换

在 CX－ONE 工具包中集成了所有的 OMRON 网络软件，支持 Ethernet 和 Controller Link 对等网络、Mechatrolink－II 运动网络、Profibus 及 DeviceNet 现场总线和 CompoWay/F 及 Modbus 串行网络等多种通信协议。应用中，CX－Integrator 通过一个自动的在线连接就可以访问上述网络的配置，上传网络中 PLC 通信单元参数，在线核对功能显示单元的值。同时，使用工具菜单中的数据链接表向导即可方便地完成数据链接表的设定，如图 5.1.4 所示。

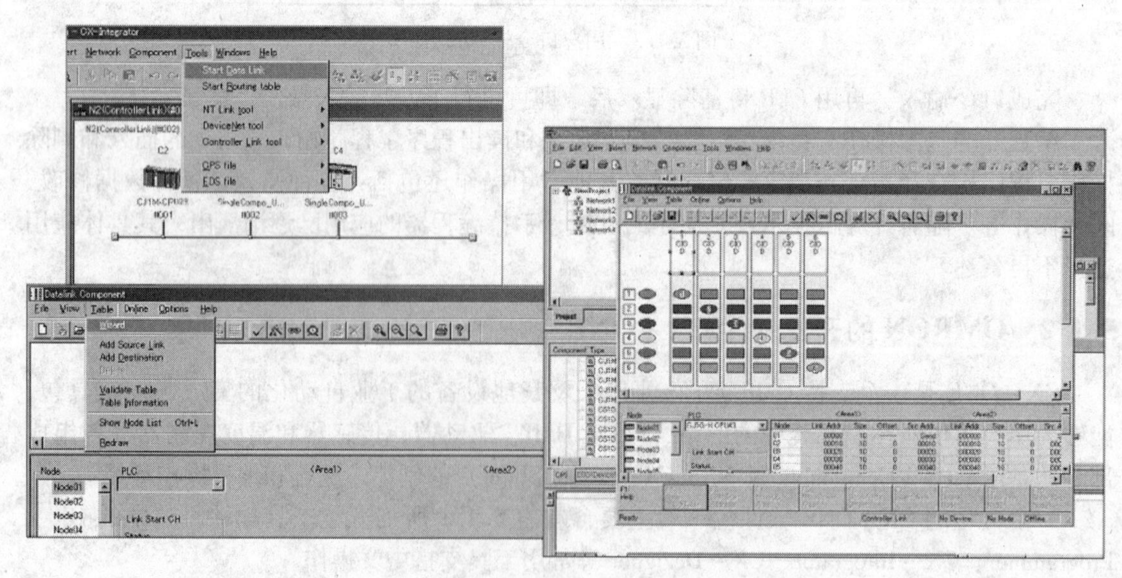

图 5.1.4　CX－Integrator 数据链接表的设定

CX－Programmer是一个支持OMRON公司PLC的上位机编程软件，同时也包括系统相关的硬件管理功能，支持PLC、特殊I/O单元和CPU总线单元的配置与参数设定。在PLC I/O表启动后，CX－Programmer还能够启动与CPU单元相关软件和CX－Integrator。CX－Programmer的FB/ST语言编程环境得到了进一步发展，支持最大七层的嵌套功能块编程和在线监视调试，可实现真正的结构化编程环境。CX－Programmer嵌套编程示例如图5.1.5所示。CX－Programmer包括CX－Programmer和CX－Sever两部分应用程序。它具有对Windows应用软件的数据兼容的特点，有结构化、多任务开发的能力，开发有英文、日文和中文等多种版本。利用CX－Programmer的文件转换工具可以实现CX－Programmer（cxp文件）工程文件和其他文件如CVSS、CPT、LSS、SSS、SYSWIN之间的转换。CX－Server作为网络方面的应用，可对PLC系统的几种网络进行配置、监视，其中的网络配置工具可以用来编辑和设置路由表、输入/输出表、数据链路并实现系统测试。DEE管理器可以实现PLC和Windows应用程序之间的动态数据交换。性能监视器可用来实时地监视和统计上位机通信的性能和吞吐量。

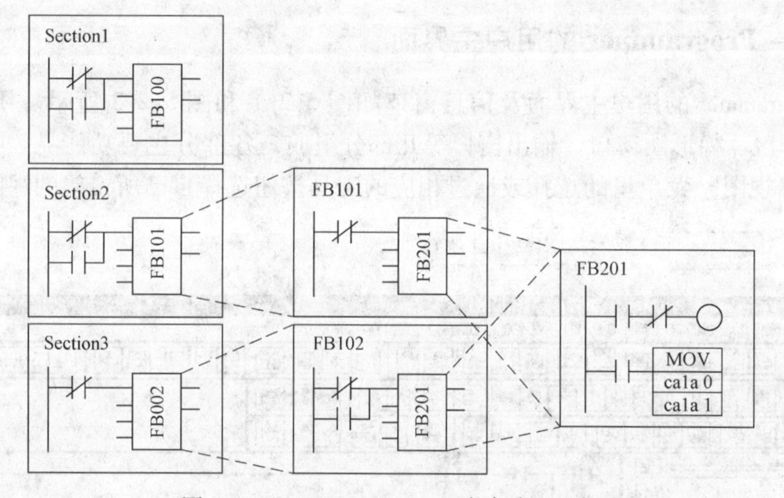

图5.1.5　CX－Programmer嵌套编程示例

CX－Simulator是一个PLC系统离线调试的模拟调试工具，可以提供一个有时甚至比实际PLC系统在线环境下更为方便有效的用户软件开发和调试模拟环境。其主要功能包括：在虚拟的CPU单元上通过虚拟的外部输入仿真执行和调试用户程序；应用指令执行地址和断点技术调试程序；在虚拟CPU上模拟扫描周期调试；网络和串行通信调试等。

CX－Designer是一个可以在Windows环境下为NS系列触摸屏可编程终端开发和调试用户界面的软件。触摸屏又称为触控面板，是一个尺寸小巧、操作简单的具有屏幕上触觉反馈系统的感应式液晶工业显示装置，当屏幕上接收到触觉信号时，它可根据预先编程为系统输入相应的信号，故可以在工业控制现场取代机械式的按钮和信号面板，并借由液晶显示画面制造出生动的影音效果。这种可编程终端是一种性价比较高的现场监控和操作用人机接口。CX－Designer可以从CX－Integrator的NT Link窗口直接启动并继承其单元设定。符号表及其导入、画面及其对象的再利用技术方便了用户可编程终端屏幕数据的生成与开发，还可以将CX－Designer和CX－Simulator相结合，对系统进行联调。

CX－One工具包里也提供了特殊I/O单元（如位置控制单元或运动控制单元等）和

CPU 总线单元的支持软件。所有的位置控制和运动控制单元软件都可以从 CX－pogrammer 的 PLC I/O 表中直接启动同时从 I/O 表中继承相应的单元信息。这些软件的应用，使现场控制参数的设定过程更加简单有效，同时在一定范围内还可以避免误操作的发生。CX－One 中的过程控制软件集成了温度控制器和多路控制器的支持软件，可实现模拟量的 PID 等常用运算及其调试功能。

采用 CX－One 的 PLC 软件系统的开发过程按先后顺序一般要经过以下几个阶段：

1）设计阶段。启动 CX－Programmer；生成单元组态；设置 CPU 总线单元和 SIOU；检查 I/O 配置；用户程序编程；离线调试；项目保存。

2）机器在线调试。读入项目；连接 PLC；程序下载；程序调试。

3）现场调试。程序修改，单元参数修改。

5.2 CX－Programmer 的开发与应用

5.2.1 CX－Programmer 的用户主界面

CX－Programmer 的用户主界面及信息窗口如图 5.2.1 和图 5.2.2 所示。用户主界面主要由工程工作区、梯形图窗口、输出窗口等几部分组成，各部分主要功能见表 5.2.1。操作者可以通过“视图”菜单里的选择或通过相应的工具按钮选择自己所希望的视图内容。

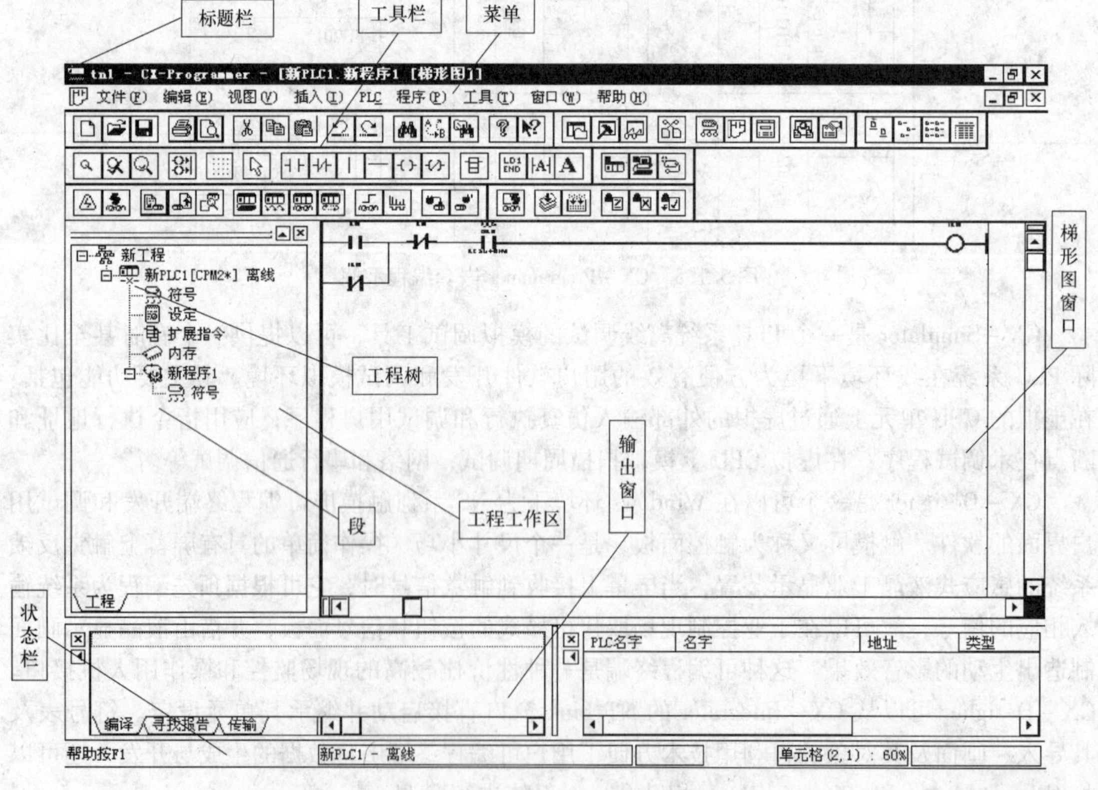

图 5.2.1 CX－Programmer 用户主界面

图 5.2.2 CX - Programmer 信息窗口

表 5.2.1 CX - Programmer 用户主界面主要窗口及其功能

名 称	英 文	功 能
标题栏	Title Bar	显示创建的文件名
菜单	Menu	通过菜单选项选择
工具栏	Toolbar	通过图标选择
段	Section	一个程序可分割为若干段
工程工作区/工程树	Project Workspace Project Tree	控制程序和数据
输出窗口	Output Window	装载和编辑状态下的错误信息显示；触点/线圈搜索结果列表；PLC 系统数据传输过程显示
梯形图窗口	Ladder Window	用户梯形图程序
状态栏	Status Bar	PLC 名称；在线/离线状态；激活单元位置等信息显示
信息窗口	Information Window	显示 CX - Programme 基本快捷键；用视图菜单中的信息窗口项显示或隐藏
符号栏	Symbol Bar	当前光标所指符号的名称、地址、数值和注释 注：在默认初始界面上无该栏，需要通过“工具”菜单的“选项”中选择相应选择项后才能显示。

工具栏和菜单中的相应项及 Alt +1 组合键均为工程工作区显示和隐藏的切换开关。在工程工作区内，用户可以实现对以下项目的查看与操作：

1）符号：系统使用所有符号，包括全局和本地符号。

2）I/O 表：与 PLC 相连的所有机架和主框的输入/输出。

3）设置：所有有关 PLC 的设置。激活后的设置对话框如图 5.2.3 所示。可在对话框中选择不同的设置内容进行所需要的设置。

4）内存：对 PLC 内存的数据值的编辑监视。内存对话框如图 5.2.4 所示。

5）程序：本工程的用户程序。

6）功能块：功能块是一个包括标准处理功能的独立程序单元。每个功能块的定义中包括了其算法和变量，定义完成的功能块可以被用户程序调用。通过右击功能块图标并选择弹出菜单上的“插入功能块”来创建新功能块。调用功能块时，则需要通过“插入”菜单中的“功能块调用”项来实现。用户开发软件时应用功能块的技术，是结构化编程的需要，可以提高程序的质量并减少开发工作量。

段是用来创建和显示程序分割为不同功能的“段区域”。段不仅增强了程序的可读性，而且提高重复使用包含相似控制的程序的效率。在开发过程中，用户程序可以按段来上传，使在线操作更为方便。

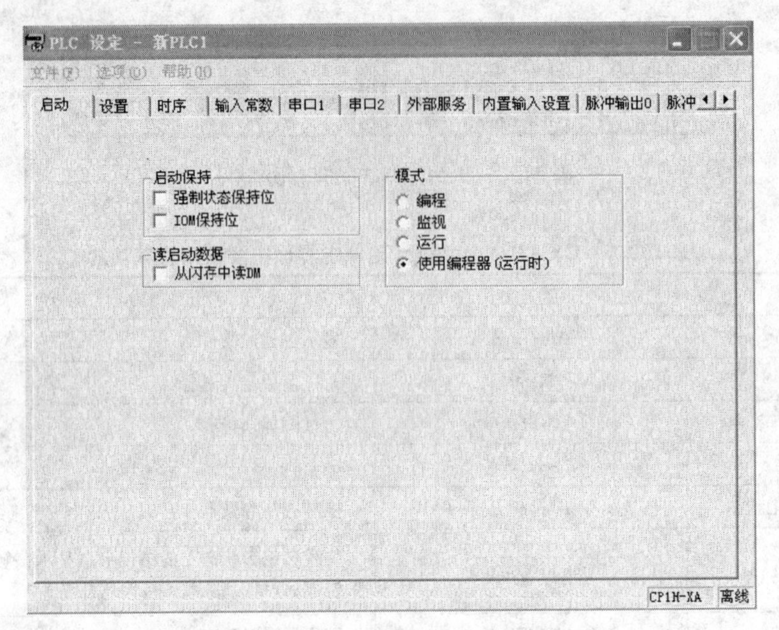

图 5.2.3 CX－Programmer PLC 设置对话框

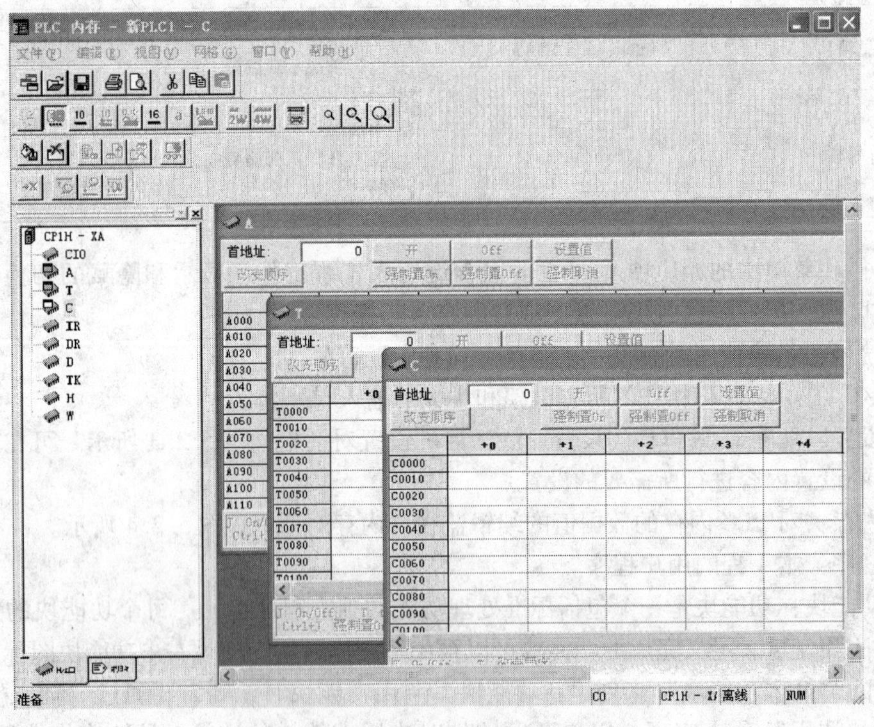

图 5.2.4 CX－Programmer 内存对话框

CX－Programmer 工具栏上的项目可以通过“视图”菜单的“工具栏”选项自由安排。除了 Windows 常用的工具按钮，CX－Programmer 还有许多特殊的工具按钮，图 5.2.5 所示为其中几例。例中各图标功能按先后顺序分别为：工程工作区切换；输出窗口切换；查看窗口切换；引用地址显示；功能块实例查看；显示属性；交叉引用表；查看本地符号；查看梯形图；查看助记符；I/O 注释。

图 5.2.5　CX – Programmer 工具栏常用工具按钮图标示例

5.2.2　CX – Programmer 的编程

为了在 CX – Programmer 上实现 PLC 用户程序的编程和调试，首先要用菜单或工具栏中的“新建”操作建立一个新工程文件，或者是用“打开”操作打开一个已存在的旧工程文件。新建工程时注意，要在新建对话框中选择正确的 PLC 及 CPU 型号，新建工程对话框如图 5.2.6 所示。打开旧工程也是典型的 Windows 目录和驱动器等列表控件组成的对话框操作，打开工程对话框如图 5.2.7 所示。操作时注意所有 CX – Programmer 工程文件名都是以 cxp 为扩展名的。

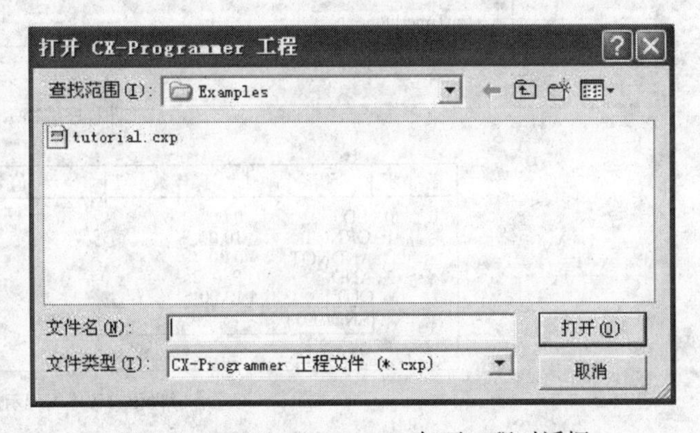

图 5.2.6　CX – Programmer 新建工程对话框　　图 5.2.7　CX – Programmer 打开工程对话框

用户程序的 END 指令是由系统自动生成的。程序编辑开发中，用户可以用鼠标拖拽或 Ctrl + C、Ctrl + X 及 Ctrl + V 等组合键或相应菜单项及工具等 Windows 系统常用编辑方式来“复制”、“剪切”和“粘贴”一个元件、一个条或一个段。同样，可以在编辑中使用的还有“撤销”、“恢复”、“查找”、“替换”、“保存”等大家熟悉的功能，方便进行操作。

进入到用户程序的实际编辑阶段，系统默认的编程方式是梯形图编程方式。在开发工作中，梯形图程序与助记符程序具有相同效果，用户可以随时通过在菜单中的视图项中选择“梯形图”或“助记符”或者通过工具栏里的“梯形图”或“助记符”工具按钮来方便地切换编程方式。图 5.2.8 所示就是一个编程窗口的梯形图程序和助记符程序的例子。梯形图编程操作主要在梯形图编程窗口中完成，在梯形图窗口两侧的两道垂直线为两条母线，其中右侧一条被作为地线。许多条由若干元件及其水平连线连成的行组成了梯形图程序。一个完整的逻辑运算部分称为一个条（或梯级），一个条应该包括一个或多个步。每一条左侧的区域称为条头区。在条头区中用户可以看到条号、程序地址以及可以由用户设置的条标记。助记符编程操作主要在助记符编程窗口中完成。窗口中的每一行由以下几部分组成：条号、程序地址、指令码、操作数地址、名称、注释等。另外，如果 CX - Programmer 为在线运行状态下，行中还会显示操作数地址中的实际数据。选中任何一行，就可以对该行指令进行输入或编辑操作。

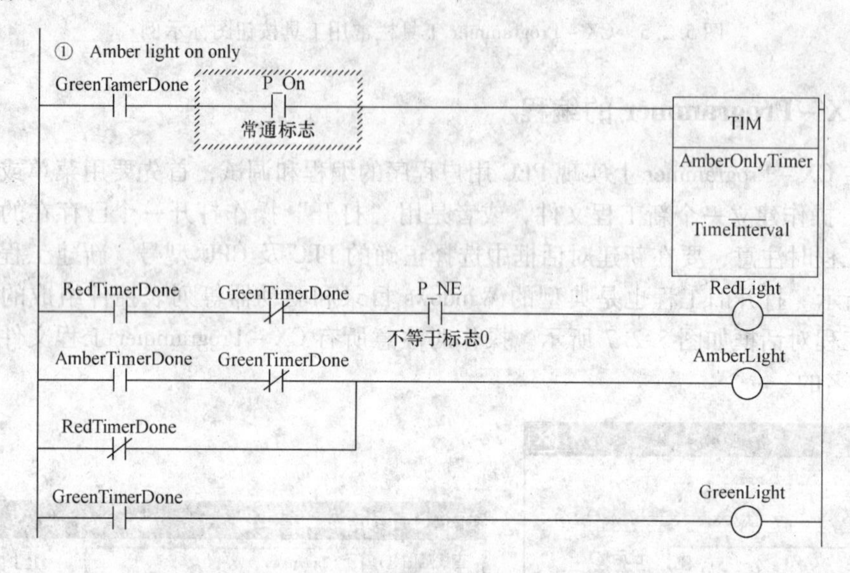

a) 梯形图程序编程示例

条	步	指令	操作数	值	注释
0	0	LD	0.00		
	1	ORNOT	10.00		
	2	ANDNOT	0.00		
	3	AND	P_0_2s		0.2秒...
	4	OUT	10.00		
1	5	END(001)			

b) 助记符程序编程示例

图 5.2.8 CX - Programmer 编程窗口示例

下面以图 5.2.9 所示的一段简单程序步为例，说明 CX - Programmer 中梯形图程序的输入过程：

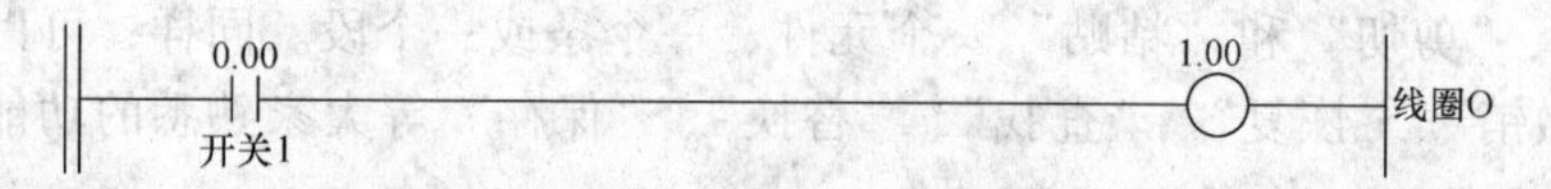

图 5.2.9 CX - Programmer 编程示例

1）选择适当位置，编程处将显示淡蓝色单元。

2）单击“新接点”（或按快捷键 C）工具按钮，在自动跳出的对话框中输入相应的地址和注释，如图 5.2.10 所示。

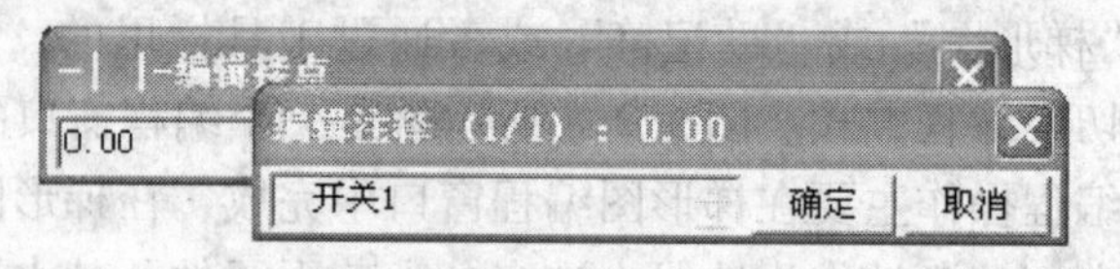

图 5.2.10 编辑接点及其注释输入对话框

3）再通过单击“线圈（O）”工具按钮并结合新横线操作，完成该程序步输入过程。

若在程序中使用到了重复的线圈地址，系统会自动检测到错误并给出相应提示。

单击相应位置可输入或修改符号注释、条注释或元素注释，可提高程序的可读性。

一个以新接点输入为例的元件编辑输入过程如下：

1）单击接点需要插入或放置的位置。

2）单击所需的“新接点”按钮。

3）输入新接点地址和注释，如果需要输入的是辅助继电器则需要通过编辑接点对话框中的下拉菜单选择。

4）单击“确定”按钮，输入完毕。

再次选中该接点后，可以进行“删除”、“复制”等常用编程操作。

梯形图编程时各元件间用“新水平线”和“新垂直线”根据其逻辑关系来连接。

单击相应接点选择“详细资料”项，则可进一步指定上升沿或下降沿功能。

除了常用的线圈和接点外，其他指令要使用“新 PLC 指令”来实现。输入指令时，选中插入指令位置，再单击 PLC 指令（I）菜单或工具，弹出新指令输入对话框，输入相应的指令，如图 5.2.11 所示。在新指令对话框中可以使用“查找指令”或“指令帮助”按钮来方便地编程。

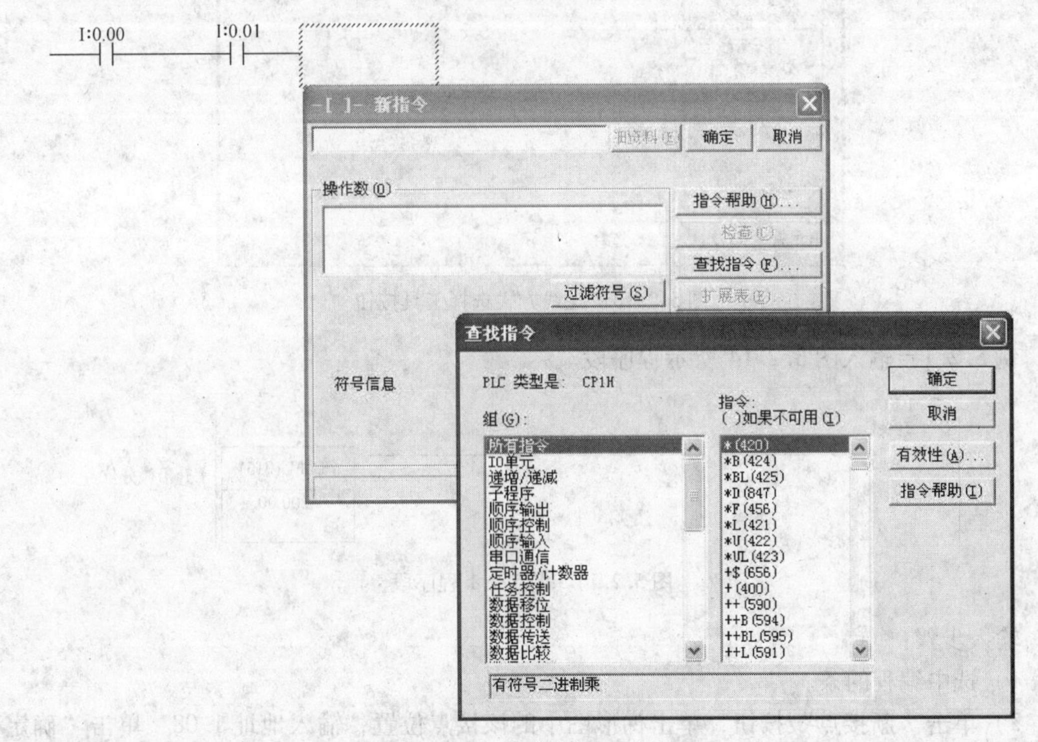

图 5.2.11　新指令输入对话框

图 5.2.12 所示为一个定时器指令输入的例子，其中输入的“0000”为定时器号，“#3”为定时设置值，“1 号定时器”为注释。

用户产生的程序需经编译无误后再进行下一步调试。编译有误时的出错信息显示在输出窗口中，双击显示的错误，系统可自动找到程序出错位置以方便修改。在 CX－Programmer 的“PLC”菜单的“程序检查”选项中，有四种检查级别可以供用户选择，如图 5.2.13 所示，各级别检查项目在列表中可见。

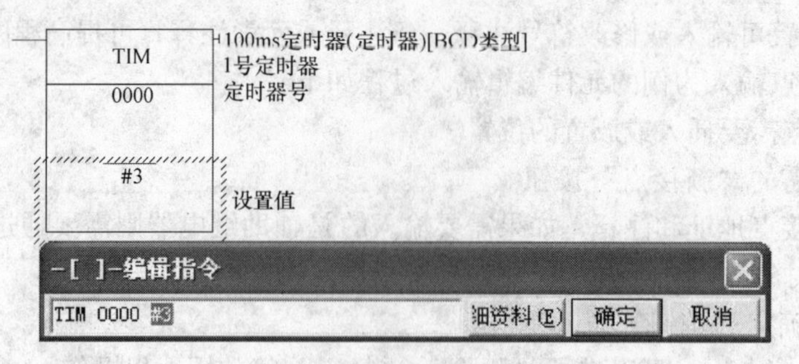

图 5.2.12　定时器指令输入示例

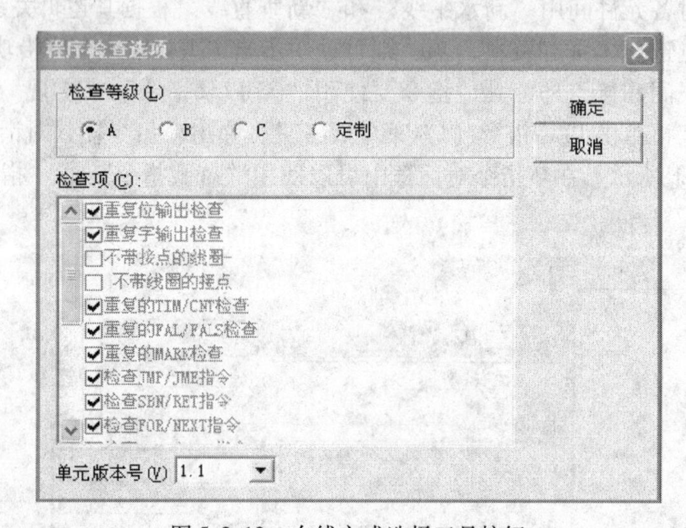

图 5.2.13　在线方式选择工具按钮

例 5.2.1：输入图 5.2.14 所示程序段。

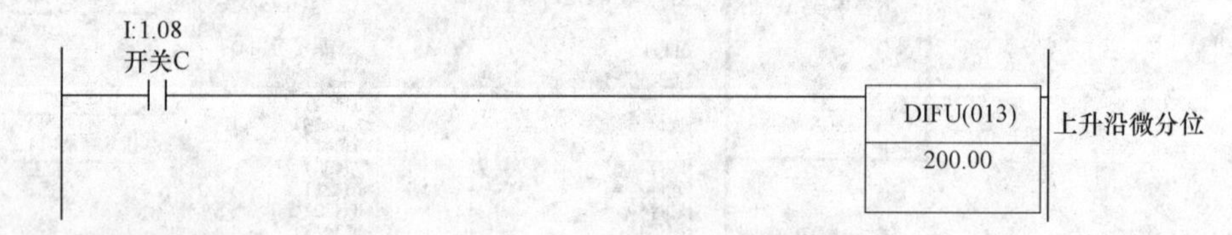

图 5.2.14　例 5.2.1 程序段

输入步骤：

1）选中编程的条。

2）单击“新接点”按钮，单击梯形图中的该接点位置，输入地址 1.08，单击“确定”按钮。输入注释开关 c，单击“确定”按钮。

3）单击“新 PLC 指令”按钮，单击梯形图中插入该指令的位置，按下列方法之一输入指令：

① 在新指令对话框中直接输入 DIFU 200.00，单击“确定”按钮。

② 在新指令对话框中按下列顺序选择：“详细资料”→“查找指令”→“顺序输出”→“DIFU（013）”。输入操作数 200.00，单击“确定”按钮。

5.2.3　CX－Programmer 的在线调试和模拟调试

上位机和 PLC 之间的程序上下传送过程在 PLC 菜单内的传送项中选择。CX－Programmer 提供三种不同连接方式的在线调试方法："在线"方式、"自动在线"方式和"仿真器在线"方式，对应的工具按钮按顺序如图 5.2.15 所示。其中，选择在线方式时，系统将根据工程建立时指定的 PLC 型号和类型连接硬件系统并进入在线调试状态；选择自动在线方式时，系统将自动识别所连接的硬件系统并处于在线状态，并可以从 PLC 中上传程序或数据；选择仿真器在线方式时，系统则通过 CX－Simulator 进入仿真在线状态。在调试中再次选择相应选择项，即可从 CX－Programmer 退出在线和模拟状态。

图 5.2.15　在线方式选择工具按钮

下传程序后的 PLC 可以通过 CX－Programmer 设置的操作模式为以下三种之一："编程"、"运行"和"监视"。当选择为后两项之一时，PLC 会自动开始运行程序。在"监视"状态下运行的 PLC 数据状态可以方便地通过 CX－Programmer 进行监视，梯形图程序中的绿色指令条表示该段处于逻辑导通状态。I/O 内存中的数据也显示运行过程的当前值并可以被修改。例如在"监视"运行状态下，可以通过双击相应位置来修改定时器的当前值或用微分监视来检测出指定位数据的上升沿或下降沿微分结果，由此可判断程序运行的微分工作条件。

在调试过程中，必要时还可以用"强制"命令的强制置位方式来判断程序逻辑或查错。操作时选中需要操作的元件，通过"PLC"菜单中的"强制"项选择相应的操作，如图 5.2.16 所示。被强制的位在梯形图程序中用一个小锁图标来表示。被强制的位不再受程序执行和外部输入的影响，只能通过取消或相反的强制操作改变。

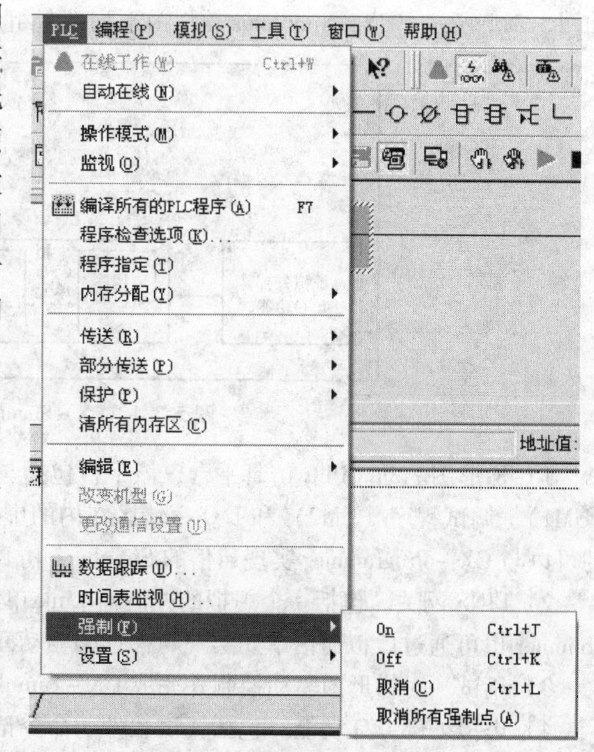

图 5.2.16　调试中的强制操作

在查看窗口中输入要监视的位号，也可以监视指定的地址。通过以下操作还可以完成对被监视数据的当前值修改：

1）在查看窗口中双击需要修改数据的地址。

2）在设置新值对话框中输入需要的数据。

3）单击"设置值"按钮完成修改。

在设置新值对话框中单击"二进制"按钮，可实现四个字的二进制监视，如图 5.2.17 所示，并可以在对话框中直接进行"强制"操作。

图 5.2.17　二进制监视示例

例 5.2.2：对 PLC 内存中指定的一个连续区域进行在线监视。

主要操作步骤如下：

1）在工程工作区内双击“内存”，打开“PLC 内存”窗口。

2）双击 CIO 区，打开 CIO 内存监视窗口，如图 5.2.4 所示。

3）通过相应在线和监视操作监视 PLC 实时数据。

4）通过“PLC 内存”窗口中的菜单和工具栏，可以完成对被监视内存数据显示形式的“二进制”、“十进制”、“BCD”、“带符号十进制”、“浮点数”、“十六进制”、“文本”、“双浮点数”转换，完成“双字”和“四倍字长”的不同字长显示选择，实现强制置位操作等。

CX－Programmer 功能较强，这里介绍的只是一些基本的应用。对该系统深入掌握，需要用户在熟练基本操作后，借助软件的帮助系统或参考相关手册来实现。

5.3　CX－Simulator 的开发与应用

CX－Simulator 可为用户提供一个不用连接实际可编程控制器硬件的模拟软件开发环境。如图 5.3.1 所示，CX－Simulator 软件由下列部分组成：

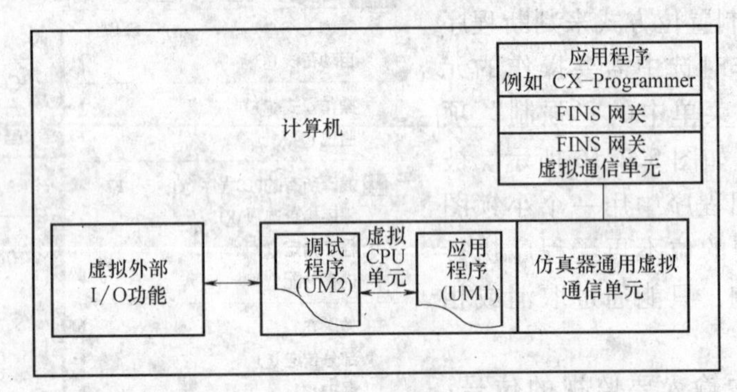

图 5.3.1　CX－Simulator 组成

1）梯形图驱动。PLC 仿真平台，该平台包括与一个实际 CPU 单元对应的包括应用程序（UM1）、调试程序（UM2）和 I/O 存储区在内的虚拟 CPU 单元和一个与 PLC 通信单元对应的可以与 CX－Programmer 实现通信的 Simulator 仿真器通用虚拟通信单元。

2）FINS 网关。包括一个虚拟的控制器 Link 单元和一个虚拟的 Ethernet 单元，CX－Programmer 也可通过虚拟通信单元实现与梯形图驱动间的 FINS 通信过程。

3）调试。对梯形图驱动控制并完成 CX－Simulator 的调试功能。

4）虚拟外部 I/O 功能。包括调试软件、命令记录、虚拟外部输入工具等。

5）网络通信。FINS 网关通信单元等。

CX－Simulator 虚拟 CPU 上的程序可做到与已打开的 CX－Programmer 无缝连接。3.0 以上版本 CX－Programmer 可以在 CX－Programmer 中在线启动 CX－Simulator，并在 CX－Programmer 中使用前节所述的包括梯形图、当前值等在内的监控功能。

CX－Simulator 的主要调试功能包括：单步执行；指定启动点、暂停点及 I/O 暂停条件；继电器扫描；任务执行后的数据和时间检查，估算 PLC 扫描周期以及模拟中断启动等。CX－Simulator 还提供串口通信和网络通信的调试手段。

5.3.1 CX－Simulator 的启动

在应用中，用户可以有两种启动 CX－Simulator 方法。其一是从 CX－Programmer 中通过“在线模拟”启动，如图 5.3.2 所示，或利用“PLC”菜单中的“在线工作”或“自动在线”项则可以选择 CX－Simulator 的 PLC 在线状态启动，如 5.2 节所述。其二是从 Windows 开始菜单中直接选择 CX－Simulator 启动。应用第一种启动方式时，需要在 CX－Simulator 的“工具”菜单中“选项”内的“PLC”选项卡中，选中“自动将程序送至模拟器”项。当调试中需用到串行通信或 FINS 网关应用时，或需指定 PLC 数据目录和读写 UM 及 I/O 数据时，应使用后一种方法启动。

图 5.3.2 在 CX－Programmer 中启动 Simulator

在 CX－Programmer 中启动 CX－Simulator 后，系统自动显示出调试操作板，如图 5.3.3 所示。面板上各图标按钮功能见表 5.3.1。在调试操作板上空档处右击，弹出如图 5.3.4 所示功能菜单，可以方便用户完成表 5.3.2 所示的各项功能选择。

图 5.3.3 CX－Simulator 调试操作板

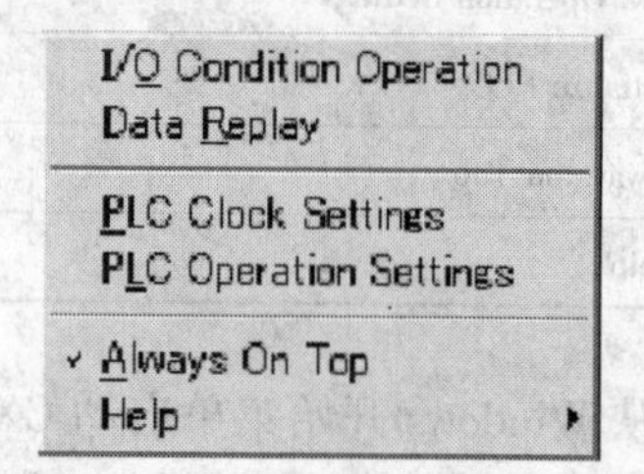

图 5.3.4 CX－Simulator 调试操作板弹出功能菜单

表 5.3.1 CX－Simulator 调试操作板的图标按钮功能

序号	图标	名 称	功 能
1	▶	运行	连续扫描运行
2	■	停止	停止运行，运行模式自动返回“编程”
3	❚❚	暂停	暂停执行，在“运行”和”监视”执行模式下可以继续执行被暂停的程序
4	▶❚	单步运行	每次运行一步程序

（续）

序号	图标	名称	功能
5		连续单步运行	以固定时间间隔连续单步运行
6		扫描运行	程序执行一个扫描周期，单步时执行扫描运行，程序执行到 END 指令
7		连续扫描运行	以固定时间间隔连续扫描运行
8		扫描重放	单步时用来返回扫描周期开始时的 I/O 状态
9		复位	硬件复位，执行启动过程
10		单步窗口	显示单步窗口
11		任务控制窗口	显示任务控制窗口
12		I/O 断点条件设置窗口	显示 I/O 断点条件设置窗口

表 5.3.2 CX－Simulator 调试操作板弹出菜单功能

名称	功能
IO Condition Operation	启动 I/O 条件操作工具
Data Replay	置数据继电器并启动数据继电器工具
PLC Clock Settings	置扫描周期模式、连续运行时间及其他
PLC Operation Settings	置 WDT、DIP 开关及其他
Initialize PLC	初始化 PLC I/O 内存
Always on Top	置 CX－Simulator 窗口总在上层显示
Help	帮助

从 Windows 开始菜单启动 CX－Simulator，需要用户根据系统提示产生一个新 PLC 或者打开一个已有的 PLC 以确保仿真参数满足用户要求。退出 CX－Simulator 通过选择 CX－Simulator 调试操作板上“File”菜单中的“Exit system”来完成。

5.3.2 CX－Simulator 的基本操作

下面通过举例来说明 CX－Simulator 仿真的操作步骤。

例 5.3.1：从 Windows 启动运行 CX－Simulator。

1）启动 CX－Simulator，首次运行的程序要按设置向导设置参数。在“Select PLC”对话框中选中“Create a new PLC（PLC Setup Wizard）”后，选取一文件夹。以后的程序再运行时，就可以选“open an existing PLC”。

2）根据需要模拟的硬件系统，在“Select PLC Type”中选取合适的 PLC 型号；在

“Register PLC Unit used in this project”中加入合适的模块；在“Set up Network Communication Unit”中编辑通信网络；在“Set up Serial Communication Port”中编辑串口；在“Creat a PLC data folder as follows”中完成确认组态结果。

3）系统弹出“CX－Simulator 工作窗口”如图 5.3.5a 所示、“CX－Simulator 调试操作板”如图 5.3.5b 所示、“CX－Simulator 系统状态设置”如图 5.3.5c 所示。

4）CX－Simulator 的基本操作在这三个弹出窗口上完成。其中“CX－Simulator 工作窗口”用来实现与 CX－Programmer 的连接；“CX－Simulator 调试操作板”进行程序模拟运行操作，各操作图标按钮功能见表 5.3.1；“CX－Simulator 系统状态设置”显示系统各状态，如图 5.3.5c 所示。

5）在“CX－Simulator 工作窗口”中选中“Controller Link”，单击“Connect”，系统显示连接成功。

6）在“CX－Simulator 调试操作板”单击“运行”按钮，“CX－Simulator 系统状态设置”上的“RUN”状态灯亮，表示模拟 PLC 开始运行。

7）进入 CX－Programmer 可以正常进行编程、下传和在线仿真操作。

例 5.3.2：从 CX－Programmer 中运行 CX－Simulator。

1）启动 CX－Programmer，编程：在相应工程中打开或新建需要调试的程序，保存新程序。

2）虚拟 PLC 在线连接和程序传输：在“工具”菜单中“选项”内的“PLC”选项卡中，选中“自动将程序送至模拟器”项。根据需采用调试的方式选择“自动在线”或“在线模拟”。连接成功后梯形图画面的背景将变为灰色。

3）程序试运行：程序编译无误后，通过 CX－Simulator 操作面板的运行、停止、单步，实现程序模拟运行。程序模拟执行时梯形图中的 ON 条件满足接点、线圈和线段将由绿色表示。

4）根据主画面梯形图上显示的程序执行结果，监视、调试和修改程序。可以使用CX－Programmer 中的“强制”、“跟踪”和在线编辑等调试功能（参见图 5.2.16）。直观、方便地对程序执行的逻辑、和运算过程进行仿真调试，直至运行结果满足设计要求。

5.3.3 CX－Simulator 的主要调试工具及应用

1. 单步

单步运行给用户提供了按程序步调试应用程序的手段，结合断点设置、I/O 断点条件和强制操作等可以实现对逻辑或时序复杂程序的精细调试。在单步的暂停状态下，系统仍可以接收处理 FINS 命令。在单步运行时，模拟的扫描周期不包括暂停时间，定时器、时钟脉冲等也不计暂停时间。但若用户选择了“计算机扫描时间”，则模拟时钟将按实际时间运行；若用户选择“虚拟扫描时间”，时钟则按虚拟的扫描周期运行，即在程序暂停时段内保持不变。

2. 断点

CX－Simulator 模拟调试时在用户程序中可以设置一个启动点、一个 I/O 断点条件和最多 32 个断点。断点就是程序在执行中自动暂停的一个指定点。断点的设置、清除及调试方法如图 5.3.6 所示。

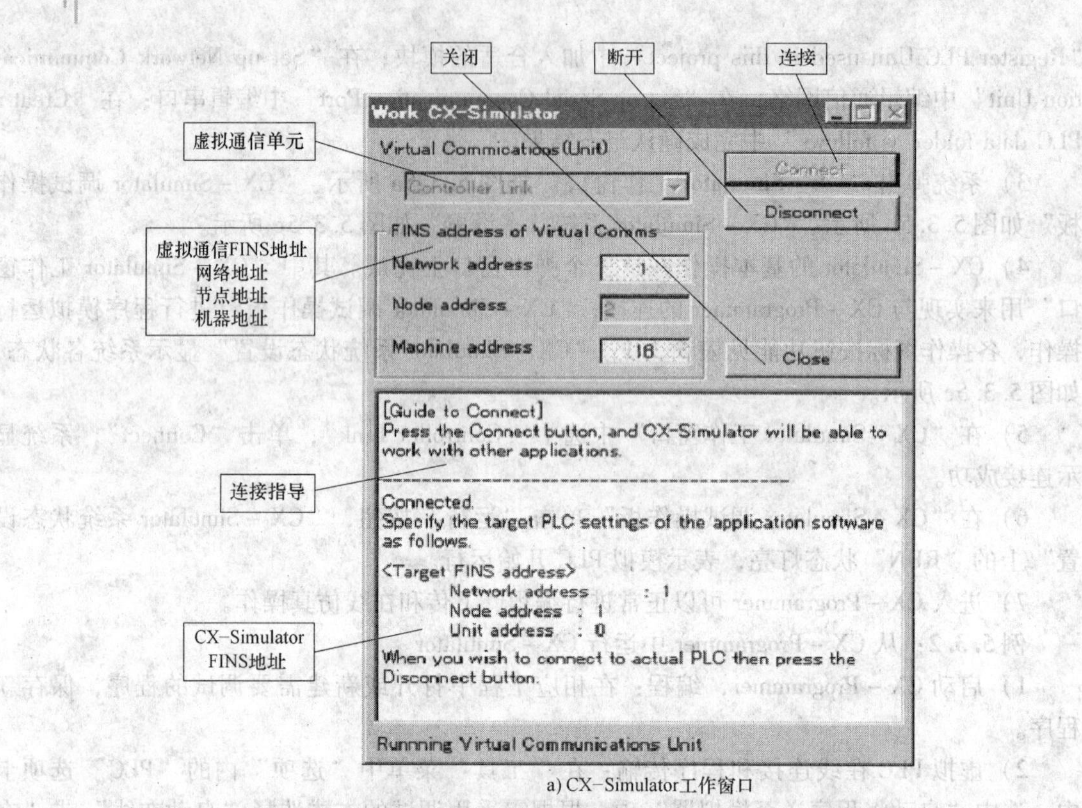

a) CX-Simulator工作窗口

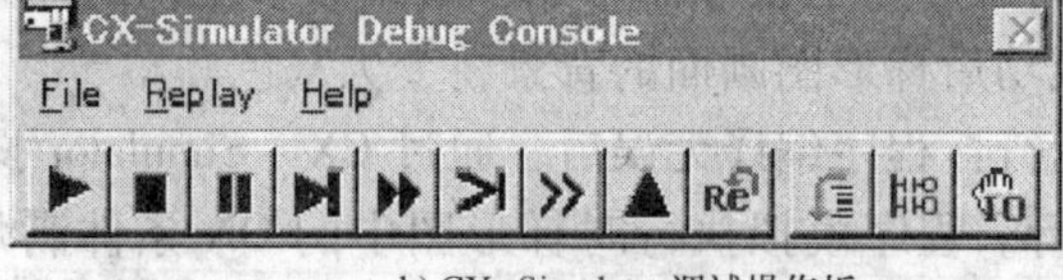

b) CX-Simulator调试操作板

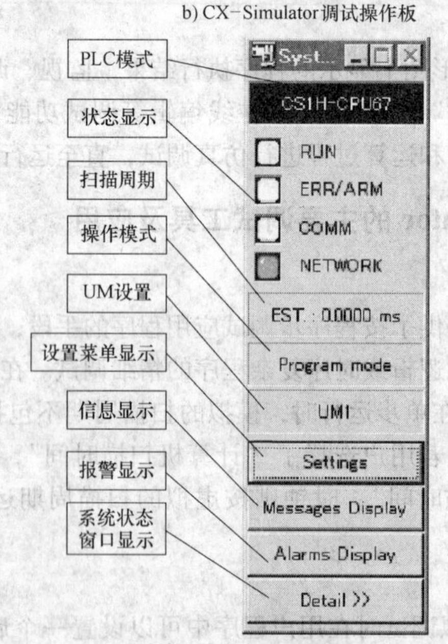

c) CX-Simulator系统状态设置

图 5.3.5 CX－Simulator 基本窗口

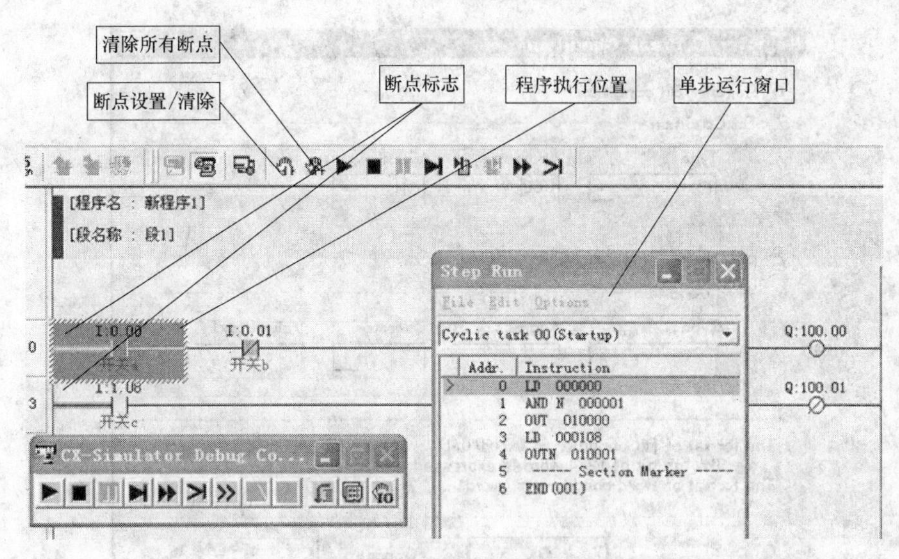

图 5.3.6 CX－Simulator 断点调试

启动点是在编程模式下指定的程序执行的下一条指令。调试操作板上的执行操作或 CX－Programmer 工作模式改为监视时，程序从启动点开始执行。由于启动点程序执行时能流的值均被强制置“OFF”，所以启动点一般应该设置在每个条程序的开始处。

3. I/O 断点条件

I/O 断点条件可以设置一个多点 I/O 组合逻辑条件。当程序执行中 I/O 满足指定条件时，程序进入暂停状态。以下是一个 I/O 断点条件设置的示例。

单击“I/O 断点条件设置窗口”按钮，选择设置窗口的相应“AND LIST”或“OR LIST”的“ADD”按钮。在弹出的“I/O 断点条件寄存器”窗口中注册 I/O 断点条件或者字条件。图 5.3.7a 中的条件点表达式为 IO0.0＝ON。

逐个加入所有需要的条件。

返回“I/O 断点条件设置窗口”，在已注册的条件中选择需要的项。图 5.3.7b 中所示的 I/O 断点条件为（IO0.0＝ON and H1.15＝ON）and（DM0＞＝#7FFFH or A401.08＝ON）。

调试执行，当上述条件满足时，程序进入暂停状态。

4. 任务调试

在任务控制窗口可以监视每个任务的状态、执行次数及时间，该项功能对用户意图通过区分出长耗时任务，从而对减少总的扫描时间十分有效。各任务的耗时时间，可以通过设置执行或不执行条件，以及任务的执行或等待控制来得到。

右击任务控制窗口中相应的任务可以改变其状态。但不可以将所有的循环任务都置为“WAIT”。任务的“BLOCK RUN”模式选择，会在被选择任务的起始处设置一个启动点；在结束处设置一个断点，并单步执行该任务。结束处的断点只是一个暂时的设置，在任务完成或系统回到编程模式时将被自动清除。还需注意的是，该断点在“单步”窗口中并不显示。

根据程序运行状态的不同，中断任务的执行有两种类型。在程序执行时由“任务控制”窗口弹出菜单启动的中断任务，在中断任务结束后返回原任务；这个过程对应于 CPU 外部

Register IO Break Condition
Register Bit condition
Bit Condition
Type Address Value
IO 0.00 ON
Register Word condition
Word Condition
Type Address Operator Value(Hex)
IO =
The format of Bit condition is (word).(bit).
e.g. The 5th bit of 1234 word is expressed as 1234.05 .
The format of Word condition is (word).
OK Cancel

a) I/O 断点条件注册

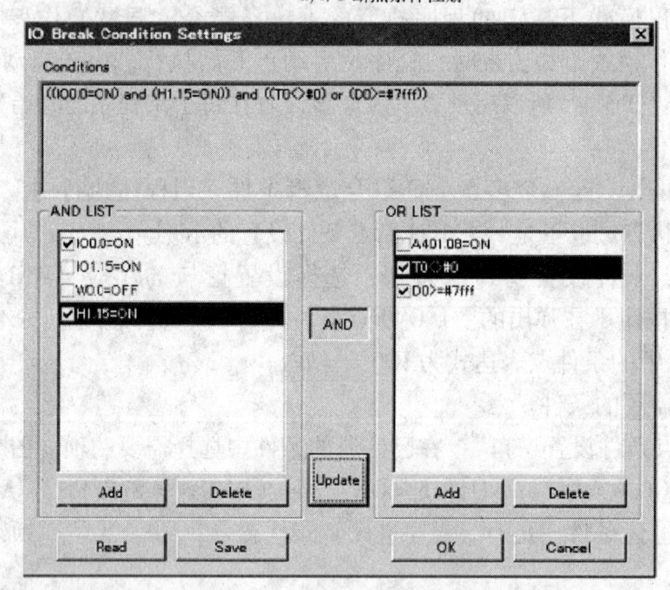

b) I/O 断点条件设置

图 5.3.7 CX－SimulatorI/O 断点设置

中断的过程。在程序停止时启动的中断任务为与循环任务相同方式的“BLOCK RUN”；此种情况下，当中断任务结束时，程序将从扫描的起始点开始正常执行。

5.4 可编程终端

OMRON 的可编程终端是一种主要用于现场监控的辅助设备。在可编程终端上可以实现对系统和生产过程的实时显示、对设备和过程运行参数的设定和改变、对系统和过程的故障的实时报警以及对现场设备的操作等多项功能，需要时还可以代替简易编程器实现在线编程。可编程终端数据、图形显示直观易操作，是一种性价比较高的现场监控和操作用人机接口，外形如图5.4.1所示。可编程终端是以液晶触摸显示屏为特点的。在它的单色或彩色液晶显示屏上，可以登录上千个由动态和静态内容组成的用户画面，可以实时地向操作人员显示系统、设备和过程的状态。

图5.4.1　可编程终端外形

OMRON的触摸屏可编程终端产品包括低成本的NP系列、性价比较高的NP系列及高性能的NS系列等多种产品。图5.4.2所示为NS系列可编程终端的监控画面示例。

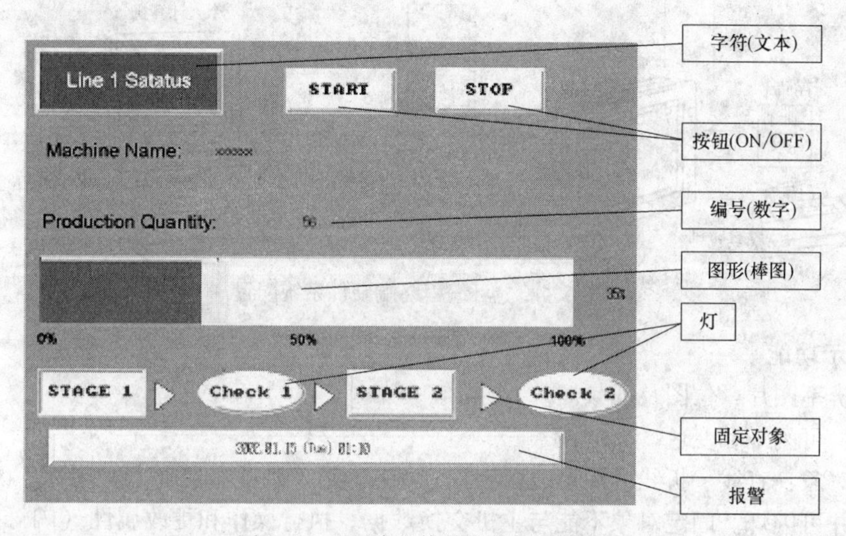

图5.4.2　可编程终端监控画面示例

5.4.1　可编程终端的硬件系统配置

图5.4.3所示是一个典型的NS系列可编程终端的硬件系统配置。可编程终端的屏幕数据使用CX－Designer在上位个人计算机上创建。个人计算机通过RS－232C、USB或者Ethernet与可编程终端连接。

可编程终端用Controller Link、RS－232C（1:1或2:1）、RS－422A（1:N）或Ethernet（N:N）与PLC主机完成双向通信，从而实现对PLC运行状态和数据的实时监控。存储卡用来保存屏幕数据和系统程序并在终端启动时自动读出数据。可编程终端的USB口可以连接一台彩色打印机用来打印屏幕显示内容。通过视频输入单元，可编程终端还支持输入NTSC和PAL视频信号。由于可编程终端只有RS－232C接口，要通过适配器完成RS－422A通信。

NS系列的可编程终端具有先进的网络功能，可与多个PLC主机进行通信。连接的主机需注册主机名称，并通过指定主机名称和区域，访问主机中的任何区域。即在可编程终端上可以访问显示所需的PLC数据。

5.4.2　可编程终端的主要功能

NS系列可编程终端的主要功能如下：

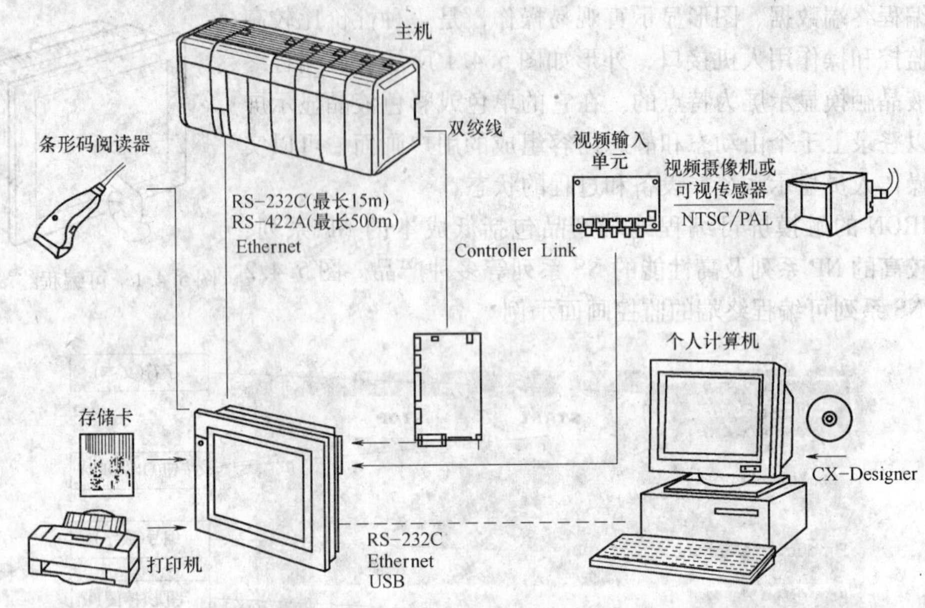

图 5.4.3 可编程终端硬件系统配置

1. 显示功能

高分辨率图片：位图及视频。

字符：可闪烁和变色。

固定对象：直线、折线、矩形、多边形、圆/椭圆、圆弧和扇形七种类型，对象可填入各种颜色并可闪烁。固定对象不能与主机交换数据、执行操作和更改属性（闪烁除外）。

内部存储器数据：显示内部存储器中寄存器的内容。

图形：支持棒图、模拟表头、折线图和趋势（数据日志）图。

灯：由主机控制的灯可发光和闪烁。有位灯和字灯两种类型的灯对象，灯的显示状态根据分配地址的状态而改变。

警报/事件：主机位状态可用来自动显示消息和相关信息（例如时间标志），每次可以显示一行列表或历史中的警报和事件。

2. 通信功能

可使用下列四种通信方式的任何一种：1:1 NT Links、1:N NT Link（标准或高速）、Ethernet 或 Controller Link。可读取和显示主机数据，并且可将数据输入和发送到主机，用于按钮、数字显示、输入对象以及字符显示。

3. 输出功能

可控制可编程终端中的蜂鸣器。

4. 输入功能

触摸开关：通过点触触摸屏上显示的输入按钮可以方便地进行输入。输入功能包括发送数据到主机和显示屏幕切换。输入按钮有“ON/OFF”、“字”和“命令”三种类型。其中，“ON/OFF”按钮可以实现按位接通或关闭操作；“字”按钮可以实现写数字到字操作；“命令”按钮用来实现切换显示屏幕、传输数字或字符串数据、打开/关闭或移动弹出屏幕、显示系统菜单和停止蜂鸣器操作。

弹出窗口：可打开、关闭和移动与当前屏幕重叠的窗口。弹出窗口可以注册各种对象，最多可以同时显示三个弹出窗口。根据需要访问窗口可以更有效地使用屏幕。

数字/字符串输入：用触摸开关输入数字和字符串。输入数据可以发送到主机，也可以用主机控制是否禁止输入。屏幕显示存储在分配地址的数字，可以按照需要显示四种不同的格式（如小数和十六进制数等）。数字和字符串通过输入送入分配地址中，条码数据通过条码阅读器读出，条码数据可以输入到字符串显示和输入对象中。数据可以按照需要存储为多种数据格式中的任何一种，且可转换并以期望的刻度或单位显示。指轮开关分配地址的数字可以通过“+”“-”按钮进行增减，如图5.4.4所示，分配地址和存储在文本中的字符串数据可以显示在列表中。通过列表选择输入，如图5.4.5所示。

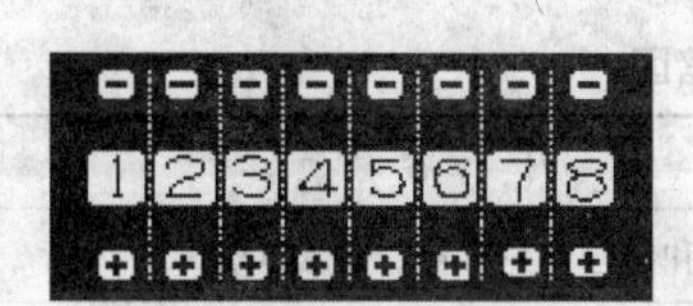

图5.4.4　指轮开关对象

图5.4.5　列表选择对象

控制标记：将主机地址分配给控制位可以控制功能对象的显示，可从主机上启用或禁用输入功能。

5. 系统功能

系统菜单：利用系统菜单对系统进行设置和维护。

创建屏幕数据：通过CX - Designer可创建屏幕数据，并将其记录在可编程终端的内存里或保存在存储卡中。

屏幕保护：屏幕保护程序可提高背光的寿命。

内置时钟：内置时钟可以显示日期和时间。

设备监控功能：通过1:1 NT Link或Ethernet连接到PLC时，可以更改PLC的工作模式。PLC中的字可以读出或写入、写入错误信息等。

数据传输：屏幕数据和系统程序可以由CX - Designer上的传输数据功能或用存储卡进行传输。数据也可以通过PLC和梯形图数据传输到可编程终端，也可以通过可编程终端传输至PLC。

操作日志和警报/事件历史：保存屏幕开关、功能对象操作和宏执行的历史。保存特定地址打开的次数和频率。

用于趋势图和背景执行的数据日志：可以记录趋势图显示的地址内容，即使没有显示图形也可后台执行。

宏：计算数据可以设置为屏幕数据，以便在可编程终端操作中进行特定次数的计算。计算包括算术运算、位运算、逻辑运算和比较。同时还提供各种命令，如移动对象或弹出窗口、操作字符串等。

开始外部应用：梯形图监控或其他应用程序可以在系统菜单中启动。

打印：通过连接的打印机打印屏幕显示内容。

编程器功能：通过包含程序的存储卡，可以用手持编程器功能进行编辑。

开关盒：可显示特定 PLC 地址的注释，监控或更改地址中的数据。

5.4.3 可编程终端的内存

NS 系列可编程终端的内存分为内部存储区和系统内存两部分。内部存储区可以用来作为功能对象的操作地址，当某个对象的状态或数据不需要通知 PLC，或者不由 PLC 来决定时，就可以分配内部存储区给予该对象。用户可以直接对内部存储区进行读写操作，故可以节省 PLC 内存，也可提高可编程终端的监控速度。系统内存用于 PLC 和可编程终端之间的数据交换。系统内存的每一个地址都有其控制定义，PLC 可以通过系统内存控制可编程终端，可编程终端也可以将自身状态通知 PLC。用户可以对其中的部分内存进行读写操作，另外的部分只能进行读操作。内部存储区和系统内存见表 5.4.1 和表 5.4.2。

表 5.4.1 内部存储区

内 存	内 容
$S	位内存，用于 I/O 标志和信号信息存储，最大 32KB
$W	字内存，用于数据和字符串数据存储。最大 32KW
$HB	内部保持位存储器，掉电时保持，最大 8KB
$HW	内部保持字存储器，最大 8KB

表 5.4.2 系统内存

内 存	内 容
$SB	系统位内存，包括 64 个位预先定义的功能
$SW	系统字内存，包括 64 个字预先定义的功能

5.4.4 可编程终端的运行模式和系统菜单

NS 系列可编程终端的运行模式包括：

系统菜单：对可编程终端设置参数。

RUN：显示内容，进行通信。

TRANSFER：与 NS - Designer 数据传送或存储卡传送。

ERROR：致命错误或非致命错误。

用户同时点触屏幕任意两个角，即可进入系统菜单，系统菜单共有八页，其项目及功能如下：

初始化：初始化或保存操作运行记录、报警/事件历史、数据记录、错误记录和格式化画面数据；初始化内部保持存储区；取出存储卡；设置系统语言等。

PT：设置系统等待时间、屏保程序、按键声音、蜂鸣器、背景灯；日历检查；打印机设置等。

项目：项目主题、标签号、历史记录方式及存储地址、启动屏幕号等。

密码：设置并修改操作权限密码。

通信：设置串口、调制解调器、Host Link、Ethernet 和 Controller Link 等。

数据检查：在未通信的情况下，检查已存储的数据。

特殊屏幕：显示操作运行记录、报警历史、错误记录、设备监视器、通信测试、版本等，以及视频设置、列出 USB 连接设备等。

硬件检查：LCD 及触摸屏输入检查。

5.4.5　可编程终端的支持工具软件 CX-Designer

NS 系列可编程终端监控画面可通过 CX-Designer 软件开发。使用 CX-Designer 创建一个项目文件，需传输到可编程终端后方可使用。CX-Designer 有方便的画面编辑和画面文件管理功能。利用软件中提供的各种应用管理器用户可以有效地对画面、表、图像、库、标记、符号等进行编辑和管理。I/O 注释表与 PLC 的地址放在一起管理，使用户在表的编辑中可以由软件自动登录顺序分配的地址，不仅可以从各部件参考到地址，同样也可以从地址参考各部件。

CX-Designer 的主窗口如图 5.4.6 所示。其中，项目管理区是对画面、系统参数和数据库对象的管理窗口；属性表中可设定画面中对象的属性；输出窗口显示项目文件的保存、搜索和编译后的信息；工作区是进行屏幕画面设计和编辑的区域。画面制作主要通过 CX-Designer 的对象工具来实现。图 5.4.7 所示为 CX-Designer 的功能对象工具。图 5.4.8 所示为 CX-Designer 的固定对象工具。CX-Designer 的功能对象工具的主要功能见表 5.4.3。

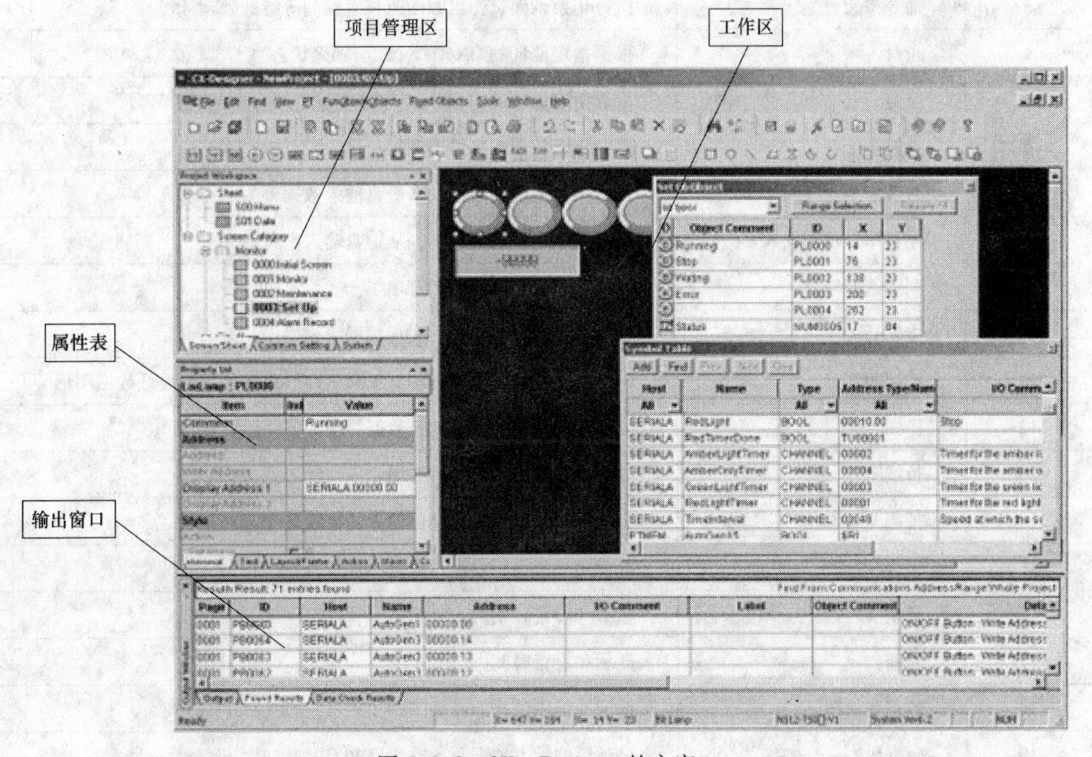

图 5.4.6　CX-Designer 的主窗口

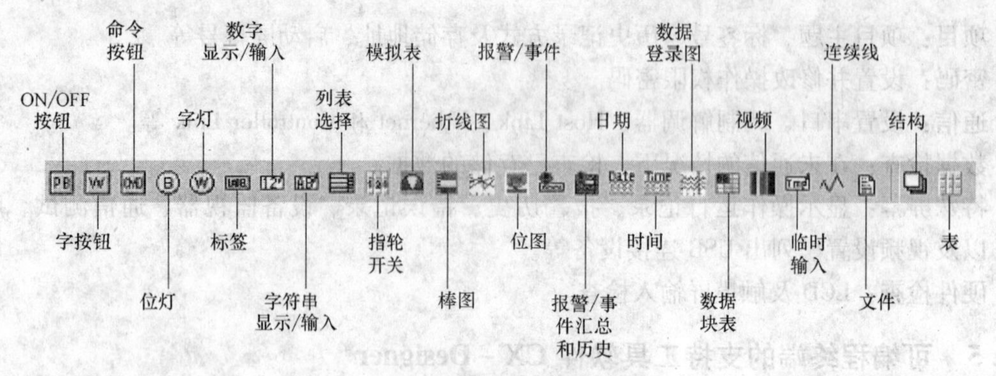

图 5.4.7 功能对象工具

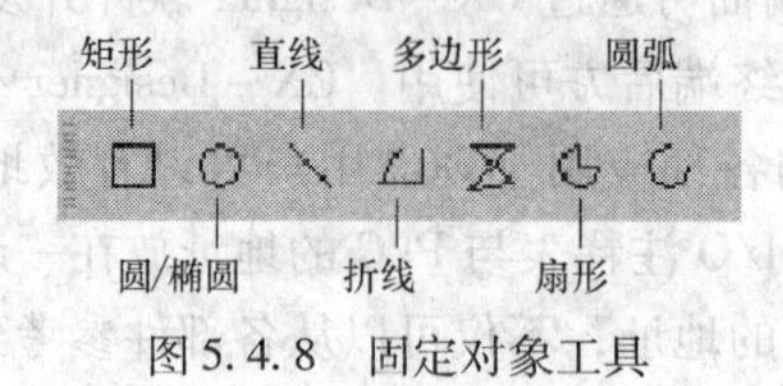

图 5.4.8 固定对象工具

表 5.4.3 功能对象工具的主要功能

序 号	名 称	功 能
1	ON/OFF 按钮	控制指定地址内容，有暂时、交替、设置和复位三种类型
2	字按钮	在指定地址写入数据，可进行增减操作
3	命令按钮	执行切换画面、弹出画面或视频控制等特殊处理
4	位灯	根据指定地址的 ON/OFF 改变亮/灭状态
5	字灯	根据指定地址的内容分 10 步点亮（0~9）
6	标签	显示注册的文本字符串
7	数字显示与输入	显示指定地址的数据，从键盘输入数据
8	字符串显示与输入	显示指定地址的字符串，从键盘输入字符串
9	列表选择	从列表中选择已注册字符串
10	指轮开关	显示指定地址的数据，实现数据增减操作
11	模拟表	以三种颜色和圆、半圆和 1/4 圆三种形式显示指定地址数据图形
12	棒图	以三种颜色显示指定地址数据等级
13	折线图	显示指定地址数据的折线图
14	视频	显示视频摄像机或传感器输入的视频影像
15	报警/事件汇总和历史	按优先级别显示发生过报警/事件的汇总和历史
16	日期	显示和设置日期
17	时间	显示和设置时间
18	数据登录图	指定地址中数据的趋势图
19	数据块表	将预设的配方数据写入或读出 PLC

开发过程首先是画面的设计，并为画面对象分配地址。然后开始画面的制作，一般需要先建立背景页，并按需要创建若干个画面页。为每个画面建立所需要的对象，并为每个对象设定地址及其他参数。完成画面数据存储。最后向可编程终端传送数据。

下面以标准画面上的一个位灯对象为例介绍画面制作中的具体操作过程。

首先点触位灯对象工具按钮或在对象菜单中选择相应对象，将其拖到画面中适当位置点触放置。

在该对象属性对话框中填入相应的位地址、灯类型、颜色、形状、闪烁、标签等属性。例如，在“通用”的类型标签中选“单线圆”（Single - line Circle）；ON 标签填“启动”；OFF 标签填“停止”等。

应用中，位灯的主要属性包括：

一般：设置地址和形状。

颜色/形状：设置显示颜色和形状。

标签：设置标签显示。

框：设置灯框显示。

闪烁：设置闪动显示。

控制标志：控制功能对象的显示，可设置指定地址在 ON/OFF 时的对象显示功能。

宏：设置要执行的宏。

尺寸/位置：设置对象尺寸和位置。

习　　题

1. OMRON 编程器有哪几种工作方式？设备加电前应将编程器置哪种工作方式？为什么？
2. CX - ONE 主要包括哪几部分，有什么功能？
3. 说明监视操作中位监视、多点监视和通道监视的异同。
4. 用一个简单程序输入的例子说明 CX - Programmer 助记符程序输入的过程。
5. 如何删除已输入程序中的一个接点？
6. 如何修改已输入程序中的一个线圈的地址？
7. 如何修改已输入程序中一个条的注释？
8. 如何监视正在执行程序的 TIM 的 PV 值？
9. 什么叫做 CX - Programmer 的在线调试和模拟调试？
10. 在梯形图程序的调试中如何实现对一个接点的强制置 ON 操作？又如何取消该操作？
11. 可编程终端如何和上位机连接？
12. NS 系列可编程终端的内存分为哪几部分？
13. NS 系列可编程终端的监控画面需要用什么软件开发？开发的主要过程是什么？

第 6 章　PLC 网络系统

6.1　OMRON PLC 网络系统概述

工厂自动化 FA（Factory Automation）是指整个工厂实现综合自动化，它包括设计制造加工等过程的自动化，企业内部管理、市场信息处理以及企业间信息联系等信息流的全面自动化。工厂自动化是将各种自动化设备和生产线连接起来，在中央计算机统一管理下协调工作，使整个工厂生产实现综合自动化。

随着计算机和互联网技术的飞速发展，PLC 及其网络在工厂自动化领域得到了十分迅猛的发展，PLC 及其网络的产销量位居自动化设备的榜首，在国民经济的许多部门都得到了普及和推广使用。

PLC 网络系统常用生产金字塔（Productivity Pyramid）结构来描述，其结构为：最上面是信息层，中间是控制层，最下面是现场元器件层。PLC 网络系统实现了从 PLC 生产现场元器件的通信，到信息层通信的无缝跨层通信，提供了无缝连接的网络通信系统。它将工厂的供应链、生产现场和管理层无缝地整合在一起，实现了企业信息系统的横向和纵向的集成。

1. 现场元器件层网络

现场元器件层通信网络处于工业网络系统的最底层，主要功能是连接现场设备，包括分布式 I/O、传感器、变送器、驱动器、执行机构和开关设备等，完成现场设备控制及设备间的联锁控制。

2. 控制层网络

控制层通信网络介于信息层和现场元器件层之间，用来完成主控制设备之间的连接，实现车间级设备的监控，包括生产设备状态的在线监控、设备故障报警及维护等，通常还具有诸如生产统计、生产调度等车间级生产管理功能。这一级数据传输速度不是最重要的，但是应能传送大容量的信息。

3. 信息层网络

信息层通信网络用于企业的上层管理，为企业提供生产、经营、管理等数据，通过信息化的方式优化企业的资源，提高企业的管理水平。

OMRON 公司针对不同层次工业自动化网络系统的需要，开发了类型各异、功能齐全的 PLC 网络产品。图 6.1.1 所示是目前该公司已有的 PLC 网络系统。表 6.1.1 列举了各种 PLC 网络的性能指标。

OMRON PLC 网络系统也分属于信息层、控制层和现场元器件层三个网络层。OMRON 公司目前主推的网络有 Ethernet、Controller Link、CompoNet、DeviceNet、CompoBus/S 等。作为主流网络它们的应用领域不断扩大，因此提醒读者要多加关注。在后续章节的讲述中，主要从 PLC 三个网络层次的高低顺序来贯通，即从信息层到控制层，再到元器件层来介绍 OMRON PLC 网络系统。

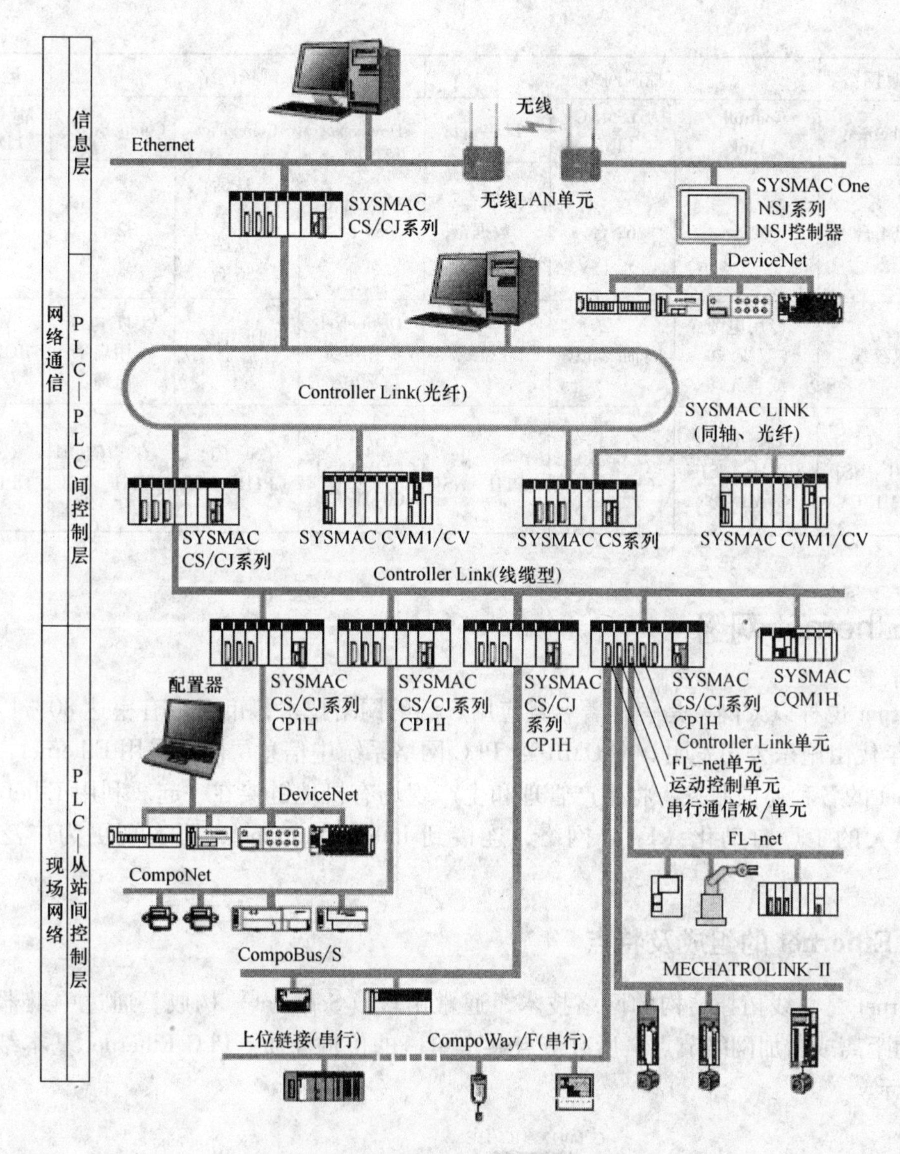

图 6.1.1　OMRON PLC 网络系统总览

表 6.1.1　OMRON PLC 网络系统性能指标

网络名称	信息网络	控制网络			现场网络			运动网络
	Ethernet	Controller Link	SYSMAC LINK	FL－net	DeviceNet	CompoNet	CompoBus/S	MECHATRO LINK－Ⅱ
最大通信速度	100Mbit/s	2Mbit/s 通信周期：约34ms	2Mbit/s 通信周期：约34ms	100Mbit/s	500Mbit/s 通信周期：约5ms	4Mbit/s 通信周期：约1.0ms	750kbit/s 通信周期：约1ms以下	10Mbit/s
通信距离	集线器和节点间：100m	双绞线：3km H－PCF光缆：20km GI光缆：30km	同轴线：1km 光缆：10km	集线器和节点间：100m	500m	1干线/副干线长：30～500m	干线长：500m 通信周期：6ms以下	最大50m

（续）

网络名称	信息网络	控制网络			现场网络			运动网络
	Ethernet	Controller Link	SYSMAC LINK	FL - net	DeviceNet	CompoNet	CompoBus/S	MECHATRO LINK - Ⅱ
最大连接台数	254 台	62 台	62 台	254 台（数据链接为 128 台）	63 台	字从站：128 台 位从站：256 台	32 台	30 台
通信介质	双绞线	专用电缆（双绞线）或者光缆	同轴线光缆	双绞线	DeviceNet 专用电缆扁平电缆	圆形电缆扁平电缆	VCTF 电缆专用扁平电缆	MECHATROLINK - Ⅱ 专用电缆
PLC 机种	CS、CJ、CP1H、NSJ、CVM1/CV	CS、CJ、CP1H、NSJ、CVM1/CV	CS、CVM1/CV	CS、CJ、CP1H、NSJ	CS、CJ、CP1H、NSJ、CVM1/CV	CS、CJ、CP1H、NSJ	CS、CJ、CP1H、NSJ	CS、CJ、CP1H、NSJ

6.2 Ethernet 网络

Ethernet 也称以太网，是一种著名且应用广泛的网络技术，市场占有率达 80% 以上，20 世纪 70 年代由施乐公司发明。在 OMRON PLC 网络系统中信息层网络采用 Ethernet，通过使用 Ethernet 的各种通信服务，将生产管理和生产现场有机地链接在一起。利用 Ethernet 能构筑功能强大的工厂自动化（FA）网络，连接到 Internet/Intranet，可实现更为广泛的信息交换。

6.2.1 Ethernet 的组成及特点

Ethernet 是总线拓扑结构的网络技术，通常由段（Segment）构成。通过中继器可适当延长段的距离或增加网络节点，所有节点共享单一的传输介质。PLC Ethernet 基本结构如图 6.2.1 所示。

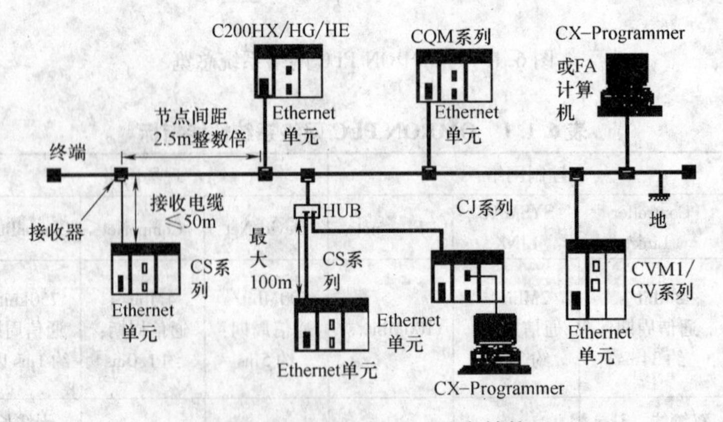

图 6.2.1 PLC Ethernet 基本结构

目前 OMRON PLC 中 CS 系列、CJ 系列、CV 系列、CVM1、SYSMAC 系列机都可当作网络节点，依靠 Ethernet 单元（简写为 ETN）接入网络，不同 PLC Ethernet 单元各异。CS 系列有 CS1W－ETN01（10BAST－5）和 CS1W－ETN11（10BASE－T）两种 Ethernet 单元，CJ 系列的 Ethernet 单元型号为 CJ1W－ETN11（10BESE－T）。CV500 Ethernet 单元为 CV500－ETN01，而 SYSMAC α 系列相对复杂一些，除安装 PC 卡（PCMCIA 标准）单元 C200HW－PCU01 外，并在 PC 卡单元插上合适的市售标准 Ethernet 卡，同时 CPU 单元上还要插上通信板单元 C200HW－COM01/04－E，最后将 PC 卡单元与通信板单元用总线连接单元 C200HW－CE01/02 连接起来，这样上述 PLC 节点才能与 Ethernet 通信。

OMRON PLC 是基于 Ethernet 2.0 版框架协议通信的，与 IEEE802.3 标准稍有区别。与 ISO－OSI 模型对应的分层结构如图 6.2.2 所示。

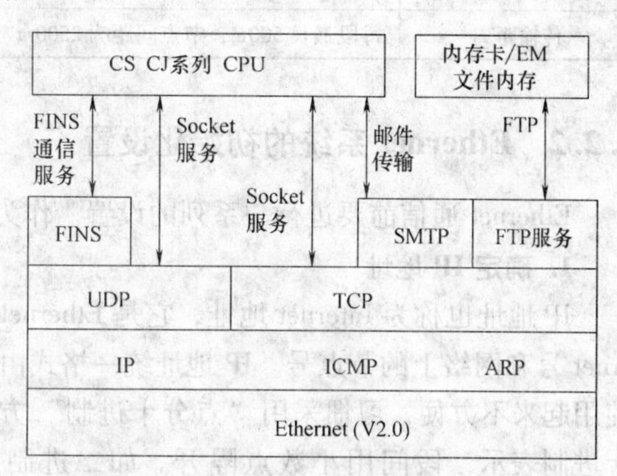

图 6.2.2　Ethernet2.0 通信协议的分层结构

下面以 OMRON CS/CJ 系列 Ethernet 单元为例介绍 Ethernet 通信系统，该网络系统主要特点有：

1）Ethernet 单元使 PLC 支持宽范围的 Ethernet 协议，包括 UDP/IP 和 TCP/IP 国际通用 Internet 协议，与不同的 Ethernet 单元、工作站和个人计算机之间方便通信，最多达 8 个 Socket 端口以不同协议进行通信服务。

2）支持 PLC 与上位机之间的文件传输 FTP 功能，用 FTP 可在 PLC（CPU 单元）的存储卡和计算机的存储器之间传送文件，而且不需编程就可传输大量的数据，工作站或节点以 FTP 客户机就可读写 PLC 中的文件。

3）通过 UDP/IP 支持 OMRON 公司自己标准通信协议 FINS，其他 OMRON PLC 利用 SEND、RECV 和 CMND 指令传输数据，利用 FINS 网关功能可进行网络互连，如信息系统 Ethernet 之间、Ethernet 与控制系统 Controller Link 网络、SYSMAC NET 等异型网络之间互联交换信息，Controller Link 网的 PLC 可监控 Ethernet 上的 PLC。

4）支持 SMTP 信息通信，可将 PLC 上的用户信息、单元出错信息和状态信息以 E－mail 形式发送至邮件服务器上。当差错产生或达到定时时间时，通过邮件服务可将电子邮件由 PLC 送到上位计算机。

5）远程编程/监控，可通过连接到 Ethernet 的计算机上运行的 CX－Programmer 软件，对所有连接到 Ethernet 上的 PLC 进行编程和监控。

6）在 RAS 方面具有自诊断功能，用 PING 命令测试远程节点、错误历史数据的记录等。

7）具备无线 LAN，可将有线 Ethernet 无线化（通过 WE70）。

CS/CJ Ethernet 单元属于 CPU 总线单元，安装在 CPU 板或扩展板上，安装单元数不超过 4 个。系统的主要通信技术指标见表 6.2.1。

表 6.2.1　Ethernet 系统的主要通信技术指标

项目名称	性能指标
介质访问方法	CSMA/CD
传输方式	基带

（续）

项目名称	性能指标	
通信波特率	10Mbit/s	
传输形式	总线（10BASE－5）	星形（10BASE－T）
传输介质	同轴电缆	非屏蔽双绞线（UTP）
接入网络方式	15 针 Ethernet 连接器	RJ45 8 针连接器
传输距离	每段最长 500m，节点间距为 2500m 整数倍，接收电缆最长 50m	每段最长 100m

6.2.2 Ethernet 系统的初始化设置

Ethernet 通信前要进行一系列的设置。作为 PLC Ethernet 系统主要包括以下几个步骤：

1. 确定 IP 地址

IP 地址也称为 Internet 地址，它是 Ethernet 进行通信的基础。利用 IP 地址可以识别 Ethernet 号和网络上的节点号。IP 地址统一格式由唯一的一个 32 位二进制数组成，由于二进制使用起来不方便，习惯采用“点分十进制”方式来表示，即每 8 位为一段共分四段，并用十进制表示，段间用小数点隔开。如二进制 10000010 00010010 00100011 00001000 表示为 130.18.35.8。

当网络中的节点较多或网络分段较多时，则引入子网掩码的概念。把网络划分为多个子网，将 IP 地址的部分作为子网号。在 IP 地址中对应网络号或子网号的位设为“1”，其余位对应于 IP 地址中的主机号设为“0”。例如，Internet 中的 C 类地址的默认子网掩码为 255.255.255.0，它表示 IP 地址的前 24 位为子网号，后 8 位为主机号。除了划分子网，子网掩码还可用来判断 IP 地址是否属于同一网络。

2. Ethernet 单元号和节点号的设置

Ethernet 单元属于 CPU 总线单元，CS 系列的 Ethernet 单元如图 6.2.3 所示。

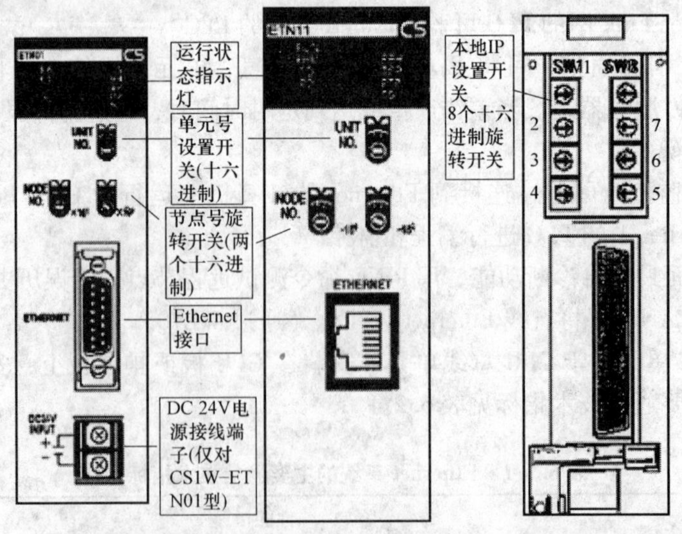

a) CS1W-ETN01正面板　b) CS1W-ETN11正面板　c) CS1W-ETN01/11背面板

图 6.2.3　CS 系列 Ethernet 单元正面和背面板图

从图 6.2.3 中可看出，单元号旋转开关位于面板上部，用一个十六进制数设置 Ethernet 单元号，范围 0 ~ F，它决定了 CPU 单元分配给 Ethernet 单元的相应的内存工作区（CIO、DM 区），也可区分同一 PLC 上不同总线单元，出厂设置为 0。

节点号用两位十六进制旋转开关来设定，主要功能是指定 Ethernet 单元在 PLC 网络中的节点号，在多段 Ethernet 中区分 Ethernet 单元，范围为 0 ~ 7EH（0 ~ 126），出厂设置为 01。

3. 设置本地 IP 地址

对于 CS 系列 Ethernet 单元本地 IP 地址可由 Ethernet 单元背面板的 8 个十六进制旋转开关。其中 SW1 和 SW2、SW3 和 SW4、SW5 和 SW6、SW7 和 SW8 分别复合为 1 位即本地 IP 地址：

[SW1] [SW2] . [SW3] [SW4] . [SW5] [SW6] . [SW7] [SW8]

起始 IP 地址不能设置为 127（7FH），主机号区不能设置为全为 0 或 1，子网号区不能设置为全 1，这一点与互联网中 IP 地址稍有不同。

注意，当使用自动转换地址时，SW7、SW8 设置为网络节点号，其余开关设为 0。

对于 CJ 系列，在 CPU 总线系统安装时，利用 CX – Programmer 进行用户期望设置，若默认设置 0.0.0.0 的 IP 地址也可用编程器完成。

4. 创建 I/O 表

对于 CS 系列 PLC 利用编程装置如编程器，CX – net、CX – Programmer 等创建 I/O 表，对于 CS 系列，创建 I/O 表示必需的，而对于 CJ 系列，只有用户程序使用 I/O 分区才要创建 I/O 表。下面以编程器为例说明 PLC 在线 I/O 表自动生成的过程，如图 6.2.4 所示。

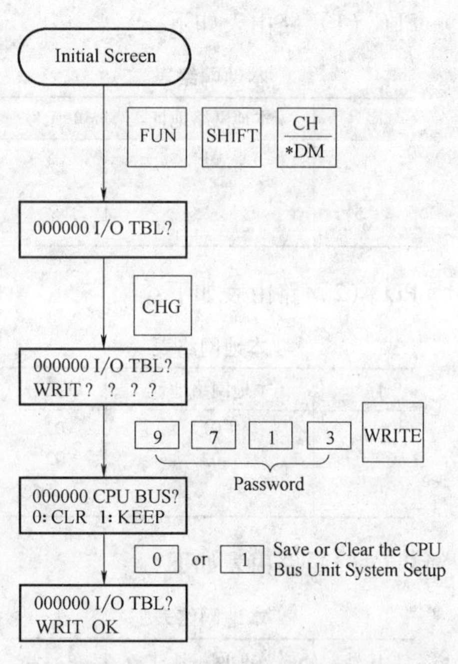

图 6.2.4　PLC 在线 I/O 表自动生成过程

5. 创建路由表

当网络上节点利用 OMRON 公司 FINS 通信时，必须创建路由表。对于网上所有中继节点这也是不可缺少的一个过程。路由表主要描述了 FINS 通信的信息传输路径，它包括本地网络表和中继网络表。

1）本地网络表是描述在每一个节点（PLC 或 FA 计算机）上的通信单元或通信板的单元号和所属的网络地址的对应关系的一种表格。它由两部分组成，其中单元号由 Ethernet 单元的前面板旋转开关设定，本地网络地址是通信单元所连接的网络，范围为 0 ~ 127。本地网络表格式参见例 6.2.1。

2）中继网络表是为了把数据传到与本地节点不相连的网络中而数据又必须第一个传送到的节点路径表格，包含了目的网络地址、网络地址和到达第一个中继点的节点号之间相互关系。它包括终点网络（End Network）、中继网络（Relay Network）、中继节点（Relay Node）等内容。中继网络表的一般格式参见例 6.2.1。

注意：使用 FINS 服务或多点通信，PLC 使用 CMND 指令时必须生成路由表。

下面通过一个例题来熟悉路由表的创建过程。

例 6.2.1：列出图 6.2.5 中所有节点的路由表。

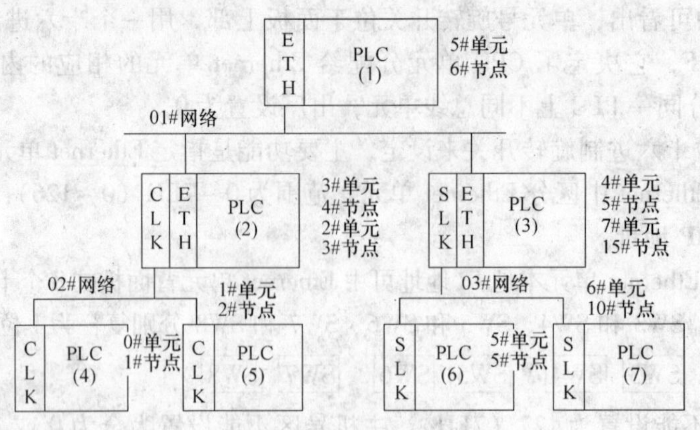

图 6.2.5 例 6.2.1 的图

PLC（1）路由表如下：

本地网络表

序号	本地网络地址	单元号
1	01	05
2		
3		

中继网络表

序号	终点网络	中继网络	中继节点
1	02	01	04
2	03	01	05
3			

PLC（2）路由表如下：

本地网络表

序号	本地网络地址	单元号
1	01	03
2	02	02
3		

中继网络表

序号	终点网络	中继网络	中继节点
1	03	01	05
2			
3			

PLC（3）路由表如下：

本地网络表

序号	本地网络地址	单元号
1	01	04
2	03	07
3		

中继网络表

序号	终点网络	中继网络	中继节点
1	02	01	04
2			
3			

PLC（4）路由表如下：

本地网络表

序号	本地网络地址	单元号
1	02	00
2		
3		

中继网络表

序号	终点网络	中继网络	中继节点
1	01	02	03
2	03	02	03
3			

PLC（5）路由表如下：

本地网络表

序号	本地网络地址	单元号
1	02	01
2		
3		

中继网络表

序号	终点网络	中继网络	中继节点
1	01	02	03
2	03	02	03
3			

PLC（6）路由表如下：

本地网络表

序号	本地网络地址	单元号
1	03	05
2		
3		

中继网络表

序号	终点网络	中继网络	中继节点
1	01	03	015
2	02	03	015
3			

PLC（7）路由表如下：

本地网络表

序号	本地网络地址	单元号
1	03	06
2		
3		

中继网络表

序号	终点网络	中继网络	中继节点
1	01	03	015
2	02	03	015
3			

6. 系统启动参数设置

在CPU总线单元系统构成中，通过相应的参数设置，可以实现Ethernet单元的基本和特殊功能。系统参数的设置只能通过OMRON CX－Programmer实现，原因是它位于CPU单元上的参数区而不在I/O存储内，不能通过指令或编辑I/O实现。但是对于CJ系列的Ethernet单元来说，可利用FINS命令设置IP地址和子网掩码。系统参数设置的主要内容见表6.2.2。

表6.2.2 系统参数设置的主要内容

项 目	含 义	默认设置
广播设置	UNIX系统指定广播地址的方法	All 1s（4.3BSD标准）
地址转换方法	设定FINS节点号和IP地址的方法	自动转换
FINS UDP端口号	指定FINS通信中UDP端口号	9600
本地IP地址（仅CJ系列）	用CX－Programmer设定，IP地址存于DM区	0.0.0.0
子网掩码	组成系统含有子网利用子网掩码将网络分段	No set
FTP登录名	用户进入FTP服务器的登录名，不超过12字符	No set（默认）
FTP口令	设置进入FTP的保密字，不超过8个字符	No set
IP地址	包括FINS节点号和IP地址转换的数据，可记录32个	No set
IP路由表	Ethernet单元通过IP路由器与其他IP网络段的节点进行通信，可注册8个	No set

7. 内存工作区分配

PLC根据Ethernet单元设定的单元号分配给相应的内存工作区，CPU总线单元数据区

（CIO）和 DM 区。

1）CPU 总线单元数据区：每个 CIO 单元分配 25 个字，见表 6.2.3。

表 6.2.3 CIO 区的单元分配

单元号	分配字	单元号	分配字
0	CIO 1500 ~ CIO 1524	8	CIO 1700 ~ CIO 1724
1	CIO 1525 ~ CIO 1549	9	CIO 1725 ~ CIO 1749
2	CIO 1550 ~ CIO 1574	A（10）	CIO 1750 ~ CIO 1774
3	CIO 1575 ~ CIO 1599	B（11）	CIO 1775 ~ CIO 1799
4	CIO 1600 ~ CIO 1624	C（12）	CIO 1800 ~ CIO 1824
5	CIO 1625 ~ CIO 1649	D（13）	CIO 1825 ~ CIO 1849
6	CIO 1650 ~ CIO 1674	E（14）	CIO 1850 ~ CIO 1874
7	CIO 1675 ~ CIO 1699	F（15）	CIO 1875 ~ CIO 1899

每个单元数据存放的起始地址：n = CIO 1500 +（25 × 单元号），而 CIO 区的每个单元数据内容如图 6.2.6 所示。

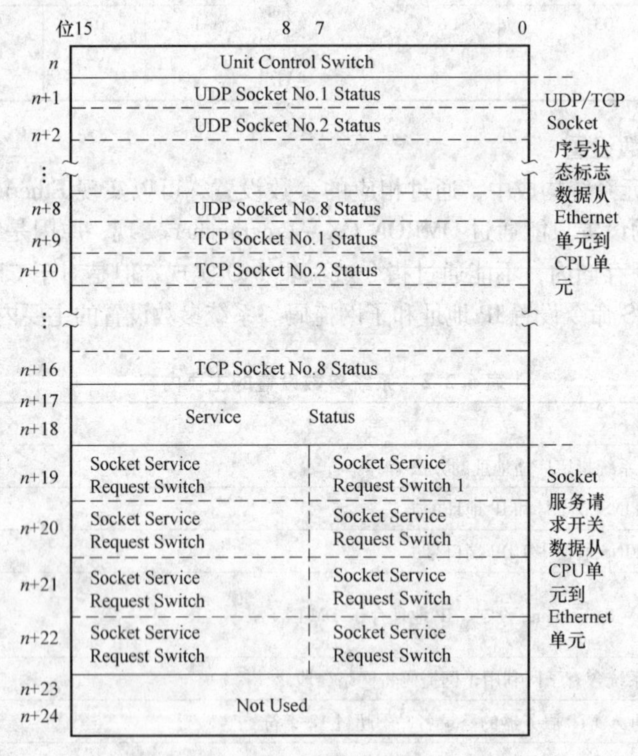

图 6.2.6 CIO 区的每个单元数据内容

图 6.2.6 中，单元控制字的某些位可由用户设定，利用 CX - Programmer 还可检查 TCP/UDP Socket 8 个口状态、FTP 状态。详细内容可参阅相关手册。

2）DM 区：每个 DM 区的单元分配 100 个字，见表 6.2.4。

表 6.2.4　DM 区的单元分配

单元号	分配字	单元号	分配字
0	D30000 ~ D30099	8	D30800 ~ D30899
1	D30100 ~ D30199	9	D30900 ~ D30999
2	D30200 ~ D30299	A（10）	D31000 ~ D31099
3	D30300 ~ D30399	B（11）	D31100 ~ D31199
4	D30400 ~ D30499	C（12）	D31200 ~ D31299
5	D30500 ~ D30599	D（13）	D31300 ~ D31399
6	D30600 ~ D30699	E（14）	D31400 ~ D31499
7	D30700 ~ D30799	F（15）	D31500 ~ D31599

每个单元 DM 区的起始地址为：m = D30000 +（100 × 单元号），该区中每个单元的 100 字数据内容如图 6.2.7 所示。

图 6.2.7 中，IP 地址设置/显示区中，CS 系列只能从 Ethernet 单元列 CPU 单元，而 CJ 单元和 Ethernet 单元可以互换。其他数据的详细内容可参阅相关手册。

总之，当完成了系统的硬件连线和软件设置后，Ethernet 单元 ETN 就可连到 Ethernet 进行通信。

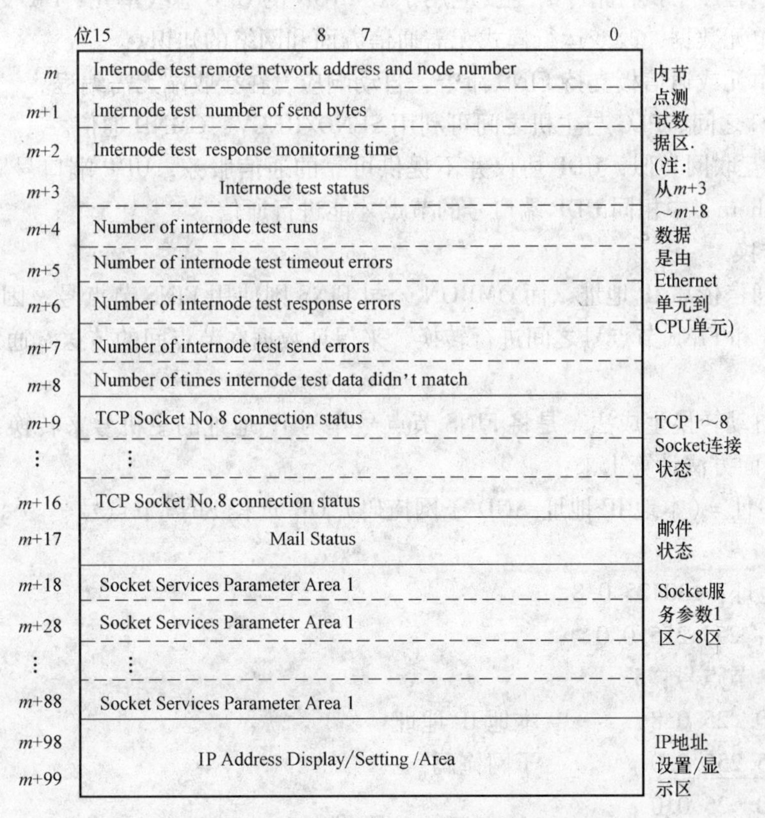

图 6.2.7　DM 区数据内容

6.2.3 FINS 通信

FINS 是英文 Factory Interface Network Service 的缩写，FINS 通信是 OMRON 公司自行开发的协议，它使用专门的地址。该寻址能使位于 Ethernet 或其他工厂自动化网络提供统一的通信服务，客户机读取 PLC 内存中的数据而无需运行服务器 PLC 上的用户程序。在 Ethernet 上，利用 UDP Socket 进行数据的传送和接收，通信过程如图 6.2.8 所示。

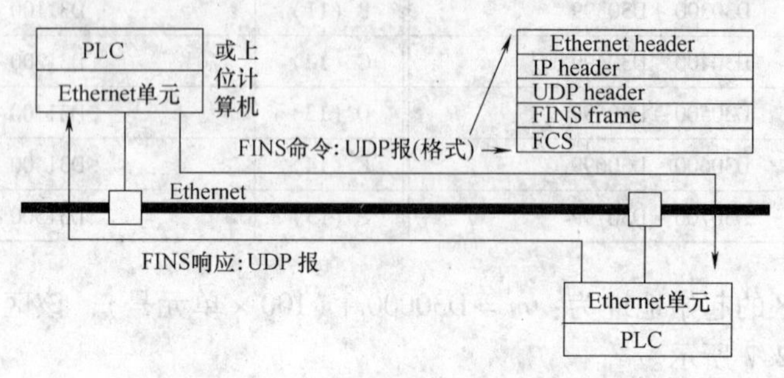

图 6.2.8 FINS 在 Ethernet 上的通信过程

FINS 通信服务提供在 OMRON 自动化网络上各节点传输数据，改变 PLC 工作模式等功能。其主要特点是：

1）在用户程序中执行指令，主要应用于 OMRON 的 CPU 总线单元、FA 支持板等。

2）读取单元数据，改变运行模式无需通信方面和网络的知识。

3）只要单元或通信板支持 FINS 命令，自动响应，在接收端无需编程。

4）在 PLC 之间、PLC 与主机之间可利用 SEND/RECV、CMND 通信。

注意：与互联网类似，UDP 协议并不提供可靠的通信服务，UDP 端口号默认值为 9600（十进制），Ethernet 中相同 UDP 端口号的节点才能进行通信。

1. 地址转换

Ethernet 通信依靠 IP 地址，而 OMRON 公司 FINS 则使用 FINS 节点号，因此 Ethernet 单元应在 IP 地址和 FINS 节点号之间进行转换，来保证数据在节点间的传送。通常有三种地址转换方法：

1）地址自动转换生成法。是将 FINS 节点号作为 IP 地址的主机号来转换，远程节点的 IP 地址利用下面方法计算出来：

远程 IP 地址 =（本地 IP 地址 AND 子网掩码）OR 远程 FINS 节点号

例 6.2.2：

本地 IP 地址：130.25.0.8

子网掩码：255.255.0.0

远程 FINS 节点号：5

	130. 25.0.8	本地 IP 地址
AND	255.255.0.0	子网掩码
	130. 25.0.0	
OR	5	远程 FINS 节点号
	130. 25.0.5	远程 IP 地址

地址自动转换属于一种默认设置，可通过 CX－Programmer 设置，优点是可区别 FINS 地址和 IP 地址的一致性，其缺点是 Ethernet 单元的主机号和节点号必须设置为相同值，远程主机号受 FINS 节点号范围限制。

2）IP 地址表转换法。IP 地址表是预先设置 FINS 节点号和 IP 地址间对应关系的表格，通常用 CX－Programmer 进行系统启动设置时完成。

例6.2.3：见表6.2.5，发送到18号节点的FINS信息会转到IP地址153.214.0.37节点中。

表6.2.5　IP 地址表

FINS 节点号	IP 地址
18	153.214.0.37
20	153.214.1.58

IP 地址表的优点是允许 FINS 节点号和 IP 地址自由分配，能提供一种简单对应表格，但缺点是表格中注册节点号和 IP 地址对数目不能超过32个。

3）复合地址转换法。该方法是综合上述两种地址转换方法，首先利用 IP 地址表，若找不到合适的 FINS 地址则改用地址自动转换法来计算。

2. 面向 PLC 的命令

CJ/CS 系列 PLC 用户在梯形图程序中可以使用网络通信指令 SEND（090）、RECV（098）和 CMND（490）进行 FINS 通信，表6.2.6是 FINS 通信的技术指标。

表6.2.6　FINS 通信的技术指标

项目	性能指标
目的	1：1 传输 SEND（090），RECV（098），CMND（490）指令 1：N 传输 SEND（090），CMND（490）指令（广播）
数据长度	SEND（090）：≤990字（1980字节）；广播：727字（1454字节） RECV（098）：≤990字（1980字节） CMND（490）在 FINS 命令码之后最多1990字节，广播1462字节
数据内容	每条指令执行都传送和接收以下数据： SEND（090）：向远程节点发送数据，接收响应数据请求 RECV（098）：向远程节点接收数据，接收响应数据请求 CMND（490）：发送任意 FINS 命令和接收响应数据
通信端口号	端口0~7（8个端口可同时进行传输）
响应监控时间	0000：默认值为2s 0001~FFFFH，0.1~6553.5s，增加0.1s（用户可指定）
重试次数	0~15次

1）SEND（090）功能。将 I/O 数据从本地节点写到另一节点，其功能如图6.2.9所示。

该指令将从 S 开始的 n 个字传送到目标节点 D 的 n 个字中。C 为控制首字，后续连续4个字规定传送的其他参数。SEND 指令控制数据内容见表6.2.7。

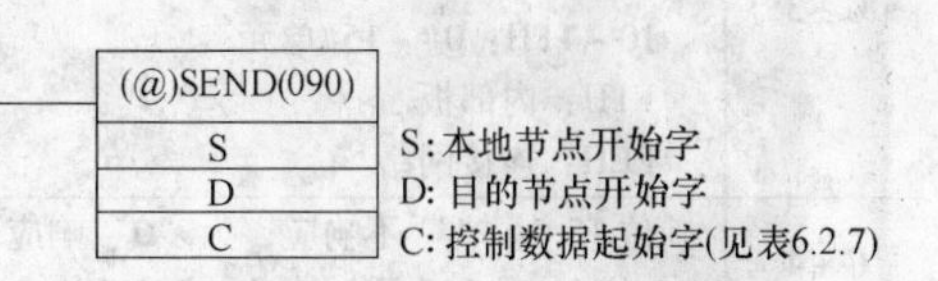

图6.2.9　SEND（090）指令功能

表 6.2.7 SEND 指令控制数据内容

字	位 15~0
C	传送字数：0001~03DEH，即小于等于 990 字
C+1	高 8 位设置为 0，低 8 位目标网络地址 01~7FH（00 本地网）
C+2	高 8 位设置为目标节点号，低 8 位目标单元地址 地址：00~7EH（设为 FFH 广播地址） 00：CPU 单元 00~1FH：0#~15#单元 E1H、FEH：网上连接单元
C+3	位 15 为"1"不要求响应，为"0"响应。位 14~位 11 为 0；位 10~位 8 设为通信端口号 0~7，位 7~位 4 为 0，位 3~位 0 设为重试次数 0~15
C+4	响应监视时间：0000：2s（默认） 0001~FFFFH：0.1~6553.5s，单位为 s

2）RECV（098）功能。将 I/O 数据从另一节点读入本地节点，其功能如图 6.2.10 所示。

该指令把从 S 开始的 m 个字接收到本地节点 D 开始的 m 个字中。C 为控制字首字，紧跟连续 4 个字规定传送的其余参数，内容与 SEND（090）控制字类似，只要把 C+2 的目标节点号 N 改为远程节点号 M（发送源）即可。

3）CMND（490）功能。发送命令信息，其功能如图 6.2.11 所示。

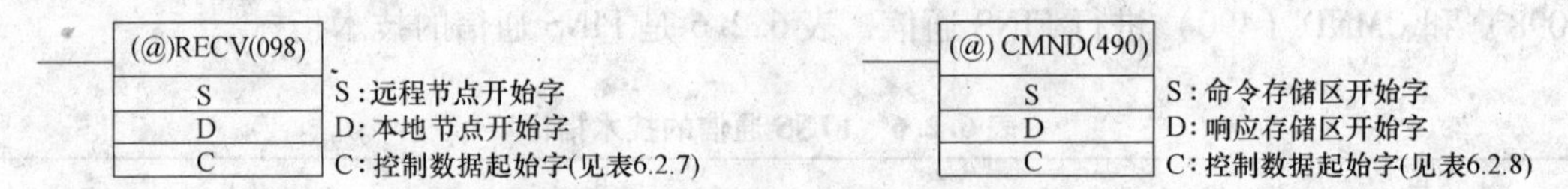

图 6.2.10 RECV（098）指令功能　　图 6.2.11 CMND（490）指令功能

该指令从本地节点发送由 S 开始的 n 个字节命令信息到目标节点 N。在远程节点接收到由 D 开始的 m 个字。控制数据首字为 C，后续 5 个字规定了其他参数，CMND 指令控制数据内容见表 6.2.8。

表 6.2.8 CMND 指令控制数据内容

字	位 15~位 0
C	控制数据字节数：0000~07C6H（1~1990 字节）
C+1	响应数据字节数：0000~07C6H（1~1990 字节）
C+2	高 8 位全为 0，低 8 位为目标网络号：01~7F（00 为本地网）
C+3	高 8 位目标节点号 N：00~7EH（FFH 为广播） 低 8 位为目标单元地址 00H：CPU 单元 10~1FH：0#~15#单元 E1H：内部板 FEH：连接网络
C+4	位 15 为"1"不响应，为"0"响应：位 14~位 11 为 0；位 10~位 8 为通信端口号 0~7；位 7~位 4 为 0；位 3~位 0 为重试次数：0~15 次
C+5	响应时间：0000~2s（默认） 0001~FFFFH：0.1~6553.5s

上述三条指令的执行状况可从辅助区A202通信端使能标志和A219通信端错误标志中反映出来。其他PLC的上述网络通信指令与之类似，可参阅相关手册。

在网络系统中用户使用网络通信指令编写程序，一般在程序中写入命令SEND/RECV使能标志和出错标志作为判断条件，多个指令在同一端口每次只能执行一条指令，所以必须在编程时对端口要进行独立控制。用网络通信指令编写程序的格式如图6.2.12所示。

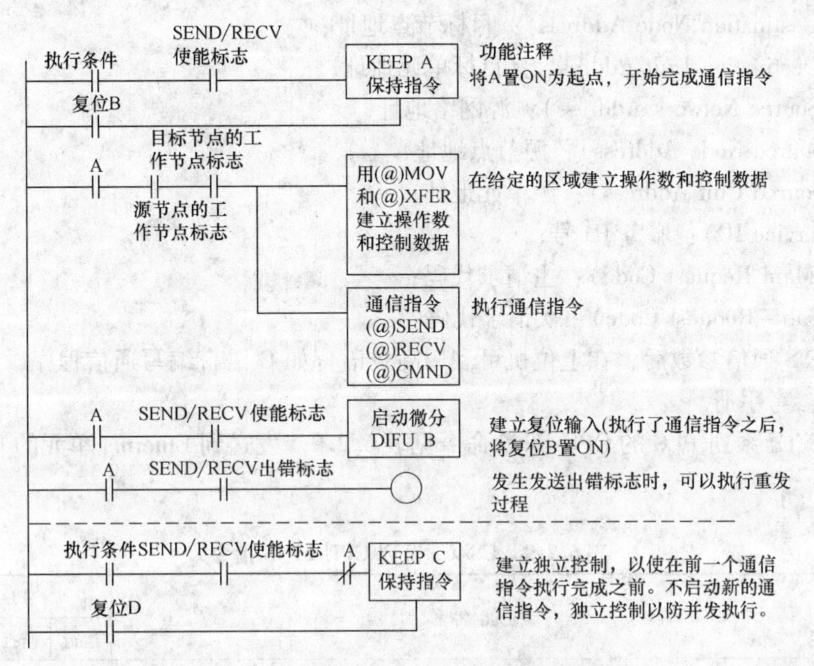

图6.2.12 用网络通信指令编写程序的格式

3. 面向上位机的FINS通信

由上位机发出的命令和响应帧要包含适当的FINS头信息和一定的格式。FINS命令和响应帧的组成分别如图6.2.13a、b所示。

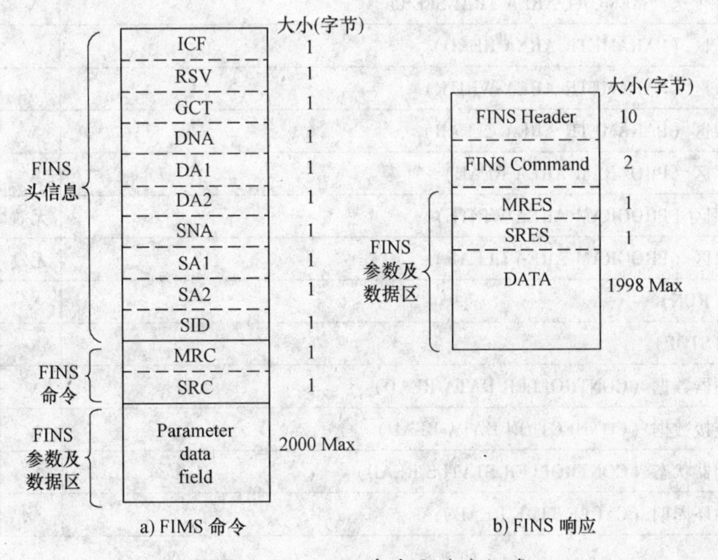

图6.2.13 FINS命令和响应组成

图 6.2.13 中：

ICF（Information Control Field）：显示帧信息；

RSV（Reserved by System）：系统所有；

GCT（Permissible Number of Gateways）：允许网关数目；

DNA（Destination Network Address）：目标网络地址；

DA1（Destination Node Address）：目标节点地址；

DA2（Destination Unit Address）：目标单元地址；

SNA（Source Network Address）：源网络地址；

SA1（Source Node Address）：源节点地址；

SA2（Source Unit Address）：源单元地址；

SID（Service ID）：服务 ID 号；

MRC（Main Request Code）：主请求代码；

SRC（Sub – Request Code）：次请求代码。

确定 FINS 通信参数后，在上位机可利用高级语言如 C 语言编写通信程序，细节问题可参阅相关的参考手册。

用于 CS/CJ 系列 PLC 的 CPU FINS 命令见表 6.2.9。发送到 Ethernet 单元的 FINS 命令见表 6.2.10。

表 6.2.9　CS/CJ 系列 CPU FINS 指令

指令代码		功能名称	PLC 模式			
			运行	监控	调试	编程
01	01	存储区读（MEMORY AREA READ）	√	√	√	√
	02	存储区写（MEMORY AREA WRITE）	√	√	√	√
	03	存储区填空（MEMORY AREA FILL）	√	√	√	√
	04	多重存储区读（MULTIPLE MEMORY AREA READ）	√	√	√	√
	05	存储区传送（MEMORT AREA TRANSFER）	√	√	√	√
02	01	读参数区（PARAMETR AREA READ）	√	√	√	√
	02	写参数区（PARAMETR AREA WRITE）	√	√	√	√
	03	清参数区（PARAMETR AREA CLEAR）	√	√	√	√
03	06	读程序区（PROGRAM AREA READ）	√	√	√	√
	07	写程序区（PROGRAM AREA WRITE）	无效	√	√	√
	08	清程序区（PROGRAM AREA CLEAR）	无效	无效	无效	√
04	01	运行（RUN）	√	√	√	√
	02	停止（STOP）	√	√	√	√
05	01	读控制器数据（CONTROLLER DATA READ）	√	√	√	√
	02	读取连接数据（CONNECTION DATA READ）	√	√	√	√
06	01	读控制器状态（CONTROLLER STATUS READ）	√	√	√	√
	02	读取循环周期（CYCLE TIME READ）	√	√	无效	无效

（续）

指令代码		功 能 名 称	PLC 模式			
			运行	监控	调试	编程
07	01	读取时钟（CLOCK READ）	√	√	√	√
	02	写时钟（CLOCK WRITE）	√	√	√	√
09	20	读取/清除信息（MESSAGE READ/ CLEAR）	√	√	√	√
0C	01	获得访问权（ACESS RIGHT ACQUIRE）	√	√	√	√
	02	强制访问权（ACESS RIGHT FORCE）	√	√	√	√
	03	释放访问权（ACESS RIGHT RELEASE）	√	√	√	√
21	01	清除出错（ERROR CLEAR）	√	√	√	√
	02	读错误经历（ERROR LOG READ）	√	√	√	√
	03	清错误经历（ERROR LOG CLEAR）	√	√	√	√
22	01	读文件名（FILE NAME READ）	√	√	√	√
	02	读单个文件（SINGLE FILE READ）	√	√	√	√
	03	写单个文件（SINGLE FILE WRITE）	√	√	√	√
	04	格式化文件内存（FILE MEMORY FORMAT）	√	√	√	√
	05	删除文件（FILE DELETE）	√	√	√	√
	07	文件复制（FILE COPY）	√	√	√	√
	08	文件改名（FILE NAME CHANGE）	√	√	√	√
	0A	储存区文件传送（MEMORY AREA - FILE TRANSFER）	√	√	√	√
	0B	参数区文件传送（PARAMETER AREA - FILE TRANSFRE）	√	√	√	√
	0C	程序区文件传送（PROGRAM AREA - FILE TRANSFER）	√	√	√	√
23	01	强制复位/置位（FORCED SET/RESET）	√	√	√	√
	02	取消强制复位/置位（FORCED SET/RESET CANCEL）	√	√	√	√

表 6.2.10　FINS 命令发送到 Ethernet 单元

指令代码		功能名称
MRC	SRC	
04	03	复位（RESET）
05	01	读取控制器数据（CONTROLLER DATA READ）
06	01	读取控制器状态（CONTROLLER STATUS READ）
08	01	回送测试（INTERNODE ECHO TEST）
	02	读取广播测试结果（BROADCAST TEST RESULTS READ）
	03	发送广播数据（BROADCAST DATA SEND）
21	02	读取出错记录（ERROR LOG READ）
	03	清除出错记录（ERROR LOG CLEAR）

（续）

指令代码		功能名称
MRC	SRC	
27	01	UDP 打开请求（UDP OPEN REQUEST）
	02	UDP 接收请求（UDP RECEIVE REQUEST）
	03	UDP 发送请求（UDP SEND REQUEST）
	04	UDP 关闭请求（UDP CLOSE REQUEST）
	10	TCP 被动打开请求（PASSIVE TCP OPEN REQUEST）
	11	TCP 主动打开请求（ACTIVE TCP OPEN REQUEST）
	12	TCP 接收请求（TCP RECEIVE REQUEST）
	13	TCP 发送请求（TCP SEND REQUEST）
	14	TCP 关闭请求（TCP CLOSE REQUEST）
	20	PING 命令（PING）

6.2.4 Socket 服务

Socket 服务也称接驳服务或套接字服务。Socket 作为一种应用接口，允许用户程序中直接使用 TCP/UDP 协议。在上位机中 Socket 写成 C 语言接口库，允许用户编写 TCP/UDP 协议程序时调用该库函数。若安装 UNIX 操作系统的计算机，系统调用 Socket 接口更为简便。

在 Ethernet 中支持两种 Socket 服务，即 TCP 和 UDP Socket 服务。CS/CJ 系列 PLC 支持用户程序使用 Socket 服务，在两台 PLC 之间、PLC 与上位机之间传送任意数据。实现 Socket 服务通常有以下两种方法。

1. 使用 Socket 服务请求开关

前面已介绍过，在 CPU 总线单元的 CIO 区设置有 Socket 服务请求开关。通过设置 Socket 服务请求开关可完成 Socket 通信服务。利用该方法每次最多可同时打开 8 个 TCP 和 UDP Socket（或二者总和），并且同样 Socket 号 TCP 和 UDP 不能同时使用。

利用 Socket 服务请求开关执行 Socket 服务的过程如图 6.2.14 所示。

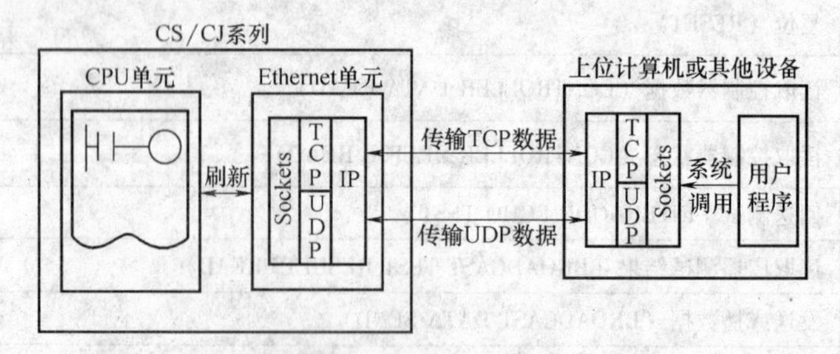

图 6.2.14 用 Socket 服务请求开关执行 Socket 服务的过程

注：这里的 CPU 单元主要指的是 CIO 区的 Socket 服务请求开关或 DM 区的 Socket 服务参数，而前者用于从 CPU 单元向 Ethernet 单元发送服务请求，后者指定来自 Ethernet 单元服务请求。

首先，在CPU总线单元DM区设置Socket服务要求的参数。在内存分配中已介绍了CPU总线单元中，每个Ethernet单元的DM区从$m+18$开始到$m+97$是Socket服务参数1区~8区，每个区占用10个字。Socket服务参数区的每个字可设置如发送/接收数据地址、TCP/UDP Socket服务及其端口号等Socket通信所需的参数，细节可参阅相关手册。对于每个Socket服务参数区的组成及配置如图6.2.15所示。

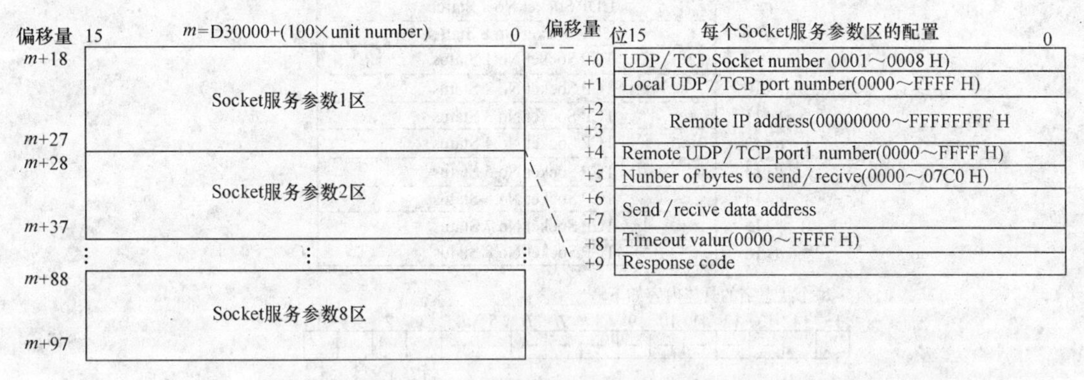

图6.2.15 Socket服务参数区的组成及配置

然后，打开CPU总线单元CIO区的Socket服务请求指定位。在CPU总线单元的CIO区中，从$n+19$开始到$n+22$是Socket服务请求开关位，其内容如图6.2.16所示。

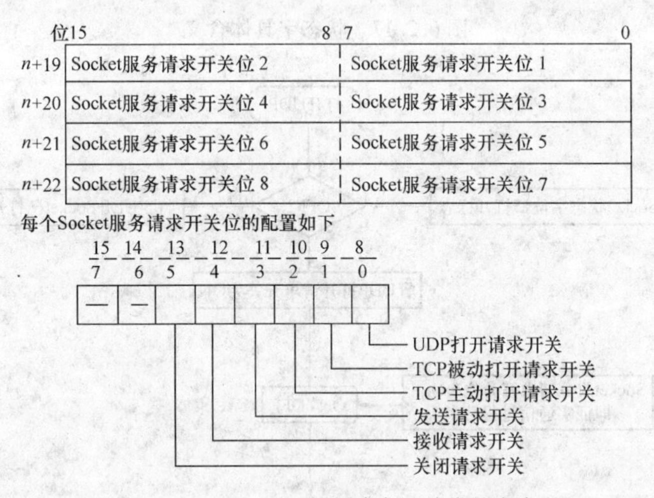

图6.2.16 Socket服务请求开关位的内容

按用户要求将相应位置为“ON”，这样当发送/接收请求完成后，数据就会自动按参数区设定的传送，当传送完成后Socket服务参数自动有响应代码说明执行结果。

在CPU总线单元的$n+1$开始的单元（这里$n=1500+25\times$单元号）存放了TCP/UD Socket状况字，对于Socket服务请求开关法，状态字具体含义如图6.2.17所示。

在使用Socket服务时，考虑Socket状态区的状态字变化非常重要，下面以打开UDP指令来说明，如图6.2.18所示。

其他Socket服务与之类似。

2. 利用FINS通信的CMND（490）指令实现Socket服务

在梯形图中执行CMND指令，Socket服务请求命令也可传到Ethernet单元，因此这种情

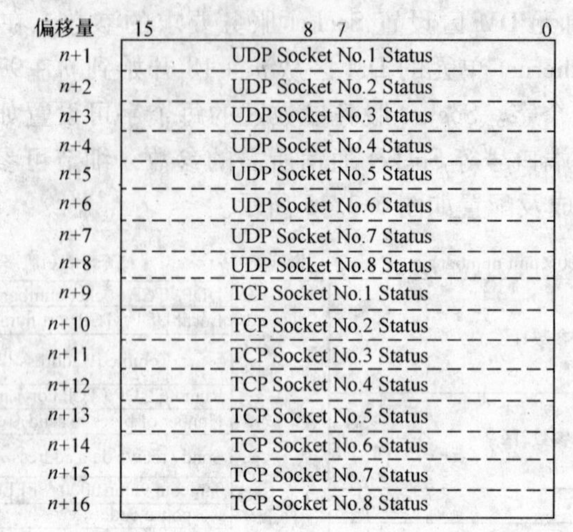

每个状态字的具体内容如下：

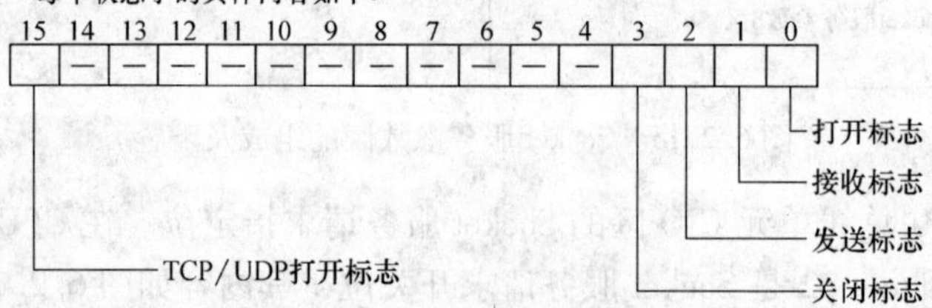

图 6. 2. 17　状态字具体含义

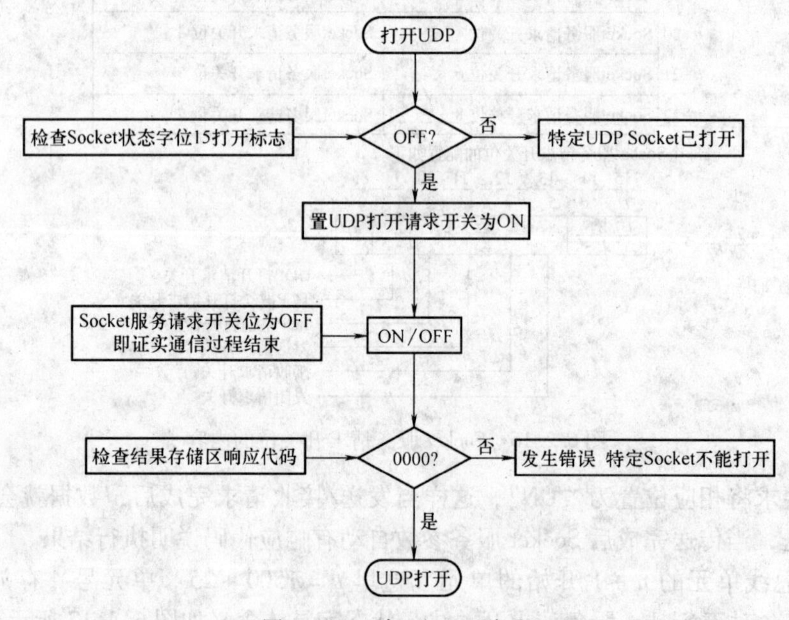

图 6. 2. 18　打开 UDP 流程

况某些程序具有继承性。与前一种方法最大区别就是该方法可连接的 Socket 可达 16 个：8 个 UDP 和 8 个 TCP。其执行过程如图 6. 2. 13b 所示。

利用表 6. 2. 11 中的 FINS 命令可对 Ethernet 单元的 Socket 服务进行设置。

表 6.2.11 FINS 命令

命令代码		意义
MRC	SRC	
27	01	UDP 打开请求
	02	UDP 接收请求
	03	UDP 传送请求
	04	UDP 关闭请求
	10	TCP 被动打开请求（服务器）
	11	TCP 主动打开请求（服务器）
	12	TCP 接收请求
	13	TCP 发送请求
	14	TCP 关闭请求

FINS 命令帧的基本格式如图 6.2.19 所示。

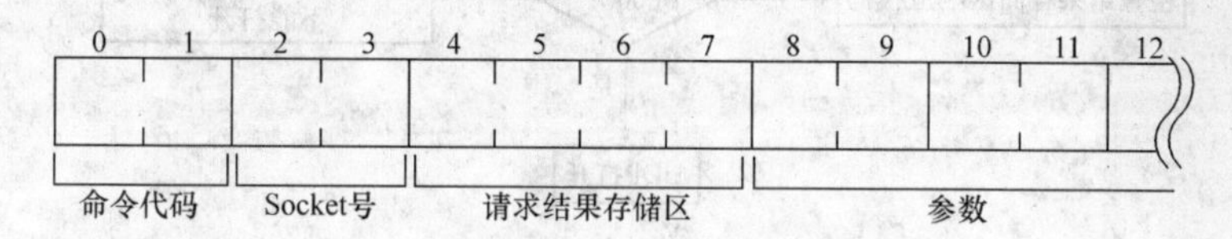

图 6.2.19 FINS 命令帧的基本格式

用 CMND（490）指令实现 Socket 服务时，TCP/UDP Socket 状态字标志如图 6.2.20 所示。

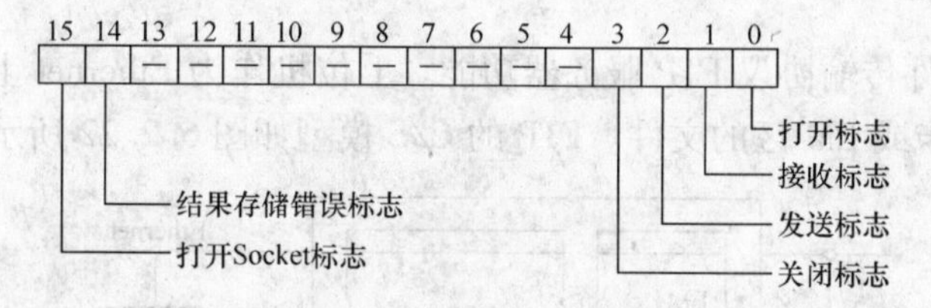

图 6.2.20 CMND 指令下 Socket 状态字标志

不难看出，其与前一种 Socket 服务方法是稍有区别的。对于一个 Socket 服务通信有 4 个过程：打开、发送、接收和关闭。利用 CMND（490）进行 Socket 服务时，Socket 状态区状态字的变化同样十分重要，打开 UDP 流程如图 6.2.21 所示。

最后简单介绍 Socket 服务传输最大延迟时间。对于两个节点通信处理延迟时间（单位为 ms）可由下式计算：

传输延迟时间 = 远程节点发送处理时间 + 本地节点接收时间 + 本地节点发送时间 + 远程节点接收时间

Socket 服务请求有关最大延迟时间 = PLC 循环周期 ×5 + A ×2 + B

利用 CMND（490）最大延迟时间 = PLC 循环周期 ×14 + A

这里 A 大于等于 20ms 且是 PLC 最小循环周期的倍数，B 大于等于（20 + 0.01 × 发送/接收位数）ms。

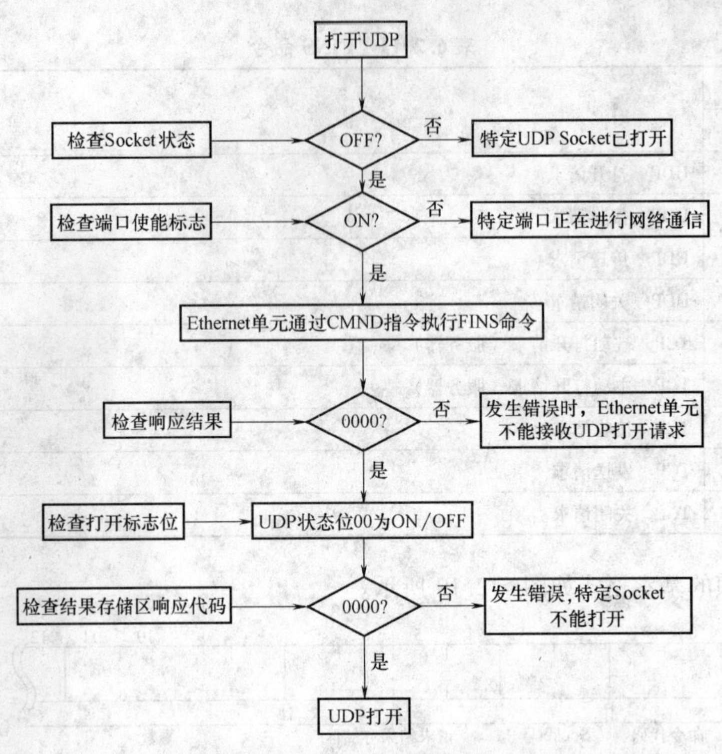

图 6.2.21　CMND 指令打开 UDP 流程

6.2.5　FTP 服务器

Ethernet 支持文件传输协议 FTP 服务器功能。上位机作为 Ethernet 上的 FTP 客户机可读写 CPU 单元的内存卡或 EM 区的文件。FTP 的 C/S 模型如图 6.2.22 所示。

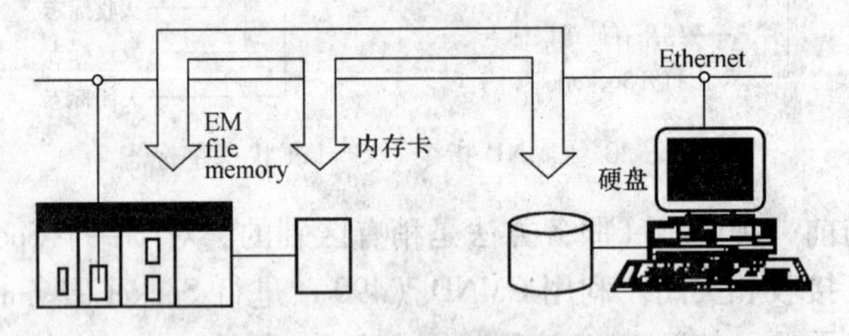

图 6.2.22　FTP 的 C/S 模型

只有上位机与 FTP 服务建立连接后，才能使用 FTP 服务器功能。每次仅允许连接一台 FTP 客户机，Ethernet 单元不支持 PLC 作为 FTP 客户机功能。利用 CX - Programmer 进行 CPU 总线单元设置时，可设置 FTP 登录名和口令。登录名由 12 个字符组成，口令由 8 个字符组成。如果以默认名“CONFIDENTAL”登录则不需要口令。

FTP 服务器使用情况可由两种方法来判断。第一种方法可从 Ethernet 单元面板 FTP 指示灯状态来区分；第二种方法可通过查看 CPU 总线单元 CIO 中 $n+17$ 字的第 0 位 FTP 状态标志来获得，“0”表示 FTP 状态空闲，否则表示忙。

对于 CS/CJ 系列，文件存储区位于 CPU 内存卡和 EM 文件存储区中。文件类型使用 DOS 格式，并以指定文件名和扩展名来区分文件，文件名和扩展名分别最多 8 个字符及 3 个字符组成。FTP 可处理的文件分类见表 6.2.12。

表 6.2.12 FTP 可处理的文件分类

文件类型	文件名	扩展名	内 容
数据文件	自定义	.IOM	指定 I/O 内存的范围（字），包括 CIO、HR、WR、AR、DM
用户程序文件	自定义	.OBJ	用户编程序
参数区文件	自定义	.STD	PLC 启动参数，注册 I/O 表、路由表和其他启动数据
启动自载文件	自定义	.IOM	从 D20000 指定数目字数据
		.OBJ	完整用户程序
		.STD	PLC 启动参数，注册 I/O 表、路由表和其他启动数据

对于大多数 UNIX 工作站，上位机（FTP 客户机）对 Ethernet 的 FTP 服务器可使用表 6.2.13 所列的 FTP 命令。

表 6.2.13 FTP 命令集

命令	功 能
Open	连续特定的 FTP 服务
User	为远程 FTP 服务 n 指定用户名
Ls	显示内存卡文件
Dir	显示内存卡文件名和详细信息
Rename	改文件名
Mrdir	在远程主机的工作目录创建一个新目录
Rmdir	从远程主机工作目录中删除一个新目录
Cd	从 Ethernet 工作目录进入指定目录
Cdup	在远程主机工作目录进入目录
Pwd	显示 Ethernet 工作目录
Type	指定传输文件的数据类型
Get	把指定文件从内存卡传到本地上位机
Mget	把多个文件从内存卡传到本地上位机
Put	把指定本地文件传到内存卡
Mput	把多个本地文件传到内存卡
Delete	从内存卡删除指定文件
Mdelete	从内存卡删除多个文件
Close	断开 FTP 服务器
Bye/quit	关闭 FTP（客户机）

6.2.6 邮件服务

邮件服务功能必须用到一个邮件服务器。在 Ethernet 上可以进行邮件服务。邮件服务可发送用户自制信息、错误注册信息和状态信息等到指定的地址。

邮件内容主要包括两大部分：第一部分是邮件头，主要包含主题、内容类型、内容编码等固定信息；第二部分是邮件主体，包括 Ethernet 信息（型号、单元版本、IP 地址等）和可选信息部分，其中可选信息包括用户自制信息、错误注册信息和状态信息三种。邮件格式如图 6. 2. 23 所示。

图 6. 2. 23 邮件格式

邮件发送的方式有三种：

1）利用 CIO 区的单元控制开关中的第 3 位即邮件发送开关来发送。

2）利用 CPU 总线单元启动设置，错误发生时立即由 E - mail 发出出错记录。

3）利用 CPU 总线单元启动设置，周期性间隔发送 E - mail。

6. 3 Ether CAT 网络

EtherCAT（Ethernet for Control Automation Technology）网络是通用超高速以太网现场总线，是基于 Ethernet 的开放型网络，可进行实时控制。EtherCAT 网络具有实现超高速控制所需的原理和结构，采用总线拓扑方式提高了接线的效率，解决了 Ethernet 中既有总线又有开关的复杂的接线形式，是最适合工厂自动化（FA）现场包括运动控制在内的一种控制网络。

EtherCAT 网络是由 BECKHOFF 公司的技术团队 ETG（EtherCAT Technology Group）于 2003 年发布的，它是通过专用 ASIC，具有独自存取控制方式的运动控制网络；它的物理层为 100BASE－TX，可以使用市售的 Ethernet 电缆；不需要交换中心，具有接线灵活度较高的拓扑方式；具有独立的寻址模式；符合 IEC 标准和 SEMI 标准。

EtherCAT 网络的特点如下：

1. 高速响应性能

EtherCAT 网络以 100Mbit/s 的 Ethernet 为基础，带宽为 2×100Mbit/s，通过采用全双工的方式来达到最高传送效率。

在 EtherCAT 网络中 256 点的数字量 I/O 的读写时间为 11μs；100 节点 1000 点的数字量 I/O 的读写时间为 30μs，它是 DeviceNet 网络的上千倍；200 点的模拟量 I/O（16bit、20kHz）的读写时间为 50μs；伺服（8 字节）100 轴的读写时间为 100μs。

从站在帧里直接读写数据，从站一边接收主站发送出来的数据一边传输到下一站去，因此可实现极高速的吞吐量。

2. 准确的时间管理

EtherCAT 网络的节点会测量“去”和“回”的帧的不同，EtherCAT 通信主站单元和各从站间享有共通的信息，进行相互间的“对时”，通过“对时”实现设备间的同步。

EtherCAT 主站对因芯片及电缆引起的传播延迟时间进行测量，并写入到各节点的寄存器里（启动时通过纳秒指令来测量）。

EtherCAT 主站对参照时钟和各节点的时钟间的偏移量进行测量，并将其结果写入到各节点的寄存器里（启动时）。

EtherCAT 主站定期地把参照时钟发送给各个节点，各节点以此为基准，对使用中产生的时钟偏移量进行校正（定期的）。

EtherCAT 网络通过各节点计算与对象节点间的时间差的方式，来实现各节点在相同时间里输出信号的需求。

3. 连接简单

EtherCAT 网络的接线形式是灵活多样的，因为在从站侧是可以对应 2～4 个端口的，所以可以组合使用菊花链形的、树形的形式；连接电缆使用标准 CAT5e 电缆，最多可连接 65535 个节点，节点间最大距离为 100m。

4. 网络具备安全性

EtherCAT 网络具有诊断功能，可进行注册信息的整合校验，拓扑结构的校验，CRC 校验，主站可在每个循环里对各节点是否在帧里 R/W，其结果是否写入到 WKC（Working Counter）里进行确认，并可根据 WKC 来识别异常节点。

EtherCAT 网络可安装 IEC 61508 SIL3 安全协议；为了达到处理时间的最小化，准备了各种 CRC 尺寸，以及安全 I/O 和具有自我诊断功能的驱动器。

Ethernet/IP 网、CompoNet 网和 EtherCAT 网之间的性能对比见表 6.3.1。

表 6.3.1　三种网络的性能对比

网络	特　征	应用对象
Ethernet/IP	在数据量、信息化方面具有优越性	信息、控制器间的数据量大的应用
CompoNet	在接线和成本上具有优越性	传感器和数字/模拟量的输入/输出
EtherCAT	在高速同步性上具有优越性	运动控制的应用

EtherCAT 网络单元中 CJ1W－NC□82 型位置控制单元不仅能进行位置控制，作为 EtherCAT 网络的主站，还可以连接伺服以外的设备。通过 PLC 做位置控制和时序控制时所必需的输入/输出设备，可以分散在一个网络里，同时兼顾“高速、高精度控制”和“接线简单化”等特点。I/O 的分配方法有固定分配和自由分配两种。自由分配时，输入或输出的最大容量可达到 5012 点（640 字节）。

CJ1W－NC□81 型位置控制单元可以最快在 0.15～0.4ms 间起动定位，可缩短设备加工的间隔时间。通过运行内存可进行高速定位控制，不受 PLC 循环扫描时间的影响，单元可以单独实现高速的位置控制。用户的轴控制程序是共通的。

远程 I/O 终端通过 EtherCAT 网络都可以高速、简单地连接。EtherCAT 网络配备了多种远程 I/O 终端从站，包括数字量 I/O、模拟量 I/O、继电器输出、编码器输入等，可以对应各种各样的应用。数字量 I/O 配有多种 I/O 接口，包括螺钉端子台（2 段型，3 段型）、e－CON 型等。对运动控制无影响，可实现高速远程 I/O，可以达到比 DeviceNet 更快的高速响应。数字量输入里搭载了调整输入功能（ON/OFF 延迟：100μs/200μs）。EtherCAT 网络单元的规格见表 6.3.2。

表 6.3.2 EtherCAT 网络单元的规格

名称	型号	规格
位置控制单元	CJ1W－NCF81	16 轴控制
	CJ1W－NC482	4 轴控制＋远程 I/O 通信（64 从站）
	CJ1W－NC882	8 轴控制＋远程 I/O 通信（64 从站）
远程 I/O 终端	数字量 I/O 终端 （2 段端子台型）	直流输入 晶体管输出/继电器输出
	数字量 I/O 终端 （3 段端子台型）	直流输入 晶体管输出
	数字量 I/O 终端 （e－CON 连接头型）	直流输入 晶体管输出
	模拟量 I/O 终端 （螺钉式端子台型）	电压：0～5V、1～5V、0～10V、－10～10V 电流：4～20mA
	编码器输入终端	AB 相相位差脉冲输入（1 倍频/2 倍频/4 倍频）符号＋脉冲输入 加法、减法脉冲输入

6.4 Controller Link 网络

6.4.1 Controller Link 网络的组成及特点

Controller Link 网络也称为控制器网，属于 OMRON 主干工厂自动化（FA）网络中的控制层，可方便地实现生产现场中 PLC 与 PLC 间的连接。图 6.4.1 所示为 Controller Link 网络的基本结构。

从图 6.4.1 中可以看出，Controller Link 网络主要由各型 PLC 及对应的 Controller Link 单元（简称 CLK）、个人计算机及其 Controller Link 支持卡组成。网络传输介质选用屏蔽双绞线或光纤。图中，CQM1H－CLK21、C200HW－CLK21、CQM1－CLK21、CS1W－CLK21 分

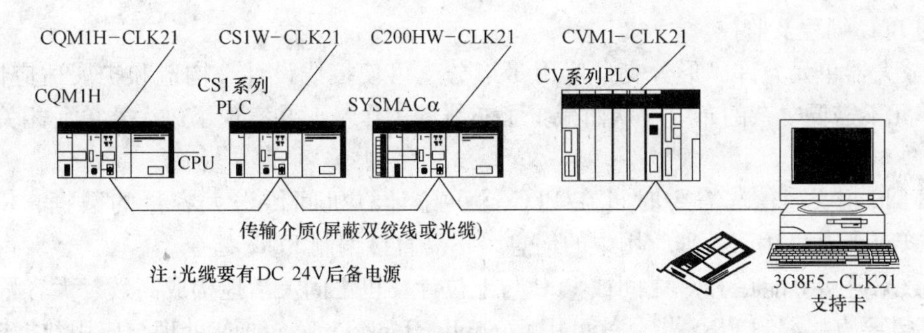

图 6.4.1　Controller Link 网络的基本结构

别表示四种以屏蔽双绞线为介质的 Controller Link 单元，其中横杠前代表了适配的 PLC 型号，CLK21 指的是线缆型单元，而 CS1W－CLK11 则表示以光纤为传输介质的 CS 系列 PLC 对应的 Controller Link 单元。CJ 系列 PLC 的 Controller Link 线缆型单元的型号为 CJ1W－CLK21。每个 CLK 单元的安装位置一般要求紧贴在 CPU 单元的左侧，不能安装在 I/O 扩展底板或从机底板上。

个人计算机作为 Controller Link 网络节点要安装 Controller Link 支持卡，包括线缆型 3G8F5－CLK21－E 和光纤型 3G8F5－CLK11－E 两种型号。运行 Controller Link 支持软件可监控网络运行状况。Controller Link 网络的主要技术指标见表 6.4.1。

表 6.4.1　Controller Link 网络的主要技术指标

项目	规格	
	线缆型	光纤型
通信方式	N：N 令牌总线或令牌环	
编码	基带，曼彻斯特编码（Manchester Code）	
同步方式	标志同步（符合 HDLC 帧）	
传输介质	屏蔽双绞线（2 根信号线，1 根屏蔽线）	H－PCP 光缆（2 芯）
传输方式	多站总线式	菊花链方式
波特率和最大传输距离	2Mbit/s：500m 1Mbit/s：800m 500kbit/s：1km	2Mbit/s：20km
最大节点数	32、62	
通信功能	数据链接和信息通信	
数据链接字数	每个节点最大传送 1000 字 对 CQM1H 或 CV 系列单台 PLC 发送/接收的最大数据链接为 8000 字，CS1 系列则可高达 12000 字。对于一个网络或个人计算机节点的数据链接字达 32000 字	
信息长度	最多 2012 字节（包括标题部）	
RAS 功能	发牌节点后备、自诊断、回送测试和广播测试监控定时器、出错记录	
差错控制	曼彻斯特编码校验、CRC 校验	

Controller Link 网络主要特点体现在：

1）用双绞线电缆可容易地构成网络。

2）可远程编程和监控。可用经 RS－232C 连接的 CX－Programmer 软件对 Controller Link

网络上的 PLC 编程及监控。

3）放大器单元允许 T 形分支，使用 T 形分支可使接线设计、构造和扩展适应性更高。放大器单元不需要复杂的布线，从而减少了布线的工作量，并实现了放大器单元相关设备的模块化。

4）FINS 报文通信。需要时可在 PLC 与上位计算机间传送大容量的数据，Controller Links FinsGateway 可用于处理应用中的信息，不需直接编制 FINS 指令。

5）数据链接。能在 PLC 之间或 PLC 与上位计算机之间灵活地构成高效、大容量的数据链接，不需要直接编制 FINS 指令就可用 Controller Link FinsGateway 处理与应用数据链接。

6）光纤型具有如下特征（CS 系列、CVM1/CV 系列）：

① 抗干扰性强，通过专用的光纤电缆布线，即使在干扰较多的环境下也能进行可靠性较高的通信。

② 可进行最长为 20km（H－PCF 电缆的场合）的长距离通信，可建立更广泛、更大规模的网络。

③ 标记环模式下，环形连接中即使出现断线或连接器脱落，传送功能也不会受到影响。另外还具有检测断线的地点，通知断线地点，显示所有节点状态等功能。

6.4.2 网络单元的设置

无论使用哪种 Controller Link 单元，在通信之前都要完成一系列的基本设置。这些设置主要包括：

1）设置单元号和节点地址：用 Controller Link 单元的面板上的旋转开关设置。

2）设置波特率和操作级别（其中波特率影响网络传送的最长距离）：用面板上的 SW1 DP 开关设置。

3）设置终端电阻。注意，千万不能遗漏。

4）设置网络路径表，对于 1996 年 5 月后生产的 CV 系列 PLC 不需要路径表，其中生产日期可由 CPU 单元边上的 4 位分组号决定，最后 1 位代表年份，倒数第 2 位代表月份，X、Y、Z 表示 10、11、12 月。

鉴于篇幅，本书仅以 C200HW－CLK21 单元为例说明网络单元的基本设置过程。图 6.4.2 所示为 C200HW－CLK21 的面板图。

说明：

1）节点地址旋转开关设定节点地址，设置范围是 2 位十进制数，从 01～32。它的目的是用来识别网络中的每一个节点。

2）用 SW1 拨动开关设定波特率和操作级别，当 PLC 上安装两个通信单元时，就要给每个通信单元设定不同的操作级别来区分。具体设定如图 6.4.2 所示。

3）终端电阻的设定，在网络中将两端的节点终端电阻开关置为 ON，其余节点则置为 OFF。

对于 CV 系列 PLC 要设置 Controller Link 的单元号，而不需设定操作级别，即 SW1 拨动开关的位 3、位 4 置为 OFF。对于其他 Controller Link 单元设置可参阅相关手册。

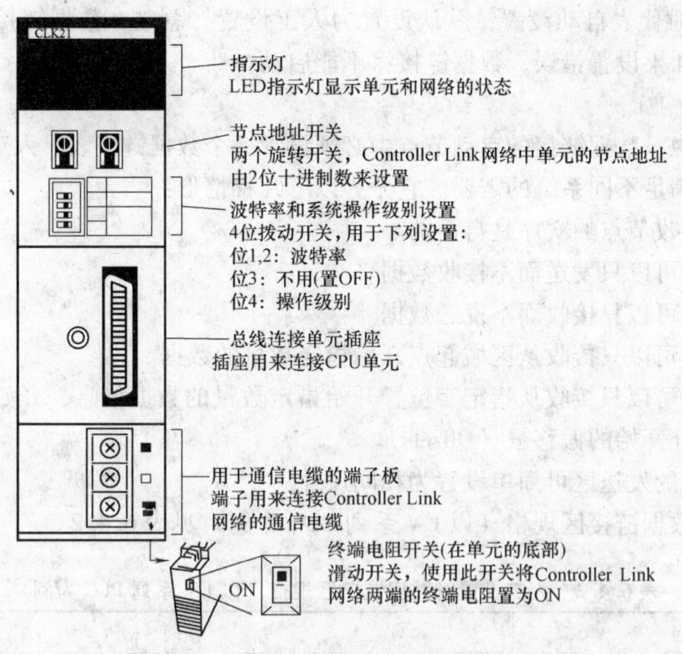

图6.4.2 C200HW－CLK21的面板图

6.4.3 数据链接

数据链接（Data Link）是指在一个通信网络的各个节点（PLC与PLC、PLC与计算机）之间自动地交换预置区域内的数据。每个节点可以设置两个数据链接区域：第1区和第2区。数据链接有以下两种方式：

1）人工设置。用Controller Link网络支持软件输入数据链接表，自由定义数据链接区。

2）自动设置。用编程设备自动设置。与人工设置不同的是，自动数据链接区域大小相同。

注意：自动设置和人工设置在同一网络中不能同时使用。

下列规则适用于上述两种设置数据链接的方式：

1）第1区和第2区的数据链接同时生效。

2）第1区和第2区可分别进行数据链接开始字和发送区大小的设置，第1区和第2区发送和接收字的顺序是相同的。

3）并不是所有的节点都要加入数据链接。

不论是人工还是自动设置数据链接的方式都是在启动节点PLC的CPU中的DM参数区设定的。对于不同PLC，启动节点N的位置不同，例如：

C200Hα PLC启动节点

N＝DM6400（级别0）

N＝DM6420（级别1）

CV系列PLC启动节点

N＝D02000＋100×CLK单元号

其中，字N的第5位和第4位确定了数据链接的方式，当两位为“00”时代表人工设置；

当两位为“01”时代表自动设置，默认设置为人工设置。总之，数据链接的方式只能在启动节点中设置。如果设置错误，数据链接将不能启动。

1. 人工设置

在人工设置中，数据链接的启动节点中必须设置一个数据链接表。人工设置可以建立灵活的数据链接，满足不同系统的需要。它分为以下几种情形：

1）发送和接收节点的次序是自由的。

2）一些节点可以只发送而不接收数据。

3）一些节点可以只接收而不发送数据。

4）一个节点可以只接收从区域起点开始指定数量的数据。

5）一个节点可以只接收从指定字位置开始指定数量的数据信息，开始字被设置成一个从发送数据起始处开始的偏移量（Offsets）。

6）所有节点的发送区可简单设置为相同尺寸。

人工设置时数据链接区规格（以 CV 系列 PLC 为例）见表 6.4.2。

表 6.4.2　人工设置时数据链接区规格（以 CV 系列 PLC 为例）

项　目		规　格
数据链接的节点数		最小 2，最大 32
数据链接的字数		每个节点发送和接收的字数最多 8000（第 1 区和第 2 区总计），每个节点发送的字数最多 1000。个人计算机人工设置最多 32000，自动设置最多 8000
数据链接区	数据链接字	CIO 区：CIO 0000 ~ CIO 2555 LR 区：LR000 ~ LR199（见注） DM 区：DM0000 ~ DM24575，当为 CV500/CVM1 - CPU01，则 DM0000 ~ DM8191 EM 区：块 00 ~ 块 07，EM0000 ~ EM32765（需安装了 EM）
第 1 区和第 2 区	字数	远程节点：0 ~ 源的字数 本地节点：0 ~ 1000
	偏移量	远程节点：0 ~（源字数 -1） 本地节点：不能设置

注：1. 第 1 区和第 2 区不能设置在同一区域。

2. 指定了一个在 LR000 ~ LR199 之间时，数据链接区分配在 CIO 1000 ~ CIO 1199 之间。

3. CV 系列 PLC 与不同大小存储区的 PLC 数据链接时，只能链接到对应区而不能超出范围的区域。

人工设置的工具是 Controller Link 网络支持软件或 Cx - Programmer 中的 CX - NET。其中，Controller Link 网络支持软件是 DOS 版本，它能够对每个节点包括 Controller Link 单元和 Controller Link 支持卡进行数据链接的设定，然后运行 CLKSS 就可出现 Controller Link 网络支持软件的主菜单。用户可利用菜单进行操作，选中“数据链接”，回车后，根据提示步骤就可以完成人工设置数据链接。

还可利用 Cx - Programmer 软件来设定，Cx - Programmer 属于 Windows 版的中文操作软件，功能非常强大。利用菜单“工具”下的“网络配置工具” CX - NET（或 CX - Server 软件），对 SYSMAC NET、SYSMAC LINK 网络都可设置。下面仅介绍 Controller Link 网络的设置。CX - NET 可设置 Controller Link 的 FINS 路由表、数据链接等功能，各种设置如图 6.4.3 所示。

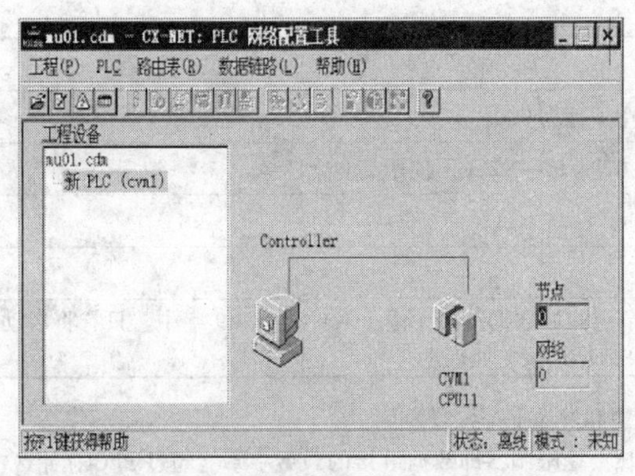

a) 建立网络工程

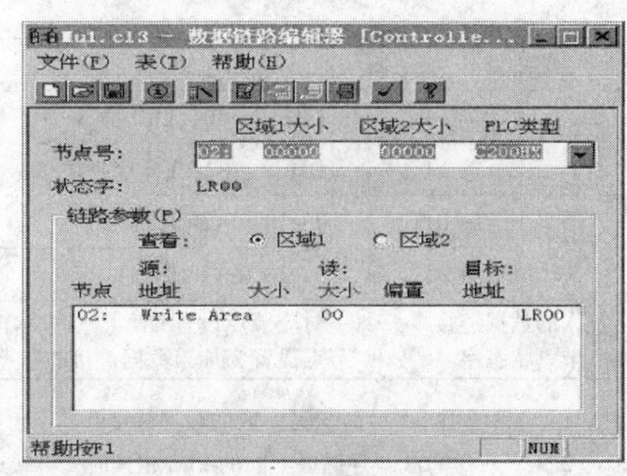

b) 数据链接

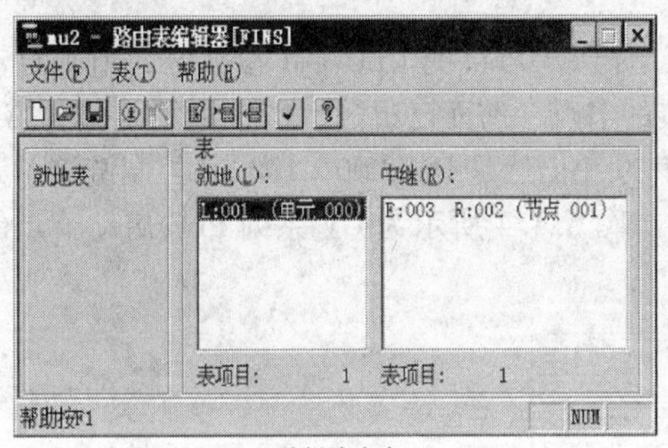

c) 编辑路由表

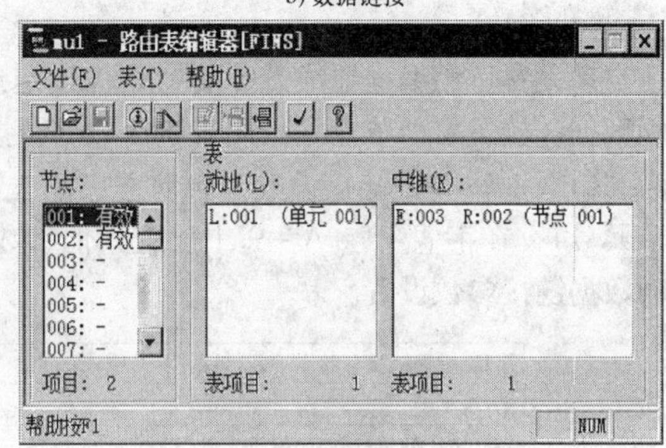

d) 检查路由表

图 6.4.3　CX－NET 下 Controller Link 网络设置

建立数据链接表后，在“Data Link ”选择“Transfer Table”就可向参与链接的每个节点传送数据表。

2. 自动设置

自动设置数据链接启动节点中必须设置自动数据链接设定参数。自动设置时数据链接规格见表 6.4.3。自动设置可用来建立简单的数据链接，要求每个节点的第 1 区和第 2 区有相同的大小，发送节点采用与节点号一致的上升顺序。每个节点不允许只接收数据的一部分，所有节点都可以被指定为加入链接或不加入链接。自动设置可设偏移量，但接收节点并不能保证只接收需要的字串，这与人工设置是有区别的。

表 6.4.3　自动设置时数据链接规格

项　目		规　格
数据链接的节点数		最少 2，最大 32
数据链接的字数		每个节点第 1 区和第 2 区发送和接收的字数总计不超过 8000，每个节点发送的字数（第 1 区和第 2 区）最多 1000 个人计算机：人工设置最多 32000，自动设置最多 8000
数据链接开始字	第 1 区	CIO 区：CIO 0000 ~ CIO 2555（BCD 码设置） LR 区：LR 000 ~ LR 199（BCD 码设置）
	第 2 区	DM 区：DM0000 ~ DM24757，当为 CV500/CVM1－CPU01 时，最大到 DM8191 EM 区：块 00 ~ 块 07，EM0000 ~ EM32765（需安装了 EM）

（续）

项 目		规 格
区类型	第 1 区	CIO 区：80；LR 区：86（不使用 1 区为 00）
	第 2 区	DM 区：82；EM 区：块 00 ~ 块 07 为 90 ~ 97（不使用为 00）
发送字数	第 1 区	0 ~ 1000（BCD 码）
	第 2 区	0 ~ 1000（BCD 码）
加入的数据链接节点状态字		对应节点设置 ON（1）表示该节点假如数据链接，位于 N + 8、N + 9 字中。只有将启动节点设置为加入数据链接的节点，数据链接才能启动

注：1. 当只使用一个区时，另一区的数据链接开始字、类型和发送字都设置为 00。

2. CV 系列 PLC 与存储区不同的 PLC 相连时，链接区域要受限制，即数据链接的最后字不能超过 PLC 存储区中的最后字。

自动设置可用编程器或 SSS 支持软件设定启动节点 PLC 的 CPU DM 参数区的值来自动建立数据链接。启动节点号是用来激活数据链接的节点，前面已讲过，当 N 的第 5 位和第 4 位为“01”时，数据链接设置为自动方式，这里的 N 仍然是 DM2000 + 100 ×（控制链接单元的单元号），在字 $N+1 \sim N+9$ 中设定其他参数。图 6.4.4 所示为 CV 系列 PLC 启动节点的自动数据链接参数设置。

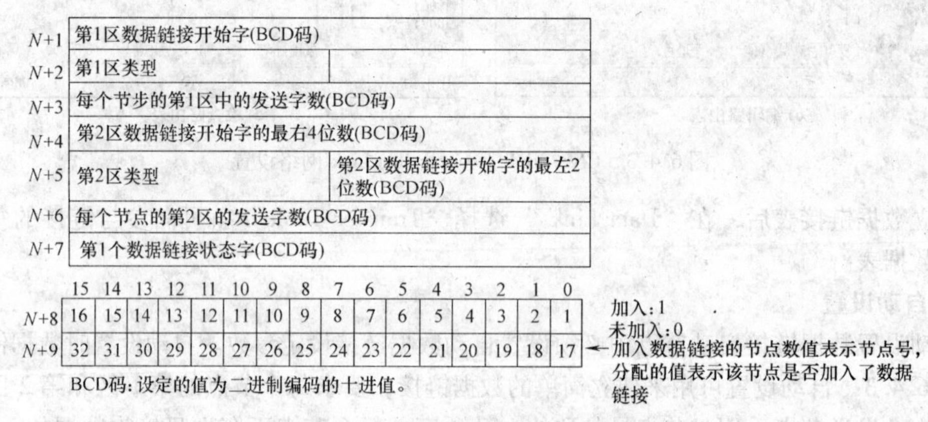

图 6.4.4 自动数据链接参数设置

3. 启动和停止数据链接

对于人工设置和自动设置的数据链接，可利用下述三种方法启动或停止数据链接：

1）使用编程设置或用户程序改变 PLC 中的软件开关。如 C200Hα PLC 启动节点中的 AR070、AR0704 位分别为操作级 0、操作级 1 的启动位，CV 系列 PLC 的启动位是启动节点字 DM2000 + 100 × CLK 单元号的第 0 位。当启动位由 OFF 变为 ON 或接通电源时，启动数据链接，否则停止数据链接。

2）从上位机或计算机节点利用 Controller Link 网络支持软件的数据链接菜单中的启动和停止命令来启动或停止节点的数据链接。

3）使用 CMND 指令从一个 Controller Link 节点向一个数据链接中的节点发送 RUN/STOP FINS 指令来启动或停止数据链接。

数据链接的状态可根据 Controller Link 单元 LED 指示灯进行检查，也可以根据数据链接状态区来检查，详细情况参阅相关手册。

6.4.4 信息通信

信息服务是一种命令/响应系统，用来在一个网络中的节点之间传输数据。数据服务也可以用来控制操作，如方式切换等。

在 Controller Link 网络中，PLC 之间、PLC 至计算机、计算机与 PLC 之间可实现信息通信。实现方式以命令/响应格式，即命令由本地节点发出后，接收节点要返回响应结果。PLC 执行网络指令 SEND/RECV 不需要接收响应程序。Controller Link 网络中 CV 系列 PLC、CS 系列 PLC、C200Hα PLC 之间可利用网络指令发送信息，但是 C200HZ/HX/HG/HE PLC 不支持 FINS 指令 CMND，Controller Link 单元能自动转换命令格式，以使 C200HZ/HX/HG/HE PLC 能处理它们，使响应能够返回命令的发出地。不同型号的 PLC 网络指令 SEND/RECV 指令代码不同，但功能及控制字内容大体相当，可参阅 6.2 节 Ethernet 指令或有关手册。

计算机执行向 PLC 发送信息的指令时，需要有接收响应的程序，计算机接收 PLC 发来的指令也需要接收和发送的程序。

1. Controller Link 网络通信的规格

Controller Link 网络通信的规格见表 6.4.4。

表 6.4.4 Controller Link 网络通信的规格

项 目	规 格
输送格式	1：1 形式：SEND/RECV 指令（CV、CS 系列可用 CMND） 1：N 形式（广播）：SEND 指令（CV、CS 系列可用 CMND）
数据报的长度	SEND/RECV 最多 1980 字节，CMND 最多 1990 字节
并发命令的数量	对 C200H α PLC：每次两个操作级别的一个 对 CV、CS 系列：每次 8 个通信口 0 ~7 的一个
响应监控时间	C200H α PLC：默认设置 00，2s（2Mbit/s），4s（1Mbit/s），8s（500Kbit/s），FF 为不监控，用户设置为 0.1 ~25.4s，增量为 0.1s CV、CS 系列 PLC：默认 00（2s），用户设置为 0.1 ~6553.5s，增量为 0.1s
重发次数	0 ~15 次

一般情况，只是读写 I/O 存储区内容时才用网络指令 SEND/RECV，而 CMND 指令具有写入 PLC 时钟、文件存储器、读取 PLC 型号、状态及其他信息、改变 PLC 运行方式等更为广泛的功能。

2. FINS 通信

在 Controller Link 网络中，同 Ethernet 一样可使用 OMRON 自行开发的 FINS 通信协议，最大好处就是不需建立复杂的用户程序。图 6.4.5 所示为以 CV 系列 PLC 为例，说明利用 CMND 指令发送 FINS 信息的数据格式，其中的所有数据都是十六进制数。

FINS 命令代码由两个字节的数据组成，这些数据包含了命令的内容。一个 FINS 命令必须以两个字节的命令代码开头，其他参数必须放在命令代码的后面。表 6.4.5 中列出了 Controller Link 单元的命令及响应。

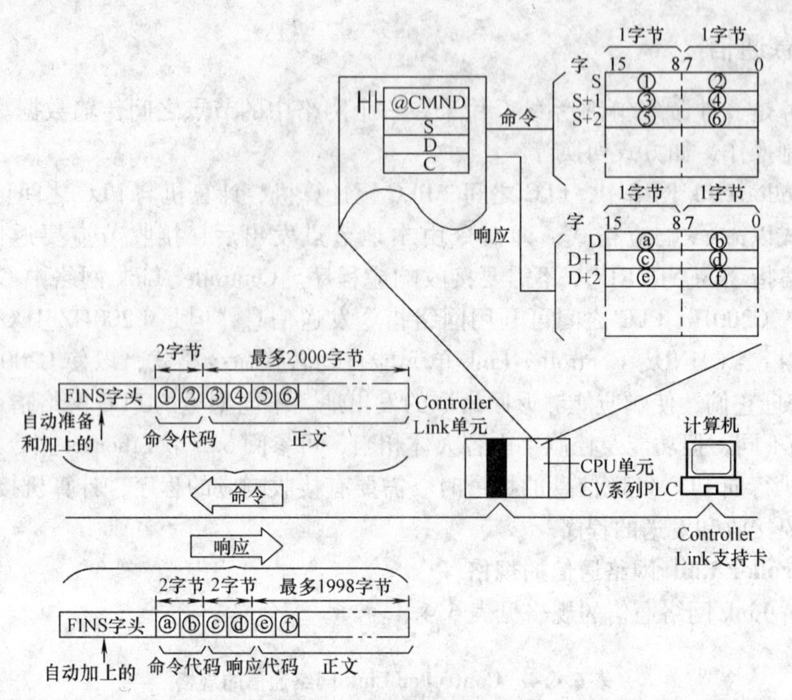

图 6. 4. 5 FINS 信息的数据格式

表 6. 4. 5 Controller Link 单元的命令及响应

指令代码		功能名称
04	01	启动数据链接（DATA LINK START）
	02	停止数据链接（DATA LINK STOP）
05	01	读取控制器数据（CONTROLLER DATA READ）
06	01	读取控制器状态（CONTROLLER STATUS READ）
	02	读取网络状态（NETWORK STATUS READ）
	03	读取数据链接状态（DATA LINK ATATUS READ）
08	01	回送测试（ECHOBACK TEST）
	02	读取广播测试结果（BROADCAST TEST RESULTS READ）
	03	发送广播测试数据（BROADCAST TEST DATA SEND）
21	02	读取发错记录（ERROR LOG READ）
	03	清除出错记录（ERROR LOG CLEAR）

表 6. 4. 6 中列出了 C200HZ/HX/HG/HE CPU 单元的主要命令。

FINS 指令具体到每个 PLC 机型可能有增加命令，CS/CJ 系列 PLC 的 FINS 指令参见表 6. 2. 9，细节参见 FINS 命令手册。

表6.4.6　C200HZ/HX/HG/HE CPU单元的主要命令

指令代码		功能名称	PLC工作模式		
			运行	监控	编程
01	01	内存区读（MEMORY AREA READ）	有效	有效	有效
	02	内存区写（MEMORY AREA WRITE）	有效	有效	有效
	04	多内存区读（MULTIPLE MEMORY AREA READ）	有效	有效	有效
03	06	程序区读（PROGRAM READ）	有效	有效	有效
	07	程序区写（PROGRAM WRITE）	无效	无效	无效
04	01	运行（RUN）	有效	有效	有效
	02	停止（STOP）	有效	有效	有效
05	01	控制器数据读（CONTROLLER DATA READ）	有效	有效	有效
06	01	控制器状态读（CONTROLLER STATUS READ）	有效	有效	有效
07	01	读时钟（CLOCK READ）	有效	有效	有效
	02	写时钟（CLOCK WRITE）	无效	有效	有效
21	01	出错清除（ERROR LOG CLEAR）	有效	有效	有效
23	01	强制置位/复位（FORCED SET/RESET）	无效	有效	有效
	02	取消强制置位/复位（FORCED SET/RESET CANCEL）	无效	有效	有效
	0A	读取多个强制状态（MULTIPLE FORCED STATUS READ）	有效	有效	有效

6.5　DeviceNet网络

DeviceNet是由美国Allen - Bradley公司开发的开放式网络，可以连接不同的部件，如传感器、执行元件等，后来由ODVA（Open DeviceNet Vendor Association）组织推广为世界工厂自动化标准化网络。OMRON公司是ODVA的最早成员。只要遵循DeviceNet规约的生产设备都可接入网络，解决了传统网络无法解决的问题，因而得到了极为广泛的应用。例如，在半导体生产流水线、电子元器件生产线，本田、丰田等著名汽车厂家的组装流水线上，DeviceNet都发挥了重要的作用。DeviceNet是极具发展前途的网络之一，也是OMRON公司主推的网络之一。图6.5.1所示为OMRON公司DeviceNet的配置。

6.5.1　DeviceNet的组成及性能

DeviceNet是一个多厂家的现场网络，通过DeviceNet可建立一个多厂家支持的网络，用于需要同时处理控制信号和数据的、低层次PLC的多位通信。DeviceNet具有以下特点：

1）远程I/O通信，大容量的远程I/O可以按应用需要随意分配。

2）备有模块型从站，备有最多可安装64台接点输入/输出、模拟量输入/输出、温度输入以及DeviceNet SmartSlice终端，用户可安装所需数量的单元。

3）可选择更广泛的从站（可以连接数据密集设备），包括连接接点I/O、模拟量I/O、温度输入、传感器（光电的或接近开关）输入。

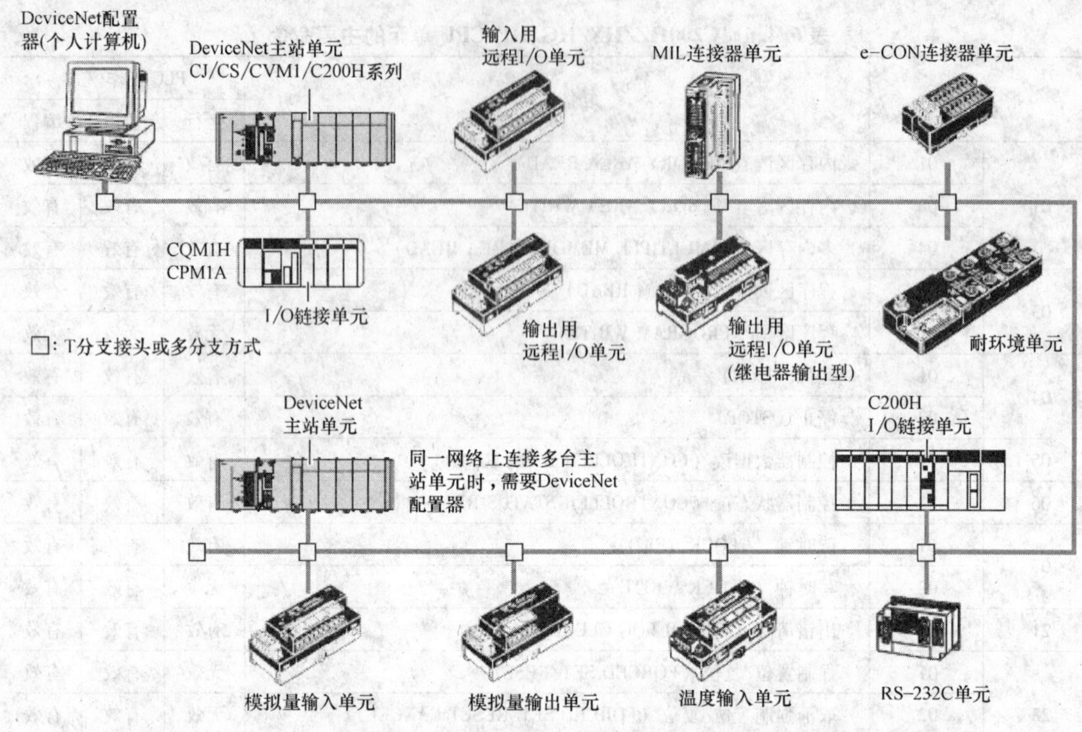

图 6.5.1 OMRON 公司 DeviceNet 的配置

4）消息通信，从 PLC 到其他的 PLC，或对从站进行信息写入，以及各种运行控制。

5）可与其他公司的 DeviceNet 对应设备进行连接。

图 6.5.2 和图 6.5.3 分别给出 DeviceNet 的两种典型结构。

图 6.5.2 和图 6.5.3 中，OMRON 公司的主站单元类型和从站单元类型分别见表 6.5.1 和表 6.5.2。

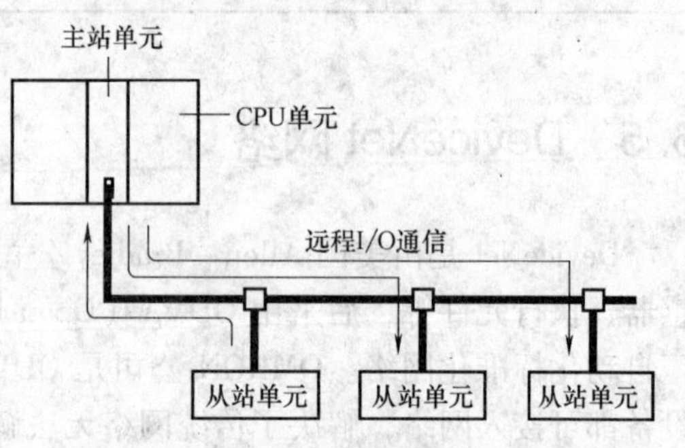

图 6.5.2 DeviceNet 的典型结构（1）

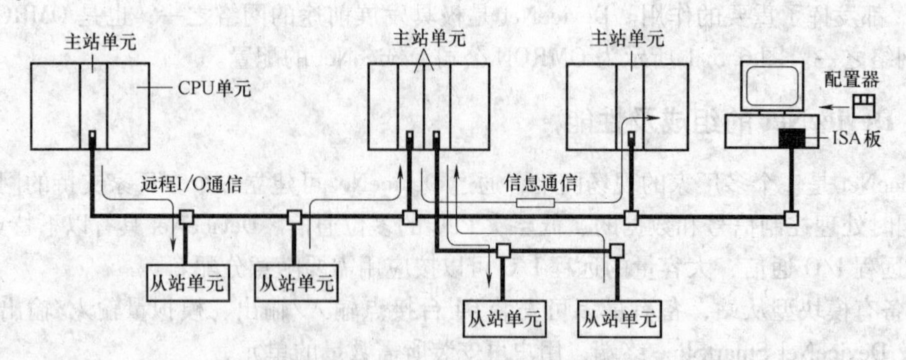

图 6.5.3 DeviceNet 的典型结构（2）

表6.5.1 主站单元类型

单元	型号	可安装位置	主站/从站功能	最多可安装台数	
				使用配置器	无配置器
CJ系列	CJ1W－DRM21	CPU基座/扩展基座 （作为CPU总线单元使用）	主站/从站	16台	
CS系列	CS1W－DRM21－V1				
CVM1/CV系列	CS1W－DRM21－V1	CPU基座/扩展基座 （作为CPU总线单元使用）	仅限主站	16台	1台
CS系列	C200HW－DRM21－V1	CPU基座/扩展基座 （作为特殊I/O单元使用）		16台	
SYSMAC α系列				10台或16台	
C200HS系列				10台	
DeviceNet板	3G8F7－DRM21－E1	PCI板	I/O分配空间25200字节 带主从功能		

表6.5.2 从站单元类型

名称		I/O点数	型号
智能从站 DRT2系列	远程I/O单元 （晶体管型） 基本单元	输入8点/16点	DRT2－ID08/16
		输出8点/16点	DRT2－OD08/16
		输入8点/输出8点	DRT2－MD16
	远程I/O单元 （晶体管型） 扩展单元	输入8点/16点	XWT－ID08/16
		输出8点/16点	XWT－OD08/16
	远程I/O单元 （继电器输出型）	输出16点	DRT2－ROS16
	远程I/O单元 （3端子台晶体管型）	输入16点	DRT2－ID16TA
		输出16点	DRT2－OD16TA
		输入8点/输出8点	DRT2－MD16TA
	e－CON连接器单元	输入16点	DRT2－ID16S
		输入8点/输出8点	DRT2－MD16S
	MIL连接器单元 （晶体管型）	输入32点/16点	DRT2－ID32/16ML
		输出32点/16点	DRT2－OD32/16ML
		输入16点/输出16点	DRT2－MD32ML
	无螺钉夹紧单元 （晶体管型）	输入32点/16点 带检测/无检测功能型	DRT2－ID32/16SLH/SL
		输出32点/16点 带检测/无检测功能型	DRT2－OD32/16SLH/SL
		输入16点/输出16点 带检测/无检测功能型	DRT2－MD32SLH/SL

（续）

名　称		I/O 点数	型　号
智能从站 DRT2 系列	耐环境单元（标准型）（晶体管型）	输入 4 点/8 点	DRT2－ID04/08CL
		输入 16 点	DRT2－HD16CL
		输出 4 点/8 点	DRT2－OD04/08CL
		输出 16 点	DRT2－WD16CL
		输入 8 点/输出 8 点	DRT2－MD16CL
	模拟量输入单元	输入 4 点（分辨率：6000）	DRT2－AD04
		输入 4 点（分辨率：30000）	DRT2－AD04H
	模拟量输出单元	输出 2 点	DRT2－DA02
	温度输入单元（热电偶/测温电阻）	输入 4 点	DRT2－TS04T/P
SmartSlice GRT1 系列	数字量 I/O 单元	直流输入 4 点/8 点	GRT1－ID4/8
		晶体管输出 4 点/8 点	GRT1－OD4/8
		继电器输出 2 点	GRT1－ROS2
		交流输入 4 点	GRT1－IA4
	模拟量 I/O 单元	输入（电流/电压）2 点	GRT1－AD2
		输出（电流/电压）2 点	GRT1－DA2C/V
	温度输入单元	温度输入（铂电阻 PT100）2 点	GRT1－TS2P
		温度输入（铂电阻 PT1000）2 点	GRT1－TS2PK
		热电偶输入 2 点	GRT1－TS2T
	计数器单元	计数器输入 1 点 外部输出 1 点	GRT1－CT1
多重 I/O 单元	数字量 I/O 单元	输入 16 点	GT1－ID16/MX/ML/DS
		输出 16 点	GT1－OD16/MX/ML/DS
		输入 32 点	GT1－ID32ML
		输出 32 点	GT1－OD32ML
	继电器输出单元	输出 16 点	GT1－ROS16
		输出 8 点	GT1－ROP08
	模拟量输入单元	输入 4 点/8 点	GT1－AD04/08
	模拟量输出单元	输出 4 点	GT1－DA04
	温度输入单元	热电偶/测温铂电阻输入	GT1－TS04T/P
	计数器单元	输入 1 点 输出 2 点	GT1－CT01
智能从站（PLC 型）	可编程从站	带 SYSMAC CPM2C 用 CPU 功能	CPM2C－S100C－DRT
	I/O 链接单元	SYSMAC CS1、SYSMAC α 用	C200HW－DRT21
		SYSMAC CQM1H/CQM1 用	CQM1－DRT21
		SYSMAC CPM1A/CPM2A 用	CPM1A－DRT21
	RS－232C 单元	RS－232C 接口 ×2	DRT1－232C2
	DeviceNet ID 从站	DeviceNet 对应的 ID 系统	V680－HAM42－DRT
	可编程终端	NT31/NT31C/NT631C 系列	NT－DRT21

在图6.5.1中，配置器（Configurator）是运行在个人计算机上的应用软件，IBM－PC及其兼容机都可运用，若通过PCI卡连入网络，则该计算机可作为一个DeviceNet的网络节点。当网络使用不止一个主站单元，或每台PLC使用不止一个主站单元，或用户要设定远程I/O分配时，配置器是必不可少的。配置器主要具有设置参数、文件管理和运行、监控等功能。

在DeviceNet中，传输介质使用粗或细5芯专用电缆，两端需接终端电阻。网络长度指的是两个最远节点上的距离和两个终端电阻之间距离最大的长度。支线是从有终端电阻的干线上分离，最大长度为6m。网络最大长度和支线总长度受电缆类型和通信波特率的限制。图6.5.4所示为DeviceNet系统结构。

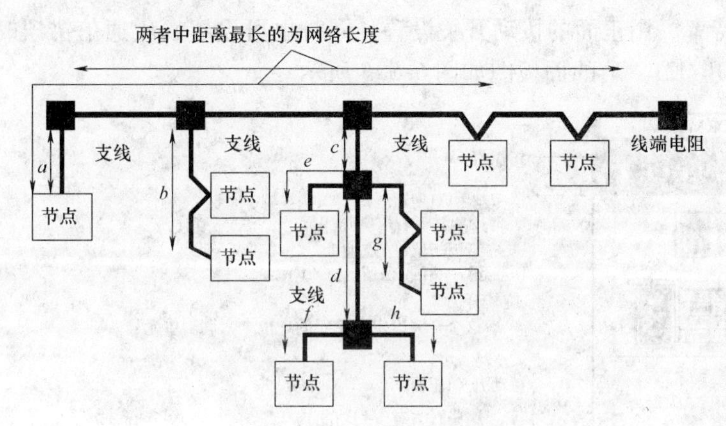

图6.5.4 DeviceNet系统结构

当通信波特率为125Kbit/s，以专用5芯电缆作传输介质时，有下列关系：

1）网络最大长度不大于500m。

2）支线：$a \leqslant 6\text{m}$，$b \leqslant 6\text{m}$，$c+e \leqslant 6\text{m}$，$c+g \leqslant 6\text{m}$，$c+d+f \leqslant 6\text{m}$，$c+d+h \leqslant 6\text{m}$。

3）支线总长度：$a+b+c+d+e+f+g+h \leqslant 156\text{m}$。

另外，网络必须通过5芯电缆给每一个节点提供通信电源。

DeviceNet系统的主要技术指标见表6.5.3。

表6.5.3 DeviceNet系统的主要技术指标

项 目		规 格			
通信方式		DeviceNet标准			
通信速度		500Kbit/s/250Kbit/s/125Kbit/s			
连接形态		可以采用多点方式、T分支方式的组合形态（针对干线及支线）			
通信介质		专用电缆5芯（信号线2根、电源2根、屏蔽1根） 专用扁平电缆4芯（信号线2根、电源2根）			
通信距离		通信速度 Kbit/s	网络最大长度/m	支线长度/m	支线总长度/m
	专用电缆，使用5芯时	125	<500	<6	<156
		250	<250		<78
		500	<100		<39
	专用扁平电缆，使用4芯时	125	<265	<6	<135
		250	<150		<48
		500	<75		<35
通信用电源		从外部供电 DC 24V			
最大节点连接数		64台（主站、从站、包括DeviceNet配置器）			

6.5.2 通信单元的初始化设置

上面讲过，DeviceNet 主要由主站单元、从站单元或配置器构成。本节主要讨论对于主站单元和从站单元网络的设置过程。

1. 主站单元的初始化设置

主站单元的参数设置大都类似，主要包括：

1）主站单元号。用主站单元号旋转开关设置，设置范围为 0 ~ FH。

2）节点号。用背面的拨动开关设置，范围是 00 ~ 63。

3）通信波特率。用正面的拨动开关设置，同时也可设置发生通信错误时是继续还是停止。C200HW - DRM21 - V 的面板图如图 6.5.5 所示。

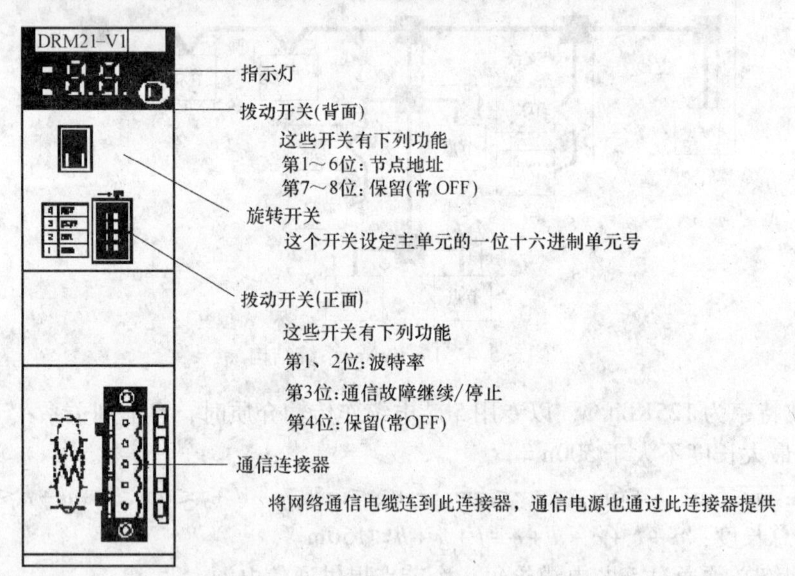

图 6.5.5 C200HW - DRM21 - V 面板图

2. 从站单元的初始化设置

所有从站单元都要经过拨动开关设置节点号和波特率，设置方法是：第 1 ~ 6 位开关设置开关地址，第 7、8 位开关设置通信波特率，第 9、10 位设置从站单元的类型。

注意：从站单元之单元号设定范围在带配置器和不带配置器时是不相同的。主站单元和从站单元的通信波特率要一致，否则不能通信。

下面介绍从站单元中 I/O 链接单元的设置，如图 6.5.6 所示。

一个 I/O 链接单元有一个输入字和输出字，因而字的分配等同于标准的 I/O 单元，字的分配从 PLC 的左侧开始，输入从 IR001 开始，输出从 IR100 开始。图 6.5.7 以 CQM1 为例，对 I/O 链接单元字的分配进行说明。

完成上述硬件设置和连接，创建 I/O 表后，DeviceNet 就可进行远程 I/O 通信的设置。首先在编程方式下完成不同网络要求的设置，如登记主站单元的参数、扫描表值等，然后才能切换到运行方式下。

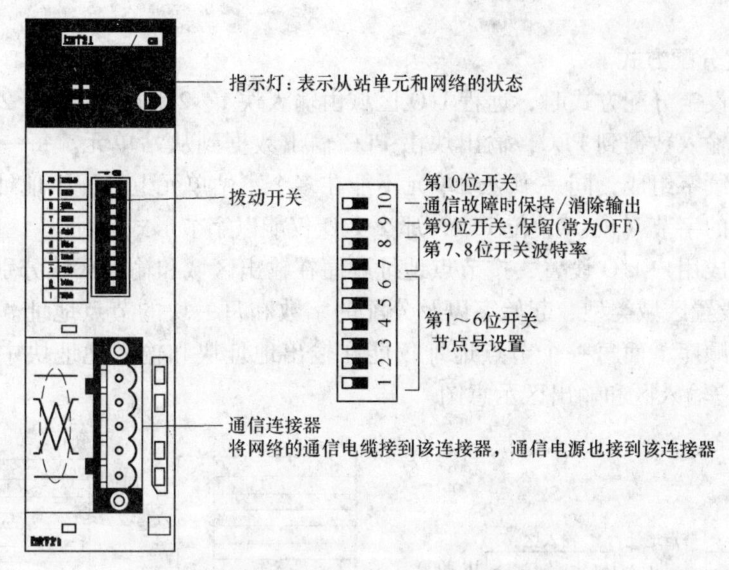

图6.5.6 从站单元中I/O链接单元的设置

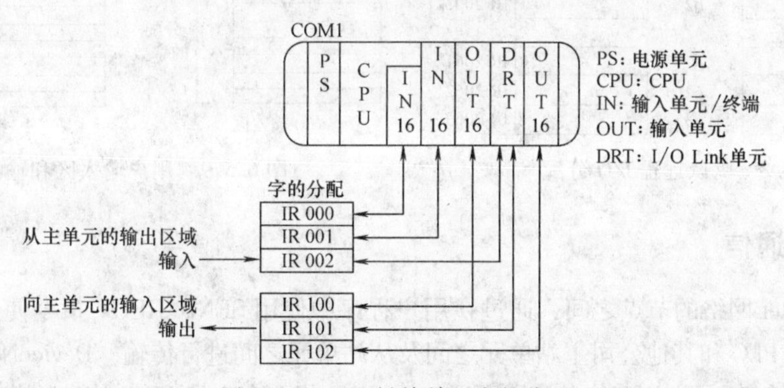

图6.5.7 I/O链接单元字的分配

6.5.3 远程I/O通信

远程I/O通信可使安装主站单元PLC的CPU与从站单元之间自动传送I/O数据，而不需要编写特别的程序。在CPU单元的I/O存储区为每个从站单元分配字地址，主要有两种分配方式，下面分别介绍。

1. 默认远程I/O分配方式

当使用默认I/O分配方式时，CPU单元的存储区中的字地址是根据节点地址分配给从站单元节点的。字地址分为输入区和输出区，分别用来接收从站单元的输入和输出数据列。分配字的规定依赖于所使用的PLC的型号。每个节点地址分配一个输入和输出字，如果一个从站单元需要的字少于一个字，那么它仅占有分配字的最右边的位，当从站单元是其他公司产品时，输入区和输出区都可被从站单元使用。

注意：主站单元的节点地址不能与从站单元的地址重复。如果一个从站单元需要不止一个输入或输出字，主站单元将占有不止一个节点地址，这时某些节点地址将不能使用。

其他PLC的默认I/O分配参阅相应的手册，CV系列PLC默认远程I/O分配如图6.5.8

所示。

2. 用户设定分配方式

当使用用户设定分配方式时，远程 I/O 区域由输入块 1、2 和输出块 1、2 组成，其中输入块由从站单元输入数据到 PLC，输出块由 PLC 输出数据到从站单元。每一块在一个数据区域内必须由连续字组成，同一个从站单元不能在多个主站单元上分配字地址。如果起始字节是一个最左边的字节（位 07 ~ 位 15），那么 I/O 仅能以字节形式分配。

配置器可完成用户 I/O 设置，按节点地址顺序在输出区域和输入区域分别分配块 1 和块 2，并为每一块设置区域类型、起始字以及分配的字数和每一块的节点地址。地址块在存储器中可以是任意顺序，而每一个节点地址仅能在输出地址块和输入地址块中设置一次。图 6.5.9 所示为用户输入区和输出区示意图。

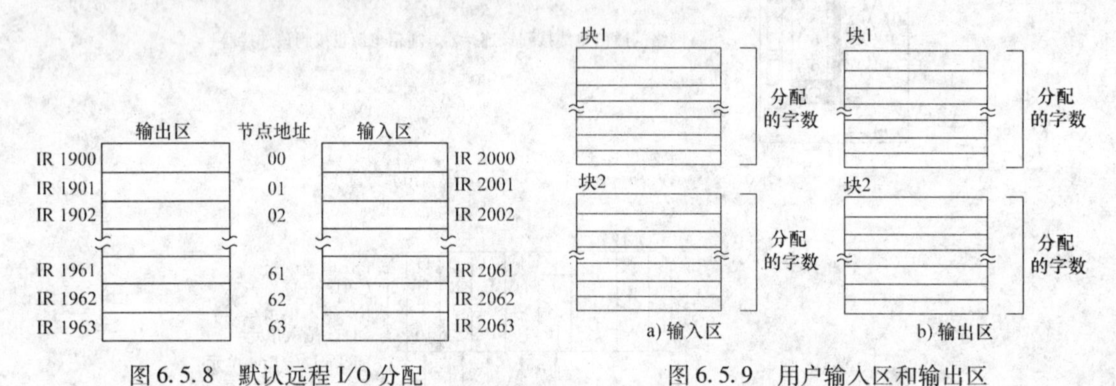

图 6.5.8 默认远程 I/O 分配

图 6.5.9 用户输入区和输出区

6.5.4 信息通信

在 DeviceNet 网络的节点之间，通过在用户程序中使用 SEND/RECV 指令使信息能在 PLC 之间、OMRON PLC 和其他公司主站单元之间及从站单元之间进行传输。DeviceNet 支持两种信息形式：FINS 信息和 Explicit 信息，即可以使用 FINS 指令在支持 FINS 信息的节点（主站单元和从站单元）之间交换数据。FINS 指令代码为“2801”，它可将 Explicit 服务请求传送到任何制造商的 DeviceNet 的设备节点上。对于 CS、CV 系列 PLC，由 CMND 指令发送 FINS 指令，而对 C200HX/HG/HE PLC，则通过 IOWR 指令来完成。DeviceNet 的网络性能指标见表 6.5.4。

表 6.5.4 DeviceNet 网络性能指标

项 目	主站安装的 CPU 单元	单元型号	发 送
FINS 信息通信功能的每个主站单元可进行信息通信的最大节点数	CJ 系列	CJ1W－DRM21	63 节点
	CS 系列	CS1W－DRM21－V1	63 节点
	CVM1/CV 系列	CVM1－DRM21－V1	8 节点
	CS 系列、SYSMAC α 系列	C200HW－DRM21－V1	8 节点
Explicit 信息通信功能的每个主站单元可进行信息通信的最大节点数	CJ 系列	CJ1W－DRM21	63 节点
	CS 系列	CS1W－DRM21－V1	63 节点
	CVM1/CV 系列	CVM1－DRM21－V1	63 节点
	CS 系列、SYSMAC α 系列	C200HW－DRM21－V1	63 节点

（续）

项　目	主站安装的 CPU 单元	单元型号	发　送
最大信息长度	CJ 系列	CJ1W－DRM21	SEND：267 CH RECV：269 CH CMND：542 字节 （从指令代码开始）
	CS 系列	CS1W－DRM21－V1	
	CVM1/CV 系列	CVM1－DRM21－V1	SEND：76 CH RECV：78 CH CMND：160 字节 （从指令代码开始）
	CS 系列、SYSMAC α 系列	C200HW－DRM21－V1	IOWR：160 字节 （从指令代码开始）

FINS 通信能在不同网络内进行，但对于 DeviceNet 来说只能用在一个网络内。同时，注意确保在任意节点发送信息的间隔和接收信息的间隔要比通信时间长，否则会出现通信错误。在用户程序中要使用本地主站单元的节点地址或从站单元地址作为目的地址，而不是其他厂家的主站单元或从站单元。利用配置器可以监控出错信息。表 6.5.5 列出了 DeviceNet 通信用指令。

表 6.5.5　通信用指令

主站安装的 CPU 单元	单元型号	发送	接收	发出 FINS 指令
CJ 系列	CJ1W－DRM21	SEND	RECV	CMND
CS 系列	CS1W－DRM21－V1			
CVM1/CV 系列	CVM1－DRM21－V1	SEND	RECV	CMND
CS 系列、SYSMAC α 系列	C200HW－DRM21－V1	无	无	IOWR

6.6　CompoBus/S 网络

6.6.1　CompoBus/S 网络的系统配置及特点

CompoBus/S 网络是一种高速 ON/OFF 主从式网络，它无需在 CPU 单元上编程就可以向 CPU 单元自动送出远程 I/O 状态，进行分散控制。通过 CompoBus/S 网络可在 PLC 之下组建一个高速远程 I/O 系统，以减少系统内传感器和执行器的接线。CompoBus/S 网络的结构如图 6.6.1 所示。

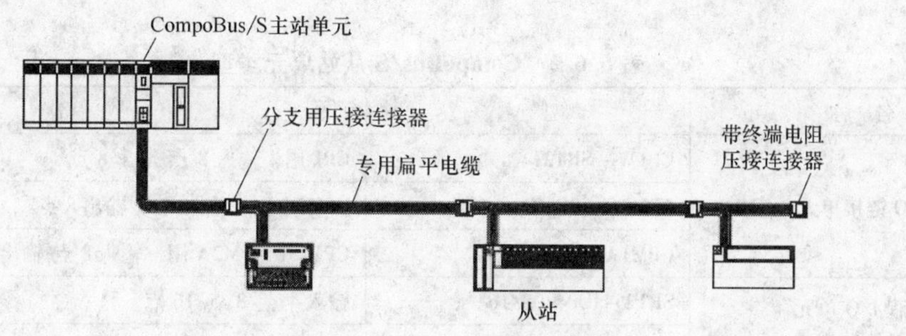

图 6.6.1　CompoBus/S 网络的结构

CompoBus/S 网络的主要特点有：

1）1ms 以内的高速远程 I/O 通信（高速通信模式）。在高速通信模式下可链接多达 32 个从站，128 点输入和 128 点输出，周期仅为 1ms（0.5ms 带 16 个从站，64 点输入和 64 点输出）。

2）用特殊电缆减少接线，可使用专用的扁平电缆或 VCTF 电缆。

3）具有适应各种应用的从站，包括远程 I/O 单元、I/O 链接单元以及模拟量输入和模拟量输出从站等。

4）长距离通信模式中不限制分支（用专用的扁平电缆/4 芯 VCTF 电缆）。可以按任意要求的结构进行分支，配线总长不超过 200m。

CompoBus/S 网络的主站单元类型和从站单元类型分别见表 6.6.1 和表 6.6.2。

表 6.6.1　CompoBus/S 主站单元类型

名　称	型　号	规　格
带 SYSMAC CPM2C CompoBus/S 主站的 CPU 单元	CPM2C－S100C	SYSMAC CPM2C CPU 单元，内置控制器功能（输入 6 点、输出 4 点（漏））
	CPM2C－S110C	SYSMAC CPM2C CPU 单元，内置控制器功能（输入 6 点、输出 4 点（源））
可编程从站	CPM2C－S100C－DRT	SYSMAC CPM2C CPU 单元，内置控制器功能（输入 6 点、输出 4 点（漏））
	CPM2C－S110C－DRT	SYSMAC CPM2C CPU 单元，内置控制器功能（输入 6 点、输出 4 点（源））
主站控制单元	SRM1－C01－V2	独立型，内置控制器功能，无 RS－232C，（最大 256 点（输入 128 点/输出 128 点））
	SRM1－C02－V2	独立型，内置控制器功能，带 RS－232C，（最大 256 点（输入 128 点/输出 128 点））
主站单元	CJ1W－SRM21	SYSMAC CJ 系列用（输入 128 点 输出 128 点（合计 256 点））
	CS1W－SRM21	SYSMAC CS 系列用（输入 128 点 输出 128 点（合计 256 点））
	C200HW－SRM21－V1	SYSMAC CS1　α、C200HS 用（输入 128 点 输出 128 点（合计 256 点））
	CQM1－SRM21－V1	CQM1H 用 输入 64 点 输出 64 点（合计 128 点）

表 6.6.2　CompoBus/S 从站单元类型

名　称	型　号	规　格
I/O 链接单元	CP1W－SRT21	CP1 用，输入 8 点 输出 8 点
	CPM2C－SRT21	CPM2C 用，输入 8 点 输出 8 点
	CPM1A－SRT21	CPM1A/CPM2A 用，输入 8 点 输出 8 点
远程 I/O 单元（晶体管型）	SRT2－ID04/08/16	输入 4 点/8 点/16 点
	SRT2－OD04/08/16	输出 4 点/8 点/16 点

（续）

名　称	型　号	规　格
远程 I/O 单元（晶体管·3段端子台型）	SRT2 - ID16T	输入16点
	SRT2 - OD16T	输出16点
	SRT2 - MD16T	输入输出16点
远程 I/O 单元（晶体管·连接器型4点/8点）	SRT2 - ID04/08MX	输入4点/8点
远程 I/O 单元（搭载继电器型）	SRT2 - ROC08/16	继电器搭载输出8点/16点
	SRT2 - ROF08/16	功率 MOSFET 继电器搭载输出8点/16点
远程 I/O 单元（晶体管·连接器型）	SRT2 - ID32ML	输入32点
	SRT2 - VID16ML	输入16点
	SRT2 - VID08S	输入8点
	SRT2 - OD32ML	输出32点
	SRT2 - VOD16ML	输出16点
	SRT2 - VOD08S	输出8点
	SRT2 - MD32ML	输入输出32点
传感器单元	SRT2 - ID08S	传感器输入8点（NPN 对应）
	SRT2 - ND08S	远程传感器输入4点/输出4点（NPN 对应）
	SRT2 - OD08S	传感器输出8点（NPN 对应）
模拟量输入单元	SRT2 - AD04	输入4点~1点（由拨动开关设定）
模拟量输出单元	SRT2 - DA02	输出2点或1点（由拨动开关设定）
远程 I/O 模块	SRT2 - ID16P	输入16点 NPN 对应
	SRT2 - OD16P	输出16点 NPN 对应

CompoBus/S 网中的传输介质可选用4芯专用扁平电缆或 VCTF 电缆，但二者不能同时使用。从单元一般以T形分支与总线相连接。从单元使用扁平芯电缆时，有三种供电方式：网络电源方式，即由扁平电缆的两根电源线为系统供电；分离电源方式，是指复合供电，也就是说既使用网络电源，又使用 I/O 单元提供的电源；本地电源方式，是指从站单元使用外部电源。用 VCTF 电缆时，从站单元则使用各自独立电源或统一电源供电的形式。

CompoBus/S 网络的通信指标见表6.6.3。

表6.6.3　CompoBus/S 网络的通信指标

项　目	规　格
通信方式	CompoBus/S 专用协议
通信速度	高速通信模式：750kbit/s；远距离通信模式：93.75kbit/s
调制方式	基带方式
符号方式	曼彻斯特符号方式
误控制	曼彻斯特符号检测、帧长度检测、奇偶性检测
使用电缆	VCTF 电缆（2芯）：信号线×2 VCTF 电缆（4芯）：信号线×2、电源线×2 专用扁平电缆：信号线×2、电源线×2

（续）

<table>
<tr><th>项　目</th><th colspan="5">规　格</th></tr>
<tr><td rowspan="7">通信距离</td><td></td><td>通信模式</td><td>干线长度/m</td><td>支线长度/m</td><td>总支线长度/m</td></tr>
<tr><td rowspan="2">使用 VCTF 电缆
（2 芯）</td><td>高速通信模式</td><td><100</td><td><3</td><td><50</td></tr>
<tr><td>远距离通信模式</td><td><500</td><td><6</td><td><120</td></tr>
<tr><td rowspan="2">使用 VCTF 电缆
（4 芯）</td><td>高速通信模式</td><td><30</td><td><3</td><td><30</td></tr>
<tr><td>远距离通信模式</td><td colspan="3">总布线长度在 200m 范围内时，可自由分支/m</td></tr>
<tr><td rowspan="2">使用专用
扁平电缆</td><td>高速通信模式</td><td><30</td><td><3</td><td><30</td></tr>
<tr><td>远距离通信模式</td><td colspan="3">总布线长度在 200m 范围内时，可自由分支</td></tr>
<tr><td rowspan="8">最大输入输出点数和可连接节点地址及通信周期</td><td rowspan="2"></td><td rowspan="2">最大输入
输出点数</td><td rowspan="2">可连接节点地址</td><td colspan="2">通信周期/ms</td></tr>
<tr><td>高速通信模式</td><td>远距离通信模式</td></tr>
<tr><td rowspan="2">使用主站单元
（CJ1W - SRM21、
CS1W - SRM21、
C200HW - SRM21 - V1）</td><td>IN64/OUT64 点</td><td>IN0 ~ IN7
OUT0 ~ OUT7</td><td>0.5</td><td>4.0</td></tr>
<tr><td>IN128/OUT128 点</td><td>IN0 ~ IN15
OUT0 ~ OUT15</td><td>0.8</td><td>6.0</td></tr>
<tr><td rowspan="4">使用 CQM1H 用
主站单元
（CQM1 - SRM21 - V1）</td><td rowspan="2">IN64/OUT64 点</td><td>IN0 ~ IN7/OUT0 ~
OUT7（8 点模式时）</td><td>0.5</td><td>4.0</td></tr>
<tr><td>IN0 ~ IN15/OUT0 ~
OUT15（4 点模式时）</td><td>0.8</td><td>6.0</td></tr>
<tr><td>IN32/OUT32 点</td><td>IN0 ~ IN3/OUT0 ~
OUT3（8 点模式时）
IN0 ~ IN7/OUT0 ~
OUT7（4 点模式时）</td><td>0.5</td><td>4.0</td></tr>
<tr><td>IN16/OUT16 点</td><td>IN0 ~ IN1/OUT0 ~
OUT1（8 点模式时）
IN0 ~ IN3/OUT0 ~
OUT3（4 点模式时）</td><td>0.5</td><td>4.0</td></tr>
</table>

6.6.2　I/O 通道分配

PLC 将主站单元当作特殊 I/O 单元，因此要进行主站单元号和拨动开关设置，其中主站单元号决定了分配给主站单元的一组通道的起始位置，拨动开关中有 4 位，位 2 和位 4 总为 OFF，位 1 的 ON/OFF 决定了分配给主站单元通道的数量。而从站单元在使用前应根据 PLC 型号和主站单元的设置用其拨动开关设定节点地址（节点号）。图 6.6.2 给出了 CompoBus/S 主站单元 C200HW - SRM21 及从站单元 SRT1 - ID08 的面板设置。

主站单元拨动开关位为 ON 或 OFF 时，I/O 通道稍有区别。其相同点是起始字表示分配给主站单元数据区的第一个通道号，而区别点则是拨动开关位 1 为 ON 时，主站单元号不能使用 9 和 F，且分配工作区要大一半。16 点从站单元占有两个节点号（设置节点号为奇数时，占有前节点号，否则占有后节点号）；4 点从站单元，若设置为奇数个节点，则使用 8 位 ~11 位，否则使用 0 位 ~3 位。如果从站单元既有输入点又有输出点，则同时占有输入节点号和输出节点号。详细的 I/O 分配情况如图 6.6.3 所示。

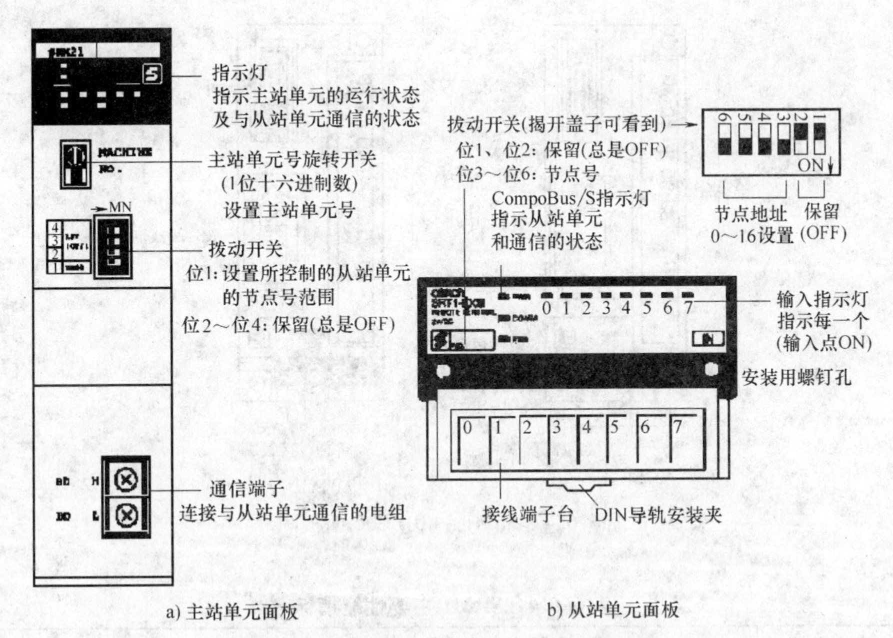

图6.6.2　主站单元和从站单元的面板设置

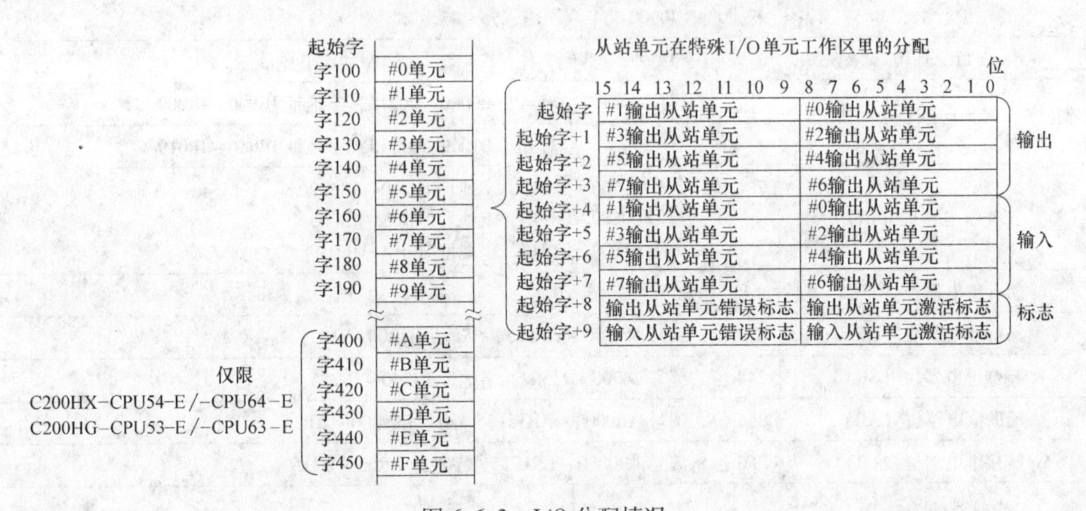

图6.6.3　I/O分配情况

6.6.3　SRM1主站控制单元

本身内置控制器功能的主站控制单元SRM1体积小，结构紧凑，可作为CompoBus/S网络的主站单元。SRM1无I/O接线端子，可通过总线来控制远程I/O，同时还具有通信联网功能。

SRM1主站控制单元有两种类型：SRM1－C01和SRM1－C02，其面板分别如图6.6.4a、b所示。其中SRM1－C01不带RS－232C接口，SRM1－C02带有RS－232C接口。

SRM1主站控制单元的主要性能指标见表6.6.4。

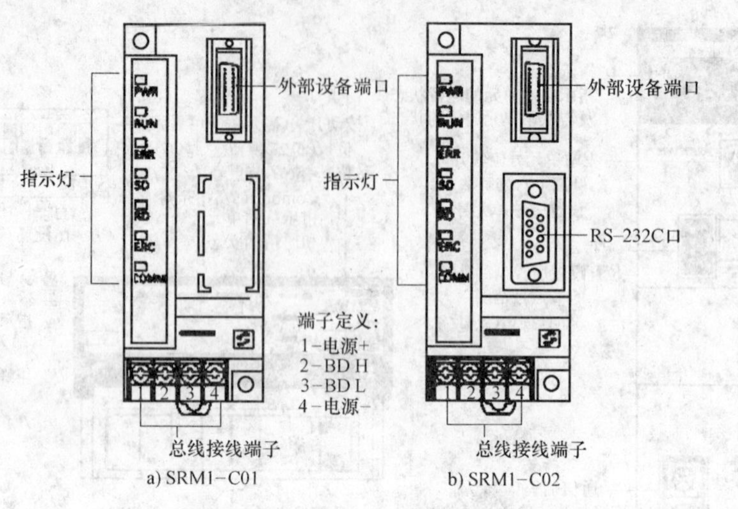

图 6.6.4 SRM1 - C01/C02 面板图

表 6.6.4 SRM1 主要性能指标

项目	规格	
编程语言	梯形图（4096 字）	
指令系统	基本指令 14 种，特殊 77 种，123 条	
最大 I/O 数	输入 128 点 输出 128 点	输入位 00000 ~ 00715，字地址 IR000 ~ IR009
		输出位 01000 ~ 01715，字地址 IR010 ~ IR019
工作继电器位（IR）	704 位：编号 20000 ~ 23915，字地址 IR200 ~ IR239 编号 00800 ~ 00915，字地址 IR008 ~ IR009 编号 01800 ~ 01915，字地址 IR018 ~ IR019	
暂存继电器位（TR）	8 位（TR0 ~ TR7）	
保持继电器位（HR）	320 位，编号 HR000 ~ HR915，字地址 HR00 ~ HR19	
特殊继电器位（SR）	248 位，编号 24000 ~ 25507，字地址 IR240 ~ IR255	
辅助继电器位（AR）	256 位，编号 AR0000 ~ AR1515，字地址 AR00 ~ AR15	
链接继电器位（LR）	256 位，编号 LR0000 ~ LR1515，字地址 LR00 ~ LR15	
定时器/计数器区（TIM/CNT）	128 位，编号 000 ~ 127，定时精度为 0.1ms 或 0.01ms	
间隔定时中断	1 位	
数据区（DM）	可读写 2022 个，编号 DM0000 ~ DM2021；只读 512 个，编号 DM6144 ~ DM6655	

1. 由 SRM1 构成 CompoBus/S 系统

图 6.6.5 所示为以 SRM 作主站单元构成的 CompoBus/S 系统，从站单元连接到 SRM1 的总线端子上。SRM1 最多可连接 32 个从站单元（16 输入/16 输出），控制点数达 256 个（128 输入/128 输出），通信周期为 0.8ms。

SRM1 的 I/O 通道分配见表 6.6.5。

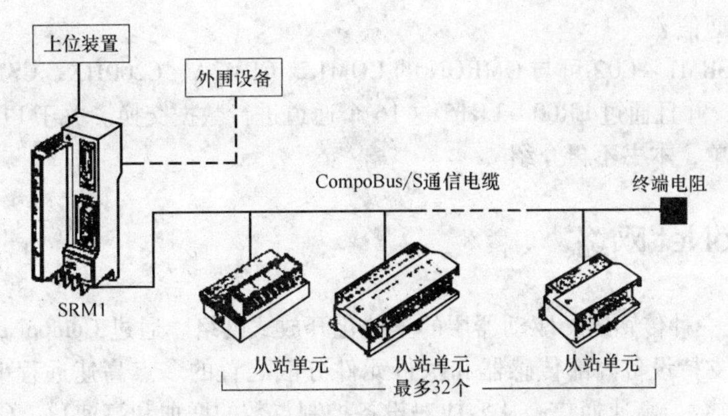

图 6.6.5　以 SRM 作主单元构成的 CompoBus/S 系统

表 6.6.5　SRM1 的 I/O 通道分配

I/O	字地址	节点位号	
		15～8	7～0
输入	000	IN1	IN0
	001	IN3	IN2
	002	IN5	IN4
	003	IN7	IN6
	004	IN9	IN8
	005	IN11	IN10
	006	IN13	IN12
	007	IN15	IN14
输出	010	OUT1	OUT0
	011	OUT3	OUT2
	012	OUT5	OUT4
	013	OUT7	OUT6
	014	OUT9	OUT8
	015	OUT11	OUT10
	016	OUT13	OUT12
	017	OUT15	OUT14

CompoBus/S 最大从站单元设为 16 时，则 IN8～IN15，OUT8～OUT15 作为编程工作位。对于 16 位（字）的 CompoBus/S 从站单元，使用偶数位地址；低于 8 位的 CompoBus/S 从站单元，可使用从 0 或 8 开始的位地址。

2. SRM1 其他通信功能

通过 RS－232C 端口或外部设备端口，SRM1 可与上位机、可编程终端（PT）等进行通信。与 Host Link 连接时，由可编程终端或上位机发出命令，可读写 SRM1 的数据区中 DM 的内容。连接方式有 1:1 和 1:N 两种。SRM1－C02 由 RS－232C 端口和可编程终端进行多个链接，实现高速通信。

作为 PLC，SRM1 - C02 可与 OMRON 的 CQM1 、CPM2A、C200HX、CS1 等系列实现1:1 PLC - Link 连接，并且通过 LR00 ~ LR15 这 16 个通道进行数据交换。关于 PLC - Link 网络系统的通信较为简单，本书不再介绍。

6.7 CompoNet 网络

CompoNet 是一种传感器、驱动器层的全球化开放式网络。通过 CompoNet 可在多厂家环境下，构筑一个支持设备内部传感器和执行元件分散配置的多点高速远程 I/O 系统。CompoNet 可凭借多点数、高速通信，从容应对设备控制点数的增加和高速化。CompoNet 的配置如图 6.7.1 所示。

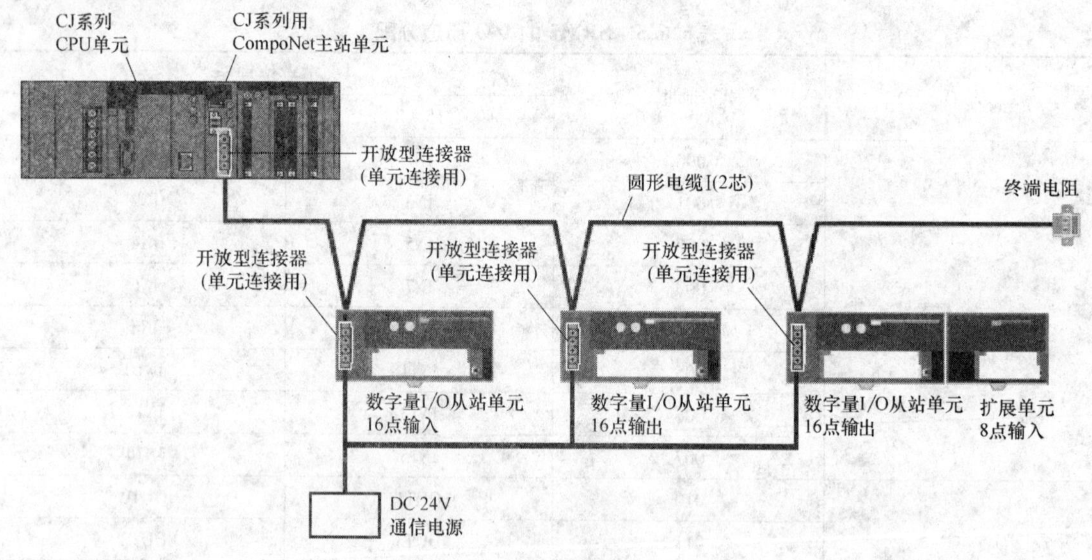

图 6.7.1 CompoNet 配置

CompoNet 的主要特点有：

1）多点、高速远程 I/O 通信，可多点数（最多 2560 点）、多节点（最多 384 节点）连接。CompoNet 可实现 1024 点、1ms（4Mbit/s，无报文通信时）的高速远程 I/O 通信。

2）设定简单，设备调试迅速，同时可减少设定错误。只需完成主站单元和从站单元的开关设定，马上就可以使用。从站单元的节点地址采用旋转开关，还能够通过 7 段 LED 确认通信状态。

3）可实现小点数分散控制，可对小点数（2 点或 4 点）的 e - CON 连接器或者夹紧式端子台的从站单元进行分散配置，最适合对传送带、自动仓库等传感器元件大范围分布的系统进行控制。

4）通过中继器单元可提高系统布线的自由度，使用中继器单元，可实现电缆延长、连接节点增加、干线分支、电缆种类变换等功能。凭借高度自由的布线方式，最多能够覆盖 1500m 距离的区域。

5）通过信息化，可对现场的每个角落实施监控，对相关预防维护信息进行统一管理。

通过 Smart 功能，从站单元能够收集相关预防维护信息，提前检测到连接设备的错误，网络电源等也能够通过工具和显示器进行监控，而无需安装监控程序。

6）具备高维护性，能够提前发现出错部位，将生产损失和停机时间降到最低。通过 CX - Integrator 软件，能够方便地确认所有从站单元的连接状态，还可以迅速确定错误内容，同时也还可以通过主机的 LED 来确认错误。如果使用了中继器单元，还能够按层显示从站单元，隔离分支错误。

CompoNet 的主站单元类型和从站单元类型分别见表 6.7.1 和表 6.7.2。

表 6.7.1　CompoNet 主站单元类型

名　称	规　格		型　号
	通信种类	每 1 个主站单元的最大输入/输出点数	
CS1 主站单元	远程 I/O 通信报文通信	字从站单元：2048 点 （输入 1024 点/输出 1024 点） 位从站单元：512 点 （输入 256 点/输出 256 点）	CS1W - CRM21
CJ1 主站单元	远程 I/O 通信报文通信	字从站单元：2048 点 （输入 1024 点/输出 1024 点） 位从站单元：512 点 （输入 256 点/输出 256 点）	CJ1W - CRM21

表 6.7.2　CompoNet 从站单元类型

名　称	型　号	规　格
螺钉式 2 段端子	CRT1 - ID16/08	输入 16 点/8 点
	CRT1 - OD16/08	输出 16 点/8 点
	CRT1 - MD16	输入 8 点/输出 8 点
螺钉式继电器输出	CRT1 - ROS16/08	输出 16 点/8 点
螺钉式晶闸管输出	CRT1 - ROF16/08	输出 16 点/8 点
螺钉式 3 段端子 （无断线短路检测功能）	CRT1 - ID16/08TA	输入 16 点/8 点
	CRT1 - OD16/08TA	输出 16 点/8 点
	CRT1 - MD16TA	输入 8 点/输出 8 点
螺钉式 3 段端子 （有断线短路检测功能）	CRT1 - ID16/08TAH	输入 16 点/8 点
	CRT1 - OD16/08TAH	输出 16 点/8 点
	CRT1 - MD16TAH	输入 8 点/输出 8 点
e - CON 连接器型 （无断线短路检测功能）	CRT1 - ID32/16S	输入 32 点/16 点
	CRT1 - OD32/16S	输出 32 点/16 点
	CRT1 - MD16S	输入 8 点/输出 8 点
	CRT1 - MD32S	输入 16 点/输出 16 点
e - CON 连接器型 （有断线短路检测功能）	CRT1 - ID32/16SH	输入 32 点/16 点
	CRT1 - OD32/16SH	输出 32 点/16 点
	CRT1 - MD16SH	输入 8 点/输出 8 点
	CRT1 - MD32SH	输入 16 点/输出 16 点

（续）

名　称	型　号	规　格
模拟量 I/O 从站单元	CRT1 - AD04	模拟量输入 4 点
	CRT1 - DA02	模拟量输出 2 点
扩展单元（每台基本单元可安装 1 台）	XWT - ID16/08	输入 16 点/8 点
	XWT - OD16/08	输出 16 点/8 点
位从站单元 IP20	CRT1B - ID02S	输入 2 点（e - CON 连接器型）
	CRT1B - OD02S	输出 2 点（e - CON 连接器型）
位从站单元 IP54	CRT1B - ID02/04SP	输入 2 点/4 点（e - CON 连接器型）
	CRT1B - OD02SP	输出 2 点（e - CON 连接器型）
	CRT1B - MD04SLP	输入 2 点/输出 2 点（夹紧型）
中继器单元	CRS1 - RPT01	

CompoNet 的结构如图 6.7.2 所示。CompoNet 的传输介质除可选用通用的 2 芯圆形电缆Ⅰ和 4 芯圆形电缆Ⅱ外，还可选用 4 芯扁平电缆Ⅰ（无护套）和 4 芯扁平电缆Ⅱ（有护套）。扁平电缆在延长干线或副干线、干线或副干线与支线成 T 分支或支线与副支线成 T 分支时，要将扁平连接器插座与扁平连接器插头组合使用；在干线、副干线或者支线上进行从站单元/中继器单元多站接线时，要使用多路接线用连接器。圆形电缆在连接从站单元/中继器单元时，要用开放型连接器将单元的通信用连接器转换为螺钉型端子台。

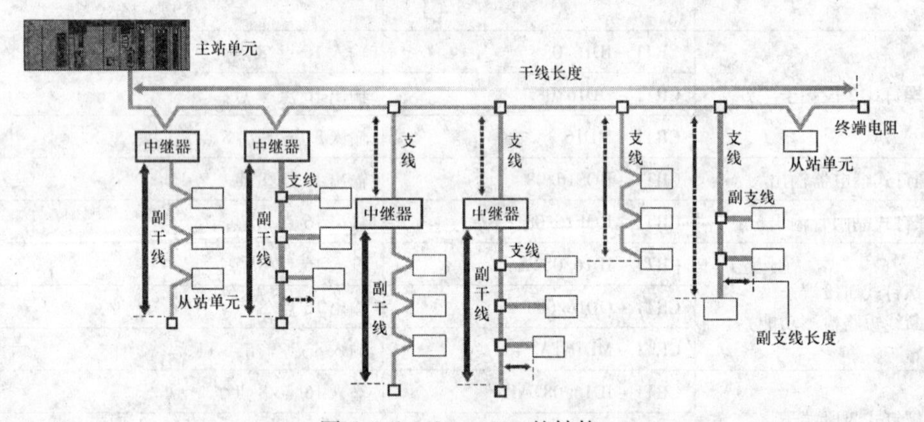

图 6.7.2　CompoNet 的结构

CompoNet 通信速度设定为 4Mbit/s 时，不可连接 T 分支，只能作多站连接，每 1 分段连接的最大从站单元台数为 32 台（含中继器单元的台数），使用各种电缆时的通信距离见表 6.7.3。

表 6.7.3　CompoNet 在 4Mbit/s 时的通信距离

电缆类型	每 1 分段最大长度/m（使用中继器时的最大长度）	每 1 分段的支线长度/m	每 1 分段的支线总长/m
圆形电缆Ⅰ 扁平电缆Ⅰ·Ⅱ 圆形电缆Ⅱ	30（90）	0	0

CompoNet 通信速度设定为 3Mbit/s 时，1 根支线上以多站连接或 T 分支连接（副支线）时，最多可以连接的从站单元或中继器单元数为 1 台，每 1 分段连接的最大从站单元台数为 32 台（含中继器单元的台数），使用各种电缆时的通信距离见表 6.7.4。

表 6.7.4　CompoNet 在 3Mbit/s 时的通信距离

<table>
<tr><th>电缆类型</th><th>每 1 分段最大长度（使用中继器时的最大长度）/m</th><th>每 1 分段的支线长度/m</th><th>每 1 分段的支线总长/m</th><th>支线位置限制</th><th>每 1 分段的副支线最大长度/m</th><th>每 1 分段的副支线总长/m</th></tr>
<tr><td>圆形电缆Ⅰ</td><td rowspan="2">30（90）</td><td rowspan="2">0.5</td><td rowspan="2">8</td><td rowspan="2">3 根/m</td><td rowspan="2">—</td><td rowspan="2">—</td></tr>
<tr><td>扁平电缆Ⅰ·Ⅱ
圆形电缆Ⅱ</td></tr>
</table>

CompoNet 通信速度设定为 1.5Mbit/s 时，1 根支线上以多站连接或 T 分支连接（副支线）时，最多可以连接的从站单元或中继器单元数为 3 台，每 1 分段连接的最大从站单元台数为 32 台（含中继器单元的台数），使用各种电缆时的通信距离见表 6.7.5。

表 6.7.5　CompoNet 在 1.5Mbit/s 时的通信距离

<table>
<tr><th colspan="2">电缆类型</th><th>每 1 分段最大长度（使用中继器时的最大长度）/m</th><th>每 1 分段的支线长度/m</th><th>每 1 分段的支线总长/m</th><th>支线位置限制</th><th>每 1 分段的副支线最大长度/m</th><th>每 1 分段的副支线总长/m</th></tr>
<tr><td rowspan="2">圆形电缆Ⅰ</td><td>无支线</td><td>100（300）</td><td>0</td><td>0</td><td>—</td><td>—</td><td>—</td></tr>
<tr><td>有支线</td><td rowspan="2">30（90）</td><td rowspan="2">2.5</td><td rowspan="2">25</td><td rowspan="2">3 根/m</td><td>0</td><td>0</td></tr>
<tr><td colspan="2">扁平电缆Ⅰ·Ⅱ
圆形电缆Ⅱ</td><td>0.1</td><td>2</td></tr>
</table>

CompoNet 通信速度设定为 93.75kbit/s 时，使用圆形电缆Ⅰ时，1 根支线上以多站连接或 T 分支连接（副支线）时，最多可以连接的从站单元或中继器单元数为 1 台，每 1 分段连接的最大从站单元台数为 32 台（含中继器单元的台数），使用各种电缆时的通信距离见表 6.7.6。

表 6.7.6　CompoNet 在 93.75kbit/s 时的通信距离

<table>
<tr><th>电缆类型</th><th>每 1 分段最大长度（使用中继器时的最大长度）/m</th><th>每 1 分段的支线长度/m</th><th>每 1 分段的支线总长/m</th><th>支线位置限制</th><th>每 1 分段的副支线最大长度/m</th><th>每 1 分段的副支线总长/m</th></tr>
<tr><td>圆形电缆Ⅰ</td><td>500（1500）</td><td>6</td><td>120</td><td>3 根/m</td><td>—</td><td>—</td></tr>
<tr><td>扁平电缆Ⅰ·Ⅱ
圆形电缆Ⅱ</td><td colspan="6">每 1 分段的总布线长度为 200m 的自由布线</td></tr>
</table>

习　题

1. 简述 OMRON PLC 网络系统的组成及其应用领域。
2. Controller Link 网络的节点有哪几种类型？如何进行网络配置？
3. 什么是 FINS 通信协议？如何使用？
4. Ethernet 中可接入什么类型的 PLC？简述它的主要功能。
5. DeviceNet 的主站单元有哪些类型？从站单元有哪些类型？
6. 简述 CompoBus/S 网络的主要特点。

第 7 章　PLC 应用系统的设计

7.1　PLC 应用系统的总体设计

由于工作方式与工业控制计算机不完全一样，因此进行 PLC 应用系统的设计与计算机控制系统的开发过程也不完全相同，需要根据它本身的特点进行系统设计。第 1 章讲过 PLC 系统软件和硬件可以分开进行设计，这是 PLC 的一大特点。近年来，大中型 PLC 的功能不断加强，PLC 已应用于控制要求复杂、系统 I/O 点数较多或对可靠性要求特别高的工业场合。PLC 的处理模拟量的能力，以及在网络通信、数据处理等方面的能力也得到了增强，PLC 已成为 CIMS、SCADA 系统的重要组成部分。

一般来说，PLC 系统设计的总体原则包括：最大限度地满足被控对象的控制要求，并在此前提下，力求使控制系统简单、经济，用户使用和维护方便，保证系统的安全、可靠且具有一定的扩展性。

设计 PLC 应用系统按图 7.1.1 所示步骤进行。

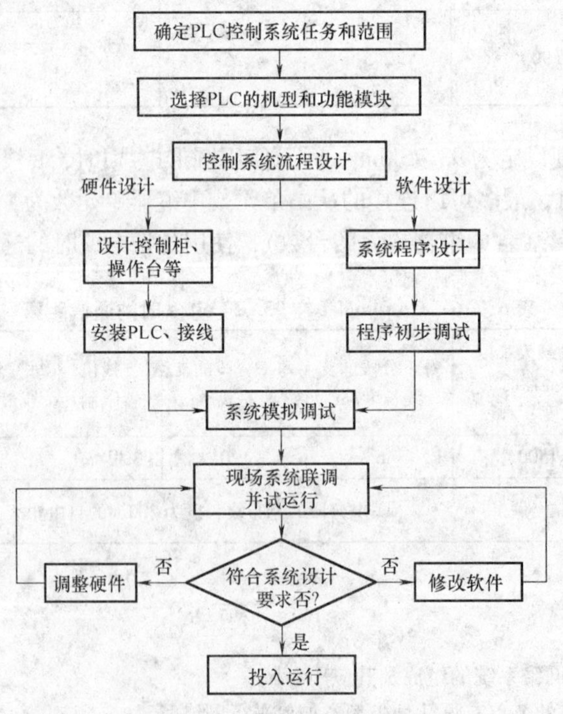

图 7.1.1　PLC 系统设计步骤

1. 熟悉控制对象确定控制范围

首先要全面详细地了解被控对象的特点和生产工艺流程，归纳出工作循环图或状态流程图。对于工业环境较差，对安全性、可靠性要求特别高，系统工艺流程较复杂，输入/输出点数多，使用常规继电器控制系统难以实现的控制对象，或对于工艺流程要经常变动的设备和现场，使用PLC进行控制是再合适不过的。在确定了控制对象后，还要明确控制任务和设计要求，要深入了解工艺流程、机械运动与电气执行元件之间的顺序关系、PLC是否需要通信联网、对电控系统的控制要求、需要显示哪些物理量及显示的方式等。

2. 制定控制方案，选择PLC机型

首先，根据生产工艺和机械运动的控制要求，确定电控系统的工作方式：是手动、半自动还是全自动；是单机运行还是联机网络运行。其次，通过研究工艺过程和机械运动的各个步骤和状态，来确定各种控制信号和检测反馈信号的相互转换和联系，选择系统的外部电气元器件。其中，系统输入元件包括按钮、传感器、变送器、接近开关、限位开关等。输出元件包括电动阀、接触器、指示灯等。具体的选择方法可参阅有关的资料。进一步，需确定哪些信号需要输入PLC，哪些信号要PLC输出或者哪些负载要由PLC驱动，分门别类统计出各输入/输出量的性质及参数，即是开关量还是模拟量，是直流量还是交流量，以及电压的大小等级等。最后，根据所得结果，选择合适的PLC型号和功能模块，并确定各种硬件配置，对整体式PLC，应确定基本单元和扩展单元的型号；对模块式PLC要确定框架或基板的型号，选择所需模块的种类型号及其数量。

3. 系统硬件设计和软件编程

PLC选型和I/O点配置是硬件设计的重要内容。应根据被控对象的特点，以及PLC的I/O点类型和数量，合理地进行PLC的输入/输出的地址编号。设计出规范的PLC外部接线图也是一个重要部分，这会给PLC系统的硬件设计、软件编程和系统调整带来诸多方便。输入/输出地址编号确定后，硬件设计和软件设计工作可平行地进行。有些系统还要设计必要控制柜、显示盘等，有些系统还要进行部分外围电路设计工作，以上都属于硬件设计方面的内容。软件设计即用户程序的编写，一般包括画出梯形图、写出语句指令表或用计算机辅助软件编写程序。在程序设计和模拟调试时，可平行地进行电控系统其他部分的设计。

4. 模拟调试

将设计好的程序键入PLC后应仔细检查与验证，改正程序设计的语法错误。之后在实验室里进行用户程序的模拟运行和调试，即在离线的方式下运行所编制的程序，观察各输入量、输出量之间的变化关系及逻辑状态是否符合设计要求。若条件许可时，可带模拟的负载做些必要的试验，例如用电流或电压信号代替压力变化，观察系统的运行状态是否正常，是否符合设计要求。

5. 现场运行调试

在实验室模拟调试好的程序传送到现场使用的PLC存储器中，接上PLC的输入接线和负载。进行现场调试的前提是PLC的外部接线一定是准确无误的。经过调试、修改后，达到用户要求的指标，可将程序用写入器固化在EPROM中。

6. 编制系统的技术文件

在系统交付用户使用后，有时还要进行必要的技术培训，并为用户整理出完整的技术文件，例如PLC控制系统的说明书、外部接线图、其他电气图样及元器件明细表等，以利于日后系统的维护和改进。

最后，强调一下PLC应用系统设计应注意的几个方面的内容：

1）可靠性设计。它是整体设计的重要组成部分，其中包括系统硬件和软件的可靠性设计。系统任何部分的故障都会使系统不能正常运行，因此必须遵循可靠性分配原则进行选择。冗余设计、系统安装的工作环境设计等都属于可靠性设计的内容。其中，冗余设计常采用热后备或冷后备方式。对PLC来说，冗余系统的范围主要包括CPU、存储单元、电源系统和通信单元。另外，系统工作环境要能够满足温度、湿度、振动和冲击等要求。

2）安全性设计。安全性设计的任务，主要是使系统在紧急异常状态时能处于安全状态，因此在系统设计过程中，要使其具有及时处理事故与故障的功能，可在主要设备和回路中设置紧急停车按钮或事故按钮、在重要设备增强手动安全性干预手段等，或者设计安全回路。安全回路由非半导体的机电元器件及硬接线方式构成，能够独立于PLC工作，可起到保护现场工作人员和设备的作用。设计任何控制系统，安全性是头等大事，这一点应该引起足够的重视。

3）标准化设计。在系统硬件和软件设计中，选用符合国际标准的元器件和应用软件系统将有利于控制系统的日常维护，以及系统将来的升级、规模的扩展等，减少不必要的冲突，增强系统兼容性。

7.2 PLC应用系统的硬件设计与选型

PLC的硬件选型是十分重要的工作，工艺流程的特点和用户应用的要求是设计选型的主要依据。由于PLC产品的种类和数量繁多，其结构形式、容量、指令系统、编程方法、价格等各不相同，国内外近千种PLC的性能指标、适用场合也各有侧重，因此合理地选择PLC，使其具备较高的性能价格比显得非常重要。PLC的选型和硬件设计应从以下几个方面考虑：

1. 控制结构和方式的选择

由PLC构成控制系统有以下几种方式：

（1）单机控制系统

单机控制系统用一台PLC控制一台设备或多台设备，输入/输出点数比较少，属于一种小系统，有的文献称为集中控制系统。单机控制系统多用于各控制对象所处地理位置较集中，且相互之间的动作存在一定的顺序关系的控制，如简单的流水线控制。

（2）远程I/O系统

当各控制对象地理位置比较分散，输入/输出线要引入时，可采用I/O模块组成的远程I/O系统。主站单元通过I/O通道号可正确地操作远程I/O点，输入/输出通道分配在现场的几个区域，适合于被控对象远离中控室的工业现场。

（3）分布式控制系统

采用几台PLC分别独立控制某些设备，各PLC之间、PLC与上位机之间通过数据通信线相连组成网络，称为分布式控制系统或分散型控制系统。分布式控制系统常用于多台生产线的控制，适合于控制规模较大的工业现场。

当然，实际应用有时不可能仅仅选择一种结构，需结合控制难易程度、被控设备特点、经济性和可靠性等全盘考虑。

2. PLC机型的选择

PLC的选型的基本原则是满足控制系统的功能需要，一般从系统控制功能、PLC物理结构、指令和编程方式、PLC 存储量和响应时间、通信联网功能等几个方面综合考虑。下面分别进行讨论。

从应用角度来划分，PLC 可按控制功能或输入/输出点数分类。对于简单控制系统，即仅需要开关量控制的设备，一般具有简单运算、定时、计数等功能的小型 PLC 都可以满足要求，若还含有少量的模拟量控制，则具有算术运算、A－D 和 D－A 转换、BCD 码处理等功能的增强型小型 PLC 便可胜任。对于复杂控制系统如生产线控制，它含有较多的开关量，模拟量的控制要求也较高，可考虑选择大中型 PLC。假如控制点多而分散、要求较快的响应速度，具有数据处理、分析决策等功能，那就必须选用具备联网通信功能的 PLC 网络系统，可组成集散型或多级的工业控制网络系统。

从 PLC 的物理结构来看，PLC 分为模块式和整体式。整体式 PLC 具有固定的输入/输出点数，结构简单，价格较低，但系统灵活性和扩展能力较差。模块式 PLC 可进行灵活的输入和输出配置，I/O 模块的种类和数量选择余地较大，应用场合广泛，系统安装、扩展容易，系统维修、更换模块及判断故障范围都很方便，但价格偏高。PLC 选型时，应根据生产应用的要求，输入/输出点数少的，可选用整体式结构；输入/输出点数较多，控制性能要求高的，可选择模块式结构。需要提醒的是，同一企业或系统应尽量使用统一机型或同一生产厂家的 PLC，这样可减少备件的数量，PLC 的外部设备和工具软件（如编程器、EPROM 写入器等）可以共享，可降低成本。

PLC 的指令系统一般包括逻辑指令、运算指令、控制指令、数据处理和其他特殊指令等，有些 PLC 还具有网络通信等功能。用户可从编程方便来加以选择，只要能满足实际需要，应避免大材小用不必选择指令系统复杂的机型。PLC 的编程方式有两种：在线编程和离线编程。采用离线编程可降低成本，对大多数应用系统可以满足生产需要，因而较多的中小型 PLC 都使用这种方法。在线编程所需成本较高，使用方便，大型 PLC 中常采用。

目前，PLC 联网已成为一种发展趋势，也是作为 CIMS、SCADA 系统的基础，除小型 PLC 外，大中型 PLC 都具有联网通信的接口功能。如果用户要求使用 PLC 网络系统的，建议选择符合 Internet 的 TCP/IP 标准的产品和工业控制计算机作为通信设备，网络传输介质也应根据实际组网和需要进行选择。有关 PLC 网络通信系统可参阅本书的相关章节。

3. I/O 点数的估算

准确的统计出被控设备对输入/输出点数的总需要量是 PLC 选型的基础。通常输入/输出点数是衡量 PLC 规模大小的主要技术指标，同时也是影响 PLC 价格的主要因素之一。把各输入/输出设备和被控设备详细的列出，然后再实际统计出输入/输出总点数。常用电气元器件所需 PLC 的 I/O 点数见表 7.2.1。在此基础上还要留用 10%～15% 的备用量，以便日后调整和扩充。如果采用主机模块与 I/O 模块、功能模块组合使用的方法，那么，可选用的 I/O 模块点数有 8 点、16 点、32 点、64 点等，可根据需要选择，灵活组合使用。

表 7.2.1　被控设备 I/O 点数的估算

电气元器件	输入点数	输出点数	I/O 总点数
星－三角起动笼型电动机	4	3	7
单向/可逆变极电动机	5/6	3/4	8/10
单向/可逆直流电动机	9/12	6/8	15/20

（续）

电气元器件	输入点数	输出点数	I/O 总点数
比例阀	3	5	8
单/双线圈电磁阀	2/3	1/2	3/5
按钮	1	—	1
信号灯	—	1	1
光电开关	2	—	2
拨动开关	4	—	4
行程开关	1	—	1
位置开关	2	—	2

4. 输入/输出模块的选择

输入模块的功能是检测现场设备如按钮的信号并转换成 PLC 内部的电平信号。输入模块按电压分为交流和直流两种类型，按电路形式分为汇点输入式和分隔输入式两种。选择输入模块时应注意：输入信号电压的大小、信号传输的距离长短、是否需要隔离及采用何种方式隔离、内部供电还是外部供电等。输出模块的功能把 PLC 内部信号转换为外部过程的控制信号，以驱动外部负载。

输入/输出模块是 PLC 与被控对象之间的接口，按照输入/输出信号的性质一般可分为开关量（或数字量）和模拟量模块。

开关量模块包括输入模块和输出模块，有交流、直流和 TTL 电平三种类型。开关量输入模块按输入点数有 4 点、8 点、16 点、32 点、64 点等，按电压等级分有直流 24V、48V、60V 和交流 110V、230V 等。模块密度要根据实际需要，一般以每块 16 ~ 64 点为好。考虑长距离传输通信，开关量输入模块门坎电平也是不容忽视的一个因素。直流开关量输入模块的延迟时间较短，可直接与接近开关、光电开关等电子装置相连。开关量输出模块按输出点数分有 16 点、32 点、64 点，按输出方式分有三种形式：继电器输出、晶体管输出和晶闸管输出。选择输出模块的电流值必须大于负载电流的额定值。对于频繁通断、低功率因数的感性负载，应采用无触点开关，即选用晶闸管型输出（交流输出）或晶体管输出（直流输出）。晶闸管或晶体管型输出的缺点是价格较高。继电器型输出属于有触点开关，其优点是适应电压范围宽、价格便宜，但存在寿命短、响应速度较慢的缺点。注意：输入/输出模块可同时接通的点数不要超过它总数的 60%，同时，输出功率和负载也是要注意的细节问题。

模拟量模块包括输入模块和输出模块。对于模拟量输入，其输入信号是传感器或变送器把电压、压力、流量、位移等电量或非电量转变为在一定范围的电压或电流信号。模拟量输入模块分为电压型和电流型，电流型输入的是 0 ~ 20mA、4 ~ 20mA 信号，电压型分为 1 ~ 5V、-10 ~ 10V、0 ~ 5V 等多种。模拟量输入模块的通道有 2、4、8、16 等。在选用模拟量输入模块时应注意外部物理量的输入范围、模拟通道循环扫描的时间和信号的连接方式，一般说，电流型的抗干扰能力优于电压型。模拟量输出模块能输出被控设备所需的电压或电流。有时，模拟量输出模块与驱动执行机构中间要增加必要的转换装置，同时还要注意信号的统一性和阻抗的匹配性。

一些智能型输入/输出模块，如高速计数器、PID 闭环控制模块等，由于它本身含有处理器，因此可提高PLC的处理速度、节约存储器容量，也可酌情选用。

5. 估算系统对PLC响应时间的要求

响应时间包括输入滤波时间、输出滤波时间和扫描周期。PLC的程序扫描工作方式使它不能可靠地接收持续时间小于扫描周期的输入信号，为此，需要选取扫描速度高的PLC来提高其对输入信号的接收准确性。扫描速度是用执行每千条指令所需要的时间来估算的，单位用ms/K字，大多数PLC的性能指标中都给出该项目的具体数值。对于慢速大系统如大型料场、码头、高炉、轧钢厂主令控制等可选用多台中小型PLC或低速网络进行控制，对快速实时控制如高速线材、中低速热连轧等的速度控制可选用CPU运行速度快、功能强的大型PLC或高速网络来满足信息快速交换。需要引起注意的是，一定要做到最长的扫描周期小于系统电气改变状态的时间，这样才能保证系统的正常工作。

6. 对程序存储器容量要求的估算

PLC的程序存储器容量通常以字或步为单位。用户程序所需存储器容量可以预先估算。一般情况下用户程序所需存储的字数可按照如下经验公式：

1）开关量输入/输出系统：

输入：用户程序所需存储的字数等于输入点总数×10；

输出：用户程序所需存储的字数等于输出点总数×8。

2）模拟量输入/输出的系统：每一路模拟量信号大约需要120字的存储容量，当模拟输入和输出同时存在时，所需内存字数等于模拟量路数×250。

3）定时器和记数器系统：所需内存字数等于定时器/记数器数量×2。

4）含有通信接口的系统多指PLC网络系统：所需存储字数等于通信接口个数×300。

此外，还应根据用户程序的使用特点来选择存储器的类型。当程序需要频繁修改时，应选用CMOS－RAM；当程序长期不变或长期保存时，应选用EPROM或EEPROM。

另外，根据系统控制要求的难易程度也可采用另一种方法进行估算，采用的计算方法如下：

$$程序容量 = K \times 总输入/输出点数$$

对于简单控制系统，$K=6$；对于普通系统，$K=8$；对于较复杂系统，$K=10$；对于复杂系统，$K=12$。

7. PLC的电源选择

电源是PLC干扰引入的主要途径之一，因此选择优质电源无疑有助于提高PLC控制系统的可靠性。一般可选用畸变较小的稳压器或带有隔离变压器的电源，使用直流电源要选用桥式全波整流电源。对于供电不正常或电压波动较大时，可考虑采用不间断电源（UPS）或稳压电源供电。对于输入触点的供电可使用PLC本身提供的电源，如果负载电流过大，可采用外设电源供电。

7.3 PLC应用系统的程序设计

7.3.1 PLC应用程序的设计语言

PLC应用程序是指用户根据各自的控制要求所编写的各种实用程序。尽管这些实用程序各不相同，但它们编程方法可分为以下几种，即梯形图语言、布尔助记符语言、顺序功能表图语言、功能模块图语言及结构化语句描述语言等。梯形图语言和布尔助记符语言是基本程序设计语言，它通常由一系列指令组成，用这些指令可以完成大多数简单的控制功能，例如代替继电器、计数器、计时器完成顺序控制和逻辑控制等。顺序功能表图语言和结构化语句描述语言是高级的程序设计语言，它可根据需要去执行更有效的操作，例如模拟量的控制、数据的运算、报表的报印和其他程序设计语言无法完成的功能。功能模块图语言采用功能模块图的形式，通过软连接的方式完成所要求的控制功能，它不仅在 PLC 中得到了广泛的应用，在集散控制系统的编程和组态时也常常被采用，它具有连接方便、操作简单、易于掌握等特点，为广大工程设计和应用人员所喜爱。

国际电工委员会（IEC）的 SC65B WG7 工作组为 PLC 制定了相应的国际标准，即 IEC1131。其中，IEC1131—3 对 PLC 所用的编程语言作了相应的描述和规定。常用的程序设计语言有：梯形图程序设计语言、布尔助记符程序设计语言（语句表）、顺序功能表图程序设计语言、功能模块图程序设计语言和结构化语句描述程序设计语言等。有时，这些程序设计语言可以组合使用。

1. 梯形图（Ladder Diagram）程序设计语言

梯形图程序设计语言是用梯形图的图形符号来描述程序的一种程序设计语言。程序采用梯形图的形式描述，这种程序设计语言采用因果关系来描述事件发生的条件和结果。每个梯级是一个因果关系。在梯级中，描述事件发生的条件表示在左面，事件发生的结果表示在后面。

梯形图程序设计语言是最常用的一种程序设计语言。它来源于继电器逻辑控制系统常用的接触器、继电器梯形图，与电气操作原理图相呼应。由于在工业过程控制领域，电气技术人员对继电器逻辑控制技术较为熟悉，因此这种梯形图语言受到了普遍欢迎，并得到了广泛的应用。梯形图程序设计语言的具体编程规则可参见本书的第 4 章，这里不再重复。

梯形图程序设计语言的特点是：

1）与电气操作原理图相对应，直观、形象和实用是其最大优点。

2）与原有继电器逻辑控制技术相一致，对电气技术人员来说，易于掌握和学习。

3）梯形图中的能流（Power Flow）不是实际意义的物理电流，而是“概念”电流；内部的继电器也不是实际存在的继电器，每个继电器和输入触点都是存储器中的一位，因此梯形图中的继电器触点在编制用户程序时可无限使用，且可常开又可常闭。

4）梯形图中的输入触点和输出线圈不是物理触点和线圈，用户程序的解算是根据 PLC 内部 I/O 映象区相应位的状态，用户逻辑解算结果可马上为后面程序所利用，而不是解算现场的实际状态。

梯形图程序设计方法适用于简单控制系统的梯形图设计，但对较复杂控制系统描述不够清晰；这种方法要求设计人员对典型控制电路相当熟悉，有较丰富的电气控制设计经验，且设计过程往往要经过多次反复修改、调试，具有很大的试探性和随意性，最终设计出的梯形图不一定是最佳方案。

2. 布尔助记符（Boolean Mnemonic）程序设计语言

布尔助记符程序设计语言是用布尔助记符来描述程序的一种程序设计语言。布尔助记符程序设计语言与计算机中的汇编语言非常相似，采用布尔助记符来表示操作功能。所谓助记

符语言编程就是用一个或几个容易记忆的字符代表PLC的某种操作功能，助记符语言也可称为命令语句表达式语言。它的一般格式为

操作码＋操作数

或

操作码＋标志符＋参数

其中，操作码用来指定CPU要执行的功能；操作数内包含执行该操作所必需的信息。

布尔助记符程序设计语言具有下列特点：

1）采用助记符来表示操作功能，具有容易记忆、便于掌握的特点。

2）在编程器的键盘上采用助记符表示，具有便于键入的优点，可在无计算机的场合进行编程设计。

3）与梯形图有一一对应关系。电气技术人员对程序易于理解和检查。

4）在编程支路的元件数量不受限额。

这种方法也存在对较复杂控制系统设计难度大的缺点。

3. 顺序功能表图（Sequential Function Chart）**程序设计语言**

顺序功能表图程序设计语言是用顺序功能表图来描述程序的一种图形程序设计语言。它是近年来由欧洲发展起来的一种程序设计语言，又叫做顺序功能图或状态转移图，1994年5月公布的IEC1131中，顺序功能表图（SFC）被确定为PLC位居首位的编程语言，近几年推出的PLC和小型集散控制系统中也已提供了采用顺序功能表图语言进行编程的软件。

顺序功能表图主要由步、有向连线、转移、转换条件和动作（或命令）组成。其最基本的思想是：将控制系统的一个工作周期分为若干个顺序相连的阶段，这些阶段称为步（STEP），实际上就是工位的某一个状态，并用PLC的内部元件来代表各步；步的划分是以输出量的状态变化为条件，一般用矩形框表示，框中的数字是该状态的编号，原始状态（“0”状态）用双线框表示。两个相邻状态框之间相连的有向线段代表转移，系统从当前步进入下一步的信号称为转移条件，用与转移线段垂直的短划线表示；短划线旁的文字、图形符号或逻辑表达式标明转移条件的内容。转移条件可能来自外部输入信号或PLC内部产生的信号，用转移条件控制代表各步的编程元件，使它们的状态按一定的顺序变化，然后去控制各输出继电器。动作或命令就是状态框旁与之对应的工步内容的文字描述，可用矩形框围起来，以短线连接到状态框。

采用顺序功能表图的描述，控制系统被分为若干个子系统，从功能入手，使系统的操作具有明确的含义，便于程序的分工设计和检查调试。

顺序功能表图程序设计语言的特点是：

1）以功能为主线，条理清楚，便于对程序操作的理解和沟通。

2）对大型的程序，可分工设计，采用较为灵活的程序结构，可节省程序设计时间和调试时间；常用于系统的规模校大、程序关系较复杂的场合。

3）两个步（或转移）不能直接相连，必须用一个转移（或步）将它们隔离。

4）初始步必不可少，一般对应于系统等待启动的初始状态。

5）仅当某一步所有的前级步都是活动步时，该步才有可能变成活动步。只有在活动步的命令和操作被执行，对活动步后的转移进行扫描，因此，整个程序的扫描时间较其他程序编制的程序扫描时间要大大缩短。

4. 功能模块图（Function Block）程序设计语言

功能模块图程序设计语言是采用功能模块来代表模块所具有的功能，不同的功能模块功能各异。功能模块有若干个输入端和输出端，通过软连接的方式，分别连接到所需的其他端子，满足用户所需的控制运算或控制功能。系统功能模块可以分为不同的类型，即使同一种类型中，也可能因功能参数的不同而使功能或应用范围有所差别。由于功能模块之间及功能模块与外部端子之间采用软连接的方式连接，因此控制方案的更改、信号连接的替换等操作可以很容易地实现，所以适合于控制参数经常改变的应用系统。

功能模块图程序设计语言的特点是：

1）以功能模块为单位，功能模块是用图形化的方法描述功能，它的直观性大大方便了设计人员的编程和组态，有较好的易操作性。

2）适用于控制规模较大、控制关系较复杂的系统，原因是采用功能模块图，控制功能的关系可以较清楚地表达出来，因此编程和组态时间可以缩短，调试时间也能大大减少。

3）由于每种功能模块需要占用一定的内存，功能模块的执行需要一定的执行时间，因此这种设计语言只在大中型 PLC 和集散控制系统的编程和组态中采用。

5. 结构化语句（Structured Text）描述程序设计语言

结构化语句描述程序设计语言是用结构化的描述语句来描述的一种程序设计语言。它是一种类似于高级语言的程序设计语言。在大中型的 PLC 系统中，常采用结构化语句描述程序设计语言来描述控制系统中各个变量的关系，它也被用于集散控制系统的编程和组态。

结构化语句描述程序设计语言采用计算机的描述语句来描述系统中各种变量之间的运算关系，完成用户所需的功能或操作。大多数 PLC 制造厂家采用的结构化语句描述程序设计语言与 BASIC 语言、C 语言等高级语言相类似，但为了应用方便，在语句的表达方法及语句的种类等方面都进行了简化。

结构化语句描述程序设计语言具有下列特点：

1）采用高级语言进行编程，可以完成较复杂的控制运算。

2）常被用于采用功能模块等其他语言较难实现的一些控制功能的方案实施，例如自适应控制功能的实现。

该方法存在需要有一定的计算机高级程序设计语言的知识和编程技巧、对编程人员的技能要求较高、直观性和易操作性较差的缺点。

7.3.2 PLC 应用程序的设计方法

PLC 应用程序往往是一些典型的控制环节和基本电路的组合，往往是依靠经验来选择方案，直接设计用户程序，满足生产机械和生产过程的控制要求。因此，PLC 用户程序的设计没有固定的模式，经验是很重要的。一般 PLC 应用程序设计常采用经验设计法、逻辑设计法、顺序功能表图设计法、计算机辅助编程设计法等。

1. 经验设计法

利用各种典型控制环节和基本单元控制电路，依靠经验直接用 PLC 设计电气控制系统，来满足生产机械和工艺过程的控制要求的设计方法称为经验设计法。使用该方法设计用户程序时可以大致按下面几步来进行：分析控制要求，选择控制原则；设计主令元件和检测元件，确定输入/输出信号；设计执行元件的控制程序；检查修改和完善程序。在设计执行元件的控制程序时，一般又可分为以下几个步骤：按所给的要求将生产机械的运动分成各自独立的简单运动，分别设计这些简单运动的基本控制程序；根据制约关系，选择联锁触点，设计联锁程序；根据运动状态选择控制原则，设计主令元件、监测元件及继电器等；设置必要的保护措施。

经验设计法多用于梯形图程序设计及比较简单的控制系统设计，并且要求设计人员具有一定的实践经验，熟悉工业现场中常用的典型控制环节。所以这种方法不适合于初学设计的人员。

2. 逻辑设计法

逻辑设计法的基本含义是以逻辑组合的方法和形式设计电气控制系统。这种设计方法既有严密可循的规律性、明确可行的设计步骤，又具有简便、直观和十分规范的特点。布尔助记符常采用这类设计方法。PLC的早期使用就是替代继电器控制系统，因此用“0”、“1”两种取值的逻辑代数作为研究PLC应用程序的工具就是顺理成章的事了。从某种意义上说，PLC是“与”、“非”、“或”三种逻辑线路的组合体，而梯形图程序的基本形式也是“与”、“或”、“非”的逻辑组合。当一个逻辑函数用逻辑变量的基本运算式表示出来时，实现该逻辑函数功能的电路也随之确定，进一步，即由梯形图直接写出对应的指令语句程序。用逻辑设计法对PLC组成的电控系统进行设计一般可分为下面几步：首先，明确控制任务和控制要求，通过分析工艺过程绘制工作循环和检测元件分布图，取得电气执行元件功能表。其次，详细绘制电控系统状态转移表，通常它由输出信号状态表、输入信号状态表、状态转换主令表和中间记忆装置状态表四部分组成。状态转换表可全面、完整的展示电控系统各部分、各时刻的状态和状态之间的联系及转换，它是进行电控系统的分析和设计的有效工具。然后，进行逻辑设计，包括列写中间记忆元件的逻辑函数表达式和执行元件的逻辑函数式。这两个逻辑函数式组，既是生产机械或生产过程内部逻辑关系和变化规律的表达形式，又是构成电控系统实现目标的具体程序。PLC应用程序的编制就是将逻辑设计的结果转化为布尔助记符语言程序。如果设计者需要，可以使用梯形图程序作为一种过渡，若选用的PLC编程器具有图形输入的功能，则也可以首先由逻辑函数式转换为梯形图程序。程序的完善和补充是逻辑设计法的最后一步，包括手动调整工作方式的设计、手动工作方式的选择、自动工作循环、保护措施等。

逻辑设计法难度较大，不易掌握。

3. 顺序功能表图设计方法

顺序功能表图又叫状态流程图或状态转移图，它是完整的描述控制系统的工作过程、功能和特性的一种图形，是分析和设计电控程序的重要工具。所谓“状态”是指特定的功能，因此状态的转移实际上就是控制系统的功能转移。顺序功能表图就属于适合于顺序控制的标准化语言。利用顺序功能表图进行程序设计就是顺序控制设计法，它可较好地解决上述两种设计方法的缺点，不仅使梯形图设计变得容易，大大节约设计时间，而且使初学者易掌握，有一定的方法和步骤可遵循，具有简单、规范、通用的优点。

顺序功能表图能清楚地表现出系统各工作步的功能、步与步之间的转换顺序及其转换条件。

（1）顺序功能表图的组成

顺序功能表图是由步、有向连线、转换条件和动作内容说明等组成的。用矩形框表示各步，框内用数字表示该步的编号。编号可以是实际的控制步序号，或PLC中的工作编号。对应于系统初始状态的工作步，称为初始步。该步是系统运行的起点，一个系统至少需要有一个初始步。初始步用双线矩形框表示。流程步如图 7.3.1 所示，图中，步 1 就是初始步。每步的动作内容放在该步旁边的框中。步与步之间用有向线段相连，箭头表示步的转换方向(简单的顺序功能表图可不画箭头)。步与步之间的短横线旁标注转换条件。通常转移用有向线段上的一段横线表示，在横线旁可以用文字、图形符号或逻辑表达式标注和描述转移的条件。正在执行的步叫活动步，当前一步为活动步且转换条件满足时，将启动下一步并终止前一步的执行。步并不是 PLC 的输出触点的动作，步只是控制系统中的一个稳定的状态。对于一个步，可以有一个或几个动作，表示的方法是在步的右侧加一个或几个矩形框，并在框中加文字对动作进行说明。

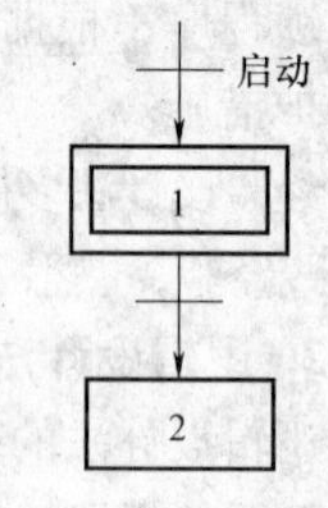

图 7.3.1　流程步

(2) 顺序功能表图的类型

顺序功能表图从结构上来分，可分为以下几种：

1) 单序列结构。单序列结构类型的顺序功能表图没有分支，每个步后只有一个步，步与步的之间只有一个转换条件。

2) 选择性序列结构。图 7.3.2 所示为选择性序列结构的顺序功能表图。选择性序列的开始称为分支，如图 7.3.2 中的步 1 之后有三个分支（或更多)。各选择分支不能同时执行。例如，当步 1 为活动步且条件 a 满足时则转向步 2；当步 1 为活动步且条件 b 满足时则转向步 3；当步 1 为活动步且条件 c 满足时则转向步 4。无论步 1 转向哪个分支，当其后续步成为活动步时，步 1 自动变为不活动步。

当已选择了转向某一个分支时，则不允许另外几个分支的首步成为活动步，所以应该使各选择分支之间联锁。

选择序列的结束称为合并，如图 7.3.2 所示，不论哪个分支的最后一步成为活动步，当转换条件满足时都要转向步 5。

3) 并发性序列结构。图 7.3.3 所示为并发性序列结构的顺序功能表图。并发性序列的开始也称为分支，为了区别于选择性序列结构的顺序功能表图，用双线来表示并发性序列分支的开始，转换条件放在双线之上。如图 7.3.3 中，步 1 之后有三个并行分支（或更多)，当步 1 为活动步且条件 a 满足时，步 2、3、4 同时被激活变为活动步，而步 1 则变为不活动步。图 7.3.3 中，步 2 和步 5、步 3 和步 6、步 4 和步 7 是三个并行的单序列。

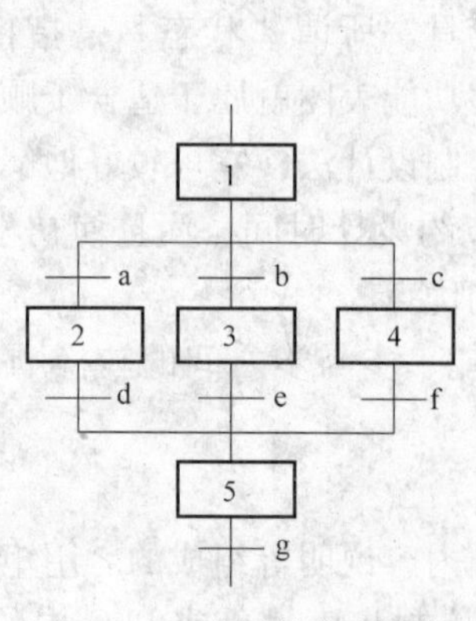

图 7.3.2　选择性序列结构

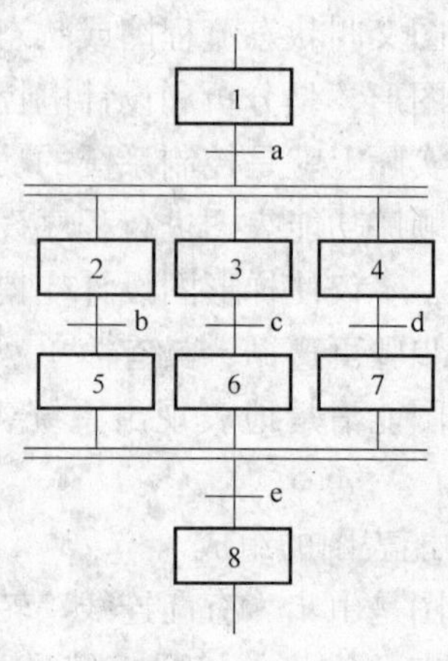

图 7.3.3　并发性序列结构

并发性序列的结束称为合并，用双线表示并发性序列的合并，转换条件放在双线之下。对于图 7.3.3，当各并发性序列的最后一步即步 5、6、7 都为活动步且条件 e 满足时，将同时转换到步 8，且步 5、6、7 同时都变为不活动步。

4）循环性结构。循环性结构用于一个顺序过程的多次反复执行。

5）复合性结构。复合性结构就是一个集以上结构于一体的结构。其结构较为复杂，必须仔细分析才能正确描述。

顺序功能表图编程的步骤分为以下几步：

1）把整个系统的工作过程划分为若干个清晰的阶段，每个阶段（称为步）完成一定任务的操作。

2）确定各步之间的转移条件，它是系统由前一步转入下一步的基础，经常以 PLC 输入点或其他元件定义状态转换条件。当转换条件的实际内容不止一个时，每个具体内容定义一个 PLC 元件编号，并以逻辑组合的形式表现为有效转换条件。

3）根据前两步可画出系统顺序功能表图，它简单、直观地表示出复杂系统的工作过程。有了顺序功能表图，利用不同的指令就能设计出相应的梯形图。

如果 PLC 支持顺序控制指令，则这个过程很容易地完成，否则只有用一般逻辑指令或移位寄存器来编制，最后写出程序清单，完成 PLC 控制系统应用程序的设计。

下面通过一个例子来说明顺序功能表图的设计步骤。

例 7.3.1：某台自动清洗机，该机的动作如下：

按下起动按钮时，打开喷淋阀门，同时自动清洗机开始移动。当检测到物体到达刷洗距离时，起动旋转刷子开始刷洗。当检测到物体离开清洗机时，停止自动清洗机移动、停止刷子旋转和关闭喷淋阀门。当按下停止开关时，任何时候都可以停止所有的动作。

根据题意，系统 I/O 分配见表 7.3.1，顺序功能表图如图 7.3.4 所示，梯形图如图 7.3.5 所示。

表 7.3.1　自动清洗机的 I/O 分配

输　入		输　出	
I/O 位	名称	100.00	第 0 步
0.00	起动按钮	100.01	第 1 步
0.01	检测开关	100.02	第 2 步
0.03	停止按钮	100.03	第 3 步
		100.04	清洗机
		100.05	喷淋阀门
		100.06	刷子

4. 计算机辅助编程设计法

近年来由于计算机技术的飞速发展，导致了 PLC 在微机辅助编程方面的应用的巨大进步。计算机辅助编程具有把梯形图直接译成指令形式，可进行在线编程、远程编程，也有离线编程等功能，有些还具备网络监控等强大的功能，在各方面都具有不可比拟的优势。计算机辅助 PLC 程序设计代表着今后的发展方向，目前各大 PLC 生产厂家都很重视这方面的开发和功能完善，都有性能各异的计算机辅助编程应用软件推出，如 SIMENS 公司的 STEP7、WinCC 等，三菱公司的 FX – PLCS/AT – EE SFC、FX MING 等，OMRON 公司的 CX – Programmer、CPT 等。有关 OMRON 公司在这方面的应用在本书第 5 章中有较详细的介绍。

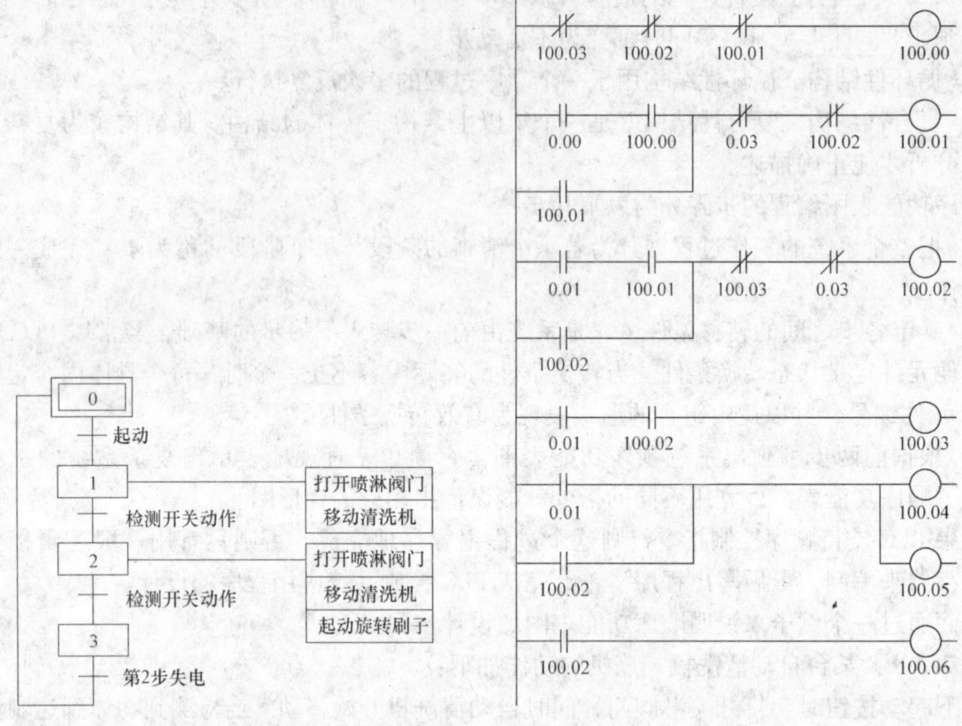

图 7.3.4 自动清洗机的顺序功能表图　　图 7.3.5 自动清洗机的梯形图

7.4 应用系统设计举例

7.4.1 典型应用系统举例

例 7.4.1：起动、保持、停止电路，梯形图如图 7.4.1 所示。

例 7.4.2：闪烁电路，梯形图如图 7.4.2 所示。

例 7.4.3：延时接通/断开电路，梯形图如图 7.4.3 所示。

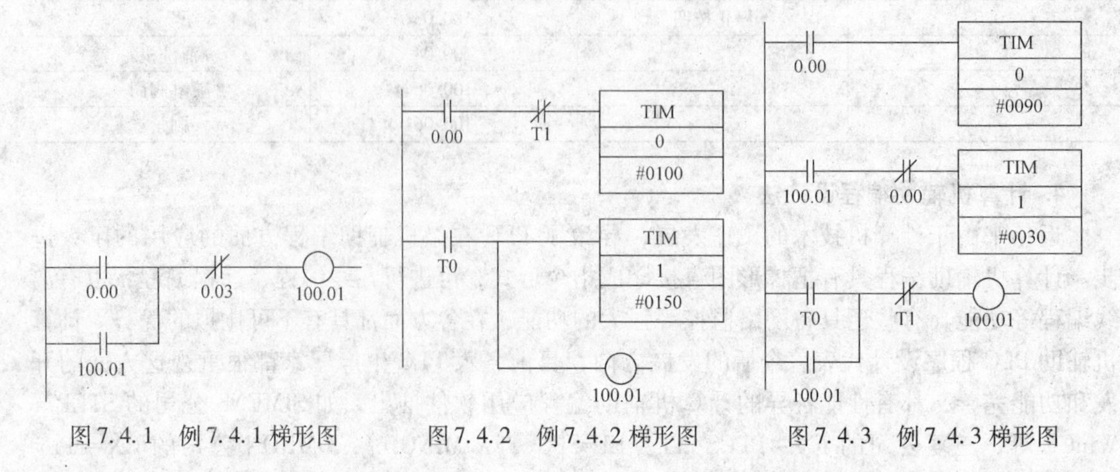

图 7.4.1 例 7.4.1 梯形图　　图 7.4.2 例 7.4.2 梯形图　　图 7.4.3 例 7.4.3 梯形图

7.4.2　扩展应用系统举例

例7.4.4：要控制罐中液体的液位，系统使用两个液位开关，其中一个放在靠近底部的地方（液位开关1），另一个放在靠近顶部的地方（液位开关2）。系统起动后，灌装电动机一直将液体注入罐中，直至液体到达上限（顶部液位开关动作）。此时关闭电动机，直到液位降到低于底液位开关时，再打开电动机。如此重复运行。完成该功能的I/O分配见表7.4.1。

表7.4.1　例7.4.4的I/O分配

输入信号	液位开关1	0.00
	液位开关2	0.01
输出信号	电动机M	100.01

当液位开关未浸入时反映出来状态为闭合，侵入液体后反映的状态为断开。程序梯形图如图7.4.4所示。

例7.4.5：某故障报警程序。设三个过程报警输入0.02、0.03、0.04的报警级别相同，0.05为故障排除输入，100.0为故障指示输出。为了保证主机掉电后仍能保持原故障状态，程序使用了保持继电器。图7.4.5所示为该程序段的梯形图。

```
LD            0.02
OR            0.03
OR            0.04
LD            0.05
KEEP（011）   HR0000
LD            HR0000
OUT           100.0
```

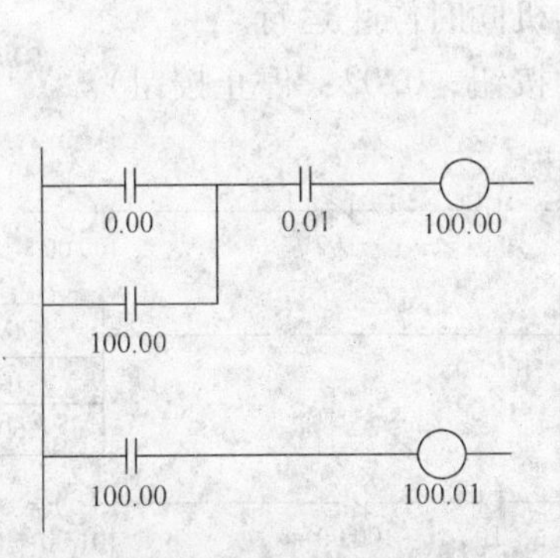

图7.4.4　例7.4.4梯形图

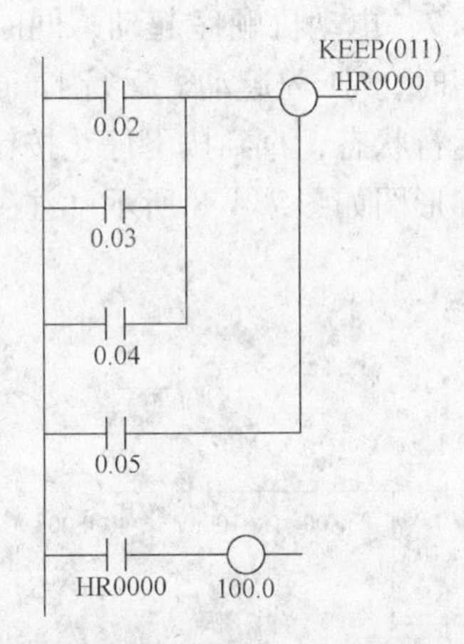

图7.4.5　例7.4.5梯形图

例7.4.6：图7.4.6a所示的电路为电动车往返运行的继电器控制电路。继电器控制电路的停止按钮SB1、正向按钮SB2、反向按钮SB3作为PLC的输入信号，分别接在输入端子0.00、0.01、0.02上。KM1、KM2的线圈是PLC要控制的设备，分别接输出继电器100.00、100.01。因此，整个控制电路共需5个I/O点，即3个输入点，2个输出点。I/O端子分配见表7.4.2。

表 7.4.2 例 7.4.6 的 I/O 分配

输入信号	SB1	0.00
	SB2	0.01
	SB3	0.02
输出信号	KM1	100.00
	KM2	100.01

图 7.4.6b 所示为 I/O 电气接线图，图中 X0、X1、X2 共用一个 COM 端，Y0、Y1 共用一个 COM 端。按钮一端并联在直流 24V 电源上，另一端分别接入相应的 PLC 输入端子。接线时注意，PLC 输入/输出 COM 端子的极性（COM 端接直流电源正极或负极）。接触器的线圈工作电压若为交流 220V，则接触器线圈连接的 Y0 和 Y1 可以共用一个 COM 端。如果输出控制设备存在直流回路，则交流回路和直流回路不可共用一个 COM 端，而应分开使用。

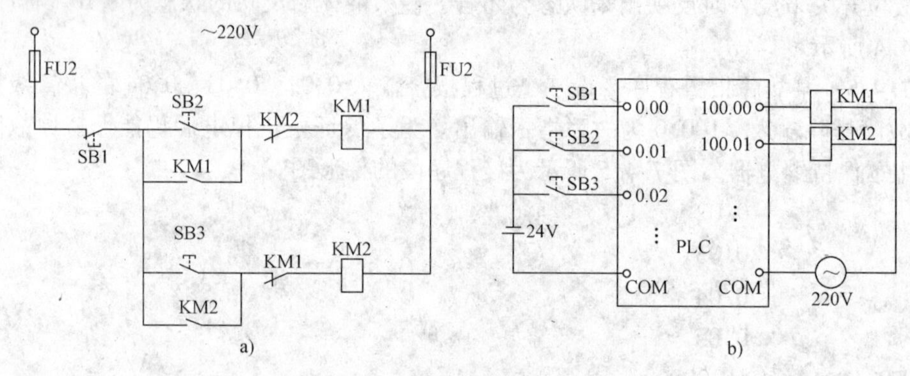

图 7.4.6 例 7.4.6 的电气接线图

完成例 7.4.6 所需功能的梯形图如图 7.4.7 所示。

例 7.4.7：电动机顺序起动，同时停止。控制要求：三台电动机（M1、M2、M3），按下起动按钮时，M1 先起动，运行 1min 后，M2 起动，再运行 1min 后，M3 起动。起动完毕，进入正常运行状态，直到按下停止按钮，三台电动机同时停止运行。

程序梯形图如图 7.4.8 所示（注：0.01：起动按钮；0.02：停止按钮）。

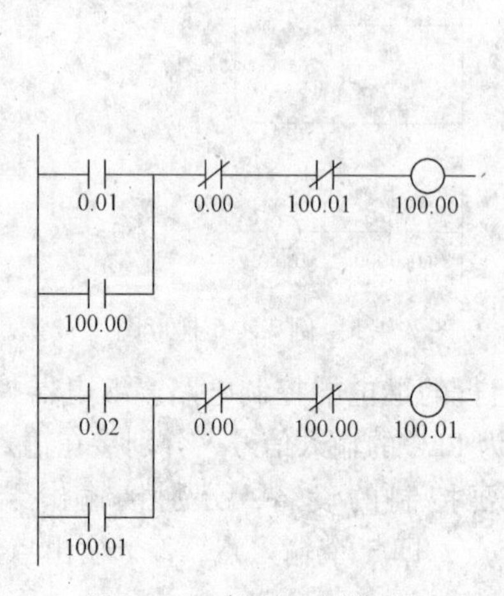

图 7.4.7 例 7.4.6 梯形图

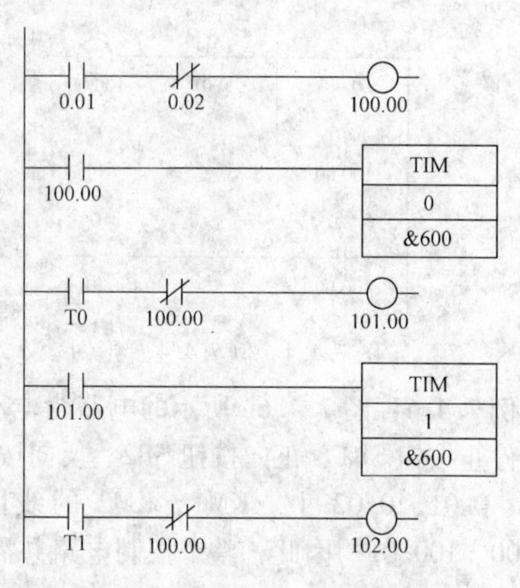

图 7.4.8 例 7.4.7 梯形图

例 7.4.8：PLC 在智力竞赛抢答装置中的应用。控制要求：

1）主持人一个开关控制三个抢答桌。主持人说出题目后，谁先按下抢答按钮，谁的桌子上的灯即亮。只有当主持人按下控制按钮后灯才熄灭，否则一直亮着。

2）共有三组参加竞赛的队员，每组两个人，每桌上有两个抢答按钮，是并联形式，无论按哪一只，桌上的灯都亮。

3）当主持人将转换开关闭合时，15s 之内若有人按抢答按钮，电铃响。

I/O 分配见表 7.4.3，接线图如图 7.4.9 所示。

表 7.4.3　例 7.4.8 的 I/O 分配

输入信号	第 1 组队员 1 开关 S1	0.00
	第 1 组队员 2 开关 S2	0.01
	第 2 组队员 1 开关 S3	0.02
	第 2 组队员 2 开关 S4	0.03
	第 3 组队员 1 开关 S5	0.04
	第 3 组队员 2 开关 S6	0.05
	主持人开关 S7	0.06
	铃声开关 SA	0.07
输出信号	第 1 组灯 HL1	100.00
	第 2 组灯 HL2	100.01
	第 3 组灯 HL3	100.02
	电铃	100.03

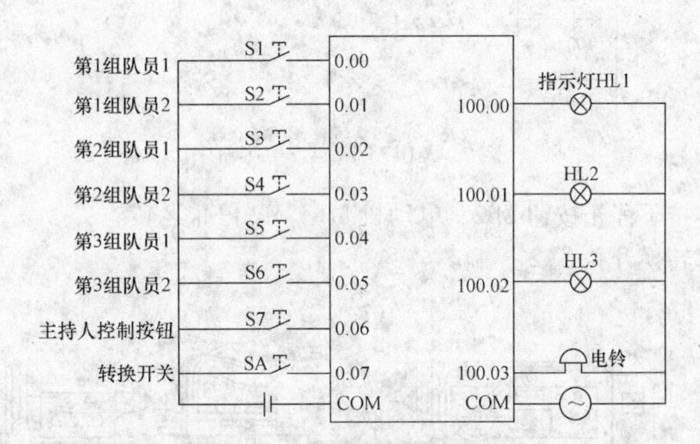

图 7.4.9　例 7.4.8 的接线图

梯形图如图 7.4.10 所示。

例 7.4.9：用 PLC 控制系统取代 CA6140 普通车床的电气控制系统。车床外观如图 7.4.11 所示，车床控制电路原理如图 7.4.12 所示。控制要求为：

1）起动时，按下起动按钮 SB1，主电动机 M1 运转。当加工工件到达指定位置时，快速移动电动机 M3 采用 SB3 点动控制且只有 M1 起动后，才能起动快速移动电动机 M3；当加工工件需要冷却时，用转换开关 SA1 控制冷却泵电动机 M2。

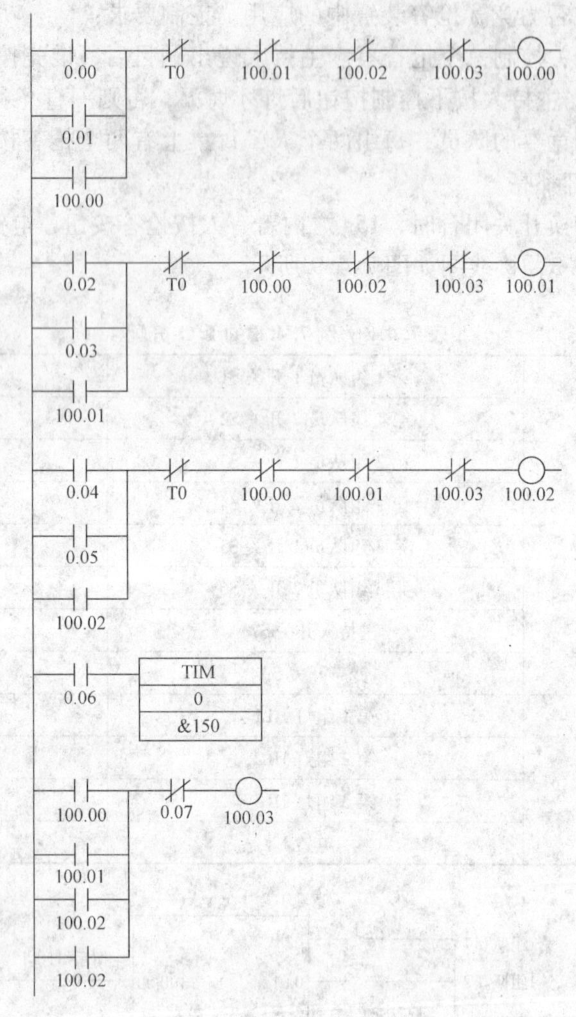

图 7.4.10 例 7.4.8 的梯形图

2）停止时，按下停止按钮 SB2，电动机 M1、M2 停止运转。

3）照明灯由转换开关 SA2 控制。

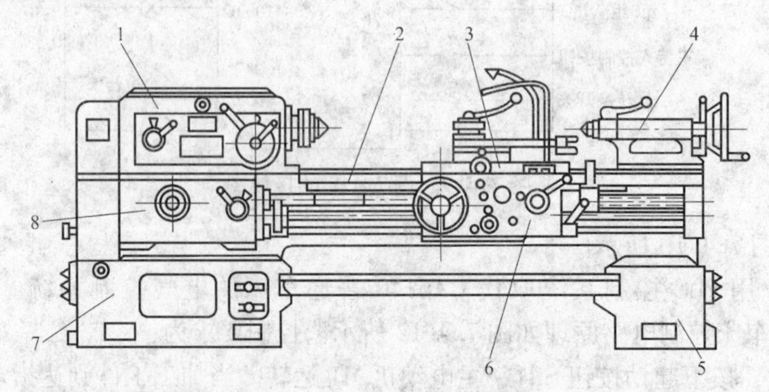

图 7.4.11 车床外观

1—主轴箱 2—车身 3—刀架及溜板 4—尾架 5、7—床腿 6—溜板箱 8—进给箱

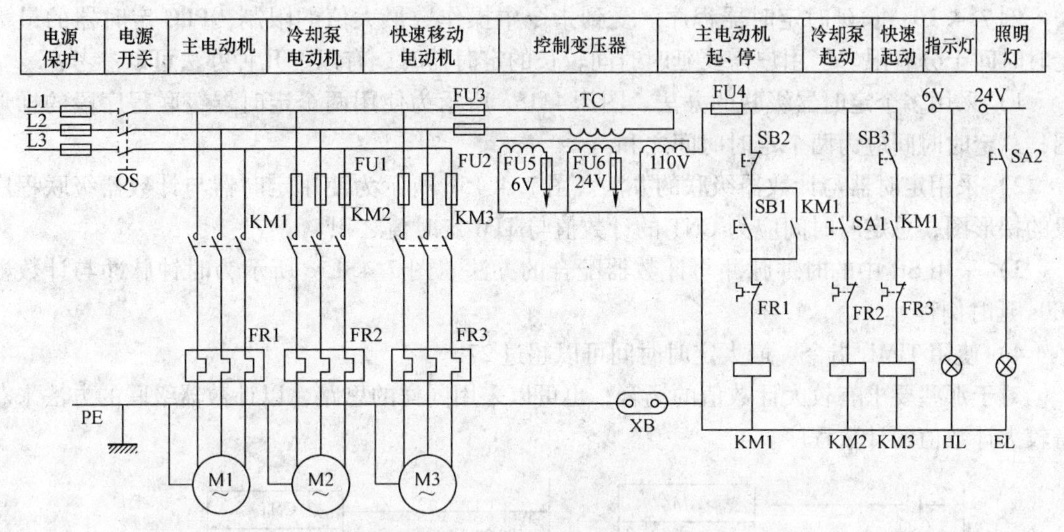

图7.4.12　车床控制电路原理

实现控制功能的I/O分配见表7.4.4，电气接线图如图7.4.13所示。

表7.4.4　例7.4.9的I/O分配

输入信号	停止按钮 SB1	0.00
	起动按钮 SB2	0.01
	点动按钮 SB3	0.02
	M1 过载保护 FR1	0.03
	M2 过载保护 FR2	0.04
	M3 过载保护 FR3	0.05
	冷却泵电动机起动开关 SA1	0.06
	照明灯起动开关 SA2	0.07
输出信号	接触器 KM1	100.00
	接触器 KM2	100.01
	接触器 KM3	100.02
	照明灯 EL	100.03

程序梯形图如图7.4.14所示。

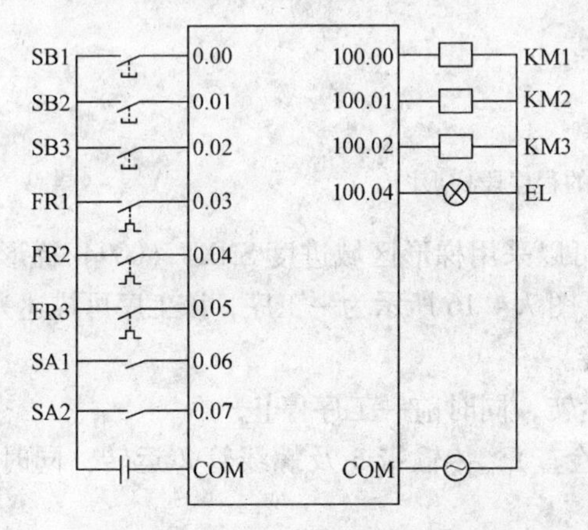

图7.4.13　例7.4.9的电气接线图

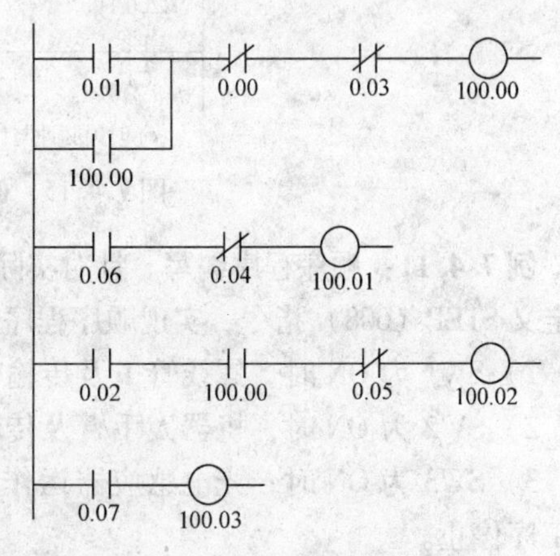

图7.4.14　例7.4.9的梯形图

例 7.4.10：长延时定时器程序。受到指令中操作数最大值的限制，PLC 定时器的最大定时时间十分有限。当用户需要延时时间较长的定时器时，有以下几种办法可以参考：

1）采用多个定时器级联的办法。图 7.4.15a 所示为使用两个定时器级联程序段的梯形图，总定时时间应为两个定时时间之和。

2）采用定时器与计数器级联的办法。图 7.4.15b 所示为使用定时器与计数器级联程序段的梯形图，总定时时间应为 CNT 的计数值与 TIM 定时值之积。

3）采用 SR 中的时钟脉冲与计数器配合的办法。图 7.4.15c 所示为时钟脉冲与计数器 700s 延时例程。

4）使用 TIML 指令。最大定时时间可以超过 27h。

对于那些要求有较大计数值的场合，也可以采用同样的思路，以计数器级联的方法来获得较大计数值的计数程序。

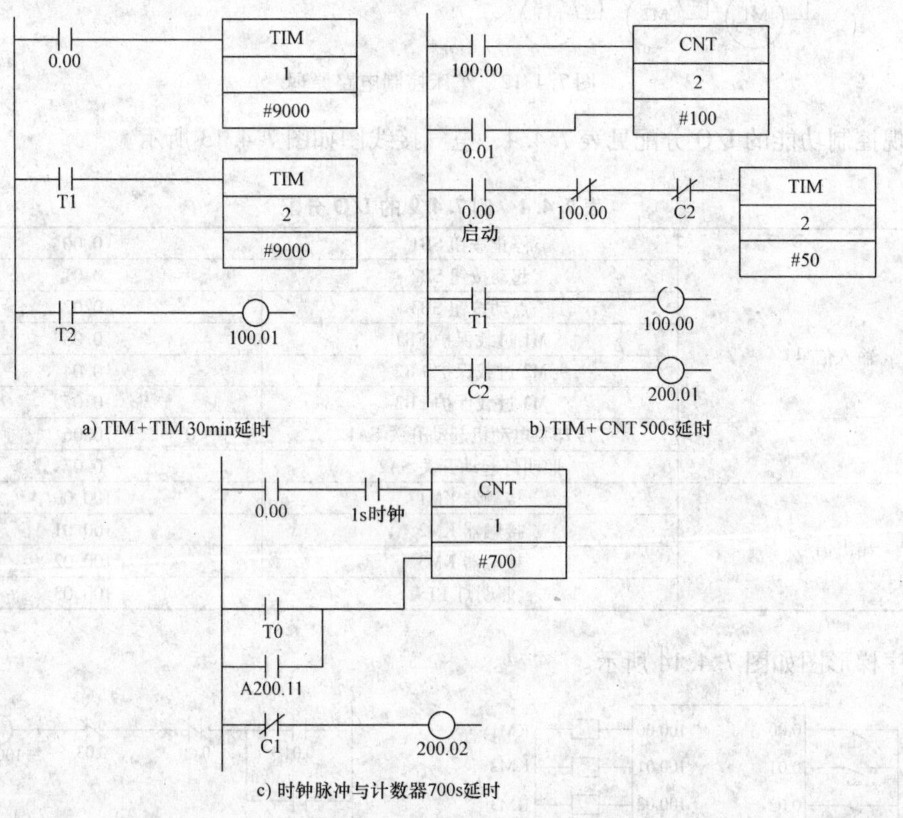

图 7.4.15 例 7.4.10 的程序段梯形图

例 7.4.11：顺序程序编写。针对实际对象，可以采用梯形区域进度 SNXT（009）/梯形区域定义 STEP（008）指令，实现顺序程序的编写。图 7.4.16 所示为一工序，该工序可描述为：

1）SW1 为 ON 时，螺线管 1 及传输带 1 运转。

2）SW2 为 ON 时，机器人手臂及传输带 2 运转，同时前一工序停止。

3）SW3 为 ON 时，光电感应器运作（零件检查），传输带 3 及螺线管 2 运转，同时前一工序停止。

4）SW4 为 ON 时，前一工序停止。

I/O 分配见表 7.4.5，梯形图如图 7.4.17 所示。

表 7.4.5 例 7.4.11 的 I/O 分配

输入信号	SW1	0.00
	SW2	0.01
	SW3	0.02
	SW4	0.03
输出信号	螺线管 1	100.00
	传输带 1	100.01
	机器人手臂	100.02
	传输带 2	100.03
	光电感应器	100.04
	传输带 3	100.05
	螺线管 2	100.06

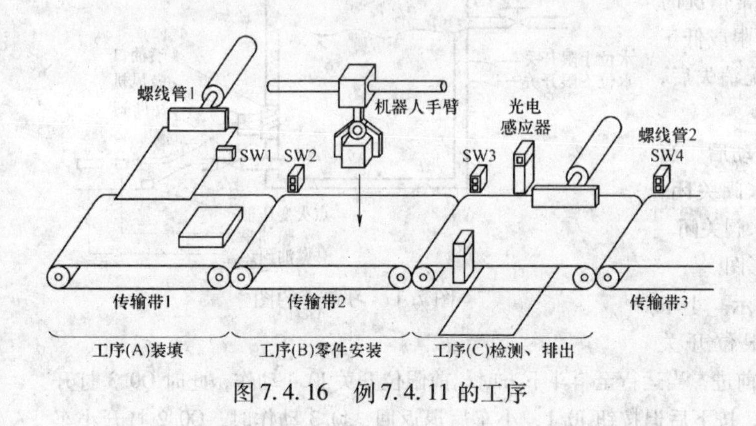

图 7.4.16 例 7.4.11 的工序

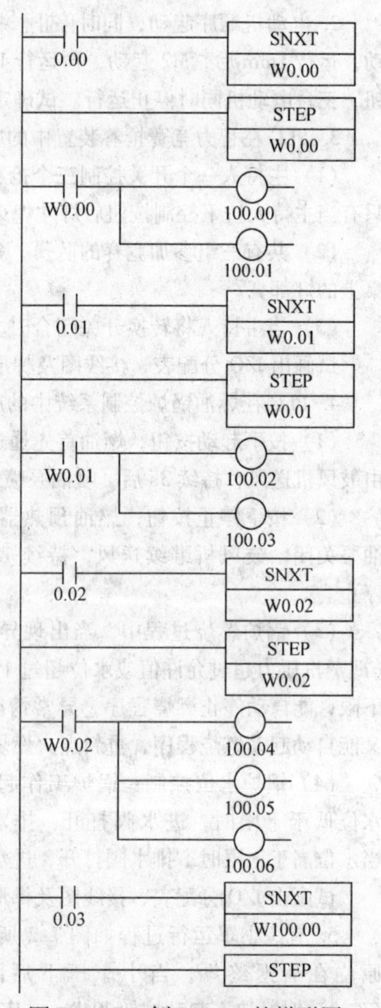

图 7.4.17 例 7.4.11 的梯形图

习 题

1. 喷水池控制。控制要求如下：中央喷水和环状喷水分别由两个电动机控制，试确定控制点数，并画出梯形图。

(1) 连续动作：系统送电，电源指示灯亮。

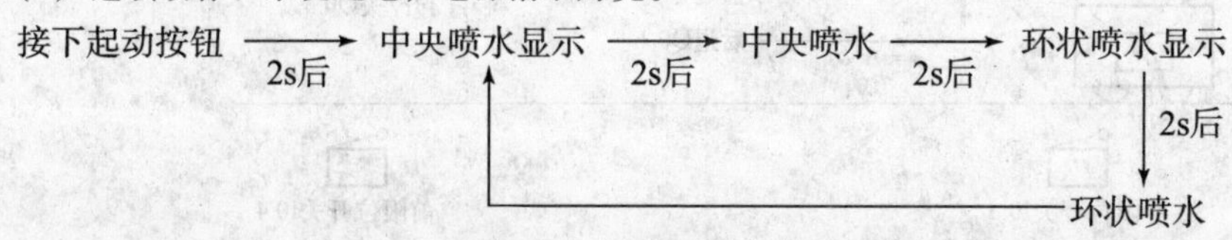

(2) 单周期动作：系统送电，电源指示灯亮。

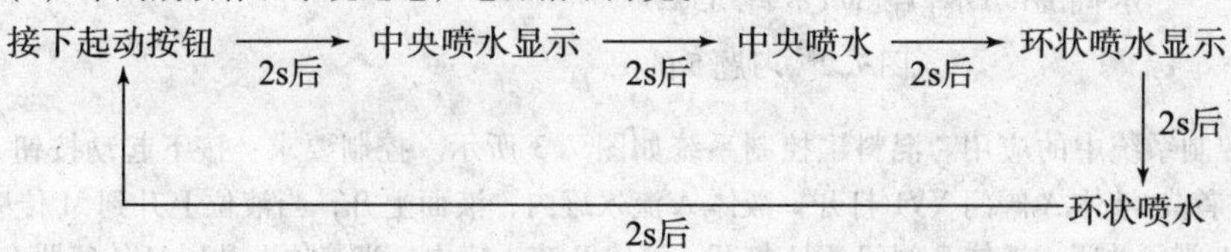

2. 电动机顺序起动，同时停止。控制要求：三台电动机（M1、M2、M3），按下起动按钮时，M1 先起动，运行 1min 后，M2 起动，再运行 1min 后，M3 起动。起动完毕，进入正常运行状态，直到按下停止按钮，三台电动机同时停止运行。试确定控制点数，画出梯形图。

3. PLC 在智力竞赛抢答装置中的应用。控制要求：

(1) 主持人一个开关控制三个抢答桌。主持人说出题目后，谁先按抢答按钮，谁的桌子上的灯即亮。只有当主持人按下控制按钮后灯才熄灭，否则一直亮着。

(2) 共有三组参加竞赛的队员，每组两个人，每桌上有两个抢答按钮，是并联形式，无论按哪一只，桌上的灯都亮。

(3) 当主持人将转换开关闭合时，15s 之内若有人按抢答按钮，电铃响。

试画出 I/O 分配表、接线图及梯形图。

4. PLC 在燃油锅炉控制系统中的应用。燃油锅炉控制系统如图 7.1 所示，控制要求：

(1) 按下起动按钮，燃油首先通过燃油预热器预热，1min 后，接通点火变压器，打开瓦斯阀门，同时由鼓风机送风，持续 3s 后，喷油泵喷油，再持续 3s 后，点火变压器和瓦斯阀门同时关闭。

(2) 按下停止按钮，燃油预热器关闭，喷油泵关闭，鼓风机继续送风，持续 15s 后送风停止。

(3) 锅炉燃烧过程中，当出现异常情况时(即蒸汽压力超过允许值或水位超过上限或低于下限，能自动停止燃烧程序；异常情况消失后，又能自动起动燃烧程序，重新点火燃烧。

(4) 锅炉水位控制：锅炉工作起动后，当水位低于下限时，进水阀打开，排水阀关闭，当水位高于上限时，排水阀打开，进水阀关闭。

试画出 I/O 分配表、接线图及梯形图。

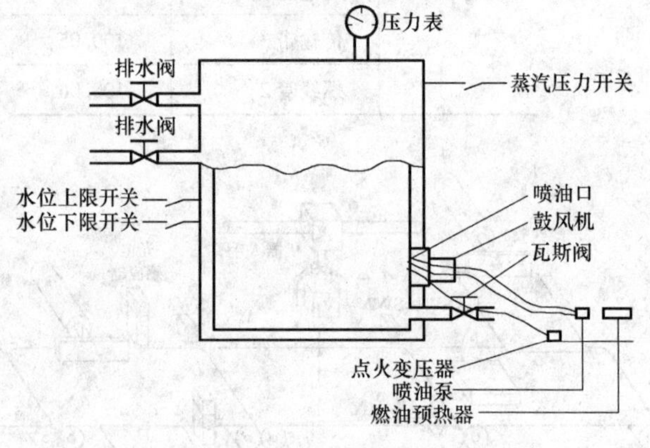

图 7.1 习题 4 的图

5. 有一小车运行过程如图 7.2 所示。小车原位在后退终端，当小车压下后限位开关 (I0.3) 时，按下起动按钮 I0.0，小车前进，当运行至料斗下方时，前限位开关 I0.4 动作，此时 Q0.3 打开料斗给小车加料，延时 8s 后关闭料斗，按下后退按钮 I0.1，小车后退返回，I0.3 动作时，Q0.2 打开小车底门卸料，6s 后结束，完成一次动作。如此循环。按下 I0.2，小车停止试画出完成对应功能的接线图和梯形图。

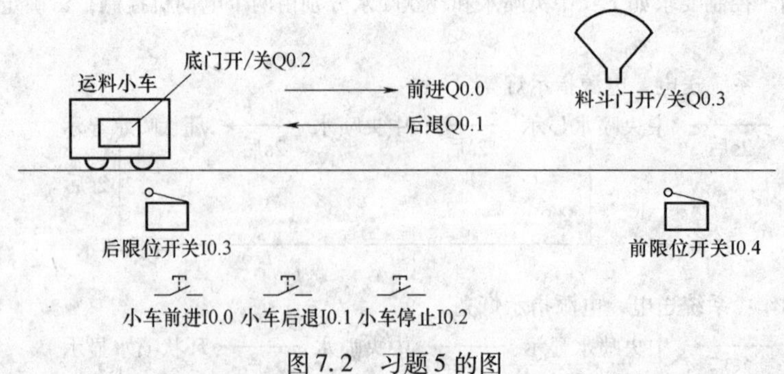

图 7.2 习题 5 的图

6. PLC 在混料罐控制系统中的应用。混料罐控制系统如图 7.3 所示。控制要求：按下起动按钮 SB1 后，可进行连续混料。首先 液体 A 阀门 YV1 打开，液体 A 流入罐内，液面上升；当液位上升到 M 传感器 L2 检测位置时，液体 A 阀门关闭，液体 B 阀门 YV2 打开，液体 B 流入罐内；当液位上升到 H 传感器 L1 检测位置时，液体 B 阀门关闭。搅拌电动机 M 开始运行，进行搅拌。搅拌机工作 30s 后，停止搅拌。卸料阀门 YV3 打开，混合液体 C 流出，液位开始下降。当液位降到 L 传感器 L3 检测位置时，延时 10s，卸料阀门关闭。然后，进行下一个周期操作，循环运行。在混料工作运行期间，若按下停止按钮 SB2，则要等到该周期结束后（即原料当前容器内的混合工作处理完毕后），系统才能停止工作；若按下急停按钮 SB3，则卸料阀门 YV3 立即打开，当液位降到 L 传感器 L3 检测位置时，停止工作。试画出完成对应功能的接线图和梯形图。

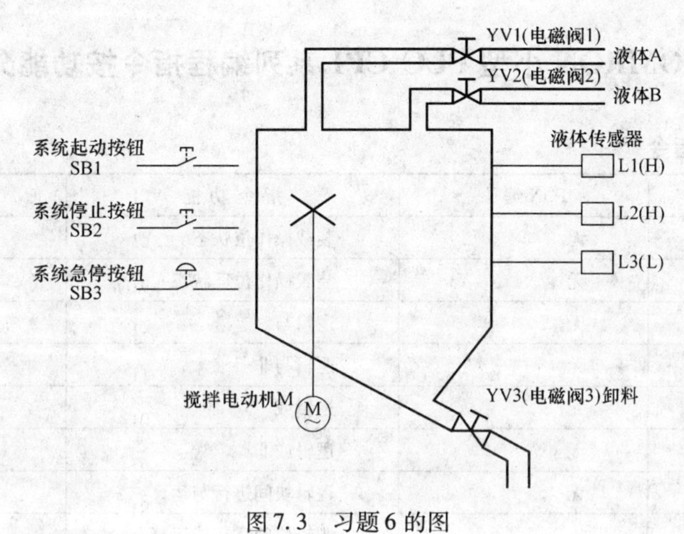

图 7.3　习题 6 的图

附 录

附录 A OMRON 小型 PLC CP1 系列编程指令按功能分类一览

1. 时序输入指令

助记符	FUN 编号	指令功能	备注
LD	无	装载操作位状态	
LD NOT	无	装载操作位反状态	
AND	无	逻辑与	
AND NOT	无	逻辑与非	
OR	无	逻辑或	
OR NOT	无	逻辑或非	
AND LD	无	逻辑块间进行与运算	
OR LD	无	逻辑块间进行或运算	
NOT	520	执行条件取非	
UP	521	驱动流向上升沿微分	
DOWN	522	驱动流向下降沿微分	
LD TST	350	LD 型 · 位测试	
LD TSTN	351	LD 型 · 位测试非	
AND TST	350	AND 型 · 位测试	
AND TSTN	351	AND 型 · 位测试非	
OR TST	350	OR 型 · 位测试	
OR TSTN	351	OR 型 · 位测试非	

2. 时序输出指令

助记符	FUN 编号	指令功能	备注
OUT	无	输出	
OUT NOT	无	输出取非	
KEEP	011	保持	
DIFU	013	上升沿微分	
DIFD	014	下降沿微分	
SET	无	置位	
RSET	无	复位	
SETA	530	多位置位	

（续）

助记符	FUN 编号	指令功能	备注
RSTA	531	多位复位	
SETB	532	1 位置位	
SATB	533	1 位复位	
OUTB	534	1 位输出	

3. 顺序控制指令

助记符	FUN 编号	指令功能	备注
END	001	程序结束	
NOP	000	空操作	
IL	002	联锁	
ILC	003	联锁清除	
JMP	004	跳转	
JME	005	跳转结束	
MILH	517	多重互锁（微分标志保持）	
MILR	518	多重互锁（微分标志非保持）	
MILC	519	多重互锁清除	
CJP	510	条件转移	
CJPN	511	条件非转移	
JMP0	515	多重跳转	
JME0	516	多重跳转结束	
FOR	512	重复开始	
NEXT	513	重复结束	
BREAK	514	循环中断	

4. 计时器/计数器指令

助记符	FUN 编号	指令功能	备注
TIM	无	定时器	BCD 方式
TIMH	015	高速定时器	
TMHH	540	超高速定时器	
TTIM	087	累积定时器	
TIML	542	长时间定时器	
MTIM	543	多输出定时器	
CNT	无	计数器	
CNTR	012	可逆计数器	
CNR	545	定时器/计数器复位	

（续）

助记符	FUN 编号	指令功能	备注
TIMX	550	定时器	BIN 方式
TIMHX	551	高速定时器	
TMHHX	552	超高速定时器	
TTIMX	555	累积定时器	
TIMLX	553	长时间定时器	
MTIMX	554	多输出定时器	
CNTX	546	计数器	
CNTRX	548	可逆计数器	
CNRX	547	定时器/计数器复位	

5. 数据比较指令

助记符	FUN 编号	指令功能	备注
LD，AND， OR + =，< >，<，< =，>，> =	300（=） 305（< >） 310（<） 315（< =） 320（>） 325（> =）	无符号比较	
LD，AND， OR + =，< >，<，< =，>，> = +L	301（=） 306（< >） 311（<） 316（< =） 321（>） 326（> =）	双字无符号比较	
LD，AND， OR + =，< >，<，< =，>，> = +S	302（=） 307（< >） 312（<） 317（< =） 322（>） 327（> =）	带符号比较	
LD，AND， OR + =，< >，<，< =，>，> = +SL	303（=） 308（< >） 313（<） 318（< =） 323（>） 328（> =）	双字带符号比较	
LD，AND， OR + = DT，< > DT，<DT，< = DT，> DT，> = DTL	341（=DT） 342（< >DT） 343（<DT） 344（< =DT） 345（>DT） 346（> =DT）	时刻比较	

（续）

助记符	FUN 编号	指令功能	备注
CMP	020	无符号比较	
CMPL	060	无符号双字比较	
CPS	114	带符号 BIN 比较	
CPSL	115	带符号 BIN 双字比较	
TCMP	085	表比较	
MCMP	019	多通道比较	
BCMP	068	无符号块间比较	
BCMP2	502	扩展块比较	
ZCP	088	上下限区域比较	
ZCPL	116	双字区域比较	

6. 数据传送指令

助记符	FUN 编号	指令功能	备注
MOV	021	传送	
MOVL	498	双字传送	
MVN	022	取反传送	
MVNL	499	双字取反传送	
MOVB	082	位传送	
MOVD	083	数字传送	
XFRB	062	多位传送	
XFER	070	块传送	
BSET	071	块设置	
XCHG	073	数据交换	
XCGL	562	数据双字交换	
DIST	080	数据分配	
COLL	081	数据采集	
MOVR	560	变址寄存器设定	
MOVRW	561	变址寄存器设定限定时器计数器	

7. 数据移位指令

助记符	FUN 编号	指令功能	备注
SFT	010	移位寄存器	
SFTR	084	可逆左右移位寄存器	
ASFT	017	非同步移位寄存器	
WSFT	016	字移位	
ASL	025	算术左移一位	

（续）

助记符	FUN 编号	指令功能	备注
ASLL	570	双字算术左移一位	
ASR	026	算术右移一位	
ASRL	571	双字算术右移一位	
ROL	027	带 CY 的左移一位	
ROLL	572	带 CY 的双字左移一位	
RLNC	574	无 CY 的左移一位	
RLNL	576	无 CY 的双字左移一位	
ROR	028	带 CY 的右移一位	
RORL	573	带 CY 的双字右移一位	
RRNC	575	无 CY 的右移一位	
RRNL	577	无 CY 的双字右移一位	
SLD	074	一位数字左移	
SRD	075	一位数字右移	
NSFL	578	N 位数据左移位	
NSFR	579	N 位数据右移位	
NASL	580	N 位左移位	
NASR	581	N 位右移位	
NSLL	582	N 位双字左移位	
NSRL	583	N 位双字右移位	

8. 递增/递减指令

助记符	FUN 编号	指令功能	备注
+ +	590	BIN 增量	
+ + L	591	双字 BIN 增量	
– –	592	BIN 减量	
– – L	593	双字 BIN 减量	
+ + B	594	BCD 增量	
+ + BL	594	双字 BCD 增量	
– – B	595	BCD 减量	
– – BL	596	双字 BCD 减量	

9. 四则运算指令

助记符	FUN 编号	指令功能	备注
STC	040	置进位标志位 CY 为“1”	
CLC	041	清进位标志位 CY 为“0”	
+	400	带符号无 CY 的 BIN 加法	

（续）

助记符	FUN 编号	指令功能	备注
+L	401	带符号无 CY 的 BIN 双字加法	
+C	402	带符号含 CY 的 BIN 加法	
+CL	403	带符号含 CY 的 BIN 双字加法	
+B	404	无 CY 的 BCD 加法	
+BL	405	无 CY 的 BCD 双字加法	
+BC	406	含 CY 的 BCD 加法	
+BCL	407	含 CY 的 BCD 双字加法	
–	410	带符号无 CY 的 BIN 减法	
–L	411	带符号无 CY 的 BIN 双字减法	
–C	412	带符号含 CY 的 BIN 减法	
–CL	413	带符号含 CY 的 BIN 双字减法	
–B	414	无 CY 的 BCD 减法	
–BL	415	无 CY 的 BCD 双字减法	
–BC	416	含 CY 的 BCD 减法	
–BCL	417	含 CY 的 BCD 双字减法	
*	420	带符号的 BIN 乘法	
*L	421	带符号的 BIN 双字乘法	
*U	422	无符号的 BIN 乘法	
*UL	423	无符号的 BIN 双字乘法	
*B	424	BCD 乘法	
*BL	425	BCD 双字乘法	
/	430	带符号的 BIN 除法	
/L	431	带符号的 BIN 双字除法	
/U	432	无符号的 BIN 除法	
/UL	433	无符号的 BIN 双字除法	
/B	434	BCD 除法	
/BL	435	BCD 双字除法	

10. 数据转换指令

助记符	FUN 编号	指令功能	备注
BIN	023	BCD 码→BIN 转换	
BINL	058	BCD 码→BIN 双字转换	
BCD	024	BIN→BCD 码转换	
BCDL	059	BIN→BCD 码双字转换	
NEG	160	二进制补码	
NEGL	161	二进制双字补码	

（续）

助记符	FUN 编号	指 令 功 能	备 注
SIGN	600	符号扩展	
MLPX	076	4→16 解码器	
DMPX	077	16→4 编码器	
ASC	086	ASCII 码转换	
HEX	162	ASCII→十六进制转换	
LINE	063	列行转换	
COLM	064	行列转换	
BINS	470	带符号 BCD→BIN 转换	
BISL	472	带符号 BCD→BIN 双字转换	
BCDS	471	带符号 BIN→BCD 转换	
BDSL	473	带符号 BIN→BCD 双字转换	
GRY	474	格雷码转换	

11. 逻辑运算指令

助记符	FUN 编号	指 令 功 能	备 注
ANDW	034	字逻辑与	
ANDL	610	双字逻辑与	
ORW	035	字逻辑或	
ORWL	611	双字逻辑或	
XORW	036	字异或	
XORL	612	双字异或	
XNRW	037	字异或非	
XNRL	613	双字异或非	
COM	029	位取反	
COML	614	双字取反	

12. 特殊运算指令

助记符	FUN 编号	指 令 功 能	备 注
ROTB	620	BIN 二次方根运算	
ROOT	072	BCD 二次方根运算	
APR	069	数值转换	
FDIV	079	BCD 浮点除法	
BCNT	067	位计数器	

13. 浮点运算指令

助记符	FUN 编号	指令功能	备注
FIX	450	浮点到 16 位 BIN 转换	
FIXL	451	浮点到 32 位 BIN 转换	
FLT	452	16 位 BIN 到浮点转换	
FLTL	453	32 位 BIN 到浮点转换	
+F	454	浮点加	
-F	455	浮点减	
*F	456	浮点乘	
/F	457	浮点除	
RAD	458	角度到弧度转换	
DEG	459	弧度到角度转换	
SIN	460	正弦函数	
COS	461	余弦函数	
TAN	462	正切函数	
ASIN	463	反正弦	
ACOS	464	反余弦	
ATAN	465	反正切	
SQRT	466	二次方根	
EXP	467	指数函数	
LOG	468	对数函数	
PWR	840	乘方运算	
FSTR	448	单浮点到字符串转换	
FVAL	449	字符串到单浮点转换	
LD，AND，OR + =F，< > F，< F，< =F，>F，> =F	329（=F） 330（< >F） 331（<F） 332（< =F） 333（>F） 334（> =F）	单精度浮点数据比较	

14. 双精度浮点运算指令

助记符	FUN 编号	指令功能	备注
FIXD	841	双浮点到 16 位 BIN 转换	
FIXLD	842	双浮点到 32 位 BIN 转换	
DBL	843	16 位 BIN 到双浮点转换	
DBLL	844	32 位 BIN 到双浮点转换	
+D	845	双浮点加	
-D	846	双浮点减	
*D	847	双浮点乘	
/D	848	双浮点除	

（续）

助记符	FUN 编号	指令功能	备注
RADD	849	双浮点角度到弧度转换	
DEGD	850	双浮点弧度到角度转换	
SIND	851	双浮点正弦函数	
COSD	852	双浮点余弦函数	
TAND	853	双浮点正切函数	
ASIND	854	双浮点反正弦	
ACOSD	855	双浮点反余弦	
ATAND	856	双浮点反正切	
SQRTD	857	双浮点二次方根	
EXPD	858	双浮点指数函数	
LOGD	859	双浮点对数函数	
PWRD	860	双浮点乘方运算	
LD，AND， OR + = D， < > D，< D， < = D，> D， > = D	335（= D） 336（< > D） 337（< D） 338（< = D） 339（> D） 340（> = D）	双精度浮点数据比较	

15. 工程步进指令

助记符	FUN 编号	指令功能	备注
STEP	008	步进定义	
SNXT	009	步进启动	

16. 中断控制指令

助记符	FUN 编号	指令功能	备注
MSKS	690	中断屏蔽设置	
MSKR	692	中断屏蔽写入	
CLI	691	中断解除	
DI	693	关中断	
EI	694	开中断	

17. 子程序指令

助记符	FUN 编号	指令功能	备注
SBS	091	子程序调用	
SBN	092	子程序入口	
RET	093	子程序返回	
MCRO	099	宏	
GSBS	750	全局子程序调用	
GSBN	751	全局子程序入口	
GRET	752	全局子程序返回	

18. 表格数据处理指令

助记符	FUN 编号	指令功能	备注
SSET	630	栈区域设定	
PUSH	632	压入堆栈	
FIFO	633	先入先出	
LIFO	634	后入先出	
DIM	631	表区域说明	
SETR	635	记录位置设定	
GETR	636	记录位置读出	
SRCH	181	数据检索	
SWAP	637	字节交换	
MAX	182	最大值检索	
MIN	183	最小值检索	
SUM	184	求和	
FCS	180	帧校验和计算	
SNUM	638	读栈大小	
SREAD	639	读栈数据	
SWRIT	640	刷新栈数据	
SINS	641	插入栈数据	
SDEL	642	删除栈数据	

19. 数据控制指令

助记符	FUN 编号	指令功能	备注
PID	190	PID 控制	
PIDAT	191	带自整定的 PID 控制	
LMT	680	上下限限位控制	
BAND	681	无控制作用区控制	
ZONE	682	死区控制	
TPO	685	时间比例输出	
SCL	194	标度	
SCL2	486	标度 2	
SCL3	487	标度 3	
AVG	195	平均值	

20. 高速计数器和脉冲输出指令

助记符	FUN 编号	指令功能	备注
INI	880	工作模式控制	
PRV	881	读高速计数当前 PV 值	
PRV2	883	计数频率转换	
CTBL	882	比较表登录	
PULS	886	设置脉冲量	
PLS2	887	脉冲输出	
SPED	64**	速度输出	
ACC	888	频率加减速控制	
ORG	889	原点搜索	
PMW	891	可变占空比脉冲输出	

21. 基本 I/O 单元指令

助记符	FUN 编号	指令功能	备注
IORF	097	I/O 刷新	
SDEC	078	7 段解码器	
DSW	210	数字开关	
TKY	211	十键输入	
HKY	212	十六键输入	
MTR	213	矩阵输入	
7SEG	214	7 段显示输出	
IORD	222	智能 I/O 读出	
IOWR	223	智能 I/O 写入	
DLNK	226	CPU 高功能装置每次 I/O 刷新	

22. 网络通信指令

助记符	FUN 编号	指令功能	备注
SEND	090	网络发送	
RECV	098	网络接收	
CMND	490	指令发送	
EXPLT	720	通用 Explicit 信息发送	
EGATR	721	Explicit 读出指令	
ESATR	722	Explicit 写入指令	
ECHRD	723	Explicit CPU 装置数据读出指令	
ECHWR	724	Explicit CPU 装置数据写入指令	

23. 串行通信指令

助记符	FUN 编号	指 令 功 能	备 注
PMCR	260	启用通信协议宏	
TXD	236	发送	
TXDU	256	由串口通信单元发送	
RXD	235	接收	
RXDU	255	由串口通信单元接收	
STUP	237	改变串行口设置	

24. 显示指令

助记符	FUN 编号	指 令 功 能	备 注
MSG	046	消息显示	
SCH	047	7 段数据显示	
SCTRL	048	7 段显示控制	

25. 时钟功能指令

助记符	FUN 编号	指 令 功 能	备 注
CADD	730	日历加法	
CSUB	731	日历减法	
SEC	065	小时到秒转换	
HMS	066	秒到小时转换	
DATE	735	时钟修正	

26. 调试与故障诊断指令

助记符	FUN 编号	指 令 功 能	备 注
TSRM	045	跟踪内存采样	
FAL	006	故障报警	
FALS	007	致命故障报警	
FPD	269	故障点检测	

27. 特殊指令

助记符	FUN 编号	指 令 功 能	备 注
WDT	094	最大周期时间设定	
CCS	282	状态标志保存	
CCL	283	装入状态标志	
FRMCV	284	CV 到 CS 地址转换	
TOCV	285	CS 到 CV 地址转换	

28. 文本字符串处理指令

助记符	FUN 编号	指令功能	备注
MOV $	664	字符串传送	
+ $	656	字符串连接	
LEFT $	652	字符串从左取出	
RGHT $	653	字符串从右取出	
MID $	654	字符串从中间取出	
FIND $	660	字符串检索	
LEN $	650	字符串长度检测	
RPLC $	661	字符串置换	
DEL $	658	删除字符串	
XCHG $	665	字符串交换	
CLR $	666	字符串清除	
INS $	657	字符串插入	
LD，AND，OR + = $，< > $，< $，< = $，> $，> = $	670 (= $) 671 (< > $) 672 (< $) 673 (< = $) 674 (> $) 675 (> = $)	字符串比较	

29. 块编程指令

助记符	FUN 编号	指令功能	备注
BPRG	096	块程序	
BEND	801	块程序结束	
BPPS	811	块程序暂时停止	
BPRS	812	块程序再启动	
TIMW	813	定时器等待	
CNTW	814	计数器等待	BCD 方式
TMHW	815	高速定时器等待	
TIMWX	816	定时器等待	
CNTWX	817	计数器等待	BIN 方式
TMHWX	818	高速定时器等待	
LOOP	809	循环块	
ELSE	803	条件分支	
EXIT *	806	带条件结束	
EXIT NOT *	806	带条件结束（非）	
IF *	802	条件分支块	
IF NOT *	802	条件分支块（非）	
IEND	804	条件分支块结束	

（续）

助记符	FUN 编号	指令功能	备注
WAIT *	805	扫描条件等待	
WAIT NOT *	805	扫描条件等待（非）	
LEND *	810	循环块结束	
LEND NOT *	810	循环块结束（非）	

30. 其他指令

助记符	FUN 编号	指令功能	备注
TKON	820	任务执行启动	
TKOF	821	任务执行停止	
XFERC	565	块转换	
DISTC	566	数据分配	
COLLC	567	数据抽出	
MOVBC	568	位传送	
BCNTC	621	位计数器	
GETID	286	变量类别获得	

注释：

1）定时器/计数器的 BCD 方式、BIN 方式的切换通过 CX - Programmer 来完成。

2）备注中不加说明的指令均支持 OMRON 公司的小型 PLC CP1 系列的 CP1H/1L/1E 机型。

3）表格中指令后的（*）号表示位操作数，可以是继电器编号。

附录 B　OMRON 小型 PLC CP1 系列编程指令按字母顺序分类一览

助记符	FUN 编号	指　令	助记符	FUN 编号	指　令
	410	带符号 · 无 CY BIN 减法	ACC	888	频率控制
	592	BIN 减量	ACOS	464	arccos 运算
*	420	带符号 BIN 乘法	ACOSD	855	arccos 运算 < 双 >
*B	424	BCD 乘法	AND	无	与
*BL	425	BCD 倍长乘法	AND LD	无	与 · 读
*D	847	浮点乘法 < 双 >	AND NOT	无	与 · 非
*F	456	浮点乘法	AND TST	350	AND 型 · 位测试
*L	421	带符号 BIN 倍长乘法	AND TSTN	351	AND 型 · 位测试非
*U	422	无符号 BIN 乘法	AND <	310	AND 型 · 未满
*UL	423	无符号 BIN 倍长乘法	AND < $	672	AND 型 · 字符串 · 未满
/	430	带符号 BIN 除法	AND < =	315	AND 型 · 以下
/B	434	BCD 除法	AND < =	332	AND 型 · 单精度浮点 · 以下
/BL	435	BCD 倍长除法	AND < =	338	AND 型 · 倍精度浮点 · 以下
/D	848	浮点除法 < 双 >	AND < = $	673	AND 型 · 字符串 · 以下
/F	457	浮点除法	AND < =DT	344	AND 型 · 时刻 · 以下
/L	431	带符号 BIN 倍长除法	AND < =L	316	AND 型 · 倍长 · 以下
/U	432	无符号 BIN 除法	AND < =S	317	AND 型 · 带符号 · 以下
/UL	433	无符号 BIN 倍长除法	AND < =SL	318	AND 型 · 带符号倍长 · 以下
+	400	带符号 · 无 CY BIN 加法	AND < >	305	AND 型 · 不一致
+ $	656	字符串 · 连接	AND < > $	671	AND 型 · 字符串 · 不一致
+ +	590	BIN 增量	AND < >D	336	AND 型 · 倍精度浮点 · 不一致
+ +B	594	BCD 增量	AND < >DT	342	AND 型 · 时刻 · 不一致
+ +BL	595	BCD 倍长增量	AND < >F	330	AND 型 · 单精度浮点 · 不一致
+ +L	591	BIN 倍长增量	AND < >L	306	AND 型 · 倍长 · 不一致
+B	404	无 CY BCD 加法	AND < >S	307	AND 型 · 带符号 · 不一致
+BC	406	带 CY BCD 加法	AND < >SL	308	AND 型 · 带符号倍长 · 不一致
+BCL	407	带 CY BCD 倍长加法	AND <D	337	AND 型 · 倍精度浮点 · 未满
+BL	405	无 CY BCD 倍长加法	AND <DT	343	AND 型 · 时刻 · 未满
+C	402	符号 · 带 CY BIN 加法	AND <F	331	AND 型 · 单精度浮点 · 未满
+CL	403	符号 · 带 CY BIN 倍长加法	AND <L	311	AND 型 · 倍长 · 未满
+D	845	浮点加法 < 双 >	AND <S	312	AND 型 · 带符号 · 未满
+F	454	浮点加法	AND <SL	313	AND 型 · 带符号倍长 · 未满
+L	401	带符号 · 无 CY BIN 倍长加法	AND =	300	AND 型 · 一致
7SEG	214	7 段表示	AND = $	670	AND 型 · 字符串 · 一致

（续）

助记符	FUN 编号	指　令	助记符	FUN 编号	指　令
AND = D	335	AND 型 · 倍精度浮点 · 一致	- B	414	无 CY BCD 减法
AND = DT	341	AND 型 · 时刻 · 一致	- B	596	BCD 减量
AND = F	329	AND 型 · 单精度浮点 · 一致	BAND	681	无控制作用区控制
AND = L	301	AND 型 · 倍长 · 一致	- BC	416	带 CY BCD 减法
AND = S	302	AND 型 · 带符号 · 一致	BCD	24	BIN→BCD 转换
AND = SL	303	AND 型 · 带符号倍长 · 一致	BCDL	59	BIN→BCD 倍长转换
AND >	320	AND 型 · 超过	BCDS	471	带符号 BIN→BCD 转换
AND > $	674	AND 型 · 字符串 · 超过	- BCL	417	带 CY BCD 倍长减法
AND > =	325	AND 型 · 以上	BCMP	68	无符号表间比较
AND > = $	675	AND 型 · 字符串 · 以上	BCMP2	502	扩展表间比较
AND > = D	340	AND 型 · 倍精度浮点 · 以上	BCNT	67	位计数器
AND > = DT	346	AND 型 · 时刻 · 以上	BCNTC	621	位计数器
AND > = F	334	AND 型 · 单精度浮点 · 以上	BDSL	473	带符号 BIN→BCD 倍长转换
AND > = L	326	AND 型 · 倍长 · 以上	BEND	801	块程序结束
AND > = S	327	AND 型 · 带符号 · 以上	BIN	23	BCD→BIN 转换
AND > = SL	328	AND 型 · 带符号倍长 · 以上	BINL	58	BCD→BIN 倍长转换
AND > D	339	AND 型 · 倍精度浮点 · 超过	BINS	470	带符号 BCD→BIN 转换
AND > DT	345	AND 型 · 时刻 · 超过	BISL	472	带符号 BCD→BIN 倍长转换
AND > F	333	AND 型 · 单精度浮点 · 超过	- BL	415	无 CY BCD 倍长减法
AND > L	321	AND 型 · 倍长 · 超过	- - BL	597	BCD 倍长减量
AND > S	322	AND 型 · 带符号 · 超过	BPPS	811	块程序暂时停止
AND > SL	323	AND 型 · 带符号倍长 · 超过	BPRG	96	块程序
ANDL	610	字倍长逻辑积	BPRS	812	块程序再启动
ANDW	34	字逻辑积	BREAK	514	跳出循环
APR	69	数值转换	BSET	71	块设定
ASC	86	ASCII 代码转换	- C	412	符号 · 带 CY BIN 减法
ASFT	17	非同步移位寄存器	CADD	730	日历加法
ASIN	463	arcsin 运算	CCL	283	状态标志读
ASIND	854	arcsin 运算 <双>	CCS	282	状态标志保存
ASL	25	左移 1 位	CJP	510	条件转移
ASLL	570	1 位倍长左移位	CJPN	511	条件非转移
ASR	26	右移 1 位	- CL	413	符号 · 带 CY BIN 倍长减法
ASRL	571	1 位倍长右移位	CLC	41	清除进位
ATAN	465	arctan 运算	CLI	691	中断解除
ATAND	856	arctan 运算 <双>	CLR $	666	字符串 · 清除
AVG	195	数据平均化	CMND	490	指令发送

（续）

助记符	FUN 编号	指　令	助记符	FUN 编号	指　令
CMP	20	无符号比较	DOWN	522	P. F. 下降沿微分
CMPL	60	无符号倍长比较	DSW	210	数字开关
CNR	545	定时器/计数器重置	ECHRD	723	Explicit CPU 装置数据读出指令
CNRX	547	定时器/计数器重置	ECHWR	724	Explicit CPU 装置数据写入指令
CNT	无	计数器	EGATR	721	Explicit 读出指令
CNTR	12	可逆计数器	EI	694	中断任务执行禁止解除
CNTRX	548	可逆计数器	ELSE	803	条件分支伪块
CNTW	814	计数器等待	END	1	结束
CNTWX	818	计数器等待	ESATR	722	Explicit 写入指令
CNTX	546	计数器	EXIT NOT	806	带条件结束（非）
COLL	81	数据抽出	EXIT	806	带条件结束
COLLC	567	数据抽出	EXP	467	指数运算
COLM	64	位行→位列转换	EXPD	858	指数运算
COM	29	位取反	EXPLT	720	通用 Explicit 消息发送指令
COML	614	位倍长取反	－F	455	浮点减法
COS	461	cos 运算	FAL	6	运行继续故障诊断
COSD	852	cos 运算	FALS	7	运行停止故障诊断
CPS	114	带符号 BIN 比较	FCS	180	计算出 FCS 值
CPSL	115	带符号 BIN 倍长比较	FDIV	79	浮点除法（BCD）
CSUB	731	日历减法	FIFO	633	先入先出
CTBL	882	比较表登录	FIND $	660	字符串·检索
－D	846	浮点减法<双>	FIX	450	浮点→16 位 BIN 转换
DATE	735	时钟修正	FIXD	841	浮点→16 位 BIN 转换<双>
DBL	843	16 位 BIN→浮点转换<双>	FIXL	451	浮点→32 位 BIN 转换
DBLL	844	32 位 BIN→浮点转换<双>	FIXLD	842	浮点→32 位 BIN 转换<双>
DEG	459	弧度→角度转换	FLT	452	16 位 BIN→浮点转换
DEGD	850	弧度→角度转换<双>	FLTL	453	32 位 BIN→浮点转换
DEL $	658	字符串·删除	FOR	512	循环开始
DI	693	中断任务执行禁止	FPD	269	故障点检测
DIFD	14	下降沿微分	FRMCV	284	CV→CS 地址转换
DIFU	13	上升沿微分	FSTR	448	浮点<单>→字符串转换
DIM	631	表区域说明	FVAL	449	字符串→浮点<单>转换
DIST	80	数据分配	GETID	286	变量种别取得
DISTC	566	数据分配	GETR	636	记录位置读出
DLNK	226	CPU 高功能装置每次 I/O 刷新	GRET	752	全局子程序返回
DMPX	77	16→4/256→8 编码器	GRY	474	格雷代码转换

（续）

助记符	FUN 编号	指　令	助记符	FUN 编号	指　令
GSBN	751	全局子程序入口	LD < = L	316	LD 型 · 倍长 · 以下
GSBS	750	全局子程序调用	LD < = S	317	LD 型 · 带符号 · 以下
HEX	162	ASCII→HEX 转换	LD < = SL	318	LD 型 · 带符号倍长 · 以下
HKY	212	十六键输入	LD < >	305	LD 型 · 不一致
HMS	66	秒→时分秒转换	LD < > $	671	LD 型 · 字符串 · 不一致
IEND	804	条件分支块结束	LD < > D	336	LD 型 · 倍精度浮点 · 不一致
IF	802	条件分支块	LD < > DT	342	LD 型 · 时刻 · 不一致
IF NOT 继电器编号	802	条件分支块（非）	LD < > F	330	LD 型 · 单精度浮点 · 不一致
IF 继电器编号	802	条件分支块	LD < > L	306	LD 型 · 倍长 · 不一致
IL	2	互锁	LD < > S	307	LD 型 · 带符号 · 不一致
ILC	3	互锁清除	LD < > SL	308	LD 型 · 带符号倍长 · 不一致
INI	880	动作模式控制	LD < D	337	LD 型 · 倍精度浮点 · 未满
INS $	657	字符串 · 插入	LD < DT	343	LD 型 · 时刻 · 未满
IORD	222	智能 I/O 读出	LD < F	331	LD 型 · 单精度浮点 · 未满
IORF	97	I/O 刷新	LD < L	311	LD 型 · 倍长 · 未满
IOWR	223	智能 I/O 写入	LD < S	312	LD 型 · 带符号 · 未满
JME	5	转移结束	LD < SL	313	LD 型 · 带符号倍长 · 未满
JME0	516	多重转移结束	LD =	300	LD 型 · 一致
JMP	4	转移	LD = $	670	LD 型 · 字符串 · 一致
JMP0	515	多重转移	LD = D	335	LD 型 · 倍精度浮点 · 一致
KEEP	11	保持	LD = DT	341	LD 型 · 时刻 · 一致
–L	411	带符号 · 无 CY BIN 倍长减法	LD = F	329	LD 型 · 单精度浮点 · 一致
– –L	593	BIN 倍长减量	LD = L	301	LD 型 · 倍长 · 一致
LD	无	读	LD = SL	303	LD 型 · 带符号倍长 · 一致
LD = S	302	LD 型 · 带符号 · 一致	LD >	320	LD 型 · 超过
LD NOT	无	读 · 非	LD > $	674	LD 型 · 字符串 · 超过
LD TST	350	LD 型 · 位测试	LD > =	325	LD 型 · 以上
LD TSTN	351	LD 型 · 位测试非	LD > = $	675	LD 型 · 字符串 · 以上
LD <	310	LD 型 · 未满	LD > = D	340	LD 型 · 倍精度浮点 · 以上
LD < $	672	LD 型 · 字符串 · 未满	LD > = DT	346	LD 型 · 时刻 · 以上
LD < =	315	LD 型 · 以下	LD > = F	334	LD 型 · 单精度浮点 · 以上
LD < = $	673	LD 型 · 字符串 · 以下	LD > = L	326	LD 型 · 倍长 · 以上
LD < = D	338	LD 型 · 倍精度浮点 · 以下	LD > = S	327	LD 型 · 带符号 · 以上
LD < = DT	344	LD 型 · 时刻 · 以下	LD > = SL	328	LD 型 · 带符号倍长 · 以上
LD < = F	332	LD 型 · 单精度浮点 · 以下	LD > D	339	LD 型 · 倍精度浮点 · 超过

（续）

助记符	FUN 编号	指　令	助记符	FUN 编号	指　令
LD > DT	345	LD 型·时刻·超过	MTIMX	554	多输出定时器
LD > F	333	LD 型·单精度浮点·超过	MTR	213	矩阵输入
LD > L	321	LD 型·倍长·超过	MVN	22	非传送
LD > S	322	LD 型·带符号·超过	MVNL	499	非倍长传送
LD > SL	323	LD 型·带符号倍长·超过	NASL	580	N 位左移位
LEFT $	652	字符串·从左取出	NASR	581	N 位右移位
LEN $	650	字符串·长度检测	NEG	160	2 的补码转换
LEND NOT	810	循环块结束（非）	NEGL	161	2 的补码倍长转换
LEND	810	循环块结束	NEXT	513	循环结束
LIFO	634	后入先出	NOP	0	无功能
LINE	63	位列→位行转换	NOT	520	非
LMT	680	上下限限位控制	NSFL	578	N 位数据左移位
LOG	468	对数运算	NSFR	579	N 位数据右移位
LOGD	859	双精度对数运算	NSLL	582	N 位倍长左移位
LOOP	809	循环块	NSRL	583	N 位倍长右移位
MAX	182	最大值检索	OR	无	或
MCMP	19	多通道比较	OR LD	无	或·读
MCRO	99	宏	OR NOT	无	或·非
MID $	654	字符串·从任意位置取出	OR TST	350	OR 型·位测试
MILC	519	多互锁清除	OR TSTN	351	OR 型·位测试非
MILH	517	多互锁（微分标志保持型）	OR <	310	OR 型·未满
MILR	518	多互锁（微分标志非保持型）	OR < $	672	OR 型·字符串·未满
MIN	183	最小值检索	OR < =	315	OR 型·以下
MLPX	76	4→16/8→256 解码器	OR < = $	673	OR 型·字符串·以下
MOV	21	传送	OR < = D	338	OR 型·倍精度浮点·以下
MOV $	664	字符串·传送	OR < = DT	344	OR 型·时刻·以下
MOVB	82	位传送	OR < = F	332	OR 型·单精度浮点·以下
MOVBC	568	位传送	OR < = L	316	OR 型·倍长·以下
MOVD	83	位传送	OR < = S	317	OR 型·带符号·以下
MOVL	498	倍长传送	OR < = SL	318	OR 型·带符号倍长·以下
MOVR	560	变址寄存器设定	OR < >	305	OR 型·不一致
MOVRW	561	变址寄存器设定	OR < > $	671	OR 型·字符串·不一致
MSG	46	消息表示	OR < > D	336	OR 型·倍精度浮点·不一致
MSKR	692	中断屏蔽写入	OR < > DT	342	OR 型·时刻·不一致
MSKS	690	中断屏蔽设置	OR < > F	330	OR 型·单精度浮点·不一致
MTIM	543	多输出定时器	OR < > L	306	OR 型·倍长·不一致

（续）

助记符	FUN 编号	指　令	助记符	FUN 编号	指　令
OR< >S	307	OR 型·带符号·不一致	OUT NOT	无	否定输出
OR< >SL	308	OR 型·带符号倍长·不一致	OUTB	534	1 位输出
OR<D	337	OR 型·倍精度浮点·未满	PID	190	PID 运算
OR<DT	343	OR 型·时刻·未满	PIDAT	191	带自整定 PID 运算
OR<F	331	OR 型·单精度浮点·未满	PLS2	887	定位
OR<L	311	OR 型·倍长·未满	PMCR	260	协议宏
OR<S	312	OR 型·带符号·未满	PRV	881	脉冲当前值输出
OR<SL	313	OR 型·带符号倍长·未满	PRV2	883	脉冲频率转换
OR=	300	OR 型·一致	PULS	886	脉冲量设定
OR=$	670	OR 型·字符串·一致	PUSH	632	栈数据保存
OR=D	335	OR 型·倍精度浮点·一致	PWM	891	PWM 输出
OR=DT	341	OR 型·时刻·一致	PWR	840	乘方运算
OR=F	329	OR 型·单精度浮点·一致	PWRD	860	乘方运算
OR=L	301	OR 型·倍长·一致	RAD	458	角度→弧度转换
OR=S	302	OR 型·带符号·一致	RADD	849	角度→弧度转换 < 双 >
OR=SL	303	OR 型·带符号倍长·一致	RECV	98	网络接收
OR>	320	OR 型·超过	RET	93	子程序返回
OR>$	674	OR 型·字符串·超过	RGHT$	653	字符串·从右取出
OR>=	325	OR 型·以上	RLNC	574	无 CY 左移 1 位
OR>=$	675	OR 型·字符串·以上	RLNL	576	无 CY 1 位倍长左循环
OR>=D	340	OR 型·倍精度浮点·以上	ROL	27	带 CY 左移 1 位
OR>=DT	346	OR 型·时刻·以上	ROLL	572	带 CY 1 位倍长左循环
OR>=F	334	OR 型·单精度浮点·以上	ROOT	72	BCD 二次方根运算
OR>=L	326	OR 型·倍长·以上	ROR	28	带 CY 右移 1 位
OR>=S	327	OR 型·带符号·以上	RORL	573	带 CY 1 位倍长右循环
OR>=SL	328	OR 型·带符号倍长·以上	ROTB	620	BIN 二次方根运算
OR>D	339	OR 型·倍精度浮点·超过	RPLC$	661	字符串·置换
OR>DT	345	OR 型·时刻·超过	RRNC	575	无 CY 右移 1 位
OR>F	333	OR 型·单精度浮点·超过	RRNL	577	无 CY 1 位倍长右循环
OR>L	321	OR 型·倍长·超过	RSET	无	重置
OR>S	322	OR 型·带符号·超过	RSTA	531	多位重置
OR>SL	323	OR 型·带符号倍长·超过	RSTB	533	1 位重置
ORG	889	原点检索	RXD	235	串行端口输入
ORW	35	字逻辑和	RXDU	255	串行通信单元 串行端口输入
ORWL	611	字倍长逻辑和	SBN	92	子程序入口
OUT	无	输出	SBS	91	子程序调用

（续）

助记符	FUN 编号	指　令	助记符	FUN 编号	指　令
SCH	47	7 段 LED 显示	TAND	853	tan 运算 <双>
SCL	194	比例缩放	TCMP	85	表一致
SCL2	486	比例缩放 2	TIM	无	定时器
SCL3	487	比例缩放 3	TIMH	15	高速定时器
SCTRL	48	7 段 LED 显示控制	TIMHX	551	高速定时器
SDEC	78	7 段解码器	TIML	542	长时间定时器
SDEL	642	栈数据删除	TIMLX	553	长时间定时器
SEC	65	时分秒→秒转换	TIMW	813	定时器等待
SEND	90	网络发送	TIMWX	816	定时器等待
SET	无	设置	TIMX	550	定时器
SETA	530	多位设置	TKOF	821	任务执行待机
SETB	532	1 位设置	TKON	820	任务执行起动
SETR	635	记录位置设定	TKY	211	十键输入
SFT	10	移位寄存器	TMHH	540	超高速定时器
SFTR	84	左右移位寄存器	TMHHX	552	超高速定时器
SIGN	600	符号扩展	TMHW	815	高速定时器等待
SIN	460	sin 运算	TMHWX	817	高速定时器等待
SIND	851	sin 运算	TOCV	285	CS→CV 地址转换
SINS	641	栈数据插入	TPO	685	分时比例输出
SLD	74	左移 1 位	TR	无	暂时继电器
SNUM	638	栈数据输出	TRSM	45	跟踪内存采样
SNXT	9	梯形图区域步进	TTIM	87	累计定时器
SPED	885	频率设定	TTIMX	555	累计定时器
SQRT	466	二次方根运算	TXD	236	串行端口输出
SQRTD	857	二次方根运算	TXDU	256	串行通信单元 串行端口输出
SRCH	181	数据检索	UP	521	P. F. 上升沿微分
SRD	75	右移 1 位	WAIT	805	1 扫描条件等待
SREAD	639	栈数据参照	WAIT NOT	805	1 扫描条件等待（非）
SSET	630	栈区域设定	WAIT	805	1 扫描条件等待
STC	40	置进位	WDT	94	周期定时监视时间设定
STEP	8	梯形图区域定义	WSFT	16	字移位
STUP	237	串行端口通信设定变更	XCGL	562	数据倍长交换
SUM	184	计算出总数值	XCHG	73	数据交换
SWAP	637	字节交换	XCHG $	665	字符串 · 交换
SWRIT	640	栈数据刷新	XFER	70	块传送
TAN	462	tan 运算	XFERC	565	块传送

（续）

助记符	FUN 编号	指　令	助记符	FUN 编号	指　令
XFRB	62	多位传送	XORW	36	字逻辑和非
XNRL	613	字倍长非逻辑和非	ZCP	88	区域比较
XNRW	37	字非逻辑和非	ZCPL	116	倍长区域比较
XORL	612	字倍长逻辑和非	ZONE	682	静区控制

参 考 文 献

[1] 江秀汉，汤楠．可编程序控制器原理与应用［M］．西安：西安电子科技大学出版社，2002.
[2] 徐世许．可编程序控制器原理·应用·网络［M］．合肥：中国科学技术大学出版社，2000.
[3] 曹辉，霍罡．可编程控制器过程控制技术［M］．北京：机械工业出版社，2006.
[4] 何衍庆，黎冰，黄海燕．PLC 编程语言及应用［M］．北京：电子工业出版社，2006.
[5] 郭宗仁，等．可编程序控制器及其通信网络技术［M］．北京：人民邮电出版社，2002.
[6] 廖常初．PLC 编程及应用［M］．北京：机械工业出版社，2003.
[7] 骆德汉．可编程控制器与现场总线网络控制［M］．北京：科学出版社，2005.
[8] Tanenbaum A S. Computer Networks［M］. 3rd ed. Prentice – Hall，1996.
[9] 谢希仁．计算机网络［M］．大连：大连理工大学出版社，2002.
[10] OMRON SYSMAC CS/CJ Series Ethernet Units OPERATION MANUAL，2001.
[11] OMRON SYSMAC CP1E CPU 单元软件操作手册．
[12] OMRON SYSMAC Cx – Protocol OPERATION MANUAL，1999.
[13] OMRON SYSMAC CP1E CPU 单元软件编程手册．
[14] OMRON SYSMAC CS/CJ 系列编程手册．
[15] OMRON SYSMAC CP1H CPU 单元编程手册．
[16] OMRON SYSMAC CP1H CPU 单元操作手册．